# Amesim
# 机电一体化仿真教程

梁全　谢基晨　聂利卫　编著

机械工业出版社

本书全面系统地介绍了利用 Amesim 仿真软件进行机电一体化系统仿真的技术方法，包括功率键合图的基本理论，利用 Amesim 仿真软件的一维机械库、平面机构库、三维多体库、液压系统库、液压元件设计库、传动库和 IFP Drive 库进行仿真建模的基本原理和方法。

本书体系结构完整，内容翔实丰富，可作为高等院校机械类本科高年级学生及研究生的教学用书，也可作为从事液压控制系统技术研究与应用的工程技术人员的自学与参考书籍。

**图书在版编目（CIP）数据**

Amesim 机电一体化仿真教程/梁全，谢基晨，聂利卫编著. —北京：机械工业出版社，2021.8（2023.1 重印）

ISBN 978-7-111-68632-3

Ⅰ. ①A… Ⅱ. ①梁… ②谢… ③聂… Ⅲ. ①机电一体化-计算机仿真-应用软件-高等学校-教材 Ⅳ. ①TH-39

中国版本图书馆 CIP 数据核字（2021）第 133626 号

机械工业出版社（北京市百万庄大街 22 号 邮政编码 100037）
策划编辑：黄丽梅 责任编辑：黄丽梅 王春雨
责任校对：樊钟英 封面设计：严娅萍
责任印制：常天培
北京机工印刷厂有限公司印刷
2023 年 1 月第 1 版第 2 次印刷
184mm×260mm · 28 印张 · 694 千字
标准书号：ISBN 978-7-111-68632-3
定价：128.00 元

电话服务 网络服务
客服电话：010-88361066 机 工 官 网：www.cmpbook.com
010-88379833 机 工 官 博：weibo.com/cmp1952
010-68326294 金 书 网：www.golden-book.com
**封底无防伪标均为盗版** 机工教育服务网：www.cmpedu.com

# 前　言

Amesim 最早由法国 Imagine 公司于 1995 年推出，后来几经发展，最终成为西门子工业软件旗下的一款举足轻重的系统仿真软件。

从 2005 年刚进入中国的 R4.2 版本开始到现在的 R2021.1 版本，Amesim 进入中国已经有近二十个年头了，在这些年里，笔者和用户一同见证了 Amesim 为客户进行设计研发带来的巨大便利，也一同见证了 Amesim 软件的一步步发展和完善。

虽然 Amesim 在国内已经得到了广泛的应用，但是应用的程度确实较欧美发达国家还有一定的差距，具体表现在：绝大多数用户只用到了 Amesim 的液压解决方案，对 Amesim 的其他功能不熟悉，这样大大限制了 Amesim 的应用范围；即便是使用 Amesim 液压解决方案，由于用户建模思路不清晰，建模流程不规范，也会给后期的分析带来很多麻烦。造成这种差距的原因有很多，其中很重要的一点是目前市面上缺少讲解深入的中文教材。

因此，笔者编写此书的目的就是结合多年的软件使用经验，深入介绍 Amesim 中几种常用模型库的具体用法，希望能给广大用户带来一些帮助。

本书共分为 8 章，第 1 章对 Amesim 背后的基本理论——功率键合图理论进行了深入的阐述，主要目的是让用户理解 Amesim 的基本工作原理。第 2 章详细介绍了一维机械库的使用方法，一维机械库只有两个自由度，即平动和转动，用户只要注意正方向的设定和行程限制的设定即可。第 3 章、第 4 章分别详细介绍了平面机构库、三维多体库的使用方法，两个库的建模思想一致，用户只须掌握机构的分析和建模步骤即可。第 5 章的侧重点在实际应用，首先，介绍了液压桥的基本理论，由此得到液压阀的建模思路；随后，介绍了管路子模型的选择依据，引入了阀前补偿负载敏感系统建模实例、阀后补偿负载敏感系统建模实例和阀控缸伺服系统建模与仿真实例。第 6 章详细介绍了液压元件设计库在进行详细零部件建模时的分析方法。第 7 章详细介绍了传动库的使用方法，运用多级复杂度的思想进行驾驶性的建模，并引入了传动系统扭振和发动机悬置系统实例建模。第 8 章详细介绍了传统燃油车、纯电动汽车、混合动力汽车针对动力性、经济性分析的建模方法。

本书中提到的相关模型文件，读者可通过扫描封底二维码获取，并建议使用 R2021.2 版本软件打开。

本书第 1 章由梁全编著，第 2 章~第 6 章由谢基晨编著，第 7 章、第 8 章由聂利卫、谢基晨共同编著。由于时间仓促，书中难免存在错误和疏漏之处，敬请读者批评指正，联系方式 372134257@qq.com，或者可扫描封底二维码进群交流。

**编著者**

# 目　录

# 第 1 章
# Amesim 软件仿真建模基本原理

本书主要介绍利用 Amesim 软件进行系统仿真建模的方法和软件操作技巧。但是，在第 1 章中暂时先不介绍 Amesim 软件的具体操作方法，而是介绍一些基本概念和理论。

笔者在学习和使用 Amesim 软件的过程中，越来越深刻地意识到掌握基本概念和理论的重要性。掌握基本概念和理论，一方面在碰到具体的仿真问题或软件出现报错时，通过推理分析，能够自行排除困难和解决问题；另一方面，掌握基本概念和理论，可以很容易扩展自己的应用领域及挖掘应用深度，比如用二次开发工具（submodel editor）来开发更多的元件。就好像练就了扎实的基本功，进一步的发展和提高不会遇到瓶颈，可以让使用者在技术上"更上一层楼"，最终成为技术专家。

有一个流传甚广的小故事相信读者都听过。某电力公司的一台大型发电机出现故障，聘请了许多工程师和科学家来排除故障，都没有解决问题。后来，公司请来了著名的理论物理学家麦克斯韦。麦克斯韦来到发电机旁，围着发电机转了几圈，然后掏出粉笔，在一个位置画了一个叉，告诉维修工人将这个地方的线圈拆掉几匝，之后发电机果然工作正常了。事后，公司支付了麦克斯韦 1000 美元。有人认为只画了一个叉，就给 1000 美元太多。但麦克斯韦说："画一个叉只值 1 美元，知道在哪里画，值 999 美元。"

当然，这个故事也许有杜撰的成分，但其中所蕴含的道理不言自明。掌握扎实的基本理论，对解决具体问题有着不可替代的作用。"万丈高楼平地起""磨刀不误砍柴工"，本书第 1 章先介绍 Amesim 背后的理论基础——功率键合图，以便读者了解 Amesim 软件的建模、计算原理和背后的实质理论。

## 1.1 系统动态特性的研究方法

计算机数值求解的三个基本步骤是：①建立系统的数学模型；②生成计算机可执行程序和调用求解器求解；③计算结果生成和提取。

首先是要根据系统的物理特性，运用数学语言对系统的物理特性进行描述，得到系统的数学方程；然后将得到的数学方程，通过编译器生成计算机可执行程序，再调用求解器进行求解，使系统的数学模型能在计算机上运行，最后计算机把计算的结果输出。

商用的 CAE 软件基本上都已经将这三个步骤参数化、流程化了，用户只需要在软件的图形用户界面上进行建模，剩下的软件会自动编译和求解。其中软件的核心有两个：自动生成数学模型的方法和软件使用的求解器。软件使用的求解器是纯数学问题，这里不做讨论。

对于生成数学模型的方法，不同的软件采用的方法不太一样。单就系统仿真软件而言，普遍采用的是功率键合图的方法。

功率键合图和系统的数学模型有什么关系呢？还得先从研究系统动态特性的方法开始讨论。目前，研究系统动态特性的方法通常有两种：传递函数法和数字仿真法。

## 1.1.1　传递函数法

传递函数法是一种基于古典控制理论的分析方法。这种方法主要适用于分析系统的稳定性，可以根据稳定性判据分析系统是否稳定，主要参量对稳定性的影响以及分析系统的稳定裕量等。但这种方法的使用限于线性系统，非线性系统则需要进行合理的线性化，否则会带来较大的误差。同时，传递函数法主要适用于单输入、单输出以及初始条件为零的情况。传递函数法虽有一定的局限性，但分析系统的稳定性是比较方便的，所以被广泛应用于液压伺服系统及一些允许进行线性化的其他液压系统。

## 1.1.2　数字仿真法

近年来，现代控制理论及计算机技术的发展，给系统动态特性的研究开辟了新的途径。为了求得系统动态过程中的瞬态响应，可以对系统的动态特性进行数字仿真，即建立系统在动态过程中的数学模型——状态方程，然后在数字计算机上求出系统中各主要变量在动态过程中的时域解。

应用数字仿真的方法研究液压系统的动态特性有许多优点。例如它适用于线性或非线性系统，可以比较方便地考虑任何形式的非线性因素；可以是多输入变量和多输出变量，便于进行分析；状态变量的初始值也不一定限于零。

应用这种方法，要把所研究系统的动态过程的数学模型写成状态方程——一阶微分方程组。这个方程组表示系统中每一个状态变量的一阶导数，都是若干状态变量和输入变量的函数。这种函数关系可以是线性的，也可以是非线性的。

怎样把一个系统动态过程的数学模型写成状态方程的形式呢？功率键合图（Power Bond Graph）就是一种有效的建模工具。这一方法相比其他建模方法有许多优点，在其他建模方法中，例如，利用系统的传递函数方块图来推导状态方程，保留了前述传递函数法的某些局限性；利用高阶微分方程来建立状态方程，其中多个状态变量仅能是某一物理变量及其各阶导数，而不是系统中几种不同的物理变量，某一物理量的各阶导数，有时并不具有实用意义，当然也并不是令人感兴趣的；也可以根据系统的结构和各物理量间的相互关系，经过分析建立状态方程，但对于比较复杂的液压系统，往往会因考虑不周而造成建模中的错误。利用功率键合图来建立状态方程，可以先根据一些规则，将所研究系统的动态过程画成功率键合图，功率键合图可以清晰而形象地表达系统在动态过程中各组成部分的相互关系，包括其功率流程，能量分配和转换，各作用因素的影响以及功率的构成等。利用功率键合图可以较方便地推导出状态方程，即使对于比较复杂的系统，这一过程也可以有条不紊地进行。所推导出的状态方程中的各状态变量一般都是所研究系统中感兴趣的、有实际意义的各物理变量。

这种应用功率键合图建立所研究系统的动态过程数学模型的方法不仅适用于研究液压系统，也同样适用于研究机械系统、电气系统和热力学系统等。

### 1.1.3　两种系统动态特性研究方法的比较

下面通过一个简单的液压系统仿真实例，来说明这两种方法之间的区别与联系。

如图 1-1 所示的液压系统，一个柱塞缸推动一个质量负载，假设系统初始处于平衡状态。设重物的质量为 $M$，柱塞的直径为 $D$，油液的弹性模量为 $k$，通入的液压油的流量为 $Q$，柱塞缸中初始的液体体积为 $V_0$，柱塞运动时的黏性阻尼系数为 $B$。试仿真活塞的运动速度 $(v)$ 随时间 $(t)$ 的变化过程。

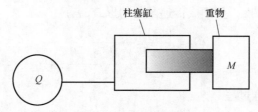

图 1-1　柱塞缸推动系统原理

**1. 传递函数法推导过程**

根据牛顿第二定律，分析柱塞缸的受力平衡方程，有

$$pA - Bv = M\frac{\mathrm{d}v}{\mathrm{d}t} \tag{1-1}$$

式中　$p$——柱塞缸压力；

　　$A$——柱塞缸的有效面积；

　　$t$——时间。

又根据油液的弹性模量公式，有

$$k = -\frac{\Delta p}{\dfrac{\Delta V}{V_0}} = -V_0\frac{\Delta p}{\Delta V} = -V_0\frac{\Delta p/\Delta t}{\Delta V/\Delta t} = -V_0\frac{\mathrm{d}p/\mathrm{d}t}{\Delta Q} \tag{1-2}$$

得到由于油液的可压缩性而造成的流量损失为

$$\Delta Q = -\frac{V_0}{k}\frac{\mathrm{d}p}{\mathrm{d}t} \tag{1-3}$$

式中的负号表示由于压力的增加造成流量减少。

又根据油液的流量连续性方程，由通入的流量减去由于油液的可压缩性而损失的流量等于柱塞缸的有效面积乘以柱塞缸的运动速度，有公式

$$Q - |\Delta Q| = Av \tag{1-4}$$

即

$$Q - \frac{V_0}{k}\frac{\mathrm{d}p}{\mathrm{d}t} = Av \tag{1-5}$$

最终得到该系统动态特性的微分方程组为

$$\begin{cases} pA - Bv = M\dfrac{\mathrm{d}v}{\mathrm{d}t} \\[2mm] Q - \dfrac{V_0}{k}\dfrac{\mathrm{d}p}{\mathrm{d}t} = Av \end{cases} \tag{1-6}$$

式（1-6）已经得到了描述系统动态特性的微分方程，要想求通入的流量和液压缸速度之间的传递函数，只需消去变量 $p$。将式（1-6）的第一式两侧对 $t$ 求导，整理，有

$$A\frac{\mathrm{d}p}{\mathrm{d}t}=B\frac{\mathrm{d}v}{\mathrm{d}t}+M\frac{\mathrm{d}^2v}{\mathrm{d}t^2} \tag{1-7}$$

将式（1-7）代入式（1-6）的第二式，整理得

$$\frac{V_0M}{kA}\frac{\mathrm{d}^2v}{\mathrm{d}t^2}+\frac{V_0B}{kA}\frac{\mathrm{d}v}{\mathrm{d}t}+Av=Q \tag{1-8}$$

对上式两侧取拉氏变换，整理成传递函数的形式，有

$$G(s)=\frac{V(s)}{Q(s)}=\frac{Q}{\dfrac{V_0M}{kA}s^2+\dfrac{V_0B}{kA}s+A} \tag{1-9}$$

**2. 功率键合图法推导过程**

根据键合图理论（1.2 节介绍），该液压系统所对应的功率键合图模型如图 1-2 所示。

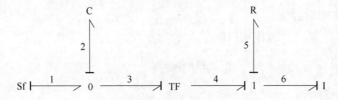

图 1-2　柱塞缸推动系统功率键合图

为了与其他仿真模型和方法进行比较，我们利用基本键合图理论，将本功率键合图模型转换为状态空间表达式的模型，并首先为键编号。下面介绍的内容读者可以暂时忽略，待后面章节掌握功率键合图理论和方法后，再进行深入研究也不迟。

取图 1-2 中 C 元的广义位移 $q$ 和 I 元的广义动量 $p$ 作为状态变量，取 Sf 元的流作为输入变量。

系统有两个储能元件，容性元 $C_2$ 和惯性元 $I_6$，列写这两个储能元件的特性方程如下

$$e_2=\frac{1}{C_2}q_2 \tag{1-10}$$

$$f_6=\frac{1}{I_6}p_6 \tag{1-11}$$

阻性元的特性方程如下

$$e_5=R_5f_5 \tag{1-12}$$

转换器的特性方程如下

$$\begin{cases}e_4=\alpha e_3\\ \alpha f_4=f_3\end{cases} \tag{1-13}$$

由因果关系和功率流方向，可列写 $\dot{q}_2$ 的流方程和 $\dot{p}_6$ 的势方程

$$\dot{q}_2=-f_3+Sf \tag{1-14}$$

$$\dot{p}_6=e_4-e_5 \tag{1-15}$$

又因为

$$f_3 = \alpha f_4 = \frac{\alpha}{I_6} p_6 \tag{1-16}$$

$$e_4 = \alpha e_3 = \alpha e_2 = \frac{\alpha}{C_2} q_2 \tag{1-17}$$

$$e_5 = R_5 f_5 = R_5 f_6 = \frac{R_5}{I_6} p_6 \tag{1-18}$$

将式（1-16）、式（1-17）和式（1-18）代入式（1-14）和式（1-15）中，有

$$\dot{q}_2 = -\frac{\alpha}{I_6} p_6 + Sf \tag{1-19}$$

$$\dot{p}_6 = \frac{\alpha}{C_2} q_2 - \frac{R_5}{I_6} p_6 \tag{1-20}$$

整理成状态空间表达式的形式为

$$\begin{bmatrix} \dot{q}_2 \\ \dot{p}_6 \end{bmatrix} = \begin{bmatrix} 0 & -\dfrac{\alpha}{I_6} \\ \dfrac{\alpha}{C_2} & -\dfrac{R_5}{I_6} \end{bmatrix} \begin{bmatrix} q_2 \\ p_6 \end{bmatrix} + \begin{bmatrix} Sf \\ 0 \end{bmatrix} \tag{1-21}$$

又因为

$$\dot{q}_2 = f_2 = \frac{V_0}{k} \mathrm{d}p \tag{1-22}$$

$$\dot{p}_6 = e_6 = M \frac{\mathrm{d}v}{\mathrm{d}t} \tag{1-23}$$

将式（1-22）、式（1-23）代入式（1-21）中，整理得

$$\begin{cases} \dfrac{V_0}{k} \dfrac{\mathrm{d}p}{\mathrm{d}t} = -\dfrac{A_1}{M} q_6 = -A_1 v + Q \\[2mm] M \dfrac{\mathrm{d}v}{\mathrm{d}t} = \dfrac{A_1}{C_2} q_2 - \dfrac{R_5}{I_6} = A_1 p - Bv \end{cases} \tag{1-24}$$

即

$$\begin{cases} \dfrac{\mathrm{d}p}{\mathrm{d}t} = (Q - A_1 v) \dfrac{k}{V_0} \\[2mm] \dfrac{\mathrm{d}v}{\mathrm{d}t} = (pA_1 - Bv)/M \end{cases} \tag{1-25}$$

式（1-25）与式（1-6）是相同的，求解结果自然是一样的。

通过上面的例子可以看出，因为实际的物理系统是唯一的，因此无论采用什么样的方法，得到的物理系统数学方程是一样的。

虽然传递函数法看似比较简单，但是每个系统的数学模型都需要人工推导，系统越复杂，推导的过程也就越繁琐。而且推导过程因人而异，不符合自动化建模的要求。而功率键合图法虽然步骤较多，但是却清晰地体现了系统中能量的流动。功率键合图可以通过一些固定的方法转化成状态方程，这些固定的方法具有普遍性，这也满足了自动化建模的要求。

## 1.2 功率键合图基本理论

### 1.2.1 键合图语言和模型

想要用好 Amesim，必须对键合图语言有初步的了解和掌握，本节介绍用功率键合图进行系统建模的专用术语及其相关的基本概念。

**1. 键合图**

键合图是彼此间用键连接起来的键图元的集合。

**2. 通口、键、键接**

一个键图元与另一个键图元进行能量传递的地方称为通口。通口用画在键图元旁边的一根线段表示。如图 1-3 所示，箭头所指的两个线段代表键图元 Se 和 R 的通口。

两个键图元的通口相互连接而形成键。如图 1-4 所示，键图元 Se 和 R 之间的线段就是 Se 和 R 的通口相互连接后所形成的键。

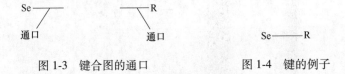

图 1-3　键合图的通口　　　　图 1-4　键的例子

通口是对一个键图元而讲的，而键则关联着两个键图元。在未形成键的通口上没有能量流动，而键则用以传递功率。这种传送功率的键又称为功率键。

还有一种键也关联着两个键图元，但它不传送功率，而只传送信号，这种键称为信号键。

一般，在功率键的一端带有半箭头符号，而在信号键上则带全箭头符号。

一根键所关联的两个键图元之间的连接称为键接。当两个键图元键接后，能量从一个键图元传送到另一个键图元的过程中，在键上没有能量损失。

**3. 广义变量**

在键合图模拟中，要涉及四种广义变量，即势变量、流变量、广义动量和广义位移。

势变量一般用 $e(t)$ 表示，势变量具有"势"的特性，"势"的语义有"权利""力量""声势""姿态""样式"等。可以将势变量理解为"蕴含有能量"，这些能量可以在一定条件下释放出来。比如，在机械系统中，某物体具有"位置势能"；在流体传动中，液体具有"压力势能"等。

流变量一般用 $f(t)$ 表示，流变量具有"流动"的特性。

势变量与流变量的标量积称为功率 $P(t)$，即

$$P(t) = e(t)f(t) \tag{1-26}$$

广义动量一般用 $p(t)$ 表示，定义为势变量对时间的积分，即

$$p(t) = \int_{t_0}^{t} e(t)\,\mathrm{d}t \tag{1-27}$$

广义位移一般用 $q(t)$ 表示，定义为流变量对时间的积分，即

$$q(t) = \int_{t_0}^{t} f(t)\,\mathrm{d}t \qquad\qquad (1\text{-}28)$$

**4. 功率流动的方向**

功率本身是能量流动的速率，故它是一种标量，本身没有方向。

但在键合图理论中，人们往往习惯用功率流来表示能量流，故把能量流的方向称为功率流方向。

功率流的参考方向用画在键端的半箭头符号表示。这里要理解"参考方向"的意义，所谓"参考方向"，可以理解为假定方向，即为了计算或分析的方便，我们假定一个方向，并不是实际的真实方向。

当键上的势变量与流变量的乘积为正值时，半箭头的指向就是该键上功率流的实际方向。反之，如果为负值，说明功率流的方向与半箭头所指方向相反。

## 1.2.2　基本键图元

系统的动态特性可用适当连接的理想元件来描述。不同能域的物理系统有不同的理想元件，但它们之间存在着几种相同的物理本质。某种键图元就是具有某种物理本质的不同能域理想元件的代表。键图元是构成键合图的基本元素。

根据一般系统模拟的需要，本书介绍 9 种最基本的键图元。这些键图元就称为基本键图元。图 1-5 表示了基本键图元的符号，符号中省略了与之键接的另一个键图元。

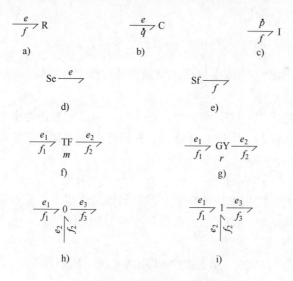

图 1-5　基本键图元的表示符号

a）阻性元　b）容性元　c）惯性元　d）势元　e）流元　f）转换器　g）回转器　h）共势结　i）共流结

**1. 阻性元**（R 元）

势变量 $e(t)$ 和流变量 $f(t)$ 之间存在某种静态关系的键图元定义为阻性元。阻性元是耗能键图元。它用来描述系统的功率损耗或模拟系统中消耗功率的元件。符号中半箭头的方向表示，阻性元总是消耗系统的功率。阻性元的图形符号如图 1-5a 所示。

线性阻性元的特性方程是

$$e(t) = Rf(t) \qquad (1\text{-}29)$$

式中　$R$——线性阻抗，它是联系线性阻性元的势变量和流变量的一个参数。

**2. 容性元**（C 元）

势变量 $e(t)$ 和广义位移 $q(t)$ 之间存在某种静态关系的键图元定义为容性元。容性元用来描述联系势和广义位移的物理效应（容性效应）或模拟产生容性效应的元件。容性元的图形符号如图 1-5b 所示。

线性容性元的特性方程是

$$e(t) = \frac{1}{C}q(t) = \frac{1}{C}\int_{t_0}^{t} f(t)\,\mathrm{d}t \qquad (1\text{-}30)$$

式中　$C$——是联系线性容性元的势变量和广义位移的线性容度参数。

容性元是一种储能元件。

容性元符号中半箭头的方向表示，当容性元的势与流的乘积为正值时，它处于储能状态，而负值时为释能状态。容性元在储能、释能过程中没有任何能量损失。故容性元是能量守恒键图元。

**3. 惯性元**（I 元）

流变量 $f(t)$ 与广义动量 $p(t)$ 之间存在某种静态关系的键图元定义为惯性元。惯性元用来描述联系流变量与广义动量的物理效应（惯性效应）或模拟系统中产生惯性效应的元件。惯性元的图形符号如图 1-5c 所示。

线性惯性元的特性方程是

$$f(t) = \frac{1}{I}p(t) = \frac{1}{I}\int_{t_0}^{t} e(t)\,\mathrm{d}t \qquad (1\text{-}31)$$

式中　$I$——联系线性惯性元的流变量和广义动量的线性惯性参数。

惯性元是一种储能元件。

惯性元符号中半箭头的方向表示，当惯性元的势与流的乘积为正值时，惯性元处于储能状态，而负值时为释能状态。惯性元在储能、释能过程中没有任何能量损失。故惯性元是能量守恒键图元。

**4. 势元**（Se 元）

势元是有源键图元，它用来描述环境对系统的势的作用。势元对系统施加一个大小为恒值或某一给定时间函数的势。势元的图形符号如图 1-5d 所示。

势元具有如下特点：

1）势元的势与它的流无关，不随它所作用的系统不同而改变。

2）势元的流的大小和方向决定于它所作用的系统。

3）当势元的势变量与流变量的乘积为正值时，势元起到源的作用，向系统输送功率；负值时则作为负载出现，从系统吸收功率。

**5. 流元**（Sf 元）

流元是有源键图元，它用来描述环境对系统的流的作用。流元对系统施加一个大小为恒值或某一给定时间函数的流。流元的图形符号如图 1-5e 所示。

流元具有如下特点：

1）流元的流与它的势无关，不随它所作用的系统不同而改变。

2）流元的势的大小和方向决定于它所作用的系统。

3）当流元的势变量与流变量的乘积为正值时，流元起到源的作用，向系统输送功率；负值时则作为负载出现，从系统吸收功率。

**6. 转换器**（TF 元）

转换器用来描述系统能量传输过程中势变量对势变量、流变量对流变量之间的转换关系。它是一个二通口的无源键图元。转换器的图形符号如图 1-5f 所示。

转换器的特性方程是

$$\begin{cases} e_2 = me_1 \\ mf_2 = f_1 \end{cases} \tag{1-32}$$

式中　$m$——转换比。

式（1-32）表明，在任何时刻转换器输出的势与输入的势成正比，输入的流与输出的流成正比，输入转换器的功率等于输出转换器的功率。

**7. 回转器**（GY 元）

回转器用来描述系统能量传输过程中势变量与流变量之间的转换关系，故回转器又称为交叉转换器。回转器是一个二通口的无源键图元。回转器的图形符号如图 1-5g 所示。

回转器的特性方程是

$$\begin{cases} e_2 = rf_1 \\ rf_2 = e_1 \end{cases} \tag{1-33}$$

式中　$r$——回转器的回转比。

**8. 共势结**（0 结）

共势结用来联系系统有关物理效应中能量形式相同数值相等的势变量。共势结是多通口无源结形键图元。共势结的图形符号如图 1-5h 所示。

多通口共势结的特性方程是

$$\begin{cases} e_1 = e_2 = \cdots = e_n \\ \sum_{i=1}^{n} \alpha_i f_i = 0 \end{cases} \tag{1-34}$$

式中　$n$——通口数；

$\alpha_i$——功率流向系数。对于半箭头指向 0 结的键 $\alpha_i = 1$，半箭头背离 0 结的键 $\alpha_i = -1$。

**9. 共流结**（1 结）

共流结用来联系系统有关物理效应中或构件中能量形式相同数值相等的流变量。共流结是多通口无源结形键图元。共流结的图形符号如图 1-5i 所示。

多通口共流结的特性方程是

$$\begin{cases} f_1 = f_2 = \cdots = f_n \\ \sum_{i=1}^{n} \alpha_i e_i = 0 \end{cases} \tag{1-35}$$

式中　$n$——通口数；

$\alpha_i$——功率流向系数。半箭头指向 1 结的键 $\alpha_i = 1$，否则 $\alpha_i = -1$。

### 1.2.3　键合图的增广

我们绘制键合图的目的是对系统进行建模，但是建模完成后，还应该对系统进行仿真计算。当前的仿真计算要依靠计算机，这就需要将键合图模型转化成计算机能够计算的模型，这个计算机计算的模型就是数学方程（通常是状态空间表达式）。所以，对系统进行仿真的下一步，就是由系统的键合图模型推导出系统方程。

但键合图不能直接推导出系统方程，还要对键合图进行增广，才能完成上述工作。

所谓键合图的增广，包括三项内容：编键号、标注功率流方向和标注因果画。

**1. 编键号**

编键号的目的在于识别系统的变量和键图元。键号一般用数字表示，从 1 开始并连续编列。

**2. 标注功率流方向**

功率流参考方向按以下规则标注：

1）半箭头方向由势源或流源指向系统。

2）半箭头方向指向阻性元、容性元和惯性元。

3）半箭头方向由势源、流源这一侧指向键图的另一侧。

键图所标注的功率流方向，反映系统由平衡状态被激励的那一瞬间系统内部功率传输的实际情况。

**3. 标注因果画**

因果画是画在键的一端并且与键垂直的短画线。因果画用来说明与某一键图元相关的势变量与流变量之间的因果关系。

键图元势变量和流变量之间的因果关系相当于控制理论中方块图的输入输出关系。在方块图中利用输入变量和传动函数来计算输出变量，而在键图理论中则利用原因变量和键图元的特性方程来计算结果变量。所以，标注键图元的因果画，实质上是确定在键图元所关联的两个功率变量中用哪一个变量去求解另一个变量的问题。

功率键合图规定，因果画总是画在势变量流入、流变量流出的那一侧。

### 1.2.4　典型系统的键合图模型

**1. 机械系统**

本章将运用键合图模拟简单机械系统。这里讲的简单机械系统是指仅做平动和定轴转动的机械系统。

（1）机械变量的键合图语言描述　描述机械系统特性的变量有力 $F$ 或转矩 $T$、速度 $v$ 或角速度 $\omega$、位移 $x$ 或角位移 $\theta$、动量 $p$ 或角动量 $L$，此外还用到加速度 $a$ 或角加速度 $\varepsilon$。

力（转矩）和速度（角速度）的乘积是功率。所以力和速度或转矩和角速度是一对功率变量。力和转矩具有潜在的特性，而速度和角速度则含有流动的意思，故在键合图模拟中把力和转矩定义为势变量，而把速度和角速度定义为流变量。

因为速度 $v$（角速度 $\omega$）是位移 $x$（角位移 $\theta$）对时间的 1 阶导数，即

$$v = \frac{\mathrm{d}x}{\mathrm{d}t} \tag{1-36}$$

或

$$\omega = \frac{\mathrm{d}\theta}{\mathrm{d}t} \tag{1-37}$$

又由牛顿第二定律，质点动量随时间的变化率等于作用在该质点上的合外力，即

$$F = \frac{\mathrm{d}p}{\mathrm{d}t} \tag{1-38}$$

类似地，绕定轴转动的刚体，其角动量随时间的变化率，等于作用在该刚体上的合外转矩，即

$$T = \frac{\mathrm{d}L}{\mathrm{d}t} \tag{1-39}$$

故知位移 $x$ 和角位移 $\theta$ 对应于广义位移；动量 $p$ 和角动量 $L$ 对应于广义动量。它们都属于能量变量。

机械变量与广义变量的对应关系见表 1-1。

表 1-1　机械变量和广义变量的对应关系

| 广 义 变 量 | 机械变量 | |
|---|---|---|
| | 名　　称 | 单　　位 |
| 势变量 $e$ | 力 $F$ | N |
| | 转矩 $T$ | N·m |
| 流变量 $f$ | 速度 $v$ | m/s |
| | 角速度 $\omega$ | rad/s |
| 广义动量 $p$ | 动量 $p$ | N·s |
| | 角动量 $L$ | N·m·s |
| 广义位移 $q$ | 位移 $x$ | m |
| | 角位移 $\theta$ | rad |
| 功率 $P = ef$ | 功率 $P = Fv$ | W |
| | 功率 $P = T\omega$ | W |

（2）基本物理效应和机械元件的键合图模拟　构成机械系统的元件有的有较大的惯性（例如质量较大的物体）、有的其柔性不容忽视（即便钢铁，在力的作用下也会变形，表现为弹性）、有的相对运动的元件之间存在摩擦（最典型的是导轨之间的油膜所表现出来的性质）。

以上现象都表明机械系统中存在惯性效应、容性效应和阻性效应。

本节主要介绍上述基本效应以及利用基本效应做成的元件的键合图模拟。

1）惯性及惯性元件。机械元件保持其运动状态不变的性质称为惯性。而质量（平动时）和转动惯量（转动时）则是机械元件惯性大小的度量。

对于平动和定轴转动，根据牛顿定律有如下关系

$$p = Mv \tag{1-40}$$

与

$$L = J\omega \tag{1-41}$$

式中　$p$——动量（kg·m/s）；

　　　$M$——质量（kg）；

　　　$v$——速度（m/s）；

　　　$L$——角动量（kg·m²/s）；

　　　$J$——转动惯量（kg·m²）；

　　　$\omega$——角速度（rad/s）。

式（1-40）和式（1-41）表明，机械元件的动量（角动量）与速度（角速度）之间存在着静态关系。

由基本键图元的定义可知，机械元件的惯性或惯性元件可用惯性元来模拟。

图 1-6 表示了机械系统中惯用的平动和定轴转动惯性元件的符号及其键合图模型。

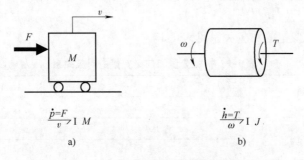

图 1-6　机械惯性元件的键合图模型

a）平动元件　b）定轴转动惯性元件

2）弹性及弹性元件。机械元件在力（转矩）作用下会产生形变，力（转矩）与形变之间存在着某种代数关系。机械元件的这一特性称为弹性。利用弹性效应做成的机械元件称为弹性元件。

在线性情况下，力作用方向上的形变 $x$ 与作用力 $F$ 之间的关系可以写为

$$x = kF \tag{1-42}$$

式中　$k$——线性弹簧刚度（m/N）。

$k$ 是一个与力合形变无关的常数。扭转时，扭转形变与转矩之间的关系同式（1-42）类似。非线性弹性元件的形变与作用力之间的关系是非线性代数关系。

根据基本键合图理论，机械元件的弹性或弹性元件可以用容性元件来模拟。图 1-7 所示为机械系统中元件的弹性或弹性元件的惯用符号及其键合图模型。模型中的 $x$ 是柔性元件两端的速度差，是相对速度。

3）阻尼及阻尼器。一个机械元件相对于另一个机械元件运动时会受到一种阻力的作用。这种现象称为阻尼效应。利用阻尼效应做成的最典型的机械元件是阻尼器。

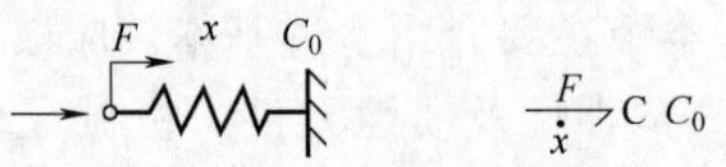

图 1-7　机械弹性元件的键合图模型

当相对运动的两个机械元件相接触的表面之间充满着润滑油液时，阻碍运动的力只是润滑油的剪切力。此时，为克服这个剪切力（摩擦阻力）所需要的力 $F_f$ 与相对速度 $v$ 之间存在着如下静态关系

$$F_f = \mu v \tag{1-43}$$

式中    $\mu$——黏性摩擦系数 [N/(m/s)]。

由式（1-43）描述的摩擦称为黏性摩擦。在正常润滑条件下，机械元件之间的摩擦大多可用黏性摩擦来描述。

根据摩擦的上述特性和基本键图元的定义，摩擦和阻尼器等可用图 1-5a 所示的阻性元来模拟。阻性元件的流变量是摩擦表面的相对速度。

4）速度、力转换机构。在机械系统中，广泛使用像齿轮副、杠杆等的速度、力转换机构。图 1-8a 所示为一对齿轮副。如果不计齿轮的转动惯量、啮合变形以及齿轮轴的摩擦等，则根据齿轮的啮合原理，可列出如下关系式

$$\begin{cases} T_2 = \dfrac{z_2}{z_1} T_1 \\[2mm] \dfrac{z_2}{z_1}\omega_2 = \omega_1 \end{cases} \tag{1-44}$$

式中    $z_1$、$z_2$——分别为主动轮和被动轮的齿数；

$T_1$、$T_2$——分别为主动轮的输入转矩和被动轮的输出转矩；

$\omega_1$、$\omega_2$——分别为主动轮和被动轮的角速度。

很显然，式（1-44）符合功率键合图中转换器元件的特性方程。因而，理想齿轮副的键合图模型就是转换器元件。如图 1-8b 所示。

如果所模拟的齿轮副具有比较大的转动惯量（主动轮转动惯量为 $J_1$、从动轮转动惯量为 $J_2$），而且齿轮轴转动时的摩擦（主动轴的摩擦系数为 $\mu_1$、被动轴的摩擦系数为 $\mu_2$）都不容忽视，那么就要建立如图 1-8c 所示的键合图模型。

当齿轮的变形（主动齿轮的柔度系数为 $C_1$、被动齿轮的柔度系数为 $C_2$）也必须考虑时，则模型中还要增添两个用 0 结键接的 C 元。

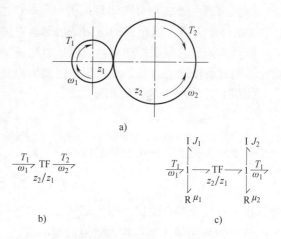

图 1-8    齿轮副及其键合图模型
a）齿轮副    b）、c）键合图模型

图 1-9a 是一个杠杆机构。其动力臂长为 $l_1$、阻力臂长为 $l_2$、输入力和速度为 $F_1$ 和 $v_1$、输出力和速度为 $F_2$ 和 $v_2$。

图 1-9b 是杠杆机构的理想模型，这是一个转换比为 $l_1/l_2$ 的转换器。图 1-9c 的模型则多考虑了两个因素，即铰支座的摩擦以及动力臂和阻力臂的柔性。

**2. 液压系统**

液压系统是利用低速流动的高压液体（例如液压油）来传递能量的系统。本节主要讨论液压变量和液压系统中基本物理效应的键合图描述方法，以及液压元件和液压系统的键合图模拟。

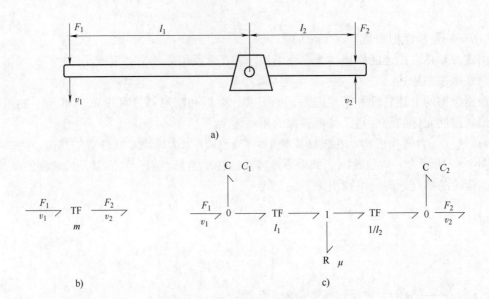

图 1-9 杠杆及其键合图模型

a) 杠杆机构　b) 杠杆机构的理想模型　c) 考虑了铰支座摩擦及动力臂和阻力臂柔性的杠杆机构模型

（1）液压变量的键合图语言描述　用来描述液压系统特性的变量常用的有压力 $p$、流量 $Q$ 和油液体积 $V$ 等。这里讲的压力是物理学中讲的压强，流量是指体积流量。

压力和流量的乘积是功率，所以压力和流量是一对功率变量。压力具有一种潜在的势，而流量则具有流动的含义。故把压力定义为势变量，把流量定义为流变量。

体积 $V$ 是流量 $Q$ 的时间积分，即

$$V = \int_0^T Q \mathrm{d}t \tag{1-45}$$

而压力动量 $\lambda$ 定义为压力 $p$ 的时间积分，即

$$\lambda = \int_0^T p \mathrm{d}t \tag{1-46}$$

故体积 $V$ 对应于广义位移；压力动量 $\lambda$ 对应于广义动量。它们都是能量变量。

（2）液压系统中基本物理效应的键图描述

1）液阻效应。和电流通过导体时会受到阻碍作用一样，液流通过管路或其他流道时也会受到阻碍作用。这种阻碍作用称为液阻效应。由于存在液阻效应，液体流经流道时要产生压力降。在流道的几何形状、通流截面大小以及其他条件不变，并且为线性或线性化的情况下，流量 $Q$ 和压力 $p$ 的关系如下

$$p = R_0 Q \tag{1-47}$$

式中　$R_0$——为线性液阻（$\mathrm{N \cdot s/m^5}$）。

可见，液阻效应是关联着压力和流量的一种物理效应。根据基本键合图的定义，它可以用图 1-10a 所示的阻性元来描述。图 1-10b 所示的键合图表示，当液体流经某一无源、无沟的流道时，流进的流量与流出的相等，但由于液阻效应的作用，出口处的压力 $p_2$ 要低于进口处的压力 $p_1$。

若规定压力的参考方向为由高压指向低压的方向，则当流量的参考方向与压力的参考方

向一致时，称这种参考方向为关联参考方向。图 1-10 阻性元符号中的半箭头方向表示，在压力和流量的关联参考方向下，若 $p$ 与 $Q$ 的乘积为正值，则液阻消耗系统的功率。

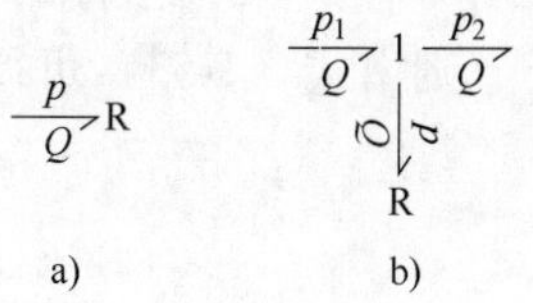

式（1-47）中的阻值可以为线性或非线性，在液压系统中，对于长圆形直管在层流情况下有

$$Q = \frac{\pi d^4}{128 \mu l} p \tag{1-48}$$

图 1-10　液阻的键图模型
a）阻性元　b）键合图

式中　$Q$——流量（$m^3/s$）；

　　　$d$——管路内径（m）；

　　　$\mu$——液体的动力黏度（Pa·s）；

　　　$l$——管路长度（m）；

　　　$p$——管路进、出口压力差（Pa）。

由式（1-48）可见，线性液阻为

$$R_0 = \frac{128 \mu l}{\pi d^4} \tag{1-49}$$

而当液体流经薄壁小孔或短孔时的流量-压力特性可写为

$$Q = C_q A \sqrt{\frac{2}{\rho}} p^{1/2} \tag{1-50}$$

式中　$C_q$——流量系数；

　　　$A$——通流面积（$m^2$）；

　　　$\rho$——液体的密度（$kg/m^3$）。

由式（1-50）可见，薄壁小孔的非线性液阻为

$$R = \frac{p^{1/2}}{C_q A \sqrt{2/\rho}} \tag{1-51}$$

2）液容效应。液压系统中用以传递能量的液体在压力作用下体积要缩小，液体的这种效应称为液容效应，在线性化的情况下，压力 $p$ 和体积压缩量 $V$ 的关系可以写为

$$p = \frac{1}{C_0} V \tag{1-52}$$

式中　$C_0$——线性液容（$m^5/N$）。

由上式可见，液容效应是关联着压力和液体体积两个变量的一种物理效应。根据基本键图元的定义，液容效应可以用图 1-11a 所示的容性元件来模拟。图 1-11b 所示的键合图表示液体流经某容腔时，由于存在容性效应，流出的流量 $Q_2$ 小于流进的流量 $Q_1$。图 1-11 中容性元件符号的半箭头方向表示，在压力和流量的关联参考方向下，当 $p$ 和 $Q$ 的乘积为正时，液容储存势能。

由液体的可压缩性所形成的液容与受压液体的初始体积和液体的体积模量有关。根据体积模量的定义可求得当液体受压而体积减小 $\Delta V$ 时，其压力增高量 $\Delta p$ 为

$$\Delta p = \frac{k}{V_0} \Delta V \tag{1-53}$$

式中　$k$——液体的体积模量（$N/m^2$）；

$V_0$——受压液体的初始体积（$m^3$）。

则由式（1-53）可得液体的线性体积液容为

$$C_0 = \frac{V_0}{k} \qquad (1-54)$$

3）液感效应。流道中的液体由于具有质量而具有保持其运动状态不变的性质，这一物理效应称为液感效应。和机械系统相似，液感效应是关联着压力动量和流量两个变量的一种物理效应。在线性情况下，压力动量 $\lambda$ 和流量 $Q$ 之间的关系可写为

$$\int p\,\mathrm{d}t = \lambda = I_0 Q \qquad (1-55)$$

或

$$Q = \frac{1}{I_0}\lambda = \frac{1}{I_0}\int p\,\mathrm{d}t \qquad (1-56)$$

式中　$I_0$——线性液感（$N \cdot s^2/m^5$）。

根据基本键图元的定义，液感效应可用图 1-12a 的惯性元件来模拟。图 1-12b 的键合图则用来模拟一节管段的液感效应。图 1-12 中惯性元符号的半箭头方向表示，在压力和流量的关联参考方向下，当压力与流量的乘积为正值时液感存储动能。

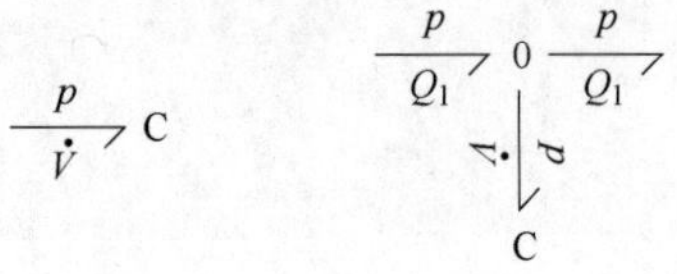

<table>
<tr><td align="center">a)</td><td align="center">b)</td><td align="center">a)</td><td align="center">b)</td></tr>
<tr><td colspan="2" align="center">图 1-11　液容的键合图模拟</td><td colspan="2" align="center">图 1-12　液感的键合图模拟</td></tr>
<tr><td colspan="2" align="center">a）容性元件　b）键合图</td><td colspan="2" align="center">a）惯性元件　b）键合图</td></tr>
</table>

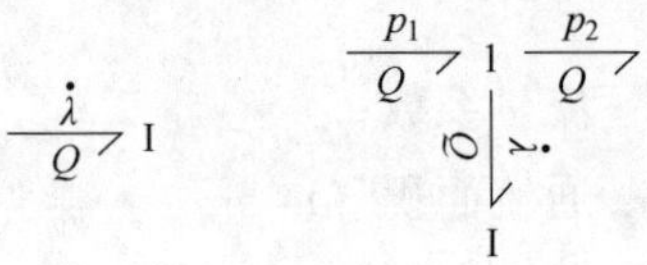

两端截面积相等的一段管路内液体的液感可推导如下。设图 1-13 所示的一段管路的截面积为 $A$，长度为 $l$，流经管路的流量为 $Q$，液体的密度为 $\rho$，液柱两端压力分别为 $p_1$ 和 $p_2$，而 $p = p_1 - p_2$，并且液体的可压缩性可以忽略，则对所考虑的液柱应用牛顿定律得

$$\rho A l \frac{\mathrm{d}}{\mathrm{d}t}\left(\frac{Q}{A}\right) = pA$$

对上式积分一次得

$$\frac{\rho l}{A}Q = \lambda \qquad (1-57)$$

对比式（1-55）和式（1-57）知，所考虑的管段的液感为

$$I_0 = \frac{\rho l}{A}$$

上式表明，液感与液体密度以及管长成正比，与管路截面积成反比。小截面管路的液感在管长相等情况下，要比大截面管路的液感大。之所以会这样，是因为液压系统中把压力（即压强，而不是力）作为势，液柱两端在大小一定的压差作用下，小截面管路内的液柱被加速得慢的缘故。

（3）液压元件的键图模拟　液压系统通常由管路、液压泵、控制调节阀、执行器（液压缸或液压马达）等液压元件组成。

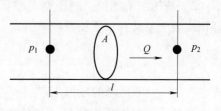

图 1-13　液感的计算

液压元件的键图模拟可按理想模型、静态模型和动态模型三个层次来建立。只考虑元件功能，忽略所有物理效应的模型称为理想模型。在理想模型基础上再考虑阻性效应的模型称为静态模型。除了考虑阻性效应外还考虑容性效应和（或）惯性效应的模型称为动态模型。

若元件的动态特性对系统动态特性的影响可以忽略，那么在建立系统模型时，这些元件就可以采用理想模型或静态模型来模拟。如果元件的动态特性是影响系统动态特性的重要因素，或者元件动态特性本身就是研究的课题，那就必须建立它的动态模型。

1）管路的键合图模型。图 1-14a 表示一段等截面管路，其进口处的压力为 $p_i$，流量为 $Q_i$，出口处的压力为 $p_o$，流量为 $Q_o$。当管路不长，流量也不小，它的液阻、液容和液感与系统中其他元件的液阻（如控制阀的液阻）、液容（比如液压缸的液容）和惯性（如液压马达和负载的惯性）相比往往要小得多。在这种情况下，管路的动态特性对系统没有多大的影响。因此，可以用图 1-14b 所示的理想模型来模拟。这时，$p_i=p_o=p$，$Q_i=Q_o=Q$。

当管路较长管径又较小时，往往要考虑管路的液阻。这时可采用图 1-14c 所示的静态模型。模型中，$R_t$ 表示管路的液阻；$p$ 为液阻效应产生的压降。

若管路的特性对系统动态特性的影响不容忽略，就应当采用动态模型。图 1-14d 的动态模型同时考虑了管路的液阻 $R_t$ 和液感 $I_t$。它适于模拟管径小的长管路。

当管路直径大而长度短时，其动态特性主要由液容效应支配。这时可采用图 1-14e 的动态模型。当只考虑液体的可压缩性时，容性元参数 $C_r$ 就是基于液体可压缩性的液容 $C_0$。如果还需要考虑管壁的柔性，则容性元参数 $C_r$ 还要包括基于管壁柔度的容度参数 $C_h$。

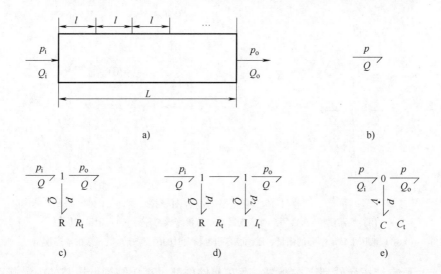

图 1-14　管路的键合图模型
a）等截面管路　b）理想模型　c）静态模型　d）、e）动态模型

2）液压泵的模拟。液压泵是液压系统中的能量转换元件。它将机械能转换成液压能。容积式液压泵具有如下关系

$$\begin{cases} Q_t = k\omega \\ kp = T \end{cases} \tag{1-58}$$

式中　$Q_t$——液压泵的理论流量（$m^3/s$）；

　　　　$k$——液压泵转过 1rad 时的排量（$m^3$）；

　　　　$\omega$——液压泵驱动轴的角速度（rad/s）；

　　　　$p$——液压泵的工作压力（$N/m^2$）；

　　　　$T$——作用在泵轴上的转矩（N·m）。

液压泵的这一输入输出关系可以用图 1-15a 所示的转换器来模拟。定量泵是液压系统中广泛采用的一种液压泵。在许多情况下它可采用图 1-15b 所示的具有恒流量 $Q_t$ 的流源来模拟。图 1-15a、b 所示的这两个模型仅考虑泵的功能，未涉及各种物理效应，它们是理想模型。

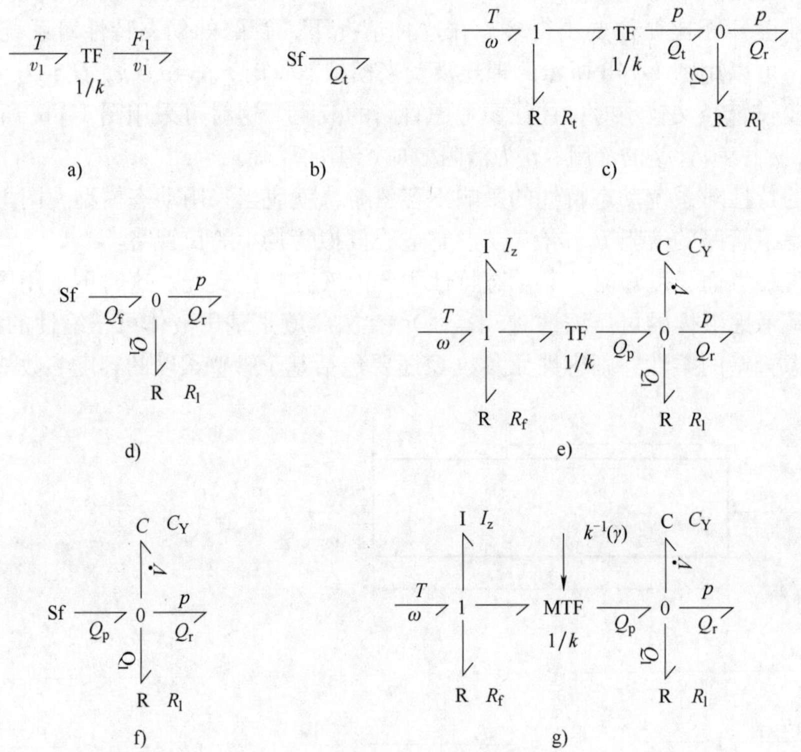

图 1-15　液压泵的键合图模拟

a）用转换器模拟　b）用具有恒流量 $Q_t$ 的流源来模拟　c）、d）泄漏的模拟

e）、f）液压泵转动部分的惯量、压油腔容积也较大时的模型　g）变量泵的动态模型

实际上，所有液压元件都存在泄漏，存在元件内部由高压腔到低压腔的内泄漏以及由元件内部到外部（或元件内部零压腔）的外泄漏。由于产生的泄漏的缝隙一般都很小，故泄漏都是层流流动，并可用式（1-59）计算

$$Q_1 = \frac{1}{R_1} p \tag{1-59}$$

式中　$Q_1$——泄漏流量；

　　　$R_1$——缝隙的液阻；

　　　$p$——高压腔与低压腔的压力差（对内泄漏）或产生泄漏油腔的压力（对外泄漏）。

　　一般，内泄漏用键接在两个 0 结之间的 1 结上的阻性元模拟；外泄漏则用键接在 0 结上的阻性元模拟，如图 1-15c、d 中的 $R_1$ 均表示泄漏。另外，图 1-15c 还考虑了液压泵转动部分的摩擦 $R_1$。这两个模型都未考虑动态效应，它们是静态模型。模型中 $Q_r$ 表示液压泵的实际输出流量。

　　若液压泵转动部分的惯量比较大，另外，压油腔的容积也比较大，则可采用图 1-15e、f 所示的模型。模型中 $I_z$ 是转动部分的惯量，$C_Y$ 是压油腔的液容。

　　图 1-15g 所示的模型是模拟变量泵的动态模型。其中，MTF 是一个调制转换器，其转换比 $1/k$ 是可变参数 $\gamma$ 的函数。对于单作用叶片泵和径向柱塞泵，$\gamma$ 是转子相对定子的偏心量；对于轴向柱塞泵，$\gamma$ 是斜盘的倾角；对于压力补偿泵，$\gamma$ 则是泵的供油压力。

　　当然，若液压泵本身是研究的对象，也就是说液压泵是所研究的动态系统本身，那么应该建立更加精确详细的功率键合图模型。

　　3）液压缸的模拟。图 1-16a 表示一单出杆液压缸。液压缸左右两腔有效工作面积分别为 $A_1$ 和 $A_2$。输入流量为 $Q_s$、压力为 $p_s$。回油流量为 $Q_r$、压力为 $p_r$。活塞运动速度为 $v$，输出力为 $F$。若忽略摩擦、泄漏、油的可压缩性以及活塞的惯性，并且当回油压力为零时，则液压缸的输入输出关系可写为

$$\begin{cases} F = A_1 p_s \\ A_1 v = Q_s \end{cases} \tag{1-60}$$

　　可见，在上述情况下，液压缸可以用图 1-16b 所示的转换器来模拟。这是液压缸的理想模型。

　　如果液压缸回油管路较长、直径较小，或者经过节流阀、调速阀或背压阀回油，则回油腔压力 $p_r$ 有一定大小。于是可对液压缸列出下列关系式

$$\begin{cases} F_a = A_1 p_s \\ A_1 v = Q_s \end{cases} \tag{1-61}$$

$$\begin{cases} p_r = (1/A_2) F_b \\ (1/A_2) Q_r = v \end{cases} \tag{1-62}$$

$$F = F_a - F_b \tag{1-63}$$

式中　$F_a$——进油腔油液产生的压力；

　　　$F_b$——回油腔油液产生的压力。

　　显然式（1-61）和式（1-62）是转换比分别为 $A_1$ 和 $1/A_2$ 的转换器的特征方程。而式（1-63）是共流节的势方程。于是可建立具有回油压力 $p_r$ 的液压缸的理想模型如图 1-16c 所示。

　　和其他液压元件一样，液压缸也存在泄漏。内外泄漏将影响液压缸的运动速度。当模型中需要考虑内泄漏时，可先对进、回油腔的压力 $p_s$ 和 $p_r$ 建立如图 1-16d 所示的两个 0 结，并

在这两个 0 结之间键接一个 1 结用以键接模拟内泄漏的阻性元。进、回油腔的外泄漏则利用直接键接在压力为 $p_s$ 和 $p_r$ 的 0 结上的阻性元来模拟。液压缸运动时，活塞和缸体之间以及活塞杆和缸盖之间都要产生摩擦，摩擦将降低液压缸的输出力。摩擦用键接在速度为 $v$ 的 1 结上的阻性元模拟。图 1-16d 所示的模型考虑内外泄漏以及活塞运动时的摩擦。它没有考虑动态物理效应，这是一个静态模型。

图 1-16e 是液压缸的一个动态模型。它考虑了进油腔和回油腔的液容效应（用键接在压力为 $p_s$ 和 $p_r$ 的 0 结上的容性元模拟）以及液压缸的惯性（用键接在速度为 $v$ 的 1 结上的惯性元模拟）。它忽略了内外泄漏。对于低压大流量系统，这种简化是合理的。

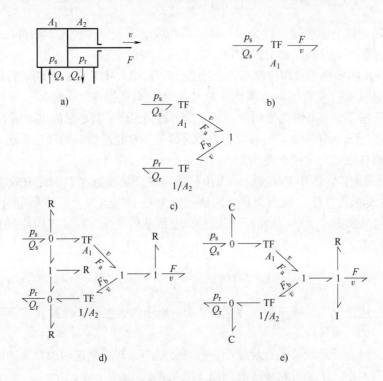

图 1-16　液压缸的键合图模拟
a）单出杆液压缸　b）转换器　c）液压缸的理想模型
d）建立两个 0 结　e）液压缸的动态模型

（4）控制调节阀

1）四通滑阀。四通滑阀主要用来控制工作部件的运动方向。它的结构形式和参数匹配对系统的动态特性有着重要的影响。

图 1-17a 表示了四通滑阀的结构原理。它有四个通流口与系统的其他部分联结。通口 P 是供油口，T 为回油口。通口 A 和 B 一般与液压缸或液压马达的两个通口相连。阀芯与阀体的相对位置形成了四个阀口。这四个阀口是 PA（指液流在通口 P 和通口 A 之间流动时所经过的阀口，下同）、AT、PB 和 BT。液流通过阀口时要产生液阻效应。设各个阀口的液阻分别为 $R_{PA}$、$R_{AT}$、$R_{PB}$、$R_{BT}$，于是可将图 1-17a 滑阀中的液流情况用图 1-17b 的液阻回路图表示。各个液阻可利用方程（1-52）求得。

对图 1-17b 的每一个压力建立一个 0 结，并在两个 0 结之间键接一个 1 结用以键接模拟液阻的阻性元，于是可得到图 1-17c 所示的键合图。四通阀有多种机能，图 1-17a 表示的是 O 型四通阀。在中位时四个阀口的液阻都有一个有限值。进入供油口的压力油通过各个阀口流向其他三个通口。图 1-17c 所示的键合图表示了这一流动状态。

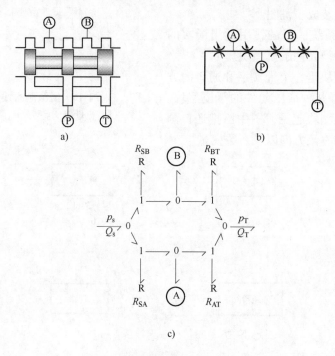

图 1-17　四通滑阀的键合图模拟

a）滑阀　b）液阻回路图　c）键合图

2）溢流阀。在使用定量泵的进油或回油节流调速系统中，溢流阀用来排出多余的流量，从而使液压泵的工作压力保持基本不变。一般要求溢流阀具有如图 1-18a 所示的流量-压力特性，即当液压泵工作压力 $p$ 低于溢流阀调整压力 $p_s$ 时溢流阀不溢流；当 $p>p_s$ 时，溢流流量 $Q$ 随 $p$ 线性地微小变化。这一静态特性的数学描述是

$$Q_r = \begin{cases} 0 & p \leqslant p_s \\ \dfrac{1}{R_r}(p-p_r) & p > p_s \end{cases} \qquad (1-64)$$

一般溢流阀的无阻尼自然频率要比整个系统的无阻尼自然频率高得多，故溢流阀的响应远比系统的响应快。因此，在系统分析时，溢流阀可以用式（1-64）所描述的阻性元件来模拟。图 1-18b 所示是与液压泵压油口联结的溢流阀的键合图模型。它表明输入系统的流量 $Q$ 是液压泵输出流量 $Q_p$ 与溢流阀溢出流量 $Q_r$ 之差。

## 1.2.5　液压系统的模拟方法

组成液压系统的元件大部分都是标准液压元件。因此，有可能为这些液压元件建立起不同层次（如理想的、静态的和动态的）的模型块。而系统的键图模型则可利用组装元件的模型块来得到。这种建立系统模型的方法就称为组装法。利用组装法建立液压系统键图模型可按以下步骤进行：

1）根据系统的组成元件，画出它们的子模型块。

2）根据系统各组成元件的联结关系把各元件的子模型块组装成子键图。

3）根据研究系统的目的，用适当层次的元件键图模型去替换元件子模型块。

元件的子模型块是一个带文字和通口的方块。图 1-19 表示了几种液压元件的子模型块。为了方便组装子模型块起见，图中已把通口画成键，并标注了功率流方向以及有关变量。

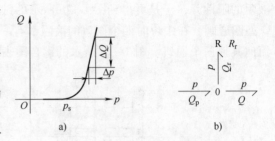

图 1-18　溢流阀的键合图模拟
a）流量-压力特性　b）键合图模型

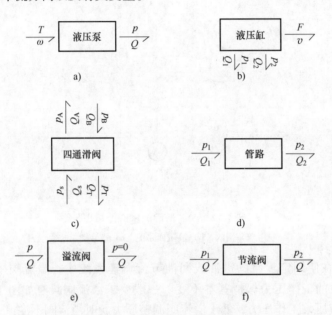

图 1-19　液压元件的子模型块
a）液压泵　b）液压缸　c）四通滑阀　d）管路　e）溢流阀　f）节流阀

如图 1-20a 所示是回油节流调速液压系统原理。下面利用组装法建立它的键合图模型。该系统由下列主要元件组成：液压泵、液压缸、溢流阀、节流阀、四通阀以及管路等。这些液压元件的子模型块如图 1-19 所示。通过组装这些子模型块可得图 1-20b。在组装成的子键合图中包括了负载。最后，用适当层次的元件键合图模型去替换元件的子模型块。

因所模拟的系统是低压大流量系统，故忽略各液压元件的内外泄漏。所采用的液压泵是定量液压泵，考虑到它的压油口有较大的容腔，故采用图 1-15f 的模型，但不计泄漏。溢流阀的动态特性远比整个系统快，故采用一个由式（1-64）描述的阻性元来模拟。在子键合图中考虑了三段管路。液压泵与四通滑阀之间的一段管路较长，直径也不小。若其液容与液压泵压油口的液容一起考虑，则它可用图 1-14c 的静态模型模拟。四通滑阀与液压缸之间的两段管路较短，因而液阻效应不显著。又因其液容可与液压缸的液容一道考虑，故两段管路及四通滑阀可用图 1-14b、图 1-14c 的静态模型模拟。所建模型用来研究系统换向过程的动态特性。节流阀本身就是一个液阻。因忽略泄漏，故液压缸采用图 1-16e 所示的动态模型，液

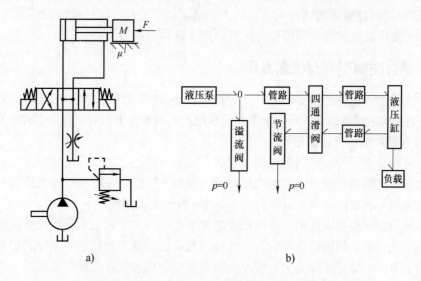

图 1-20　用组装法建立回油节流调速系统键合图模型的过程
a）液压系统原理　b）键合图模型

压缸的摩擦和惯性与负载的摩擦和惯性一并考虑。利用上述键合图模型替换子模型块后即得到图 1-21 所示的回油节流调速系统的键合图模型。

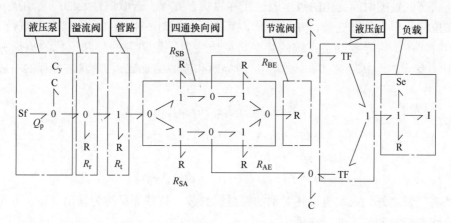

图 1-21　回油节流调速系统的键合图模型

液压系统键合图模型具有以下一些特点：

1）每个 0 节描述系统中的一个压力。液压系统中压力的计量一般都采用表压力，因此无需对大气压力建立一个共势节。

2）模拟某一容腔液容效应的容性元是与同该容腔压力对应的 0 结相键接的。

3）模拟产生压降 $p=p_1-p_2$，这一液阻效应的阻性元是与同压力 $p_1$、$p_2$ 对应的两个 0 结之间的 1 结键接的。

4）模拟某容腔外泄漏的阻性元是与同该容腔压力对应的 0 结键接的。

5）模拟两容腔之间内泄漏的阻性元是与同该两容腔压力对应的两个 0 结之间的 1 结键接的。

6）模拟管路液感效应的惯性元是与同该管路流量对应的 1 结键接的。

当建立了液压系统的键合图模型后，可利用上述特点进行检查。

## 1.2.6 由键合图模型列写状态方程

键合图模型清晰地描述系统中有关的物理效应、元件的相互联结关系以及功率传输情况。它隐含着描述系统运动的数学方程。本章讨论利用人工由键合图列写状态方程的有关问题。

### 1. 状态方程和输出方程的形式

系统在输入作用下的运动状态可用一组状态变量来描述。状态变量就是借以表征系统内部状态随时间变化的物理变量。状态变量在某一时刻 $t$ 的数值决定于系统的结构和参数、它本身在初始时刻 $t_0$ 的数值以及从 $t_0$ 到 $t$ 的一段时间内的输入作用。

状态变量是独立变量。任何一个状态变量都不能是另一个状态变量的代数函数。状态变量的选择不是唯一的。但因惯性效应、容性效应对系统的动态特性起着主导的影响作用，故状态变量通常与各个储能元件有关。在键合图模拟中一般取惯性元的广义动量 $p$ 和容性元的广义位移 $q$ 作为状态变量。

一般来说，状态变量的数目与系统储能元件的数目相等。但是，在系统中如果元件的相互联系产生多余的变量，则状态变量数就少于储能元件数。另一方面，也有需要选择与储能元件无关的状态变量的场合，这时状态变量数就多于储能元件数。

描述状态变量随时间变化的数学表达式称为状态方程。若取惯性元的广义动量 $p$ 和容性元的广义位移 $q$ 作为状态变量，并记为 $x_i$，其中 $i = 1, 2, \cdots, n$（$n$ 为状态变量数），则状态变量对时间的 1 阶导数就是系统的势变量或流变量。取势源的势和流源的流作为输入变量，并用 $u_j$ 表示，其中 $j = 1, 2, \cdots, r$（$r$ 为势源和流源的总数），则状态方程的一般形式可写为

$$\begin{cases} x_1 = f_1(x_1, x_2, \cdots, x_n, u_1, u_2, \cdots, u_r) \\ x_2 = f_2(x_1, x_2, \cdots, x_n, u_1, u_2, \cdots, u_r) \\ \vdots \\ x_n = f_n(x_1, x_2, \cdots, x_n, u_1, u_2, \cdots, u_r) \end{cases} \tag{1-65}$$

除状态变量之外，人们也许还对别的变量感兴趣。这些变量称为输出变量，并可通过输出方程由状态变量和输入变量求得。

对于具有 $m$ 个输出变量 $y_1, y_2, \cdots, y_m$ 的输出方程可写为

$$\begin{cases} y_1 = g_1(x_1, x_2, \cdots, x_m, u_1, u_2, \cdots, u_r) \\ y_2 = g_2(x_1, x_2, \cdots, x_m, u_1, u_2, \cdots, u_r) \\ \vdots \\ y_m = g_m(x_1, x_2, \cdots, x_m, u_1, u_2, \cdots, u_r) \end{cases} \tag{1-66}$$

对于线性系统，方程（1-65）和方程（1-66）可写为

$$\begin{cases} \dot{x}_1 = a_{11}x_1 + \cdots + a_{1n}x_n + b_{11}u_1 + \cdots + b_{1r}u_r \\ \vdots \\ \dot{x}_n = a_{n1}x_1 + \cdots + a_{nn}x_n + b_{n1}u_1 + \cdots + b_{nr}u_r \end{cases} \tag{1-67}$$

和

$$\begin{cases} y_1 = c_{11}x_1 + \cdots + c_{1n}x_n + d_{11}u_1 + \cdots + d_{1r}u_r \\ \vdots \\ y_m = c_{m1}x_1 + \cdots + c_{mn}x_n + d_{m1}u_1 + \cdots + d_{mr}u_r \end{cases} \quad (1\text{-}68)$$

若设 $n$ 维状态列向量 $\boldsymbol{x} = [x_1, \cdots, x_n]^\mathrm{T}$，$r$ 维输入列向量 $\boldsymbol{u} = [u_1, \cdots, u_r]^\mathrm{T}$，则方程（1-67）可写为

$$\dot{\boldsymbol{x}} = \boldsymbol{A}\boldsymbol{x} + \boldsymbol{B}\boldsymbol{u} \quad (1\text{-}69)$$

式中

$$\boldsymbol{A} = \begin{bmatrix} a_{11} & \cdots & a_{1n} \\ \vdots & & \vdots \\ a_{n1} & \cdots & a_{nn} \end{bmatrix}, \boldsymbol{B} = \begin{bmatrix} b_{11} & \cdots & b_{1r} \\ \vdots & & \vdots \\ b_{n1} & \cdots & b_{nr} \end{bmatrix}$$

分别为 $n \times n$ 维的系统矩阵和 $n \times r$ 维的控制矩阵。

类似地，所设 $m$ 维输出列向量为 $\boldsymbol{y} = [y_1, \cdots, y_m]^\mathrm{T}$，则式（1-68）可写为

$$\boldsymbol{y} = \boldsymbol{C}\boldsymbol{x} + \boldsymbol{D}\boldsymbol{u} \quad (1\text{-}70)$$

式中

$$\boldsymbol{C} = \begin{bmatrix} c_{11} & \cdots & c_{1n} \\ \vdots & & \vdots \\ c_{m1} & \cdots & c_{mn} \end{bmatrix}, \boldsymbol{D} = \begin{bmatrix} d_{11} & \cdots & d_{1r} \\ \vdots & & \vdots \\ d_{m1} & \cdots & d_{mr} \end{bmatrix}$$

分别为 $m \times n$ 维的输出矩阵和 $m \times r$ 维的传递矩阵。

从以上有关方程知，状态方程是微分方程，而输出方程则为代数方程。

**2. 由全积分因果关系键图列写状态方程**

在此仅列写由全积分因果关系的键合图列写状态方程的方法。列写状态方程的步骤归纳如下：

1）取 I 元的广义动量 $p$ 和 C 元的广义位移 $q$ 作为状态变量。取 Se 元的势和 Sf 元的流作为输入变量。

2）根据键图元的特性方程求出储能键图元和阻性元的输出变量。

3）列出表达 $\dot{p}$ 和 $\dot{q}$ 的势方程和流方程。

4）将储能键图元和阻性元的输出变量代入各势方程和流方程中。

## 1.2.7　状态方程的数值解法

对物理系统进行建模仿真，其最终目的是要获得仿真结果。

用功率键合图理论来对系统进行仿真，只绘制出功率键合图还不够；将功率键合图转化为状态空间表达式，也不够；必须要对状态空间表达式进行求解。这时，就需要用到数值计算方法了。

即便是简单的仿真模型，对其进行仿真求解，也得依赖计算机。所以，所谓的数值计算方法，都得依赖计算机程序来实现。

广义上讲，数值计算方法（或称计算方法）是研究数学问题求解数值解的算法和有关理论的一门学科。它研究用计算机求解数学问题的数值计算方法及其软件实现。科学与工程计算中常用的基本数值方法，包括线性方程组与非线性方程求根、插值与最小二乘拟合、数

值积分与常微分方程数值解法等。

Amesim 软件之所以功能强大，不仅在于该软件利用键合图理论作为核心建模算法（这保证了模型的可封装性、模块化），更在于该软件后台必然包括一套功能强大的核心数值算法库，能够对线性或非线性的微分方程（组）进行数值求解。也就是说，Amesim 软件的核心是："功率键合图理论+数值计算方法"，两者缺一不可。

数值计算方法，并不是本书要讲解的内容。感兴趣的读者，可自行查阅相关文献资料进行学习。在这里，仅通过一个简单的例子，来说明数值算法在解决仿真问题中的应用。

我们以求一个质量块的运动为例。有时候，我们可能关心其在某一个时刻的位移、速度，在计算机仿真中，要求解某一个时刻的位移和速度，首先需要知道初始时刻的位移、速度，这样才能求解未来某一时刻的位移和速度。在数值计算中，这其实就是已知初值，通过积分运算，求解原函数。得到原函数后，就可以求得在某个时刻的函数值，即那个时刻的位移、速度。

这样的问题可以用 1 阶常微分方程来描述，即求方程（1-71）的数值解法。

$$\begin{cases} y'=f(x,y)\,(a \leqslant x \leqslant b) \\ y(x_0)=y_0 \end{cases} \tag{1-71}$$

根据常微分方程解的存在唯一性定理，在 $f(x,y)$ 满足一定的条件下，解函数 $y=y(x)$ 是唯一存在的。

一般的做法是，取步长 $h$，记 $x_n=x_0+nh\,(n=1,2,\cdots)$，按一定的递推公式依次求得各节点 $x_n$ 上解函数值 $y(x_n)$ 的近似值 $y_n$，称 $y_0$，$y_1$，$\cdots$，$y_n$，$\cdots$ 为初值问题式（1-71）的数值解。

某质量阻尼系统原理如图 1-22 所示。根据牛顿定律，可以得到该系统的微分方程为

$$m\dot{v}=F-bv \tag{1-72}$$

如果设初始速度为 $v(0)=v_0$，则有

$$\begin{cases} \dot{v}(t)=-\dfrac{b}{m}v(t)+\dfrac{1}{m}F(t) \\ v(0)=v_0 \end{cases} \tag{1-73}$$

可见，方程（1-73）与方程（1-71）形式相同，是典型 1 阶常微分方程，用龙格-库塔法即可求解。事实上，Amesim 也是用与本例类似的方法来解决问题的。只不过，Amesim 将上述过程封装，使用户感觉不到上述过程的存在。

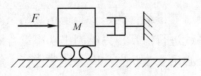

图 1-22　质量阻尼系统原理

## 1.3　Amesim 仿真建模的基本思想

前面用了较长的章节介绍功率键合图理论，其原因是 Amesim 软件的核心建模思想是基

于功率键合图理论的。从以下几个方面也可侧面体现功率键合图理论的特点：

1）Amesim 为什么有能力构建涵盖那么多领域的仿真模型库。Amesim 仿真软件的用户会惊叹于该仿真软件为什么会有涵盖那么多领域的仿真模型预装库。通过前面章节中功率键合图理论的学习，读者应该能够看到，我们所列举的有限领域（机械、液压）的功率键合图建模方法，从直观上看，组成机械传动的元件（比如杠杆、齿轮）和液压传动的元件（比如液压泵、液压缸）之间没有直接联系，但是功率键合图理论利用功率传递的原理和能量守恒这一基本定律，通过定义一些基本的键图元（阻性元件、感性元件、容性元件、转换器、0 结点、1 结点等），完整恰当地定义了这些领域中的物理表象。事实上，不只本书所列举的机械和液压这两个领域，电气传动、气压传动、电磁学、热力学和传热学等领域，可以这样说，凡是可以用微分方程来描述的物理系统，都可以转化为功率键合图来进行模型构建，通过使用功率键合图方法，可以将我们生活中的万事万物进行高度统一和概括。Amesim 仿真软件能够同时构建这么多领域的模型预装库，其实不过是因为这些不同的物理领域，都可以用微分方程这一数学模型统一表述。Amesim 仿真软件通过不同的图标将这些模型进行封装。从用户的角度看来，对应着不同领域的仿真模型元素，而其本质，都是由功率键合图的基本图元通过不同的拓扑关系组成的。

2）既然微分方程可以描述所有的物理系统，为什么非得用功率键合图。通过前面例子的分析，读者们应该可以看到，功率键合图自身的拓扑结构关系及其描述功率传递的原理，使功率键合图与自然界中的物理元件有着天然的对应关系。键图元的通口或者是键图元组合的各个通口，对应着真实物理元件与外界的接口。而一个复杂的物理系统，可以由若干个子系统通过通口拓扑连接起来。这就使得用功率键合图描述的物理仿真模型可以采用"分而治之""化整为零"的方法进行处理。每个子模型块可以任意组合和重复利用，大大加快了建模速度和重复利用率。并且，将键合图模型用图标封装后（Amesim 就是这样做的），由于键合图的通口对应真实物理元件的对外接口，即使不懂得键合图的基本原理，也能够按真实物理系统中的对应关系将元件连接起来进行仿真。Amesim 软件能吸引众多专业领域的工程师使用它，也正是由于这个原因。在这一点上，其他建模方法无法解决。如前文所述，比如用微分方程来建立系统的仿真模型，虽然准确，但不直观，对于非数学专业的工程师来说，建立数学模型有一定的困难。并且更重要的是，由于微分方程描述的物理系统没有明确的拓扑关系，因此，对其子系统进行重用，是有一定困难的。

3）功率键合图所描述的物理系统，特别适合进行计算机仿真。从前面的章节中，用户可以看到，利用确定的规则，可以将功率键合图描述的物理系统，转化为状态空间表达式（矩阵方程描述的数学模型），然后利用数值计算方法，对这些矩阵方程进行求解。以上这些工作，都特别适合用计算机来进行完成。在前面的几节中，我们所列举的功率键合图模型，事实上都非常简单，真正的物理系统都是比较复杂的，但是利用功率键合图所特有的拓扑关系，以及计算机自动化解决复杂问题的能力，使得功率键合图特别适合用计算机来进行求解，即使是比较复杂的模型，计算机处理起来仍然比较轻松，这降低了系统仿真的工作量和出现错误的概率。

4）功率键合图仿真模型，具有较强的适应性。在前面的几节中，尤其是液压系统功率键合图仿真方法的介绍中，读者可以看到，键合图的模型特别适合进行扩展。以液压泵的键合图仿真模型为例，如图 1-15 所示，可以依据仿真系统对模型复杂程度的具体需求，选择恰当的键合图模型。当不必考虑液压泵的动态特性时，可以用最简单的恒流源来代替液压泵模型，即如图 1-15b 所示；当要考虑扭矩的影响因素时，可以采用图 1-15a 所示的转换器模型来仿真液压泵；而当要考虑系统的摩擦因素影响时，可以在图 1-15a 的基础上，添加描述摩擦影响因素的阻性元件，改造成图 1-15c 所示的键合图模型，而在这个改造过程中，键合图模型对外的接口（端口）是没有变化的，仿真的终端用户几乎感觉不到系统模型的修改。熟悉 Amesim 建模流程的读者应该可以知道，用 Amesim 进行仿真建模要经历 4 个步骤，分别是：绘制系统草图→赋予子模型→赋值参数→仿真编译和执行。笔者虽然不是 Amesim 软件的开发人员，但是通过对 Amesim 软件的使用和功率键合图理论的学习，有理由相信，建模的这四个过程中：绘制系统草图阶段，用户进行的操作，应该是将各个功率键合图描述的模型草图，通过对外接口（键图元的通口）按正确的逻辑关系连接起来；而赋予子模型阶段，事实上给用户一个机会，最终决定，用什么样复杂程度及拓扑关系的功率键合图来建立最终的仿真系统；赋值参数阶段，是为功率键合图描述的系统和各个键图元，赋值确定的参数；仿真编译和执行阶段，很显然应该是将键合图模型描述的系统，转化为状态空间表达式，以备仿真求解。如此，就将 Amesim 建模仿真过程和功率键合图的理论方法一一对应起来了。

5）键合图模型，当然也有其局限性。键合图模型固然有其优势，但也不是所有工程仿真问题，都适合用键合图理论来求解。比如，键合图模型不适合进行分布参数系统的仿真（只能近似地分析），不能像有限元分析那样对模型进行离散化，进而求解。那是由理论原理所决定的。所以，仿真工程师所面临的一个主要问题是，对所面对的仿真问题，进行准确恰当的分析和判断，决定采用哪种仿真理论来构造系统模型，这直接决定了仿真运算的可信度。

6）学习键合图理论，对建立系统仿真模型、分析仿真结果，都很有帮助。之所以用本章这么大篇幅来讲解功率键合图理论，是因为，笔者通过对 Amesim 仿真软件的使用和功率键合图理论的学习，越来越觉得，对键合图理论理解得越深厚，越能够有效地调用 Amesim 的各种仿真模型，并自如充分地理解 Amesim 各种仿真库的工作原理。同时，能够在出现问题时，准确判断产生问题的原因，并对仿真结果给出恰当的解释。这才是用 Amesim 软件解决工程仿真问题的最终目的和最高境界。

### 1.3.1 理解端口的概念

如图 1-23 所示，以液压缸和质量块为例来说明键合图模型和 Amesim 仿真模型之间的关系。

图 1-23a 所示为带有质量负载的液压缸驱动系统键合图模型。而图 1-23b 所示为所谓的键合图"词模型"块。图 1-23c 和图 1-23d 为 Amesim 中的液压缸模型和质量块模型。

从图 1-23 中的箭头指向可见，Amesim 的仿真模型（液压缸和质量块），分别对应了图 1-23a 的左半部分和右半部分。在 Amesim 仿真软件中，将液压缸和质量块相连接，实际上就是将这一对模型的功率键相连接。

在图 1-23c 和图 1-23d 中，Amesim 模型对外的接口分别为 3 个和 1 个。而图 1-23a 中的液压缸键合图模型和质量块键合图模型的对外接口也分别是 3 个和 1 个，这也说明了键合图模型和 Amesim 模型之间的对应关系。

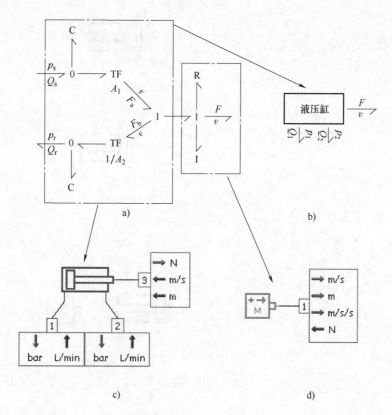

图 1-23　液压缸功率键合图模型与 Amesim 液压缸质量块模型对比图

a) 液压缸驱动系统键合图模型　b) 键合图"词模型"块　c) 液压缸模型　d) 质量块模型

可见，在 Amesim 软件中所谓模型的"端口"，其实是键合图模型中对外连接的"功率键"的接口。

## 1.3.2　理解模型和子模型

我们同样用图形来说明 Amesim 中子模型的概念。

同样以液压缸和质量块为例，我们用图 1-24 对比一下功率键合图模型和 Amesim 模型之间的联系。

图 1-24a~d 分别为液压缸不同形式的键合图模型和 Amesim 模型之间的对比图。

对图 1-24a 来说，键合图模型和 Amesim 模型，对外都只有 2 个接口，并且没有考虑质量块。

对图 1-24b 来说，键合图模型和 Amesim 模型，都没有考虑质量块，对外都是 3 个接口。

对图 1-24c 来说，考虑了质量块和内泄漏。

对图 1-24d 来说，考虑了容腔的大小和质量块的外部摩擦。

从对比中可以看出，功率键合图模型可以适应各种详略程度的建模要求。

在 Amesim 软件中，还有子模型的概念。有理由相信，子模型也应该能对同一种拓扑关系的键合图模型进行适当的修改和转换，以适应不同的功能需求。这样，通过键合图理论的学习，我们对 Amesim 的工作机制有了更深层次的认识。

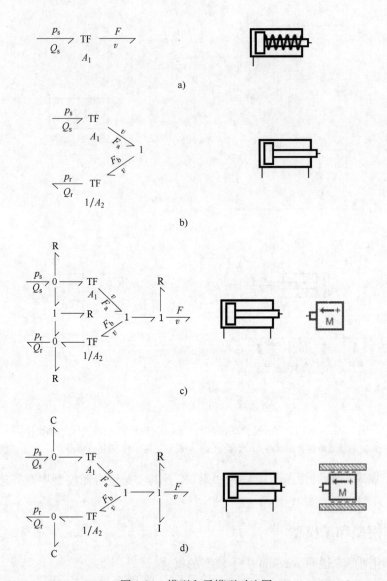

图 1-24  模型和子模型对比图

a）2 个接口、没有考虑质量块  b）3 个接口、没有考虑质量块

c）考虑了质量块和内泄漏  d）考虑了容腔大小和质量块的外部摩擦

## 1.4  本章小结

本章首先介绍了两种系统动态特性的研究方法：传递函数法和数字仿真法，并比较了这两种方法的区别和联系。数字仿真法的最终目的是建立系统的状态方程。功率键合图作为一种直观的建模语言，一方面可以清晰而形象地表达系统在动态过程中各组成部分的相互关系，包括其功率流程、能量分配和转换等；另一方面可以较方便地推导出状态方程。推导出状态方程的方法具有普遍性。

接着，本章用较大篇幅介绍了功率键合图理论，接着还给出了一个较为复杂的液压系统的功率键合图完整仿真模型，还介绍了将键合图模型转化为状态方程的一般方法，以及计算机数值解法的基本概念。

最后，在 1.3 节中对 Amesim 仿真建模的思想进行了总结，其根本目的，是通过对键合图理论的学习、对键合图模型的分析等，加深对 Amesim 软件的理解，Amesim 仿真软件所做的工作是将键合图模型进行封装，将键合图模型至状态方程的转化及状态方程的数值求解，用计算机软件技术自动化地实现。通过以上软件的封装和操作，仿真工程师所面对的建模问题变得更加简化和直观，使建立复杂仿真模型系统成为可能，并降低了用户出错的概率，同时提高了建模效率，节省了成本。正是因为拥有如上诸多优势，才使得 Amesim 拥有大量的用户，以及良好的发展前景。

笔者仍然坚信这样的观点，仿真建模工程师应该具备基本的功率键合图理论知识，这可以促进对 Amesim 软件的学习；反过来，对 Amesim 软件的学习，也可以促进对键合图理论的理解。两者相辅相成。

# 第 **2** 章
## 一维机械库

## 2.1　一维机械库概述

在很多情况下，机构的运动可以认为是直线运动（例如滑块在导轨上的运动）或者绕着一个轴的转动（例如轴在轴承中的转动）。对于这种单自由度的运动用一维机械库来建模最为合适。一维机械库作为 Amesim 软件的基本库，提供了大量的基本功能元件，用户将这些基本的元件组合在一起形成各种一维机械系统。

如图 2-1 所示，整个一维机械库的元件可以分为平动、转动以及平动和转动间转化三大类。其中，平动元件和转动元件使用方法上类似，可以举一反三。

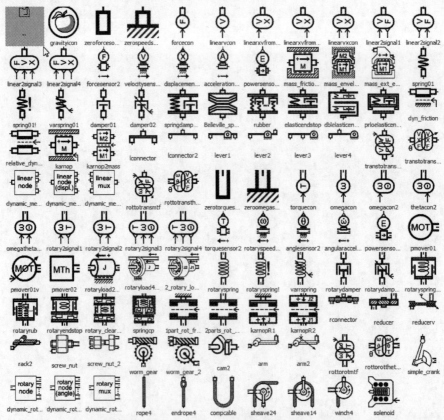

图 2-1　一维机械库元件图标

### 2.1.1　平动元件

一维机械库的平动元件可分为源（Sources）、传感器（Sensor）、节点（Nodes）、质量（Mass）、弹簧和阻尼（Spring 和 Dampers）、碰撞（Stops、Gaps）和摩擦（Friction）。

**1. 平动"源"元件**

平动"源"元件的图标如图 2-2 所示，平动源元件实质上规定了元件的边界条件。它把一个无量纲的数转化成一个有实际物理意义的量输入给元件，也就是规定了元件的边界条件：力变量作为输入，位移（速度）变量作为输出；或者位移（速度）变量作为输入，力变量作为输出。通常情况下，这一类元件可以单独使用，也可以作为与多体动力学软件联合仿真的接口使用。因为 Amesim 与多体动力学软件的接口变量是信号形式的，需要通过源元件转化成具有实际物理意义的量。

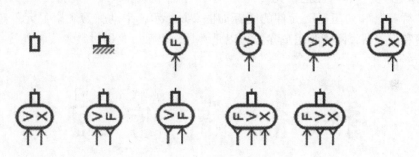

图 2-2　平动"源"元件的图标

**2. 平动"传感器"元件**

平动"传感器"元件的图标如图 2-3 所示，平动传感器元件的作用是获取模型中对应的数据。把传感器元件接入模型中不会改变模型自身的性质，但是会把相关的物理量转换为一个无量纲的数据输出。用户要注意的是传感器偏置和放大倍数。例如一个物体的初始位移为 0.1m，以当前位置为传感器零点，则传感器偏置就是 0.1m。如果我们希望通过传感器输出以毫米为单位的信号，则传感器中设定放大倍数为 1000。

图 2-3　平动"传感器"元件的图标

**3. 平动"节点"元件**

平动"节点"元件的图标如图 2-4 所示，平动节点元件的作用是将同样的速度或位移边界条件施加给与其相连接的物体。使用这类元件时，与其相连的物体速度、位移相同；受力条件满足所有端口受力代数和为零。

**4. "质量"元件**

"质量"元件的图标如图 2-5 所示，质量

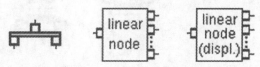

图 2-4　平动"节点"元件的图标

元件的作用是赋予物体质量信息，并根据作用于质量上的合力来计算出物体的速度、位移、加速度。当然要根据系统的实际情况选择是否带有位移限制或者是否为"嵌套"的模型。其中"苹果"这个元件用来定义重力的加速度，用户可以把加速度设定成一个常值或用一个重力随时间变化的数表来考虑失重或者过载的状态。

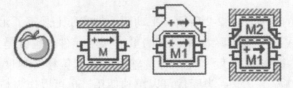

图 2-5  "质量"元件的图标

### 5. 平动"弹簧"和"阻尼"元件

平动"弹簧"和"阻尼"元件的图标如图 2-6 所示，平动弹簧和阻尼元件定义了各种形式的弹簧和阻尼器，刚度和阻尼参数可以是常数，也可以是通过数表或者外接一个信号来设定。

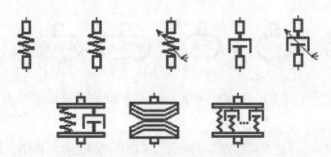

图 2-6  平动"弹簧"和"阻尼"元件的图标

### 6. 平动"碰撞"元件

平动"碰撞"元件的图标如图 2-7 所示，平动碰撞元件用来描述运动的碰撞关系。例如一条直线上两个物体的碰撞就要用到这一类元件了。平动碰撞元件通过赫兹公式来计算碰撞的反力，使用时要注意设定好初始两物体的间隙。

图 2-7  平动"碰撞"元件的图标

### 7. 平动"摩擦"元件

平动"摩擦"元件的图标如图 2-8 所示，平动摩擦元件包含了各种摩擦数学模型，适用于不同的情况。可以通过外接信号来设定摩擦系数、正压力或直接控制摩擦力的大小。

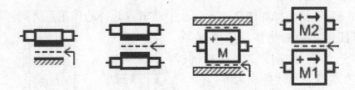

图 2-8  平动"摩擦"元件的图标

## 2.1.2　转动元件

与平动元件类似，一维机械库的转动元件也可分为源（Sources）、传感器（Sensor）、节点（Nodes）、惯性（Inertia）、弹簧和阻尼（Spring 和 Dampers）、碰撞（Stops、Gaps）和摩擦（Friction）。

### 1. 转动"源"元件

转动"源"元件的图标如图 2-9 所示，转动源元件规定了元件的边界条件：扭矩变量作为输入，角位移（角速度）变量作为输出；或角位移（角速度）变量作为输入，扭矩变量作为输出。

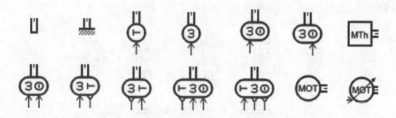

图 2-9　转动"源"元件的图标

### 2. 转动"传感器"元件

转动"传感器"元件的图标如图 2-10 所示，转动传感器元件的作用是把指定的物理量转换成无量纲的数据输出。

图 2-10　转动"传感器"元件的图标

### 3. 转动"节点"元件

转动"节点"元件的图标如图 2-11 所示，转动节点元件的作用是将同样的速度或位移边界条件施加给与其相连接的物体。使用这类元件时，与其相连的物体角速度、角位移相同；受力条件满足所有端口扭矩代数和为零。

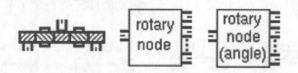

图 2-11　转动"节点"元件的图标

### 4. "惯性"元件

"惯性"元件的图标如图 2-12 所示，惯性元件的作用是赋予物体转动惯量信息，通过作用于转动惯量上的合扭矩来计算出物体的角速度、角位移、角加速度。当然要根据物体的实际情况选择是否带有位移限制或者是否为"嵌套"的模型。

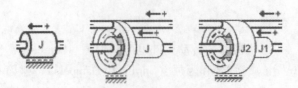

图 2-12　"惯性"元件的图标

### 5. 转动"弹簧"和"阻尼"元件

转动"弹簧"和"阻尼"元件的图标如图 2-13 所示，转动弹簧和阻尼元件用来定义各种形式的扭转弹簧和扭转阻尼器，弹簧和阻尼可以是线性的，也可以是非线性的。刚度和阻尼参数可以是常数，也可以通过数表或外接一个信号来设定。

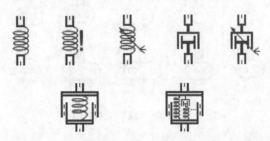

图 2-13　转动"弹簧"和"阻尼"元件的图标

### 6. 转动"碰撞"元件

转动"碰撞"元件的图标如图 2-14 所示，转动碰撞元件用来设定转动的约束条件，例如车辆上的扭转减振器就会用到这一类元件。

图 2-14　转动"碰撞"元件的图标

### 7. 转动"摩擦"元件

转动"摩擦"元件的图标如图 2-15 所示，转动摩擦元件规定了各种摩擦数学模型，用于考虑不同的情况。

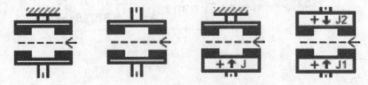

图 2-15　转动"摩擦"元件的图标

平动和转动相互转化类的元件分为两类，一类是针对特定的机构实现平动和转动之间的转化，如图 2-16 所示，这些机构的形式和相关的方程解析式都已经确定。使用时需要输入机构的一些基本参数，软件会根据机构的方程解析式进行转换。

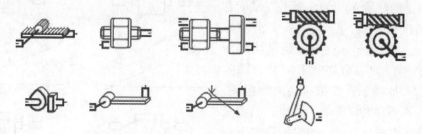

图 2-16　平动和转动相互转化的机构

　　另一类是通过用户自定义转换函数系数来实现平动和转动之间的相互转化，如图 2-17 所示。

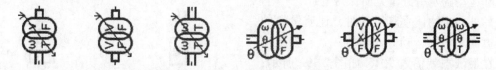

图 2-17　自定义函数关系的平动和转动相互转化

## 2.2　方向的定义

### 2.2.1　平动正方向的定义

　　软件中计算物体运动的前提条件是确定正方向和坐标系。如图 2-18 所示，出现在质量块图标上的"+"与箭头符号一起表明了质量块运动的正方向。如果质量块速度为正值表示质量块在向右移动，反之则向左移动。

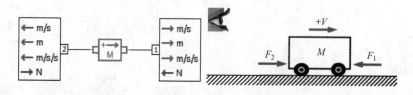

图 2-18　速度的符号规则

　　观察质量块 $M$ 的外部变量：箭头指向质量块 $M$ 的变量代表输入变量，即这个元件正常计算需要外界输入的变量；箭头背离质量块 $M$ 的变量代表输出变量，即这个元件经过内部方程计算后得到的结果输出给别的元件的变量。所以外力从端口 1、2 输入，经过元件计算后，输出速度、位移和加速度。同时，外部变量箭头的方向也代表了这个变量的正方向，例如端口 1 力的正方向向左，端口 2 力的正方向向右。

### 2.2.2　倾角的定义

　　在质量块的参数中有一个 inclination（倾角），指的是物体运动的方向和水平方向的夹角。软件在计算时会用这个参数来计算重力在运动方向上的分量 $Mg\sin\theta$。为了方便读者区分输入角度的正负，以下举一个滑块在30°斜面上运动的例子。当定义质量块的箭头方向向右时，如果滑块向下运动，输入30°，如图 2-19a 所示；如果滑块向上运动，输入−30°，如图 2-19b 所示。同理，当定义质量块的箭头方向向左时，如果滑块向下运动，输入 30°，如图 2-19c 所示；如果滑块向上运动，输入−30°，如图 2-19d 所示。所以定义质量块的箭头方向时，建议箭头方向与实际运动的水平分量方向保持一致。

另外，当物体垂直运动时，让质量块的箭头方向与实际运动方向保持一致，如果端口 1 在最低点就输入 90°，如图 2-19e 所示；如果端口 1 在最高点就输入−90°，如图 2-19f 所示。

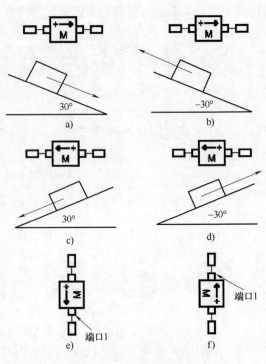

图 2-19　倾角的定义规则
a)、c) 30°　b)、d) −30°　e) 90°　f) −90°

### 2.2.3　旋转正方向的定义

旋转元件同样也需要定义正方向。由于在平面中无法体现出传动方向，因此软件中规定采用右手定则，即用右手握住假想中的旋转轴，大拇指指向扭矩（$T$）传递的方向，其余四指的方向即为转速的正方向，如图 2-20 所示。

转动惯量的外部变量如图 2-21 所示，在转动惯量元件上施加一个向左的转速，由于观察者的位置不一样，同一个转动方向，从左侧看变成了逆时针，从右侧看变成了顺时针。因此，同一个转速在转动惯量左右两端的数值是相反的。

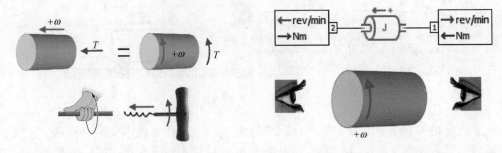

图 2-20　旋转正方向的定义　　　　图 2-21　转动惯量的外部变量

在定义旋转方向时，为了避免正方向定义上的混乱，有以下几点要求：

1）同一根轴上所有的转动惯量正方向要一致，如图 2-22 所示。

2）尽量避免 U 形连接，如图 2-23 所示。

3）如果分不清转速正负，可以用角速度传感器来观察，因为角速度传感器可以连在转动惯量的两侧，但要保证角速度传感器的箭头跟转动惯量的箭头方向一致，如图 2-24 所示。

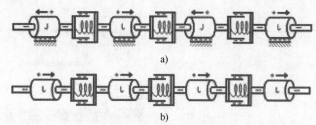

图 2-22　转动惯量的正方向要一致

a）正方向不一致　b）正方向一致

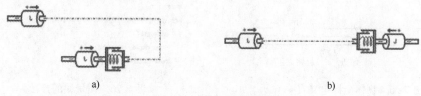

a）　　　　　　　　　　　　　　　　　　　b）

图 2-23　避免 U 形连接

a）U 形连接　b）非 U 形连接

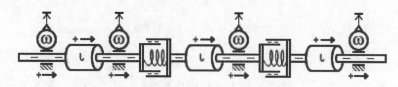

图 2-24　用角速度传感器来分清转速正负

## 2.3　坐标系的定义

在一维机械库中需要用到坐标系来计算物体的位移。一维机械库中坐标系是由质量块来定义的。其中参数【higher displacement limit】/【lower displacement limit】决定了质量块位移的上/下限位，【⊕ displacement at port 1】决定了物体在坐标系中的初始位置。坐标原点定义的不同，参数输入也就不同。例如，一个凹槽宽度是 2m，一个重 100kg 的物体放在了凹槽中点向右 0.5m 的位置上，用 5N 的恒力向右推该物体，直至达到极限位置停止。

如果将坐标原点设置在凹槽的中点，如图 2-25 所示，其参数输入如图 2-26 所示。

如果将坐标原点设置在凹槽的最左端，如图 2-27 所示，其参数输入如图 2-28 所示。

无论把坐标原点设置在哪，模型的搭建均如图 2-29 所示。运行模型后得到的结果如图 2-30 所示，见 demo2-1。

通过对比可以看出，无论把坐标原点定在哪，质量块的相对位移都是 0.5m。值得注意的是，当质量块与液压元件设计库中的元件相连接时，【⊕ displacement at port 1】的参数设置会直接影响阀芯的开口度和活塞腔的长度，需要读者格外注意。因为【chamber length at zero displacement】和【underlap corresponding to zero displacement】指的是当阀芯位于坐标原点位置时腔的长度和开口度，见 demo2-2。

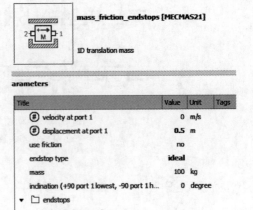

图 2-26 质量块的参数

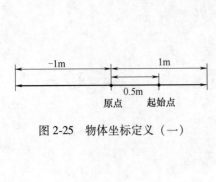

图 2-25 物体坐标定义（一）

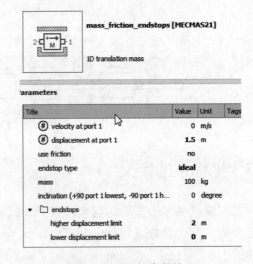

图 2-28 质量块参数输入

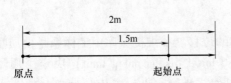

图 2-27 物体坐标定义（二）

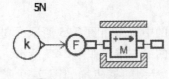

图 2-29 模型草图

如图 2-31 所示，当坐标原点选择在活塞当前位置时，选择向右为正方向，此时活塞初始位置刚好处于坐标原点处。系统参数的设置如图 2-32 所示，质量块的【higher displacement limit】为 0.5m，【lower displacement limit】为−1m，【 displacement at port 1】为 0m。相应的，左活塞腔长度【chamber length at zero displacement】为 1000mm，右活塞腔长度【chamber length at zero displacement】为 500mm。

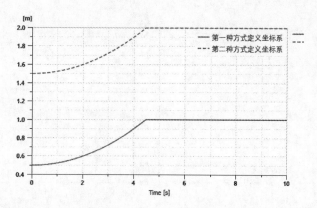

图 2-30 质量块位移曲线对比

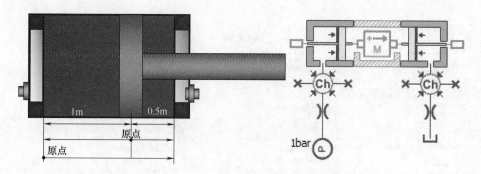

图 2-31 液压系统中限位的应用

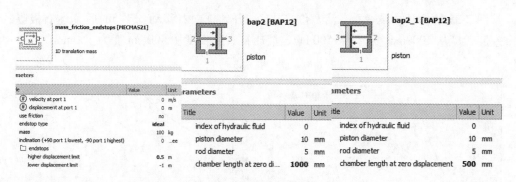

图 2-32 系统参数的设置

从图 2-33 的仿真结果来看，活塞位移从 0m 开始，向右移动 0.5m 后到达右极限，液压缸左腔长度从 1000mm 变为了 1500mm，液压缸右腔长度从 500mm 变为了 0mm。

当坐标原点选择在活塞杆缩回到底的位置时，选择向右为正方向，此时初始位置跟坐标原点不重合。系统参数的设置如图 2-34 所示，质量块的【higher displacement limit】为 1.5m，【lower displacement limit】为 0m。【# displacement at port 1】为 1m。相应的，左活塞腔长度【chamber length at zero displacement】为 0mm，右活塞腔长度【chamber length at zero displacement】为 1500mm。

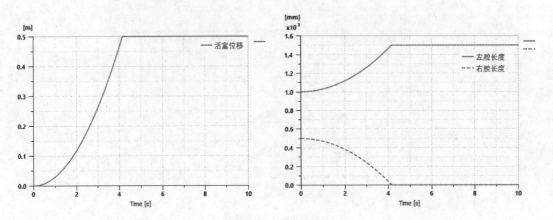

图 2-33　仿真曲线

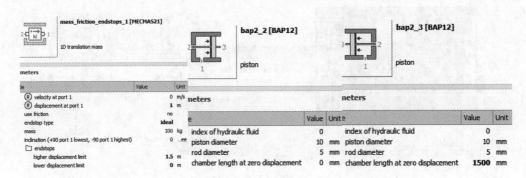

图 2-34　参数设置

从图 2-35 的仿真结果来看，活塞位移从 1m 开始，向右移动到 1.5m 后到达右极限，液压缸左腔长度从 1000mm 变为了 1500mm，液压缸右腔长度从 500mm 变为了 0mm。

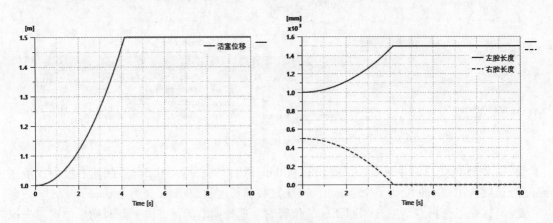

图 2-35　仿真曲线

通过对比图 2-33 和图 2-35 可以看到，虽然坐标原点定义在不同的位置上，但左腔和右腔的腔体长度变化一致，质量块位移的变化量一致，但因为选择的坐标原点位置不同，故坐标轴上的起始和终止位置不一样。

又如【underlap corresponding to zero displacement】指的是当阀芯位置在坐标原点时阀的开口度，见 demo2-3。当坐标原点选择在阀芯节流边位置时，阀芯此时刚好处于坐标原点处，【⌗displacement at port 1】为 0mm，则滑阀的【underlap corresponding to zero displacement】设为-2mm，如图 2-36 所示。

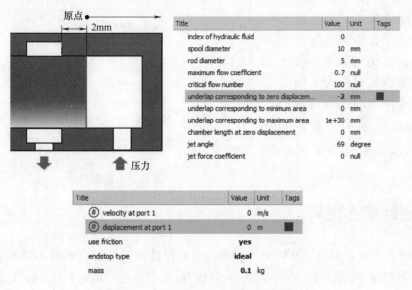

| Title | Value | Unit | Tags |
|---|---|---|---|
| index of hydraulic fluid | 0 | | |
| spool diameter | 10 | mm | |
| rod diameter | 5 | mm | |
| maximum flow coefficient | 0.7 | null | |
| critical flow number | 100 | null | |
| underlap corresponding to zero displacem... | -2 | mm | ■ |
| underlap corresponding to minimum area | | | |
| underlap corresponding to maximum area | 1e+30 | mm | |
| chamber length at zero displacement | 0 | mm | |
| jet angle | 69 | degree | |
| jet force coefficient | 0 | null | |

| Title | Value | Unit | Tags |
|---|---|---|---|
| ⌗ velocity at port 1 | 0 | m/s | |
| ⌗ displacement at port 1 | 0 | m | ■ |
| use friction | **yes** | | |
| endstop type | **ideal** | | |
| mass | **0.1** | kg | |

图 2-36　坐标原点在当前位置的参数设置

当坐标原点选择在环形槽位置（开口度为 0 的位置）时，阀的【underlap corresponding to zero displacement】设为 0mm，阀芯此时的初始位置就不在坐标原点处，【⌗ displacement at port 1】为 2mm，如图 2-37 所示。

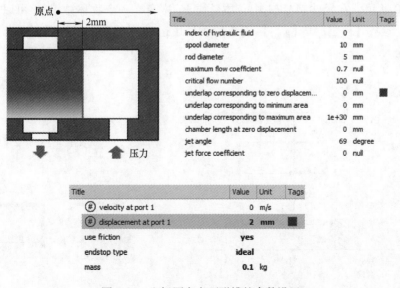

| Title | Value | Unit | Tags |
|---|---|---|---|
| index of hydraulic fluid | 0 | | |
| spool diameter | 10 | mm | |
| rod diameter | 5 | mm | |
| maximum flow coefficient | 0.7 | null | |
| critical flow number | 100 | null | |
| underlap corresponding to zero displacem... | 0 | mm | ■ |
| underlap corresponding to minimum area | 0 | mm | |
| underlap corresponding to maximum area | 1e+30 | mm | |
| chamber length at zero displacement | 0 | mm | |
| jet angle | 69 | degree | |
| jet force coefficient | 0 | null | |

| Title | Value | Unit | Tags |
|---|---|---|---|
| ⌗ velocity at port 1 | 0 | m/s | |
| ⌗ displacement at port 1 | **2** | **mm** | ■ |
| use friction | **yes** | | |
| endstop type | **ideal** | | |
| mass | **0.1** | kg | |

图 2-37　坐标原点在环形槽的参数设置

仿真曲线对比如图 2-38 所示，通过对比可以看到，同样的滑阀，坐标原点选取位置不一样，使得参数的定义方式也发生了改变。

对于初学者来说，为了避免因为起始点定义不当引起的错误，笔者建议优先选择当前位置作为起始位置且作为坐标原点，即设【⊕ displacement at port 1】为 0mm，剩下的参数就按照当前状态来设置就可以了。

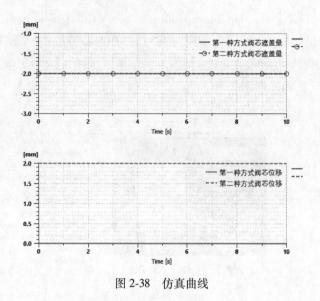

图 2-38 仿真曲线

## 2.4 相对运动的定义

软件中可以通过 MAS31、MAS30 元件来定义一维的相对运动。如图 2-39 所示，在元件 MAS30 中，质量块 $M_1$ 嵌套在 $M_2$ 中，$M_1$ 可以在 $M_2$ 范围内进行运动，$M_2$ 也可以在一定范围内运动，参数【$x_{min}$】和【$x_{max}$】确定了 $M_1$ 相对于 $M_2$ 的上下极限位置。参数【$x_{min2}$】和【$x_{max2}$】确定了 $M_2$ 相对于地面的上下极限位置，参数【$x_{min3}$】和【$x_{max3}$】确定了 $M_1$ 相对于地面的位置。通常情况下，【$x_{min}$】【$x_{min2}$】【$x_{min3}$】【$x_{max}$】【$x_{max2}$】【$x_{max3}$】这六个参数中只要确定四个，$M_1$ 和 $M_2$ 的运动范围就能够确定。如果六个参数全部输入，软件会按照六个参数所确定的最小运动范围来设置 $M_1$ 和 $M_2$ 的运动范围。

如图 2-40 所示，在元件 MAS31 中，质量块 $M_1$ 嵌套在一个物体中，$M_1$ 可以在这个范围内进行运动，参数【$x_{min}$】和【$x_{max}$】确定了质量块运动的上下极限位置。嵌套的物体位移是外部输入的。

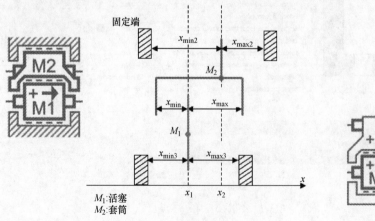

$M_1$:活塞
$M_2$:套筒

图 2-39 MAS30 相对运动元件

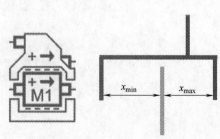

图 2-40 MAS31 相对运动元件

## 2.5　摩擦和阻尼的定义

### 2.5.1　摩擦的定义

摩擦是影响系统动态分析的一个非常重要的因素，摩擦看似简单，但是用数学模型准确描述其动态特性却比较复杂。摩擦按照润滑状态的不同可分为干式摩擦和湿式摩擦两种，绝大多数机械系统都处在润滑条件下，因此在这里重点讨论湿式摩擦。

如图 2-41 所示，湿式摩擦共可以分为四个阶段：①静摩擦；②边界润滑；③局部油膜润滑；④全油膜润滑。

第一阶段，静摩擦。

如图 2-42 所示，静摩擦是静止时的摩擦力。这个阶段的摩擦力与相对速度无关。克服静态摩擦和启动运动所需的外力称为分离力。对于从起始点开始的微观位移，在所加外力达到分离力之前，摩擦力是位移的线性函数。这种微观运动通常称为预滑动。

第二阶段，边界润滑。

如图 2-43 所示，这个阶段相对速度太低，不能在表面之间形成油膜。边界润滑是固-固接触，摩擦力与相对速度无关。

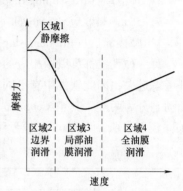

图 2-41　湿式摩擦的四个阶段

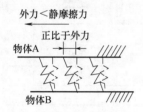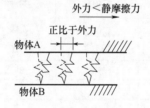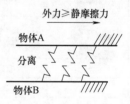

图 2-42　摩擦第一阶段：静摩擦

第三阶段，局部油膜润滑。

如图 2-44 所示，当相对速度开始增大时，表面开始形成油膜，但部分表面仍然是固-固接触。局部流体润滑是一个过渡阶段，这个阶段摩擦力的下降称为 Stribeck 效应。

第四阶段，全油膜润滑。

如图 2-45 所示，当相对速度增大到足够大，油膜增大到足够的厚度把两个接触面隔开，此时，摩擦力的大小由油膜厚度和润滑油黏度决定。在全油膜润滑阶段，主要呈现出黏性摩擦的特性，摩擦力跟速度成正比。

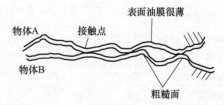

图 2-43　摩擦第二阶段：边界润滑

摩擦模型需要考虑四种物理现象：

1）静摩擦和分离力（Static friction and break-away force）。

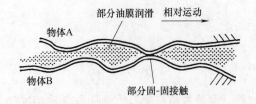

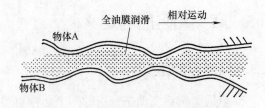

图 2-44　摩擦第三阶段：局部油膜润滑　　　　图 2-45　摩擦第四阶段：全油膜润滑

2）预滑动（Pre-sliding displacement）。

3）Stribeck 效应（Stribeck effect）。

4）摩擦滞后（Frictional lag）。

每一种现象都可以用相应的数学方程来描述，但实际上对于有些分析不用把每一种现象都考虑进去，因此软件中有不同复杂程度的摩擦模型。软件中共有六种摩擦模型，按照静态和动态分为两类，其中 Coulomb 模型、Hyperbolic tangent 模型和 Karnopp 模型为静态模型；Dahl 模型、Reset-integrator 模型和 LuGre 模型为动态模型，见表 2-1。

表 2-1　Amesim 软件中的摩擦模型

| 特　　性 | 模　型　类　型 | | | | | |
| --- | --- | --- | --- | --- | --- | --- |
| | Coulomb 模型 | Hyperbolic tangent 模型 | Karnopp 模型 | Dahl 模型 | Reset-integrator 模型 | LuGre 模型 |
| 平动元件 | | | | | | |
| 转动元件 | | | | | | |
| 模型类型 | 静态 | 静态 | 静态 | 动态 | 动态 | 动态 |
| 动摩擦力 | 3 | 3 | 3 | 3 | 3 | 3 |
| 静摩擦力 | 3 | 1 | 3 | 1 | 3 | 3 |
| 预滑动 | 1 | 2 | 1 | 3 | 3 | 3 |
| Stribeck 现象 | 1 | 1 | 3 | 1 | 3 | 3 |
| 黏-滑现象 | 2 | 1 | 3 | 1 | 3 | 3 |
| 黏性摩擦 | 3 | 1 | 1 | 1 | 1 | 3 |
| 摩擦滞后 | 1 | 1 | 1 | 1 | 1 | 2 |
| 模型连续性 | 否 | 是 | 否 | 是 | 否 | 是 |
| 模型实时性 | 否 | 否 | 否 | 否 | 是 | 否 |
| 所需参数 | 少 | 少 | 中 | 低 | 中 | 高 |

注：1—模型中没有考虑的现象；2—模型中近似考虑的现象；3—模型中准确考虑的现象。

打开 demo2-4，比较不同摩擦模型的差异。不同摩擦模型对比如图 2-46 所示，仿真结果如图 2-47 所示。

一般的分析用 Coulomb 模型就足够了，对于分析传动系统扭振和离合器颤振，建议采用 Reset-integrator 模型和 LuGre 模型。

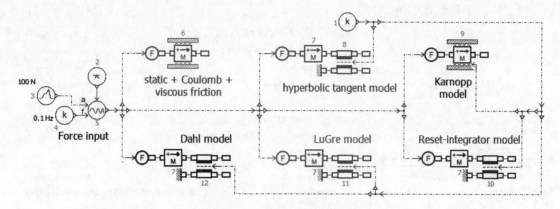

图 2-46　不同摩擦模型对比

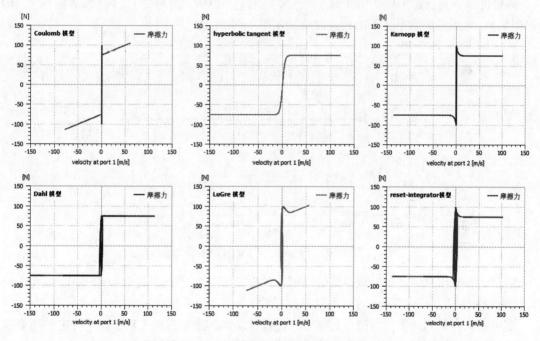

图 2-47　不同摩擦模型对比仿真结果

## 2.5.2　阻尼及固有频率的定义

事实上，大多数机械系统均含有阻尼，因此会消耗部分能量。在模型中引入阻尼可以使仿真更稳定，求解也更快。在 Amesim 中是通过【coefficient of viscous friction】（黏性摩擦系数）来定义平动或转动阻尼的。

图 2-48 所示为一个简单的弹簧阻尼系统。设定全局参数 $Z$（阻尼比）为 0.1，$K$（系统刚度）为 $100N \cdot m/(°)$，$J$（惯量）为 $0.01kg \cdot m^2$，见 demo2-5。利用式（2-1）可以计算出对应的【coefficient of viscous friction】（黏性摩擦系数），注意计算出的阻尼单位为 $N \cdot m/(rad/s)$。

$$r = 2Z\sqrt{KJ\frac{180}{\pi}} \qquad (2-1)$$

模型传递参数设置如图 2-49 所示。

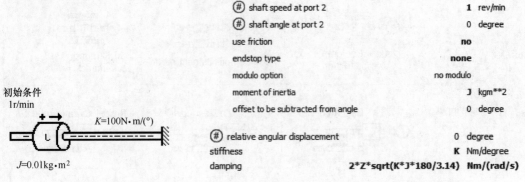

初始条件
1r/min

$K=100\text{N}\cdot\text{m}/(°)$

$J=0.01\text{kg}\cdot\text{m}^2$

| (#) shaft speed at port 2 | 1 rev/min |
| (#) shaft angle at port 2 | 0 degree |
| use friction | **no** |
| endstop type | **none** |
| modulo option | no modulo |
| moment of inertia | **J** kgm**2 |
| offset to be subtracted from angle | 0 degree |
| (#) relative angular displacement | 0 degree |
| stiffness | **K** Nm/degree |
| damping | **2\*Z\*sqrt(K\*J\*180/3.14)** Nm/(rad/s) |

图 2-48　一个简单的弹簧阻尼系统　　　　图 2-49　转动惯量和阻尼的参数设置

通过批量仿真设定不同的阻尼比：0（零阻尼）、0.07（欠阻尼）、1（临界阻尼）、10（过阻尼），得到不同阻尼比下的转速曲线，如图 2-50 所示。

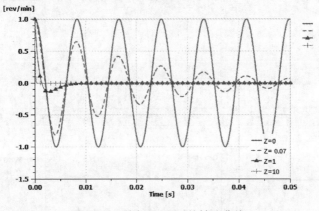

图 2-50　不同阻尼比下的转速曲线

同时读者应注意到一般机械系统的阻尼比在 0.1 左右，因此读者可以通过式（2-1）计算【coefficient of viscous friction】（黏性摩擦系数）。

结构系统在受到外界激励产生运动时，将按特定频率发生自然振动，这个特定的频率被称为固有频率，固有频率与外界激励没有关系，是结构的一种固有属性。

一般情况下，转动系统的固有频率可以通过式（2-2）进行计算。

$$f_n = \sqrt{\frac{K}{J}}\Big/2\pi \tag{2-2}$$

式中　$f_n$——固有频率；

　　　$J$——转动惯量。

根据式（2-2）计算出系统的固有频率是 120.47Hz。也可以通过计算出转动惯量的角速度，然后通过快速傅里叶变换（FFT）得出固有频率，如图 2-51 所示。还可以通过特征根得出固有频率，如图 2-52 所示。

$$f_n = \sqrt{\frac{K}{J}}\Big/2\pi = \sqrt{\frac{100\times360}{2\pi\times0.01}}\Big/2\pi \text{ Hz} = 120.47\text{Hz}$$

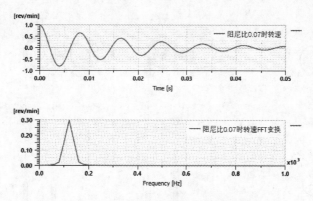

图 2-51　通过 FFT 得到的固有频率

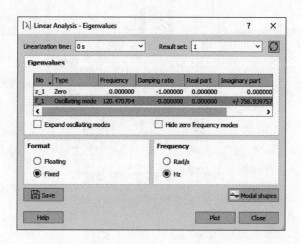

图 2-52　通过软件计算的特征根

类似的，对于平动系统，可以用式（2-3）和式（2-4）来计算阻尼 $r$ 和固有频率 $f_n$。

$$r = 2Z\sqrt{KM} \tag{2-3}$$

$$f_n = \sqrt{\frac{K}{M}}\bigg/2\pi \tag{2-4}$$

# 2.6　综合实例

## 2.6.1　搭建一个四倍率的滑轮组

搭建一个四倍率的滑轮组。由于一维机械库的元件只能模拟一个自由度的运动，因此一维机械库的绳索模型只能考虑垂向的运动。设定四个滑轮的转动惯量为 $0.01\mathrm{kg\cdot m^2}$，设定滑轮黏性阻尼为 $0.01\mathrm{N\cdot m/(r/min)}$，绳索黏性阻尼为 $10000\mathrm{N/(m/s)}$，重物质量为 1000kg，模型搭建如图 2-53 所示，见 demo2-6。

通过仿真可以得到单绳拉力 $F$ 如图 2-54 所示，仿真结果与计算值 $F = Mg/4 = 1000\mathrm{kg} \times 9.8\mathrm{m/s^2}/4 = 2450\mathrm{N}$ 非常接近。模型很好地模拟出了重物在提升过程中的垂向抖动。

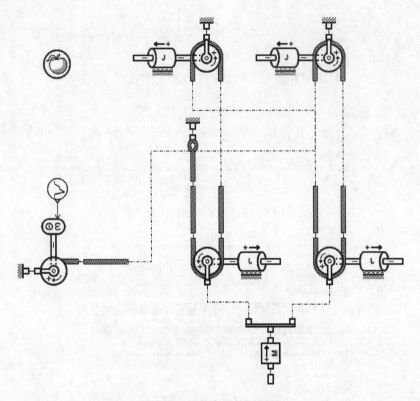

图 2-53　四倍率滑轮组原理

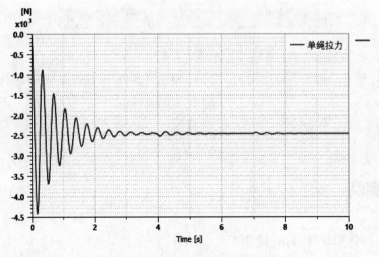

图 2-54　四倍率滑轮组单绳拉力

## 2.6.2　模态与振型

　　根据图 2-55 所示的仿真原理搭建模型，选择两个质量块的速度作为观测变量，如图 2-56 所示，进行仿真，见 demo2-7。

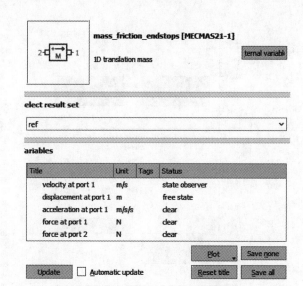

图 2-56　质量块速度作为观测变量

$K_1=100\times10^3\text{N/m}$　$K_2=100\times10^3\text{N/m}$　$K_3=200\times10^3\text{N/m}$

$M_1=100\text{kg}$　$M_2=200\text{kg}$

图 2-55　仿真原理

然后再选择三个弹簧的输出力作为观测变量，如图 2-57 所示，进行仿真并在频域分析的特征根中观测系统的固有频率。

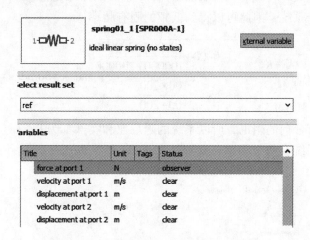

图 2-57　弹簧的输出力作为观测变量

系统模态振型如图 2-58 所示，通过观察振型可以发现，在 5.03Hz 下质量块 $M_1$ 和质量块 $M_2$ 同步运动，可以等效成一个质量；中间弹簧 $K_2$ 几乎不振动，弹簧 $K_1$ 和 $K_3$ 的相位相反，可以等效成 $K_1$ 与 $K_3$ 并联。在 7.96Hz 下质量块 $M_1$ 和质量块 $M_2$ 反向运动，而且质量块 $M_1$ 的运动幅度是质量块 $M_2$ 运动幅度的两倍；弹簧 $K_1$ 和 $K_3$ 相位相同，与 $K_2$ 相反，相当于 $K_1$ 和 $K_3$ 先串联，然后再与 $K_2$ 并联。

低频时相当于弹簧 $K_2$ 不起作用，$K_1$ 与 $K_3$ 并联，再与质量块 $M_1$ 和 $M_2$ 质量之和组成串联弹簧振子系统，因此可以得到低频的固有频率

$$\omega_{\text{lf}}=\sqrt{\frac{K_1+K_3}{M_1+M_2}}=\sqrt{\frac{100000+200000}{100+200}}\text{rad/s}=31.6\text{rad/s}=5.03\text{Hz}$$

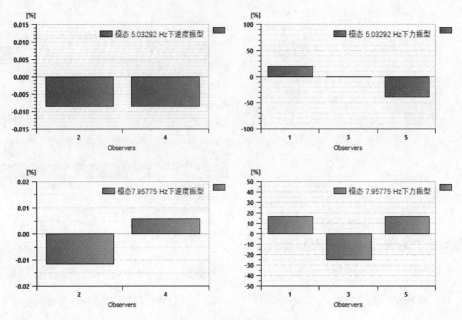

图 2-58　系统模态振型

高频时相当于弹簧 $K_1$ 和 $K_3$ 先串联然后与 $K_2$ 并联，再与质量块 $M_1$ 和 $M_2$ 组成的等效质量串联组成弹簧振子系统，因此可以得到低频的固有频率

$$\omega_{hf}=\sqrt{\dfrac{K_2+\dfrac{K_1K_3}{K_1+K_3}}{\dfrac{M_1M_2}{M_1+M_2}}}=\sqrt{\dfrac{100000+\dfrac{100000\times200000}{100000+200000}}{\dfrac{100\times200}{100+200}}}\,\mathrm{rad/s}=50\mathrm{rad/s}=7.96\mathrm{Hz}$$

因为模型中没有任何的阻尼，所以系统的阻尼比和实部都为 0，而且两个特征根是共轭的。通过笔算得到系统有两个频率，分别是 5.03Hz 和 7.96Hz。与软件的计算结果相一致，如图 2-59 所示。

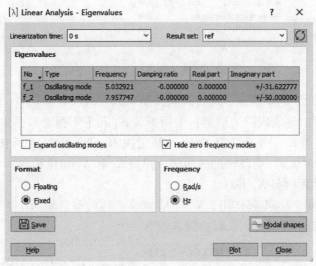

图 2-59　系统的固有频率

### 2.6.3 活性指数与模型的简化

软件中有一个很重要的功能叫作活性指数，其功能是统计模型中各元件的能量占比，进而用来化简模型，提高计算速度。活性指数的定义是单个元件的能量与系统总能量的比值，数值越高意味着这个元件的能量占比越大，相应的就越重要；反之，元件的能量占比越小就越不重要，是模型化简的对象。值得注意的是，每个元件的活性指数跟系统的输入有很大的关系，比如同样的模型在一种输入的情况下元件 A 的活性指数大，而在另一种输入的情况下元件 B 的活性指数大。

$$活性指数 = \frac{\int |功率| \mathrm{d}t}{\sum \int |功率| \mathrm{d}t}$$

如图 2-60 所示，搭建一个四分之一车悬架系统，分别输入时长为 10s，频率范围为 $0.01 \sim 2\mathrm{Hz}$ 和时长为 10s，频率范围为 $4 \sim 40\mathrm{Hz}$ 的斜坡信号，见 demo2-8。

下面进行理论分析，计算系统的固有频率：当只考虑质量块 $M_1$ 时，弹簧 $K_1$ 和 $K_2$ 相当于串联；当只考虑质量块 $M_2$ 时，弹簧 $K_1$ 和 $K_2$ 相当于并联，解得

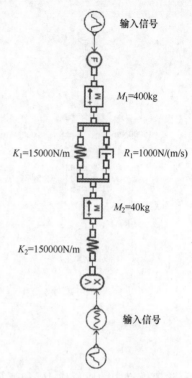

输入信号

$M_1$=400kg

$K_1$=15000N/m　　　$R_1$=1000N/(m/s)

$M_2$=40kg

$K_2$=150000N/m

输入信号

图 2-60　四分之一车悬架模型

$$\omega_{\mathrm{lf}} = \sqrt{\frac{\dfrac{K_1 K_2}{K_1 + K_2}}{M_1}} = \sqrt{\frac{\dfrac{15000 \times 150000}{15000 + 150000}}{400}} \mathrm{rad/s} = 5.84\mathrm{rad/s} = 0.93\mathrm{Hz}$$

$$\omega_{\mathrm{hf}} = \sqrt{\frac{K_1 + K_2}{M_2}} = \sqrt{\frac{15000 + 150000}{40}} \mathrm{rad/s} = 64.23\mathrm{rad/s} = 10.22\mathrm{Hz}$$

然后进行软件仿真，如图 2-61 所示，计算结果与软件仿真基本一致。如图 2-62 所示，通过能量占比分析中的活性指数可以发现，当输入是时长为 10s，频率范围为 $0.01 \sim 2\mathrm{Hz}$ 的斜坡信号时，模型中 $M_2$ 和 $K_2$ 的能量占比很少，因此可以删除。

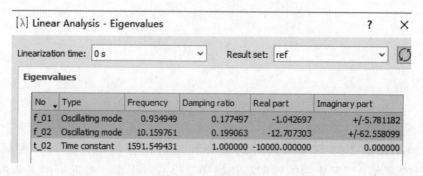

图 2-61　系统固有频率

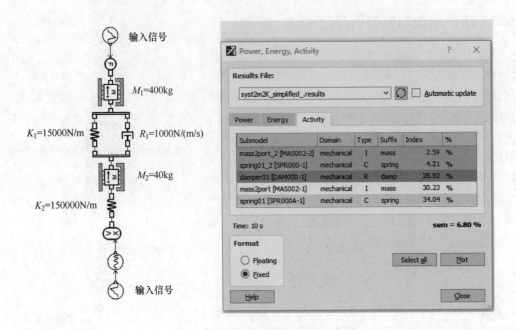

图 2-62　能量占比分析

将原模型中的质量块 $M_2$ 和弹簧 $K_2$ 去掉后，简化后的模型如图 2-63 所示。

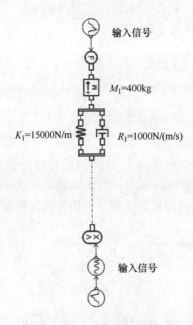

图 2-63　系统简化模型

如图 2-64 和图 2-65 所示，通过时域和频域对比分析可以发现，在频率范围为 0.01~2Hz 的输入下，简化后的模型和初始详细模型对比非常接近，但高频段误差就比较大了。

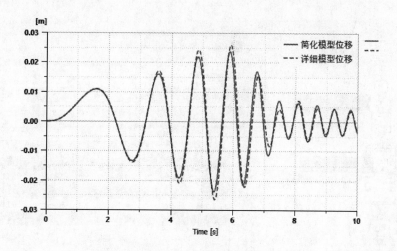

图 2-64　时域对比分析

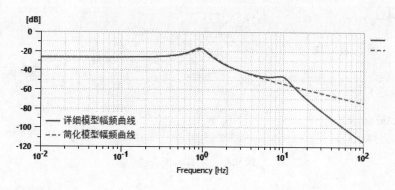

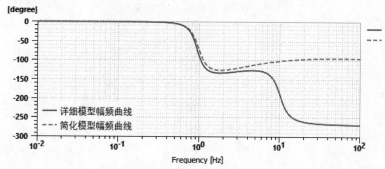

图 2-65　频域对比分析

当输入时长为 10s，频率范围为 4~40Hz 时，其能量占比分析如图 2-66 所示，模型中 $M_1$ 和 $K_1$ 能量占比很少，只有 1.79%，因此可以删除。模型可以简化成如图 2-67 所示。

如图 2-68、图 2-69 所示，通过时域和频域对比可以发现在频率范围为 4~40Hz 的输入下，简化后的模型和实际模型对比非常接近，但在低频段有误差。

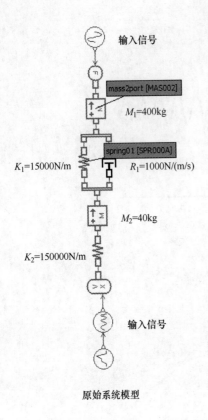

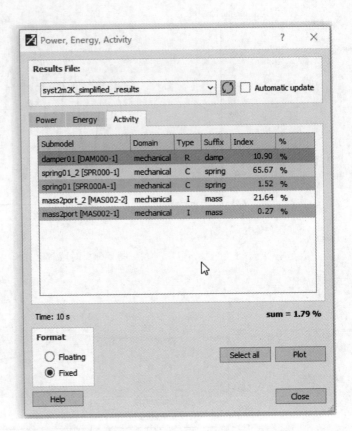

图 2-66  能量占比分析

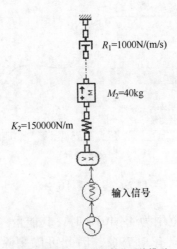

频率范围4~40Hz时的简化系统模型

图 2-67  系统简化模型

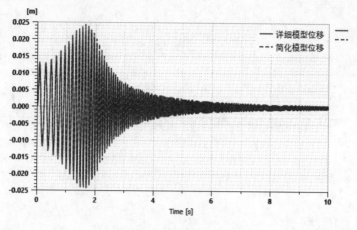

图 2-68　时域对比分析

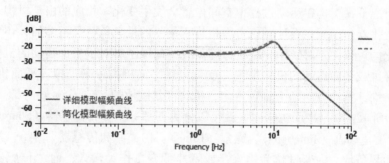

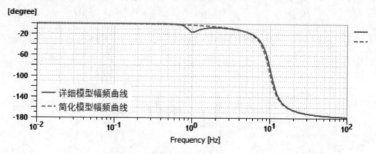

图 2-69　频域对比分析

## 2.7　本章小结

本章详细介绍了一维机械库的使用方法。一维机械库是专门用来描述一维平动或转动的库,建模前要明确正方向和坐标原点位置。坐标原点选择的不同会直接影响与其相连元件的参数设置。摩擦模型很复杂,但是只要求根据物理现象选择合适的子模型即可。软件是通过黏性摩擦系数来定义阻尼的。在分析振动问题时可以采用模态与振型功能观察系统的振幅和相位。简化模型时可以采用活性指数功能指导模型的化简。

# 第**3**章

## 平面机构库

## 3.1 平面机构库概述

在很多情况下，机构在运动过程中空间位置会发生变化，相应的由于机构运动引起的载荷也在不断变化着。因此在设计时仅考虑机构所承受的最大负载是不够的，还要考虑载荷随机构位置变化的规律，这时候用一维机械库就有些局限了。对于平面运动的机构或者是空间运动但可以降维成平面运动的机构来说，就可以用平面机构库来模拟。平面机构库设定 $XY$ 平面为工作平面，重力方向是 $Y$ 轴负方向，机构都是刚体的。

如图 3-1 所示，整个平面机构库大致可以分为四部分：源和传感器（Sources 和 Sensor）、构件（Body）、运动副（Junctions）、绳索（Rope）。在"源和传感器"中，"源"的作用是规定元件的边界条件：力变量作为输入，或者速度变量作为输入；而"传感器"元件本身不影响系统的计算，只是将相应的变量转化成无量纲的信号输出。在"构件"中，用户需要确定构件的端口数量和每个端口的位置信息。"运动副"中包含了各种运动副。"绳索"中包含了绳索建模所需的元件。

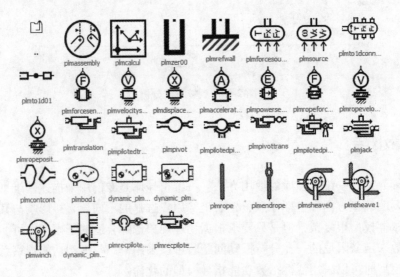

图 3-1　平面机构库元件图标

## 3.2 平面机构库建模一般步骤

平面机构库建模一般步骤如下:

1)自由度计算:确定构件和运动副的数量,进行自由度计算。将运动副等效和化简,高副低代,确保系统没有过约束。

2)确定坐标原点:由于平面机构库需要用到坐标来描述位置的变化,因此,无论采用相对坐标系还是绝对坐标系,都需要首先选定坐标原点位置。一般原点选择固定不变的位置,例如与地面连接的铰接点。

3)确定构件的端口数和连接形式:系统中每一个独立运动的构件,均对应平面机构库中的一个构件元件。确定每一个构件对应的端口数,每一个端口连接一个运动副或者施加的外力。

4)确定构件各端口位置:本着方便建模的原则选择合适的坐标来定义端口位置(相对坐标、绝对坐标、混合坐标)。在做第 3 步和第 4 步时笔者建议初学者最好列出一个表格。

5)加载驱动:加载力或力矩,使得系统能够正常运行。

## 3.3 坐标系的定义

在 Amesim 中,机构的位置信息是根据构件端口位置信息得到的,构件之间通过运动副连接,运动副通过计算端口之间相对位置的变化得出反力,再作用到构件上。

我们在定义机构中各个端口位置时,需要根据实际情况选择合适的坐标系。在平面机构库中坐标系的定义方法共有三种。

### 3.3.1 相对坐标系的定义

坐标系的定义方式是在构件中选取的。当采用相对坐标系定义时,如图 3-2 所示,整个系统除了有一个绝对坐标系 $O_0X_0Y_0$ 以外,每一个构件都有一个相对坐标系 $O_iX_iY_i$,只要在相对坐标系 $O_iX_iY_i$ 中定义构件中每一个端口的坐标 $(x,y)$ 以及质心 $G$ 的位置,构件的形状就确定了,只要再定义相对坐标系在绝对坐标系的位置,构件的空间位置就确定了。

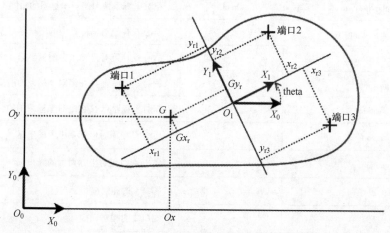

图 3-2 相对坐标系定义

如图 3-3 所示，首先在【coordinates reference】（参考坐标）中选择 relative（相对坐标），然后定义相对坐标系相对于绝对坐标系的位置。当选择 relative 时，【G：absolute x position】（质心的绝对横坐标）、【G：absolute y position】（质心的绝对纵坐标）是不起作用的。各参数的定义见表 3-1。

| | | | |
|---|---|---|---|
| ▼ ▭ items location | | | |
| coordinates reference | relative | | option |
| ⊕ absolute angular position | 0 | degree | theta |
| ⊕ G: absolute x position | 0 | mm | Gx |
| ⊕ G: absolute y position | 0 | mm | Gy |
| O: absolute x position | 0 | mm | Ox |
| O: absolute y position | 0 | mm | Oy |
| G: relative x position | 0 | mm | Gxr |
| G: relative y position | 0 | mm | Gyr |
| x position at port 1 | 0 | mm | xr1 |
| x position at port 2 | 0 | mm | xr2 |
| y position at port 1 | 0 | mm | yr1 |
| y position at port 2 | 0 | mm | yr2 |
| joint relative angular position at port 1 | 0 | degree | alpha1 |
| joint relative angular position at port 2 | 0 | degree | alpha2 |
| ▼ ▭ inertia | | | |
| mass | 1 | kg | m |
| moment of inertia around Gz axis | 0.01 | kgm**2 | inerti |
| ▼ ▭ initial velocities | | | |
| ⊕ absolute angular velocity | 0 | rev/min | omega |
| ⊕ G: x velocity | 0 | m/s | Gvx |
| ⊕ G: y velocity | 0 | m/s | Gvy |

图 3-3　相对坐标系参数的定义

表 3-1　相对坐标系参数说明

| 参　　数 | 符　号 | 说　明 |
|---|---|---|
| coordinates reference | — | 坐标系定义方式 |
| ⊕ absolute angular position | theta | 相对坐标系偏离绝对坐标系的角度 |
| ⊕ G：absolute x position | $Gx$ | 质心 $G$ 在绝对坐标系中的横坐标（不起作用） |
| ⊕ G：absolute y position | $Gy$ | 质心 $G$ 在绝对坐标系中的纵坐标（不起作用） |
| O：absolute x position | $Ox$ | 相对坐标原点 $O$ 在绝对坐标系中的横坐标 |
| O：absolute y position | $Oy$ | 相对坐标原点 $O$ 在绝对坐标系中的纵坐标 |
| G：relative x position | $Gx_r$ | 质心 $G$ 在相对坐标系中的横坐标 |
| G：relative y position | $Gy_r$ | 质心 $G$ 在相对坐标系中的纵坐标 |
| x position at port 1 | $x_{r1}$ | 端口 1 的相对横坐标 |
| x position at port 2 | $x_{r2}$ | 端口 2 的相对横坐标 |

（续）

| 参　数 | 符　号 | 说　明 |
|---|---|---|
| y position at port 1 | $y_{r1}$ | 端口 1 的相对纵坐标 |
| y position at port 2 | $y_{r2}$ | 端口 2 的相对纵坐标 |
| joint relative angular position at port 1 | alpha1 | 运动副相对于端口 1 的角度 |
| joint relative angular position at port 2 | alpha2 | 运动副相对于端口 2 的角度 |

## 3.3.2　绝对坐标系的定义

绝对坐标系定义如图 3-4 所示，采用绝对坐标系定义时，系统中所有端口位置均在绝对坐标系 $O_0X_0Y_0$ 下来定义（包括各端口的位置以及质心的位置），此时软件默认每个构件的相对坐标系原点定在质心 $G$ 处。

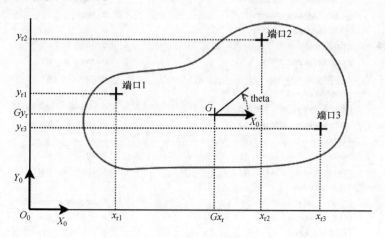

图 3-4　绝对坐标系定义

绝对坐标系参数定义如图 3-5 所示，定义坐标位置时首先在【coordinates reference】中选择 absolute（绝对坐标），然后定义相对坐标系相对于绝对坐标系的偏离角度以及各端口、质心在绝对坐标系中的位置。各参数的定义见表 3-2。

表 3-2　绝对坐标系参数说明

| 参　数 | 符　号 | 说　明 |
|---|---|---|
| coordinates reference | — | 坐标系定义方式 |
| ⊕ absolute angular position | theta | 相对坐标系偏离绝对坐标系的角度 |
| ⊕ G：absolute x position | $Gx$ | 质心 $G$ 在绝对坐标系中的横坐标 |
| ⊕ G：absolute y position | $Gy$ | 质心 $G$ 在绝对坐标系中的纵坐标 |
| x position at port 1 | $x_{r1}$ | 端口 1 的绝对横坐标 |
| x position at port 2 | $x_{r2}$ | 端口 2 的绝对横坐标 |

（续）

| 参　　数 | 符　号 | 说　　明 |
|---|---|---|
| y position at port 1 | $y_{r1}$ | 端口 1 的绝对纵坐标 |
| y position at port 2 | $y_{r2}$ | 端口 2 的绝对纵坐标 |
| joint relative angular position at port 1 | alpha1 | 运动副相对于端口 1 的角度 |
| joint relative angular position at port 2 | alpha2 | 运动副相对于端口 2 的角度 |

| Title | Value | Unit | Name |
|---|---|---|---|
| (#) artificial depth (Z) for animation | 0 | mm | zdepth |
| use optional contour file | no | | usecontour |
| ▼ ☐ items location | | | |
| coordinates reference | **absolute** | | option |
| (#) absolute angular position | 0 | degree | theta |
| (#) G: absolute x position | 0 | mm | Gx |
| (#) G: absolute y position | 0 | mm | Gy |
| x position at port 1 | 0 | mm | xr1 |
| x position at port 2 | 0 | mm | xr2 |
| y position at port 1 | 0 | mm | yr1 |
| y position at port 2 | 0 | mm | yr2 |
| joint relative angular position ... | 0 | degree | alpha1 |
| joint relative angular position ... | 0 | degree | alpha2 |
| ▼ ☐ inertia | | | |
| mass | 1 | kg | m |
| moment of inertia around Gz ... | 0.01 | kgm**2 | inerti |
| ▼ ☐ initial velocities | | | |
| (#) absolute angular velocity | 0 | rev/min | omega |
| (#) G: x velocity | 0 | m/s | Gvx |
| (#) G: y velocity | 0 | m/s | Gvy |

图 3-5　绝对坐标系参数定义

## 3.3.3　混合坐标系的定义

如图 3-6 所示，采用混合坐标系定义时，整个系统除了有一个绝对坐标系 $O_0X_0Y_0$ 以外，每一个构件都有一个相对坐标系 $O_iX_iY_i$，需要在相对坐标系 $O_iX_iY_i$ 中定义构件中每一个点的坐标，以及质心 $G$ 在相对坐标系中的位置，同时在绝对坐标系中定义质心 $G$ 的位置。

如图 3-7 所示，在【coordinates reference】中选择 mixed（混合坐标），然后定义相对坐标系相对于绝对坐标系的偏离角度。当选择 mixed 时，【 (#) G：absolute x position】【 (#) G：absolute y position】用来定义绝对坐标系下的质心位置（相当于用质心确定了相对坐标系的位置）。【G：relative x position】【G：relative y position】用来定义相对坐标系下质心的位置。各参数的定义见表 3-3。

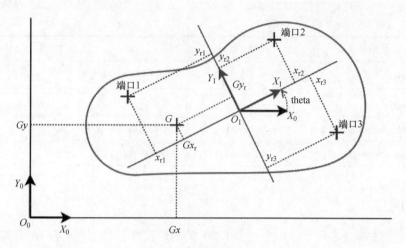

图 3-6 混合坐标系定义

| | | | |
|---|---|---|---|
| （#） artificial depth (Z) for animation | 0 | mm | zdepth |
| use optional contour file | no | | usecontour |
| 📁 items location | | | |
|    coordinates reference | **mixed** | | option |
|    （#） absolute angular position | 0 | degree | theta |
|    （#） G: absolute x position | 0 | mm | Gx |
|    （#） G: absolute y position | 0 | mm | Gy |
|    G: relative x position | 0 | mm | Gxr |
|    G: relative y position | 0 | mm | Gyr |
|    x position at port 1 | 0 | mm | xr1 |
|    x position at port 2 | 0 | mm | xr2 |
|    y position at port 1 | 0 | mm | yr1 |
|    y position at port 2 | 0 | mm | yr2 |
|    joint relative angular position ... | 0 | degree | alpha1 |
|    joint relative angular position ... | 0 | degree | alpha2 |

图 3-7 混合坐标系参数定义

表 3-3 混合坐标系参数说明

| 参　　数 | 符　号 | 说　　明 |
|---|---|---|
| coordinates reference | — | 坐标系定义方式 |
| （#） absolute angular position | theta | 相对坐标系偏离绝对坐标系的角度 |
| （#） G：absolute x position | $Gx$ | 质心 $G$ 在绝对坐标系中的横坐标 |
| （#） G：absolute y position | $Gy$ | 质心 $G$ 在绝对坐标系中的纵坐标 |
| G：relative x position | $Gx_r$ | 相对坐标原点 O 相对于质心的横坐标 |
| G：relative y position | $Gy_r$ | 相对坐标原点 O 相对于质心的纵坐标 |
| x position at port 1 | $x_{r1}$ | 端口 1 的相对横坐标 |
| x position at port 2 | $x_{r2}$ | 端口 2 的相对横坐标 |

（续）

| 参　　数 | 符　　号 | 说　　明 |
|---|---|---|
| y position at port 1 | $y_{r1}$ | 端口 1 的相对纵坐标 |
| y position at port 2 | $y_{r2}$ | 端口 2 的相对纵坐标 |
| joint relative angular position at port 1 | alpha1 | 运动副相对于端口 1 的角度 |
| joint relative angular position at port 2 | alpha2 | 运动副相对于端口 2 的角度 |

### 3.3.4　案例

机构示意图如图 3-8 所示，一个长为 1.5m 的均匀长杆，与水平夹角 30°，端口 1 相对于绝对坐标系原点的位置为（0.5m，0.5m），用相对坐标系、绝对坐标系、混合坐标系三种方法定义长杆的位置。

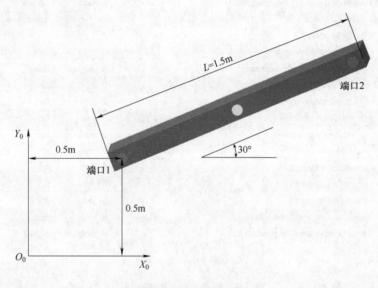

图 3-8　机构示意图

**1. 相对坐标系**

设定相对坐标系原点 $O_1X_1Y_1$ 在长杆端口 1 处，则 $O_1X_1Y_1$ 相对于绝对坐标系 $O_0X_0Y_0$ 的位置为（30°，0.5m，0.5m），设定端口 1、端口 2 和质心 $G$ 的坐标分别为（0m，0m），（1.5m，0m），（0.75m，0m）。参数设置如图 3-9 所示，见 demo3-1a。

**2. 绝对坐标系**

分别计算绝对坐标系下端口 1、端口 2 和质心 $G$ 的位置坐标如下：端口 1（0.5m，0.5m），端口 2（0.5m+1.5×cos30° m，0.5m+1.5×sin30° m），$G$（0.5m+1.5×cos30°/2m，0.5m+1.5×sin30°/2m）。参数设置如图 3-10 所示，见 demo3-1b。

**3. 混合坐标系**

设定混合坐标系中长杆的相对坐标系原点在质心 $G$ 处，原点坐标为（0m，0m），其在绝对坐标系中的位置坐标为（0.5+1.5×cos30°/2m，0.5m+1.5×sin30°/2m），进而确定端口 1、

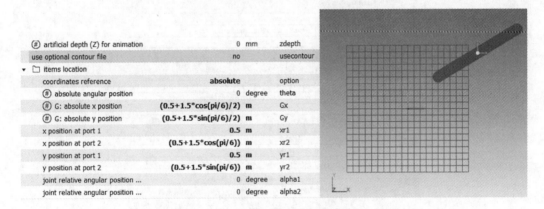

图 3-9　相对坐标系下的参数设置

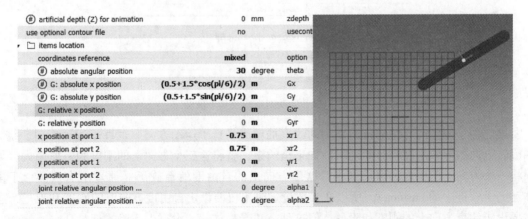

图 3-10　绝对坐标系下的参数设置

端口 2 的位置坐标分别为 $(-0.75\mathrm{m}, 0\mathrm{m})$，$(0.75\mathrm{m}, 0\mathrm{m})$，参数设置如图 3-11 所示，见 demo3-1c。

| | coordinates reference | mixed | | option |
|---|---|---|---|---|
| (#) | absolute angular position | 30 | degree | theta |
| (#) | G: absolute x position | (0.5+1.5*cos(pi/6)/2) | m | Gx |
| (#) | G: absolute y position | (0.5+1.5*sin(pi/6)/2) | m | Gy |
| | G: relative x position | 0 | m | Gxr |
| | G: relative y position | 0 | m | Gyr |
| | x position at port 1 | -0.75 | m | xr1 |
| | x position at port 2 | 0.75 | m | xr2 |
| | y position at port 1 | 0 | m | yr1 |
| | y position at port 2 | 0 | m | yr2 |
| | joint relative angular position ... | 0 | degree | alpha1 |
| | joint relative angular position ... | 0 | degree | alpha2 |

图 3-11　混合坐标系下的参数设置

这里需要说明的是，用户应当根据自己的实际情况选取合适的坐标系。但根据笔者经验，当机构相对位置还需要调整时，推荐选取相对坐标系；当机构位置已经确定时，推荐选取绝对坐标系。对于初学者而言，绝对坐标系比较容易理解，但需要提供准确的装配关系。

## 3.4 运动副

平面机构库中的运动副由平动副、转动副、平动转动副、液压缸副和碰撞构成，其中平动转动副是一个平动副和一个转动副的组合，液压缸副是一个平动副和两个转动副的组合。

如图 3-12 所示，平面机构库的运动副子模型都有两个（液压缸副除外）。第一种子模型的算法是将运动副的运动关系写成向量的形式，然后再把这些向量的表达式代入拉格朗日乘子法公式中进行计算。这种方法是一种隐式的方法，编译时会产生两个隐式变量。就约束本身而言不需要设定任何参数，只需要设定自由度方向上的刚度和阻尼即可。

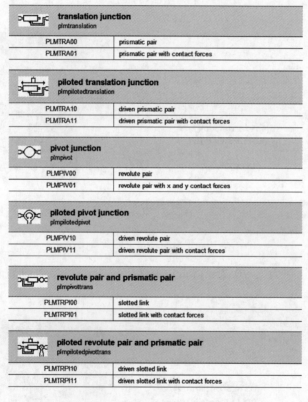

图 3-12 运动副坐标及其子模型

第二种子模型的算法是将运动副的约束抽象成平行于运动方向、垂直于运动方向、绕 $Z$ 轴旋转方向的等效刚度和等效阻尼。如果全约束，就将这三个方向上的刚度和阻尼调大，如果将一个方向上的刚度和阻尼调小，这个方向上的自由度就释放了（原理上有点类似于多体动力学软件中的 bushing）。所以在参数设定时不仅要设定自由度方向上的刚度和阻尼，还需要设定约束方向上的刚度和阻尼，但这种方法是显式的，没有引入隐式变量。

以转动副为例，如图 3-13 所示，构件 1 的端口 1（$P_1$ 点）和构件 2 的端口 2（$P_2$ 点）铰接，如果采用第一种子模型则其内部的约束方程计算过程如下。

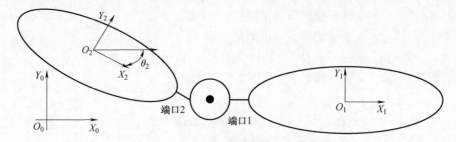

图 3-13 转动副的第一种子模型

因为 $P_1$ 点和 $P_2$ 点铰接（$P_1$ 和 $P_2$ 是同一个点），所以向量 $\boldsymbol{O_0P_1}=\boldsymbol{O_0P_2}$，根据向量的关系，可得如下关系式

$$\boldsymbol{O_0P_1}=\boldsymbol{O_0O_1}+\boldsymbol{O_1P_1}$$

$$\boldsymbol{O_0P_1}=\begin{pmatrix}x_{O1}\\y_{O1}\end{pmatrix}_{R0}+\begin{pmatrix}x_{r1}\\y_{r1}\end{pmatrix}_{R1} \tag{3-1}$$

式中，等号右边第一项为构件 1 的相对坐标原点在绝对坐标系中的位置，等号右边第二项为构件 1 的 $P_1$ 点在相对坐标系中的位置。因此得到

$$\boldsymbol{O_0P_1}=\begin{pmatrix}x_{O1}+x_{r1}\cos\theta_1-y_{r1}\sin\theta_1\\y_{O1}+x_{r1}\sin\theta_1+y_{r1}\cos\theta_1\end{pmatrix}_{R0} \tag{3-2}$$

同理得到

$$\boldsymbol{O_0P_2}=\begin{pmatrix}x_{O2}+x_{r2}\cos\theta_2-y_{r2}\sin\theta_2\\y_{O2}+x_{r2}\sin\theta_2+y_{r2}\cos\theta_2\end{pmatrix}_{R0} \tag{3-3}$$

由于 $P_1$ 点和 $P_2$ 点铰接，两点的坐标相等，因此便得到了如下约束方程

$$\begin{cases}x_{O1}+x_{r1}\cos\theta_1-y_{r1}\sin\theta_1-x_{O2}-x_{r2}\cos\theta_2+y_{r2}\sin\theta_2=0\\y_{O1}+x_{r1}\sin\theta_1+y_{r1}\cos\theta_1-y_{O2}-x_{r2}\sin\theta_2-y_{r2}\cos\theta_2=0\end{cases} \tag{3-4}$$

将这个约束方程代入拉格朗日乘子法中就得到了约束反力。

如图 3-14 所示，如果采用第二种子模型时，转动副等效为平行于运动方向、垂直于运动方向以及绕 $Z$ 轴旋转方向的等效刚度和等效阻尼。其基本计算公式为

$$\begin{aligned}F_{x1}&=k_x(x_{ax2}-x_{ax1})+b_x(v_{x2}-v_{x1})\\F_{y1}&=k_y(y_{ay2}-y_{ay1})+b_y(v_{y2}-v_{y1})\\F_{x2}&=-F_{x1}\\F_{y2}&=-F_{y1}\\T_1&=k_z(\theta_2-\theta_1)+b_z(\omega_2-\omega_1)\\T_2&=-T_1\end{aligned} \tag{3-5}$$

式中　　$F_{x1}$、$F_{x2}$、$F_{y1}$、$F_{y2}$——铰点处的反力；

$T_1$、$T_2$——铰点处的反力矩；

$x_{ax1}$、$x_{ax2}$、$y_{ay1}$、$y_{ay2}$——构件 1、构件 2 在铰点处两个方向的相对位移；

$v_{x1}$、$v_{x2}$、$v_{y1}$、$v_{y2}$——构件 1、构件 2 在铰点处两个方向的相对速度；

$k_x$、$k_y$——$X$、$Y$ 方向的刚度；

$b_x$、$b_y$——$X$、$Y$ 方向的阻尼；

$k_z$——旋转方向的刚度；

$b_z$——旋转方向的阻尼；

$\theta_1$、$\theta_2$——构件 1、构件 2 的角位移；

$\omega_1$、$\omega_2$——构件 1、构件 2 的角速度。

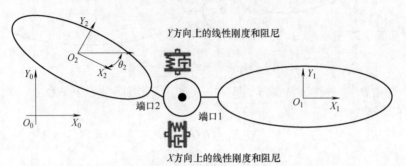

图 3-14　转动副第二种子模型

对于使用者而言，需要掌握的是，运动副采用第一种子模型时将会产生隐式变量，因此不能够支持实时仿真；而采用第二种子模型虽然没有隐式变量，但需要用户将约束刚度和阻尼设在合理范围内。

### 3.4.1　平动副

平动副，约束的自由度是 2 个，只保留沿一个方向的平动。平动副在库中对应的模型有两个，它们最大的区别在于是否有外力驱动。图 3-15 所示元件只规定了平动副连接的两构件之间平动的运动关系，没有外力输入；而图 3-16 所示元件的端口 2 可以输入一个主动外力，这个外力作用于平动副连接的两个构件之间，方向平行于运动副的平动方向。

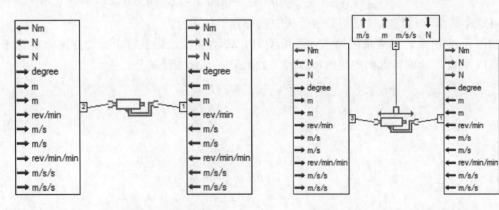

图 3-15　无外力输入的平动副端口　　　　图 3-16　带外力输入的平动副端口

如图 3-17 所示，当子模型选取 PLMTRA00 时，需要输入参数【spring stiffness】，代表平动方向上的弹簧刚度，【free length of spring】代表弹簧的自由长度，而【damping coefficient】代表平动方向上的等效阻尼。

如图 3-18 所示，当子模型选取 PLMTRA01 时，额外增加了参数【contact linear spring stiffness】【contact linear damping coefficient】【contact rotary spring stiffness】【contact rotary damping coefficient】，分别是被约束平动方向和转动方向的刚度和阻尼。

**Submodel**

plmtranslation [PLMTRA00]

prismatic pair

**Parameters**

| Title | Value | Unit | Tags |
|---|---|---|---|
| spring stiffness | 0 | N/m | |
| free length of spring | 0 | mm | |
| damping coefficient | 1 | N/(m/s) | |

图 3-17　PLMTRA00 参数

plmtranslation [PLMTRA01]

prismatic pair with
contact forces

**Parameters**

| Title | Value | Unit |
|---|---|---|
| spring stiffness | 0 | N/m |
| free length of spring | 0 | mm |
| damping coefficient | 1 | N/(m/s) |
| contact linear spring stiffness | 1e+09 | N/m |
| contact linear damping coefficient | 10000 | N/(m/s) |
| contact rotary spring stiffness | 1e+09 | Nm/degree |
| contact rotary damping coefficient | 10000 | Nm/(rev/min) |

图 3-18　PLMTRA01 参数

如图 3-19 所示搭建模型，见 demo3-2，设置平动副子模型为 PLMTRA00，采用绝对坐标系参数设置元件（3）中的【⊕ absolute angular position of x axis】为 ALPHA1。元件（5）中的【O：absolute x position】为 1000mm，【x position at port 1】为 500mm，【joint relative angular position at port 1】为 ALPHA2。设定如下不同的 ALPHA1 和 ALPHA2，观察机构的位置变化。

1）ALPHA1=0°，ALPHA2=0°。

2）ALPHA1=0°，ALPHA2=−45°。

3）ALPHA1=20°，ALPHA2=0°。

4）ALPHA1=−20°，ALPHA2=−45°。

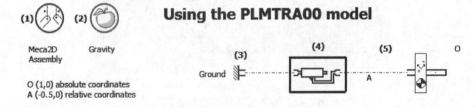

图 3-19　平动机构草图

当 ALPHA1=0°，ALPHA2=0°时，模型姿态如图 3-20 所示。

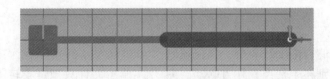

图 3-20　第 1 组参数下的模型姿态

当 ALPHA1=0°，ALPHA2=−45°时，模型姿态如图 3-21 所示。

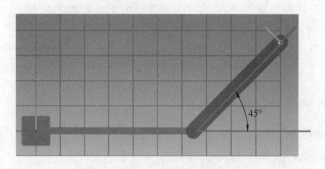

图 3-21    第 2 组参数下的模型姿态

当 ALPHA1 = 20°，ALPHA2 = 0°时，模型姿态如图 3-22 所示。

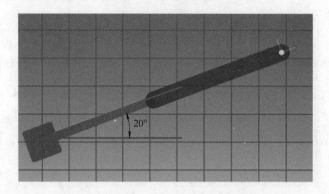

图 3-22    第 3 组参数下的模型姿态

当 ALPHA1 = -20°，ALPHA2 = -45°时，模型姿态如图 3-23 所示。

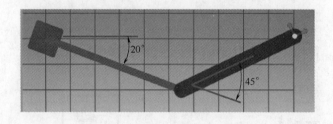

图 3-23    第 4 组参数下的模型姿态

由此可见，参数【joint relative angular position at port i】决定了第 $i$ 个端口运动副的旋转角度，很显然，这种角度的偏移只对平动副有效，对于转动副是不起作用的。

### 3.4.2    转动副

转动副，约束的自由度是 2 个，只保留绕 $Z$ 轴的转动。转动副在库中对应的模型有两个，它们最大的区别在于是否有外力驱动。图 3-24 所示元件只规定了转动副连接的两构件之间转动的运动关系，没有外力输入；而图 3-25 所示元件的端口 1 可以输入一个作用在两个构件之间的主动力矩。

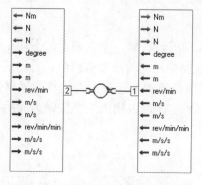

图 3-24　无外力输入的转动副端口

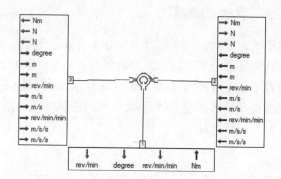

图 3-25　带外力输入的转动副端口

如图 3-26 所示，当子模型选取 PLMPIV00 时，需要输入参数【spring stiffness】，代表转动方向上的弹簧刚度；【damping coefficient】代表转动方向上的等效阻尼。

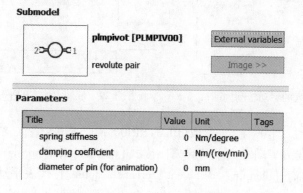

图 3-26　PLMPIV00 子模型参数

如图 3-27 所示，当子模型选取 PLMPIV01 时，额外增加了参数【x linear spring stiffness】【y linear spring stiffness】【x linear damping coefficient】【y linear damping coefficient】。这四个参数分别是 $x$、$y$ 方向的刚度和阻尼。

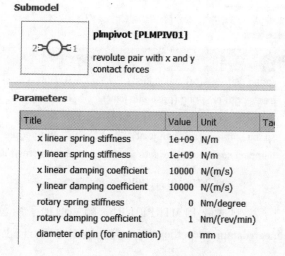

图 3-27　PLMPIV01 子模型参数

### 3.4.3 平动转动副

平动转动副，约束的自由度是 1，保留绕垂直于 Z 轴的转动和一个方向上的平动，可以近似认为是一个平动副和转动副的组合。平动转动副在库中对应的模型有两个，它们最大的区别在于是否有外力驱动。图 3-28 所示元件只规定了平动转动副连接的两构件之间转动加平动的运动关系，没有外力输入；而图 3-29 元件的端口 1、3 可以输入一个主动力和力矩作用在两个构件之间。

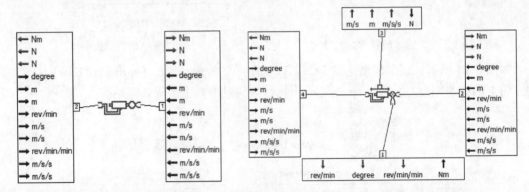

图 3-28　无外力输入的平动转动副端口　　　图 3-29　带外力输入的平动转动副端口

如图 3-30 所示，当子模型选取 PLMTRPI00 时，需要输入参数【spring stiffness（prismatic joint）】，代表平动方向上的弹簧刚度，【free length of spring（prismatic joint）】代表弹簧的自由长度，而【damping coefficient（prismatic joint）】代表平动方向上的等效阻尼，【spring stiffness（revolute joint）】代表转动方向上的弹簧刚度，【damping coefficient（revolute joint）】代表转动方向上的阻尼。

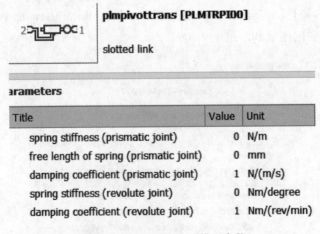

| Title | Value | Unit |
| --- | --- | --- |
| spring stiffness (prismatic joint) | 0 | N/m |
| free length of spring (prismatic joint) | 0 | mm |
| damping coefficient (prismatic joint) | 1 | N/(m/s) |
| spring stiffness (revolute joint) | 0 | Nm/degree |
| damping coefficient (revolute joint) | 1 | Nm/(rev/min) |

图 3-30　PLMTRPI00 子模型参数

如图 3-31 所示，当子模型选取 PLMTRPI01 时，额外增加了参数【contact linear spring stiffness】和【contact linear damping coefficient】，分别是被约束方向上的刚度和阻尼。

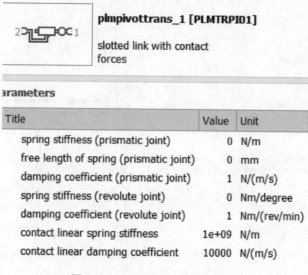

**plmpivottrans_1 [PLMTRPI01]**

slotted link with contact
forces

Parameters

| Title | Value | Unit |
|---|---|---|
| spring stiffness (prismatic joint) | 0 | N/m |
| free length of spring (prismatic joint) | 0 | mm |
| damping coefficient (prismatic joint) | 1 | N/(m/s) |
| spring stiffness (revolute joint) | 0 | Nm/degree |
| damping coefficient (revolute joint) | 1 | Nm/(rev/min) |
| contact linear spring stiffness | 1e+09 | N/m |
| contact linear damping coefficient | 10000 | N/(m/s) |

图 3-31　PLMTRPI01 子模型参数

## 3.4.4　液压缸副

液压缸副可以近似理解成两个转动副和一个平动副的组合。液压缸副端口如图 3-32 所示，端口 1、3 是用平动副连接起来的两个转动副，端口 2 输入外力作用在平动副上。

液压缸副参数及其与液压缸参数的对应关系如图 3-33 所示，设置参数时要注意：【free length of the actuator】是液压缸的安装长度，液压缸副输出的位移在数值上等于端口 1、3 的距离减去液压缸的安装长度。液压缸的初始位置如图 3-34 所示，当液压缸副连接液压缸时，液压缸内部参数【use initial displacement】选择 yes 时，液压缸的初始位置由液压缸内部的参数设置决定；当该参数选择 No 时，初始位置由机构的装配关系决定。

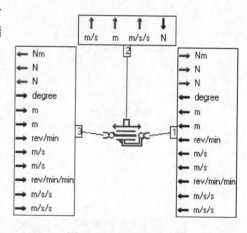

图 3-32　液压缸副端口

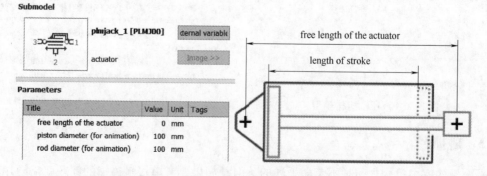

图 3-33　液压缸副参数及其与液压缸参数的对应关系

液压缸机构如图 3-35 所示。机构质心在 $O_1$ 处，液压缸安装长度为 200mm。

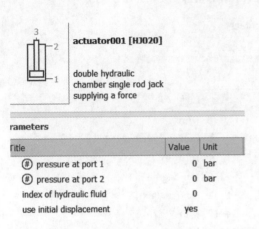

图 3-34　液压缸的初始位置

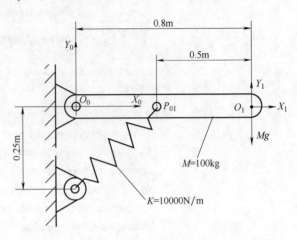

图 3-35　液压缸机构示意图

设定坐标原点为 $O_0$，采用相对坐标定义各点参数。连杆三个端口定义如下：端口 1 连接地面，端口 2 连接液压缸，端口 3 自由，质心位置在端口 3 处。液压缸机构模型搭建如图 3-36 所示，其连杆参数设置如图 3-37 所示，见 demo3-3。

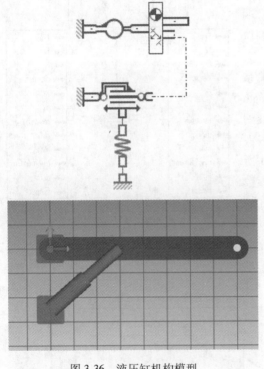

图 3-36　液压缸机构模型

| Title | Value | Unit |
|---|---|---|
| (#) artificial depth (Z) for animation | 0 | mm |
| use optional contour file | no | |
| ▼ 🗀 items location | | |
| coordinates reference | relative | |
| (#) absolute angular position | 0 | degree |
| (#) G: absolute x position | 0 | mm |
| (#) G: absolute y position | 0 | mm |
| O: absolute x position | 0 | mm |
| O: absolute y position | 0 | mm |
| G: relative x position | **800** | mm |
| G: relative y position | 0 | mm |
| x position at port 1 | 0 | mm |
| x position at port 2 | **300** | mm |
| x position at port 3 | **800** | mm |
| y position at port 1 | 0 | mm |
| y position at port 2 | 0 | mm |
| y position at port 3 | 0 | mm |
| joint relative angular position at port 1 | 0 | degree |
| joint relative angular position at port 2 | 0 | degree |
| joint relative angular position at port 3 | 0 | degree |
| ▼ 🗀 inertia | | |
| mass | **100** | kg |
| moment of inertia around Gz axis | 0.01 | kgm**2 |

图 3-37　连杆参数设置

### 3.4.5　碰撞

平面机构库中机构之间是不考虑干涉的，但是如果要考虑接触碰撞的问题就需要用到碰撞元件了。碰撞元件连接两个构件，通过检测预先设定好的构件形状位置来计算接触力。碰撞模型端口如图 3-38 所示。

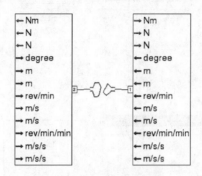

图 3-38　碰撞模型端口

碰撞模型的参数设置如图 3-39 所示，在参数设定时，除了要以坐标点连线的形式设定碰撞的外形以外，还要设定两个物体的弹性模量、接触刚度、接触阻尼和旋转阻尼等（按照笔者经验，增大碰撞阻尼有利于提高系统的稳定性和计算速度，摩擦力一般保持默认值，碰撞的刚度和阻尼跟物体的材料属性有关）。

| Title | Value | Unit | Ta |
|---|---|---|---|
| discontinuity handling | no | | |
| ▶ ☐ shape of body at port 1 | | | |
| ▶ ☐ shape of body at port 2 | | | |
| ▼ ☐ contact | | | |
| 　Young's modulus of body at port 1 | 2.1e+11 | N/m**2 | |
| 　Young's modulus of body at port 2 | 2.1e+11 | N/m**2 | |
| 　solid stiffness | (10000000000/10)/1000 | N/m | |
| 　contact damping coefficient | 1000*10 | N/(m/s) | |
| 　contact rotary damping coefficient | 0.01 | Nm/(rev/min) | |
| 　limit penetration for full damping | 0.01 | mm | |
| ▼ ☐ friction | | | |
| 　friction model | hyperbolic tangent | | |
| 　friction coefficient | 0.1 | null | |
| 　stick velocity threshold (for dry friction) | 0.001 | m/s | |
| 　viscous friction | 0 | N/(m/s) | |

图 3-39　碰撞模型参数设置

在设定两个构件的接触形状时，可以采用【Shape Designer】这个工具，该工具的位置在参数设置的左上角。打开【Shape Designer】，分别导入两个接触外形的数据文件，通过【X】、【Y】和【theta】来调整接触外形的相对位置和角度，如图 3-40 所示。

注意，软件中规定，点列按顺时针排列取外轮廓线，按逆时针排列取内轮廓线，如图 3-41 所示。

单摆碰撞模型原理如图 3-42 所示，搭建单摆碰撞模型，单摆长度 2m，末端有半径为 0.5m 的球，球质量 10kg，转动惯量 $0.01 \text{kg} \cdot \text{m}^2$，单摆的质量和转动惯量可忽略。

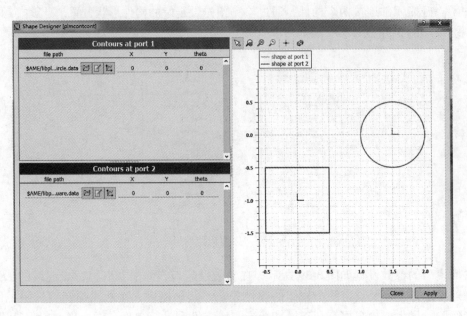

图 3-40　碰撞轮廓设定工具

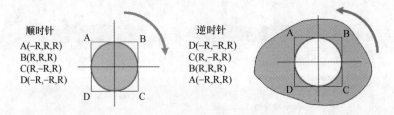

图 3-41　内外碰撞定义方法

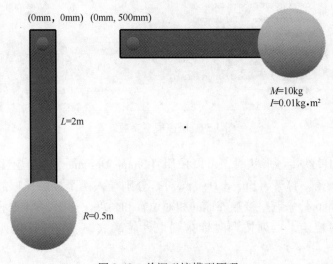

图 3-42　单摆碰撞模型原理

仿真模型搭建如图 3-43 所示，见 demo3-4。设定 $A$ 点坐标（0mm,0mm）；$B$ 点坐标（0mm,500mm）；$C$、$D$ 杆的参数设置如图 3-44 所示，碰撞参数保证默认值。使用【Shape Designer】定义的碰撞轮廓如图 3-45 所示，观察小球位置变化。模型搭建好后的实际效果如图 3-46 所示。

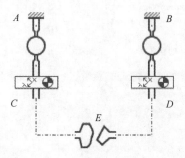

图 3-43　仿真模型草图

| # artificial depth (Z) for animation | | 0 | mm | | zdepth |
|---|---|---|---|---|---|
| use optional contour file | | no | | | usecontour |
| ▼ ▢ items location | | | | | |
| coordinates reference | | relative | | | option |
| # absolute angular position | | 0 | degree | | theta |
| # G: absolute x position | | 0 | mm | | Gx |
| # G: absolute y position | | 0 | mm | | Gy |
| O: absolute x position | | 0 | mm | | Ox |
| O: absolute y position | | 0 | mm | | Oy |
| G: relative x position | | 0 | mm | | Gxr |
| G: relative y position | | -2000 | mm | | Gyr |
| x position at port 1 | | 0 | mm | | xr1 |
| x position at port 2 | | 0 | mm | | xr2 |
| y position at port 1 | | 0 | mm | | yr1 |
| y position at port 2 | | -2000 | mm | | yr2 |
| joint relative angular position at port 1 | | 0 | degree | | alpha1 |
| joint relative angular position at port 2 | | 0 | degree | | alpha2 |
| ▼ ▢ inertia | | | | | |
| mass | | 10 | kg | | m |
| moment of inertia around Gz axis | | 0.01 | kgm**2 | | inerti |
| ▼ ▢ initial velocities | | | | | |
| # absolute angular velocity | | 0 | rev/min | | omega |
| # G: x velocity | | 0 | m/s | | Gvx |
| # G: y velocity | | 0 | m/s | | Gvy |

| # artificial depth (Z) for animation | | 0 | mm | | zdepth |
|---|---|---|---|---|---|
| use optional contour file | | no | | | usecontour |
| ▼ ▢ items location | | | | | |
| coordinates reference | | relative | | | option |
| # absolute angular position | | 0 | degree | | theta |
| # G: absolute x position | | 0 | mm | | Gx |
| # G: absolute y position | | 0 | mm | | Gy |
| O: absolute x position | | 0 | mm | | Ox |
| O: absolute y position | | 0 | mm | | Oy |
| G: relative x position | | 2000 | mm | | Gxr |
| G: relative y position | | 0 | mm | | Gyr |
| x position at port 1 | | 0 | mm | | xr1 |
| x position at port 2 | | 2000 | mm | | xr2 |
| y position at port 1 | | 0 | mm | | yr1 |
| y position at port 2 | | 0 | mm | | yr2 |
| joint relative angular position at port 1 | | 0 | degree | | alpha1 |
| joint relative angular position at port 2 | | 0 | degree | | alpha2 |
| ▼ ▢ inertia | | | | | |
| mass | | 10 | kg | | m |
| moment of inertia around Gz axis | | 0.01 | kgm**2 | | inerti |
| ▼ ▢ initial velocities | | | | | |
| # absolute angular velocity | | 0 | rev/min | | omega |
| # G: x velocity | | 0 | m/s | | Gvx |
| # G: y velocity | | 0 | m/s | | Gvy |

图 3-44　$C$、$D$ 杆的参数设置

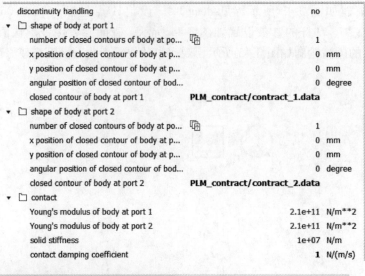

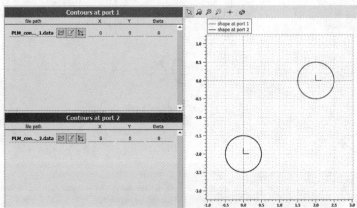

图 3-45　碰撞轮廓设置

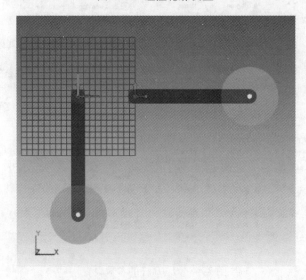

图 3-46　模型实际效果

## 3.5 自由度计算

机构能产生独立运动的数目称为机构的自由度。在平面机构中，各构件只做平面运动。所以每个自由构件具有 3 个自由度。而每个平面低副引入 2 个约束，每个高副引入 1 个约束。设平面机构中共有 $N$ 个活动构件（机架不是活动构件），在各构件尚未构成运动副时，它们共有 $3N$ 个自由度。而当各构件构成运动副后，设共有 $P_L$ 个低副和 $P_H$ 个高副，则机构将受到 $(2P_L + P_H)$ 个约束，故机构的自由度为 $F = 3N - (2P_L + P_H)$。在建模过程中要避免机构过约束的情况。

## 3.6 绳索

平面机构库的绳索元件可模拟平面内绳索的二维运动。绳索类元件分为滑轮、卷扬机、绳索和接头四种。

滑轮元件端口如图 3-47 所示，滑轮元件共有四个端口：端口 1 连接平面机构库的构件或者地面，用以确定滑轮的位置；端口 2、3 连接绳索元件，根据外力计算滑轮的运动状态；端口 4 连接机构库中的转动惯量，用来模拟滑轮的转动惯量。

滑轮元件参数设置如图 3-48 所示，滑轮元件可以考虑缠绕过程中是否打滑，当参数【rope sliding】选择 no 时，则不考虑打滑。此外，需要输入参数【diameter】代表滑轮直径，【efficiency】代表滑轮效率，【coefficient of viscous friction】代表滑轮的黏性摩擦。当参数【rope sliding】选择 yes 时，考虑滑轮的打滑，这时，软件根据滑轮的摩擦力、单绳拉力和转速判断是否发生打滑。

在用滑轮组建模时，要注意滑轮的绕绳方式，当滑轮组绳索连接没有交叉时，绳索不会有交叉，如图 3-49 所示。

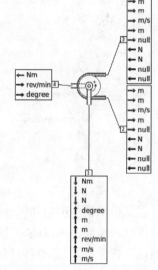

图 3-47 滑轮元件端口

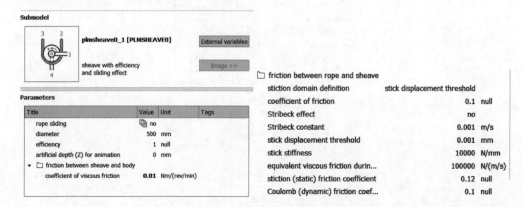

图 3-48 滑轮元件参数设置

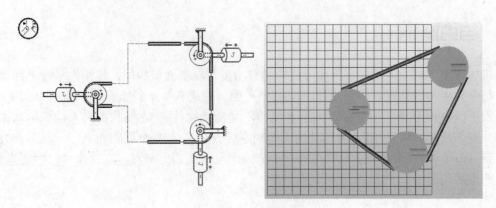

图 3-49　绳索无交叉

当滑轮组绳索连接有交叉时，绳索会有交叉，如图 3-50 所示。

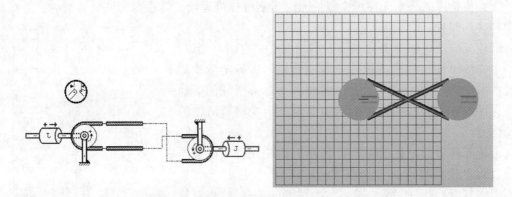

图 3-50　绳索有交叉

卷扬机子模型端口如图 3-51 所示，卷扬机元件共有三个端口：端口 1 连接平面机构库的构件或者地面，用以确定卷扬机的位置；端口 2 连接绳索元件；端口 3 连接机构库中的转动惯量，转动惯量之后可以接液压马达。

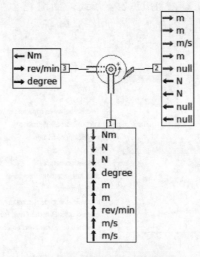

图 3-51　卷扬机子模型端口

卷扬机的卷筒外径在绳索缠绕过程中不断增加，当参数【diameter computation】选择 no 时，按照固定的直径计算，此时需要输入【winch diameter】（卷扬机卷筒直径）、【coefficient of viscous friction】（卷扬机的黏性摩擦），如图 3-52 所示。当参数【diameter computation】选择 yes 时则考虑直径的改变，这时需要输入【number of layers】（当前的层数）、【number of coils】（当前的圈数）、【number of coils per layer】（一层缠绕的圈数）、【layer thickness】（每一层绳索的厚度）、【transition angle】（过渡角），如图 3-53 所示。

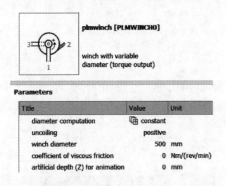

**Parameters**

| Title | Value | Unit |
| --- | --- | --- |
| diameter computation | constant | |
| uncoiling | positive | |
| winch diameter | 500 | mm |
| coefficient of viscous friction | 0 | Nm/(rev/min) |
| artificial depth (Z) for animation | 0 | mm |

图 3-52 卷扬机卷筒半径固定时的参数输入

| Title | Value | Unit |
| --- | --- | --- |
| (#) number of layers | 0 | null |
| (#) number of coils | 0 | null |
| diameter computation | variable | |
| number of coils per layer | 10 | |
| uncoiling | positive | |
| winch diameter | 500 | mm |
| layer thickness | 10 | mm |
| transition angle | 90 | degree |
| coefficient of viscous friction | 0 | Nm/(rev/min) |
| artificial depth (Z) for animation | 0 | mm |

图 3-53 卷扬机卷筒半径可变时的参数输入

绳索子模型的端口如图 3-54 所示，绳索元件共有两个端口，绳索元件只能和滑轮、卷扬机、接头连接。

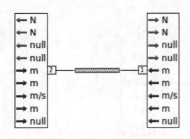

图 3-54 绳索子模型的端口

绳索的物理模型可以近似等效为若干弹簧阻尼质量系统串联，如图 3-55 所示。

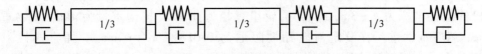

图 3-55 绳索等效物理模型

用户需要设定绳索的【number of nodes】（分段数）、【stiffness of unit length of rope】（单位长度绳索的刚度）、【viscous friction of unit length of rope】（单位长度绳索的阻尼）以及【mass of unit length of rope】（单位长度绳索的质量）和【initial tension】（预紧力），如图 3-56 所示。

接头元件有两个端口，端口 2 连接平面机构库的构件，端口 1 连接绳索元件，如图 3-57 所示。

| Title | Value | Unit | Tags | Name |
|---|---|---|---|---|
| (#) lengthening | 0 | mm | | a |
| number of nodes | [□] 0 | | | Nnodes |
| tension initialization | **force** | | | tensionMode |
| compression mode | normal | | | compKmode |
| stiffness of unit length of rope | 1e+06 | N/m | | K0 |
| viscous friction of unit length of rope | 1000 | N/(m/s) | | Rvisc0 |
| mass of unit length of rope | 1 | kg | | M0 |
| initial tension | 0 | N | | F0 |

图 3-56　绳索元件的参数设置

四倍率绳索仿真草图如图 3-58 所示，参照实际结构搭建一个四倍率绳索，系统中有两个动滑轮、两个定滑轮、一个卷扬机，注意两个动滑轮和两个定滑轮在建模时处理成同轴但相互独立，因此用四个转动惯量元件分别连接。

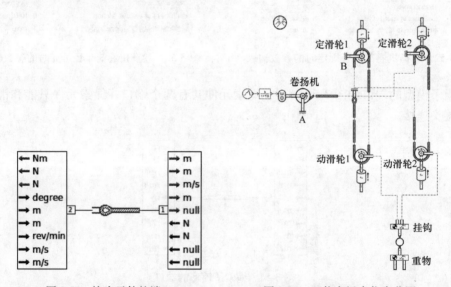

图 3-57　接头元件的端口　　　　　　图 3-58　四倍率绳索仿真草图

设定定滑轮 1、2 的位置坐标为（0m,0m）；动滑轮 1、2 的初始位置坐标为（0m,-1m），卷扬机的位置坐标为（-3m,0m），滑轮组直径为 0.5m，挂钩重量为 1kg，重物重量为 1000kg，忽略绳索重量，设定滑轮黏性阻尼为 0.01N · m/（r/min），绳索黏性阻尼为 10000N/（m/s）。四倍率绳索三维仿真模型搭建如图 3-59 所示，通过仿真得到单绳拉力，见 demo3-5。

计算单绳拉力

$$F = Mg/4 = 1000\text{kg}/4 \times 9.8\text{N/kg} = 2450\text{N}$$

四倍率绳索仿真曲线如图 3-60 所示，模型仿真结果很好地体现了单绳拉力动态的变化情况，但由于模型中考虑了绳索的重量以及滑轮的黏性摩擦，因此仿真结果略大于计算结果。

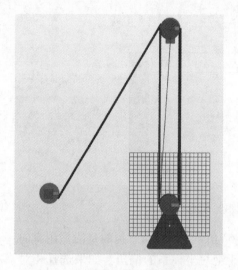

图 3-59 四倍率绳索三维仿真模型

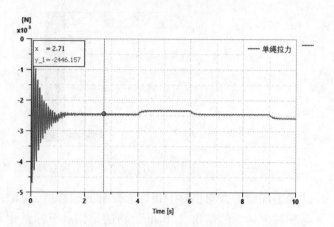

图 3-60 四倍率绳索仿真曲线

## 3.7 力与力矩的加载

机构在工作过程中不仅仅受到重力载荷，给机构施加其他外力载荷时，需要用到平面机构库中的 PLMFOR00。

PLMFOR00 端口如图 3-61 所示，PLMFOR00 元件有四个端口，其中端口 1、2、3 连接信号库，将无量纲数转化成扭矩、$X$ 方向的受力、$Y$ 方向的受力；端口 4 连接构件，表示外力作用在与其相连接的端口上。其中值得注意的是加载的坐标系的选取，如果输入 0 则是在绝对坐标系中加载外力，如果输入 1 则是在与其相连构件的相对坐标系下加载外力，如图 3-62所示。

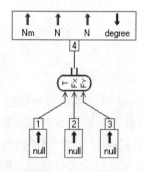

图 3-61 PLMFOR00 端口

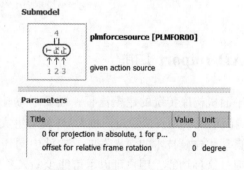

图 3-62 PLMFOR00 参数设置

力施加在绝对坐标系和相对坐标系上不同效果的对比如图 3-63 所示，垂直连杆顶部铰接，底部受到一个水平的拉力。当选择绝对坐标系时（左图），拉力方向始终是水平的，因此杆会停留在水平位置；当选择相对坐标系时（右图），拉力方向始终垂直于连杆，因此会形成一个力矩使连杆一直旋转。

加载坐标系相对偏移量的设置原理如图 3-64 所示。【offset for relative frame rotation】指

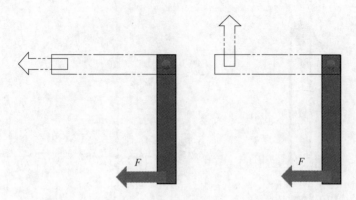

图 3-63　力施加在绝对坐标系和相对坐标系上不同效果的对比

的是力加载的方向相对于相对坐标系的偏移量，如图 3-62 所示。"angle" 指的是力作用方向与相对坐标系的偏角，"theta" 指的是相对坐标系相对于绝对坐标系的偏角。如果选择相对坐标系，力的加载方向相对于绝对坐标系的偏角为 "theta+angle"，如图 3-64a 所示。如果选择绝对坐标系，则这个角度不起作用，如图 3-64b 所示。

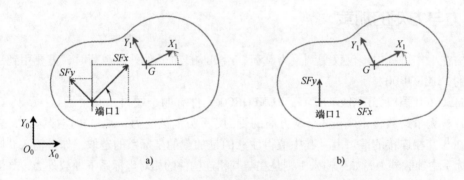

图 3-64　加载坐标系相对偏移量的设置原理
a）相对坐标系　b）绝对坐标系

## 3.8　CAD Import 功能

按照平面机构库传统的建模流程，需要手动输入构件的坐标信息和惯量信息，而 CAD Import 功能简单说就是直接通过三维 CAD 模型生成 Amesim 模型并识别参数的功能。

随着自动化建模技术的深入发展，软件中同样增加了直接通过三维 CAD 模型生成模型的功能。通过这种功能，用户可以尽可能少输入参数，甚至不需要输入参数就能够直接生成 Amesim 模型。整个过程分为 4 个步骤。

### 3.8.1　导入三维模型

在工具栏中选择【Tools】|【CAD Import】命令，打开【CAD Import】工具，然后在【CAD Import】工具中选择【File】|【ImportCAD file】命令打开三维模型文件（文件格式可以是 "x_t"，也可以是 "step" 或 "stp"）。本案例中以挖掘机为例，打开文件路径\demo\

Platform\1D3DCAE\CADImport\CAD 中的文件 Excavator. x_t，如图 3-65 所示。

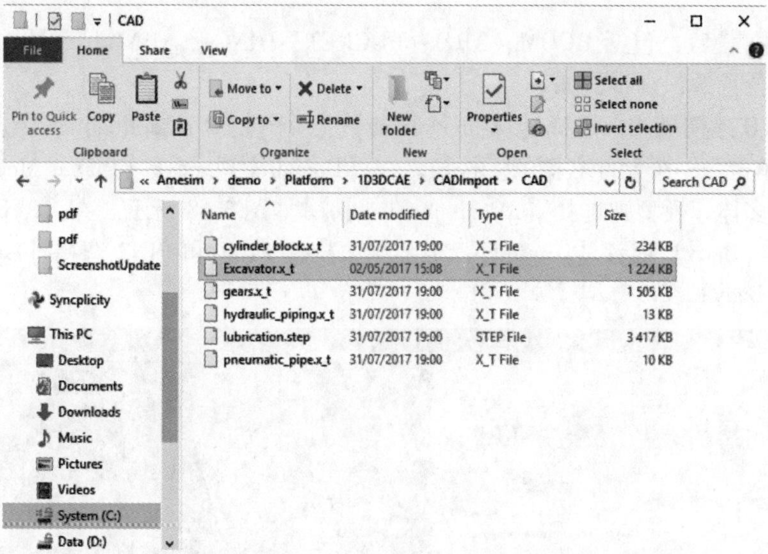

图 3-65　选择所要导入的模型

打开三维模型的时候要注意检查以下两点：

（1）模型的单位　尽量保证模型参数单位的一致性。如果不一致，例如 CAD Import 工具中默认的单位是 m，而三维模型的单位是 mm，导入时相当于长度被放大了 1000 倍，这就需要在装配体的【scale】中（如图 3-66 所示）输入 0.001。

（2）坐标系调整　平面机构库中的工作坐标系是 $XY$ 平面，如果三维模型的坐标系是其他平面，则需要进行坐标变换。当三维模型的坐标系和平面机构库中的坐标系不一致时，可以选择【CAD modeling】|【Change scene frame】命令进行坐标系的调整。调整坐标系如图 3-67 所示。

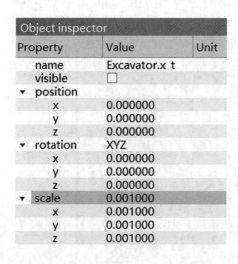

图 3-66　用【scale】参数来设置比例

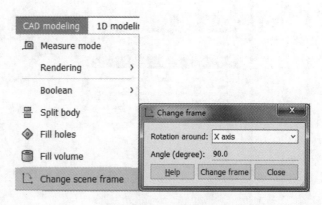

图 3-67　调整坐标系

**85**

### 3.8.2 构件与作用点位置的识别

三维模型加载后，包括 BOOM、ARM、BUCKET、HING1、HING2、PIN1、PIN2 构件。构件与作用点位置的识别步骤如下：

1）激活 1D 建模模式，选择【1D modeloing】|【Active 1D modeling】命令。

2）分别单击每一个元件右侧的 ⊘ 按钮。在【Domain】中选择【Planar Mechanical】（如果想生产三维多体库模型则选择【3D Mechanical】），如图 3-68 所示。在【Type】中根据元件的作用选择【Body】或者【Ground】，本案例中构件 PIN1 和 PIN2 选择【Ground】，其他构件均选择【Body】。

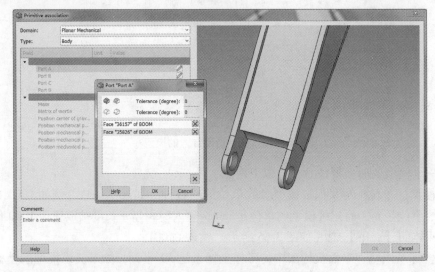

图 3-68 用销孔中点定义铰点

在 BOOM 中，单击 ⑥ 按钮定义铰点的个数为四个，单击每一个铰点的 ⊘ 按钮进行特征点识别。注意，这里建议用户在三维绘图软件中预留出比较好识别的几何特征，例如销孔、轴孔等，如图 3-69 所示。

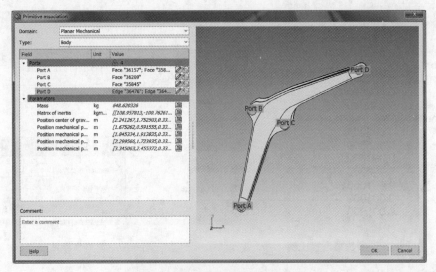

图 3-69 动臂识别出的铰点位置

用同样的方法识别 ARM、BUCKET、HING1、HING2、PIN1、PIN2 上面的作用点，如图 3-70 所示。

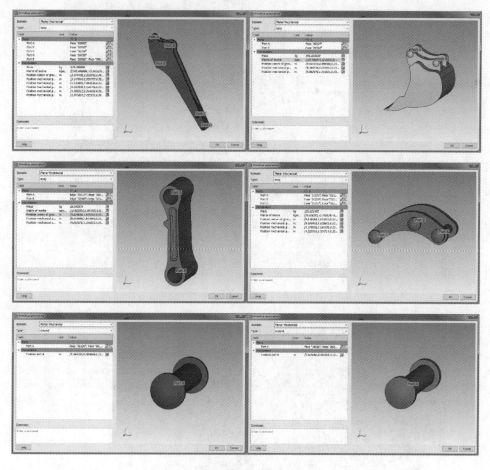

图 3-70 挖掘机各部件识别出的铰点位置

### 3.8.3 建立运动副

在操作界面右侧【Connection】中单击 ⚙ 按钮添加连接，然后单击运动副连接的两个构件，选择对应的位置点，在【Type】中选择对应的运动副，如图 3-71 所示。

用同样的方法生成 PIN1 和 BOOM 之间、BOOM 和 ARM 之间的铰接副，生成 ARM 和 BUCKET 之间的液压缸副，运动副设置完成如图 3-72 所示。

### 3.8.4 生成模型

在【1D modeling】中选择【Sketch generation assistant】命令，弹出【Sketch generation assistant】对话框，单击 Next，然后勾选【Planar mechanical application】，单击 Next，最后单击【Generate】生成模型，如图 3-73 所示。

生成后的模型及对应的装配位置和元件参数如图 3-74 所示，见 demo3-6。

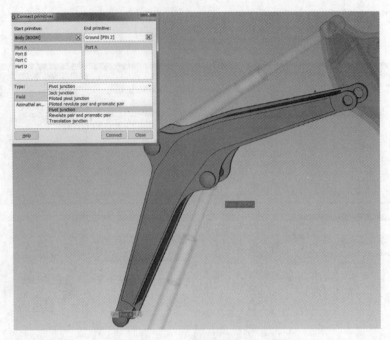

图 3-71　运动副的选择

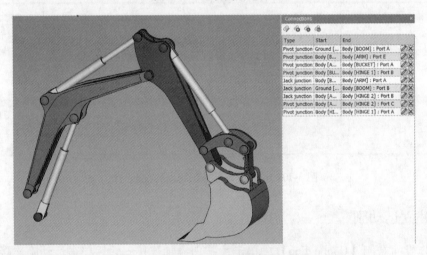

图 3-72　运动副设置完成

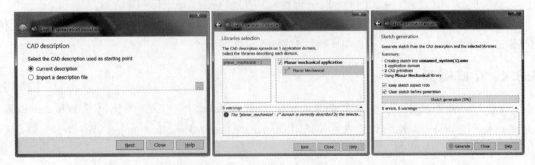

图 3-73　生成模型对话框

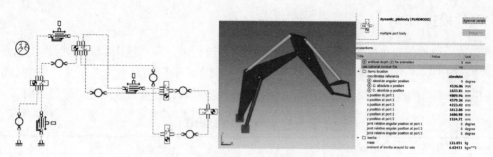

图 3-74　生成的模型及对应的装配位置和元件参数

## 3.9　综合实例

绳排作为箱型臂伸缩关键机构，在流动式起重设备、高空作业设备及消防装备中有着广泛的应用，本案例即向读者讲解 Amesim 软件中平面机构库搭建绳排的过程。读者可以在本案例的基础上进行拓展，研究绳排的受力、伸缩速度等因素的影响。

### 3.9.1　基本原理

图 3-75 所示的三节臂绳排系统共有三节臂架，基础臂固定不动，二节臂（粗线部分）和三节臂可以伸缩，基础臂和二节臂之间由液压缸连接，在二节臂上连接有两个定滑轮，通过绳索分别和基础臂、三节臂连接。

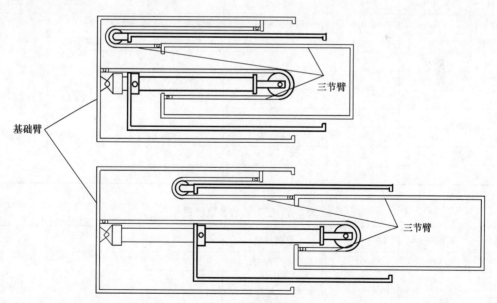

图 3-75　绳排原理

当活塞杆伸出速度是 $v$ 时，由于活塞杆和二节臂固连，因此二节臂的速度就是 $v$，又因为二节臂连接定滑轮，因此定滑轮圆心的速度是 $v$，与定滑轮相连的绳索一端连接在基础臂上，速度为 0，假设是纯滚动，则另一端连接在三节臂上，因此速度为 $2v$，即三节臂的速度为 $2v$。反之，缩回也是一样的。

### 3.9.2 建模过程

首先进行机构的自由度计算。很明显，系统没有过约束，在系统中添加两个驱动力，一个驱动臂架变幅，另一个驱动臂架伸缩，机构运动即可确定。采用相对坐标系定义，根据 CAD 模型确定机构各端口的连接关系，见表 3-4~表 3-7。软件中默认设置重力方向沿 $Y$ 轴负方向。

**表 3-4 基础臂的参数设置**

| 项目 | $X$ 坐标/mm | $Y$ 坐标/mm | 连接对象 | 运动副 | 质量 | 转动惯量 |
|---|---|---|---|---|---|---|
| 端口 1 | 0 | 0 | 二节臂端口 1 | 基础臂、二节臂平动副 | | |
| 端口 2 | 0 | −500 | 地面 | 铰接副 | | |
| 端口 3 | 2500 | −500 | 地面 | 液压缸副 | | |
| 端口 4 | 2750 | −500 | — | | | |
| 端口 5 | 2750 | 500 | 定滑轮 2 圆周 | 绳索 4 | 300kg | $10\mathrm{kg\cdot m^2}$ |
| 端口 6 | 0 | 500 | 卷扬机 | 绳索 6 | | |
| 端口 7 | 0 | 100 | 定滑轮 1 圆周 | 绳索 1 | | |
| 质心 | 1375 | 0 | | $G_1$ | | |
| 相对原点 | 0 | 0 | — | 坐标系 $O_1X_1Y_1$ | | |

**表 3-5 二节臂的参数设置**

| 项目 | $X$ 坐标/mm | $Y$ 坐标/mm | 连接对象 | 运动副 | 质量 | 转动惯量 |
|---|---|---|---|---|---|---|
| 端口 1 | 0 | 0 | 基础臂端口 1 | 基础臂、二节臂平动副 | | |
| 端口 2 | 0 | −400 | — | | | |
| 端口 3 | 2500 | −400 | — | | | |
| 端口 4 | 2250 | 0 | 定滑轮 1 圆心 | 绳索 1、绳索 3 | 280kg | $10\mathrm{kg\cdot m^2}$ |
| 端口 5 | 2250 | 0 | 三节臂端口 1 | 二、三节臂平动副 | | |
| 端口 6 | 2500 | 400 | | | | |
| 端口 7 | 0 | 400 | 定滑轮 2 圆心 | 绳索 2、绳索 4 | | |
| 质心 | 1250 | 0 | — | $G_2$ | | |
| 相对原点 | 100 | 0 | — | 坐标系 $O_2X_2Y_2$ | | |

**表 3-6 三节臂的参数设置**

| 项目 | $X$ 坐标/mm | $Y$ 坐标/mm | 连接对象 | 运动副 | 质量 | 转动惯量 |
|---|---|---|---|---|---|---|
| 端口 1 | 0 | 0 | 二节臂端口 1 | 二、三节臂平动副 | | |
| 端口 2 | 0 | 300 | 定滑轮 2 圆周 | 绳索 2 | | |
| 端口 3 | 1750 | 300 | 定滑轮 3 | 绳索 5 | | |
| 端口 4 | 1750 | −300 | | | 250kg | $10\mathrm{kg\cdot m^2}$ |
| 端口 5 | 0 | −300 | | | | |
| 端口 6 | 0 | −100 | 定滑轮 1 圆周 | 绳索 3 | | |
| 质心 | 875 | 0 | | $G_3$ | | |
| 相对原点 | 200 | 0 | — | 坐标系 $O_3X_3Y_3$ | | |

表 3-7 重物的参数设置

| 项目 | $X$ 坐标/mm | $Y$ 坐标/mm | 连接对象 | 运动副 | 质量 | 转动惯量 |
|---|---|---|---|---|---|---|
| 端口 1 | 0 | 0 | 定滑轮 3 | 绳索 5 | | |
| 端口 2 | 0 | −400 | — | — | | |
| 质心 | 0 | −200 | — | $G_4$ | 200kg | $10\mathrm{kg \cdot m^2}$ |
| 相对原点 | 2050 | −3000 | — | 坐标系 $O_4 X_4 Y_4$ | | |

搭建好的模型如图 3-76、图 3-77 所示,见 demo3-7。在伸缩式液压缸上加一个压力源,机构在绳索的作用下二节臂和三节臂同步伸出,通过观察仿真结果得出三节臂的速度正好是二节臂的两倍,跟之前的理论分析一致,如图 3-78 所示。读者可以在这个模型的基础之上搭建臂架更多、机构更复杂的模型。

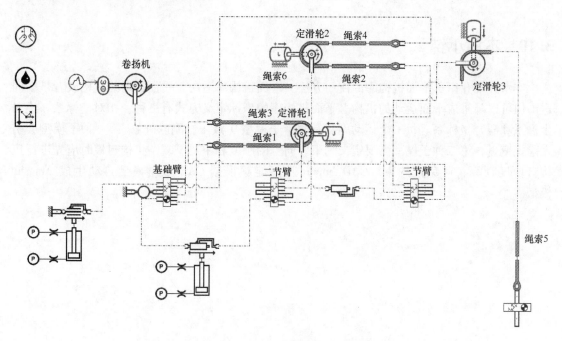

图 3-76 案例 Amesim 仿真草图

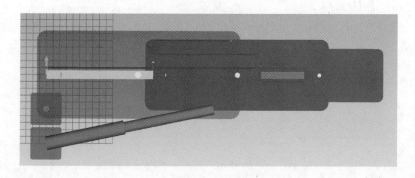

图 3-77 案例三维模型

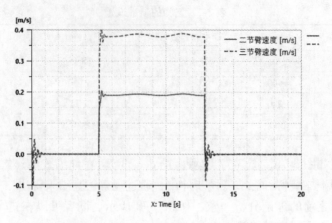

图 3-78　二节臂和三节臂伸出的速度仿真曲线

## 3.10　本章小结

　　本章详细介绍了平面机构库的使用方法。平面机构库适用于平面运动的机构或者是空间运动但可以降维成平面运动的机构。平面机构库的坐标定义方式有三种：相对坐标系、绝对坐标系和混合坐标系。每一个运动副都有两个子模型（液压缸副除外），第一种子模型会引入隐式变量，第二种子模型需要定义约束方向上的刚度和阻尼。复杂机构建模时应先进行机构自由度计算，避免过约束。CAD Import 功能能够根据 CAD 数学模型自动生成 Amesim 模型。

# 第 4 章
## 三维多体库

## 4.1 三维多体库概述

对于机构的空间运动，就要用到三维多体库了（这里仅考虑刚体的运动，对于柔性体的空间运动还请用专门的多体动力学软件分析）。与之前的平面机构库相比，因为多了一个维度，相关机构和运动副描述方程的复杂度都相应地增加了，因此三维多体库的计算量远大于平面机构库。虽然三维多体库也可以描述二维和一维运动，但从节约计算资源和时间的角度讲，笔者建议对于二维平面运动或可以简化成二维平面运动的机构还是用平面机构库来仿真，较复杂的空间动作的机构用三维多体库仿真。

三维多体库元件图标如图 4-1 所示，整个三维多体库大致可以分为五部分：源和传感器（Sources 和 Sensor）、构件（Body）、运动副（Junctions）、齿轮（Gear）、绳索（Rope）。

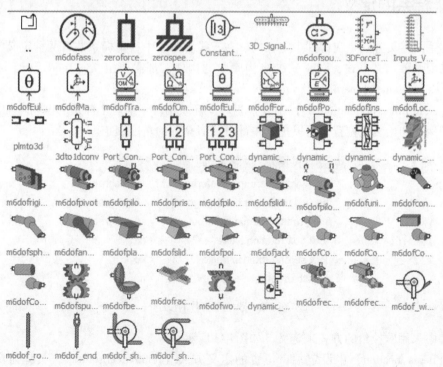

图 4-1　三维多体库元件图标

"源"和"传感器"中，"源"的作用是规定元件的边界条件：力变量作为输入，或者速度变量作为输入；而"传感器"元件本身不影响系统的计算，只是将相应的变量转化成无量纲的信号输出。"构件"中，用户需要确定构件的端口数量和每个端口的位置信息。"运动副"中包含了各种运动副和接触。"齿轮"中包括了各种内、外啮合齿轮及蜗轮蜗杆和齿轮齿条。"绳索"中包含了绳索建模所需的绳索、滑轮元件。

## 4.2　三维多体库建模一般步骤

三维多体库建模一般步骤如下：

1）自由度计算。确定构件和运动副的数量，进行自由度计算，确保系统没有过约束。相对而言，三维多体库发生过约束的概率比较大，因此要在建模之前考虑清楚。

2）确定坐标原点。与平面机构库相同，三维多体库也用坐标来描述机构位置的变化，无论采用相对坐标系还是绝对坐标系，都需要首先选定坐标原点。一般原点选择固定不变的位置，例如与地面的铰接点。

3）确定构件的端口数和连接形式。每一个独立运动的构件，就对应一个构件（Body）元件。确定每一个构件对应的端口数以及每一个构件中端口连接的运动副或者施加的外力。

4）确定构件各端口位置。本着建模方便的原则，选择合适的坐标系（相对坐标系、绝对坐标系）来定义端口位置，最好列出一个表格。

5）加载驱动。加载力或力矩，使得系统能够正常运动。

## 4.3　坐标系的定义

坐标系的定义方式是在构件中定义的。在三维多体库中，坐标系共有两种定义方式，但是无论采用哪种定义方式，对于三维机构库中的构件，都需要定义【solid frame orientation Rs】【items location】【inertia】【initial velocities】四项。

在【solid frame orientation Rs】中设置相对坐标系相对于绝对坐标系的偏角。如图 4-2 所示，为了保证初始装配位置，可以把其中部分或者全部的角度锁定。

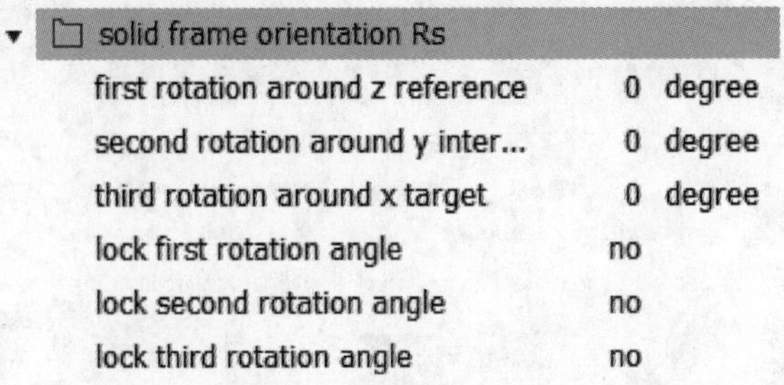

| solid frame orientation Rs | | |
| --- | --- | --- |
| first rotation around z reference | 0 | degree |
| second rotation around y inter... | 0 | degree |
| third rotation around x target | 0 | degree |
| lock first rotation angle | no | |
| lock second rotation angle | no | |
| lock third rotation angle | no | |

图 4-2　欧拉角参数的设定

软件中采用欧拉角的方式来定义，如图 4-3 所示。

在【items location】中设定端口位置的定义方式（relative/absolute），具体定义方式见 4.3.1 节和 4.3.2 节介绍。

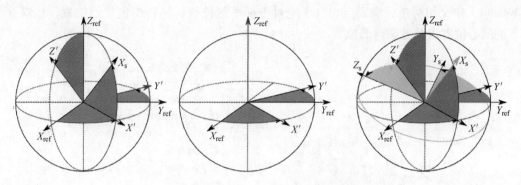

图 4-3　欧拉角的定义原理

在【inertia】中设置构件质量和相对于质心的转动惯量，如图 4-4 所示。

| ▼ 🗀 inertia | | |
|---|---|---|
| mass | 1 | kg |
| moment of inertia around Gx ... | 0.1 | kgm**2 |
| moment of inertia around Gy ... | 0.1 | kgm**2 |
| moment of inertia around Gz ... | 0.1 | kgm**2 |
| product of inertia xy | 0 | kgm**2 |
| product of inertia xz | 0 | kgm**2 |
| product of inertia yz | 0 | kgm**2 |

图 4-4　质量和转动惯量的参数设定

在【initial velocities】中设置构件三个方向上的速度和角速度，如图 4-5 所示。

| 🗀 initial velocities | | |
|---|---|---|
| ▼ ⊕ absolute velocity of center... | 0 | m/s |
| ⊕ absolute velocity of ce... | 0 | m/s |
| ⊕ absolute velocity of ce... | 0 | m/s |
| ⊕ absolute velocity of ce... | 0 | m/s |
| ▼ ⊕ absolute angular velocity i... | 0 | rev/min |
| ⊕ absolute angular veloci... | 0 | rev/min |
| ⊕ absolute angular veloci... | 0 | rev/min |
| ⊕ absolute angular veloci... | 0 | rev/min |

图 4-5　角度和角速度的参数设定

## 4.3.1　相对坐标系的定义

相对坐标系的定义如图 4-6 所示。采用相对坐标系定义时，整个系统除了有一个绝对坐标系 $O_0X_0Y_0Z_0$ 以外，每一个构件都有一个相对坐标系 $O_sX_sY_sZ_s$，需要在相对坐标系 $O_sX_sY_sZ_s$ 中定义构件中每一个点的坐标 $(x,y,z)$ 以及质心 $G$ 的位置。

相对坐标系下的参数如图 4-7 所示。定义坐标位置时首先在【coordinate reference】中选择 relative，定义相对坐标系原点相对于绝对坐标系的位置、是否锁定质心位置、相对坐标系下的质心位置以及各端口的位置。

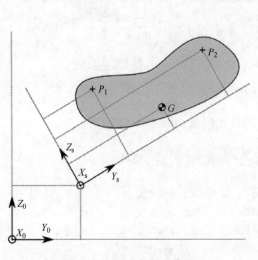

| items location | |
| --- | --- |
| coordinate reference | relative |
| O: initial absolute x position | 0 mm |
| O: initial absolute y position | 0 mm |
| O: initial absolute z position | 0 mm |
| G: x position | 0 mm |
| G: y position | 0 mm |
| G: z position | 0 mm |
| lock Gx initial position | no |
| lock Gy initial position | no |
| lock Gz initial position | no |
| x position at port 1 | 0 mm |
| x position at port 2 | 0 mm |
| y position at port 1 | 0 mm |
| y position at port 2 | 0 mm |
| z position at port 1 | 0 mm |
| z position at port 2 | 0 mm |

图 4-6　相对坐标系的定义　　　　　　　　　图 4-7　相对坐标系的参数

## 4.3.2　绝对坐标系的定义

绝对坐标系的定义如图 4-8 所示。采用绝对坐标系定义时，系统中所有位置均在绝对坐标系 $O_0X_0Y_0Z_0$ 下来定义（包括各端口的位置及质心的位置），软件默认构件中相对坐标系的原点定在质心 $G$ 处。

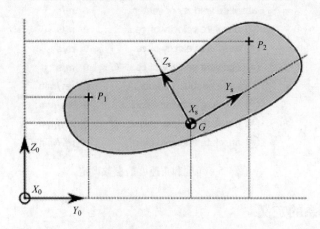

图 4-8　绝对坐标系的定义

绝对坐标系下的参数如图 4-9 所示。定义坐标位置时首先在【coordinate reference】中选择 absolute，定义绝对坐标系下的质心位置、是否锁定质心位置、绝对坐标系下各端口的位置。

| coordinate reference | absolute | |
|---|---|---|
| (#) absolute position of center of gravity (1..3) | 0 | mm |
| (#) absolute position of center of gravity (1) | 0 | mm |
| (#) absolute position of center of gravity (2) | 0 | mm |
| (#) absolute position of center of gravity (3) | 0 | mm |
| lock Gx initial position | no | |
| lock Gy initial position | no | |
| lock Gz initial position | no | |
| x position at port 1 | 0 | mm |
| x position at port 2 | 0 | mm |
| y position at port 1 | 0 | mm |
| y position at port 2 | 0 | mm |
| z position at port 1 | 0 | mm |
| z position at port 2 | 0 | mm |

图 4-9　绝对坐标系下的参数

### 4.3.3　案例

杆系结构如图 4-10 所示，两个杆组成铰接杆系，一个杆长 1.5m，与水平夹角 30°，端口 1 与地面铰接，在绝对坐标系中的位置为（0.5m,0.5m），端口 2 与另一个杆的端口 1 铰接。另一个杆长 0.5m，水平放置，用相对坐标系、绝对坐标系定义长杆的位置，见 demo4-1。

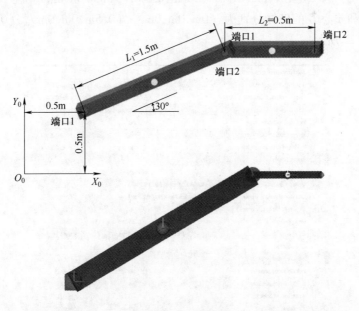

图 4-10　杆系结构

**1. 相对坐标系**

设定长杆的相对坐标系 $O_1X_1Y_1Z_1$ 原点在长杆端口 1 处，则 $O_1X_1Y_1Z_1$ 相对于绝对坐标系

$O_0X_0Y_0Z_0$ 的位置为（$30°,0°,0°;0.5m,0.5m,0m$）。在 $O_1X_1Y_1Z_1$ 下设定端口 1、端口 2 和质心 $G$ 的坐标分别为（$0m,0m,0m$）、（$0.75m,0m,0m$）、（$1.5m,0m,0m$），参数设置如图 4-11 所示。

| solid frame orientation Rs | | | |
|---|---|---|---|
| first rotation around z r... | 30 | degree | euler01 |
| second rotation around... | 0 | degree | euler02 |
| third rotation around x ... | 0 | degree | euler03 |
| lock first rotation angle | no | | euler01Lock |
| lock second rotation an... | no | | euler02Lock |
| lock third rotation angle | no | | euler03Lock |
| items location | | | |
| coordinate reference | relative | | cooRef |
| O: initial absolute x posi... | 0.5 | m | Ox |
| O: initial absolute y posi... | 0.5 | m | Oy |
| O: initial absolute z posi... | 0 | m | Oz |
| G: x position | 0.75 | m | GxRi |
| G: y position | 0 | m | GyRi |
| G: z position | 0 | m | GzRi |
| lock Gx initial position | no | | GxLock |
| lock Gy initial position | no | | GyLock |
| lock Gz initial position | no | | GzLock |
| x position at port 1 | 0 | m | xpRi1 |
| x position at port 2 | 1.5 | m | xpRi2 |
| y position at port 1 | 0 | m | ypRi1 |
| y position at port 2 | 0 | m | ypRi2 |
| z position at port 1 | 0 | m | zpRi1 |
| z position at port 2 | 0 | m | zpRi2 |

图 4-11　相对坐标系下长杆的参数设置

设定短杆的相对坐标系 $O_2X_2Y_2Z_2$ 原点在长杆端口 2 处，则 $O_2X_2Y_2Z_2$ 相对于绝对坐标系 $O_0X_0Y_0Z_0$ 的位置为（$0°,0°,0°;0.5+1.5\cos30°m,0.5+1.5\sin30°m,0m$）。在 $O_2X_2Y_2Z_2$ 下设定端口 1、端口 2 和质心 $G$ 的坐标分别为（$0m,0m,0m$）、（$0.5m,0m,0m$）、（$0.25m,0m,0m$），参数设置如图 4-12 所示。

| solid frame orientation Rs | | | |
|---|---|---|---|
| first rotation around z r... | 0 | degree | euler01 |
| second rotation around... | 0 | degree | euler02 |
| third rotation around x ... | 0 | degree | euler03 |
| lock first rotation angle | no | | euler01Lock |
| lock second rotation an... | no | | euler02Lock |
| lock third rotation angle | no | | euler03Lock |
| items location | | | |
| coordinate reference | relative | | cooRef |
| O: initial absolute x posi... | 0.5+1.5*cos(30/180*pi) | m | Ox |
| O: initial absolute y posi... | 0.5+1.5*sin(30/180*pi) | m | Oy |
| O: initial absolute z posi... | 0 | m | Oz |
| G: x position | 0.25 | m | GxRi |
| G: y position | 0 | m | GyRi |
| G: z position | 0 | m | GzRi |
| lock Gx initial position | no | | GxLock |
| lock Gy initial position | no | | GyLock |
| lock Gz initial position | no | | GzLock |
| x position at port 1 | 0 | m | xpRi1 |
| x position at port 2 | 0.5 | m | xpRi2 |
| y position at port 1 | 0 | m | ypRi1 |
| y position at port 2 | 0 | m | ypRi2 |
| z position at port 1 | 0 | m | zpRi1 |
| z position at port 2 | 0 | m | zpRi2 |

图 4-12　相对坐标系下短杆的参数设置

**2. 绝对坐标系**

分别计算长杆和短杆在绝对坐标系下端口 1、端口 2 和 $G$ 的位置。长杆的参数设置：端口 1（0.5m，0.5m，0m），端口 2（$0.5+1.5\cos30°$ m，$0.5+1.5\sin30°$ m，0m），$G$（$0.5+0.75\cos30°$m，$0.5+0.75\sin30°$m，0m），如图 4-13 所示。

| | | | |
|---|---|---|---|
| ▼ ☐ solid frame orientation Rs | | | |
| first rotation around z reference | 0 | degree | euler01 |
| second rotation around y intermediate | 0 | degree | euler02 |
| third rotation around x target | 0 | degree | euler03 |
| lock first rotation angle | no | | euler01Lock |
| lock second rotation angle | no | | euler02Lock |
| lock third rotation angle | no | | euler03Lock |
| ▼ ☐ items location | | | |
| coordinate reference | **absolute** | | cooRef |
| ▼ (#) absolute position of center of gravity (1..3) | **???** | m | Gp_1 |
| (#) absolute position of center of gravity (1) | **0.5+1.5\*cos(30/180\*pi)/2** | m | Gp_1 |
| (#) absolute position of center of gravity (2) | **0.5+1.5\*sin(30/180\*pi)/2** | m | Gp_2 |
| (#) absolute position of center of gravity (3) | 0 | m | Gp_3 |
| lock Gx initial position | no | | GxLock |
| lock Gy initial position | no | | GyLock |
| lock Gz initial position | no | | GzLock |
| x position at port 1 | **0.5** | m | xpRi1 |
| x position at port 2 | **0.5+1.5\*cos(30/180\*pi)** | m | xpRi2 |
| y position at port 1 | **0.5** | m | ypRi1 |
| y position at port 2 | **0.5+1.5\*sin(30/180\*pi)** | m | ypRi2 |
| z position at port 1 | 0 | m | zpRi1 |
| z position at port 2 | 0 | m | zpRi2 |

图 4-13　绝对坐标系下杆 1 的参数设置

短杆的参数设置：端口 1（$0.5+1.5\cos30°$ m，$0.5+1.5\sin30°$ m，0m），端口 2（$0.5+1.5\cos30°+0.5$m，$0.5+1.5\sin30°$m，0m），$G$（$0.5+1.5\cos30°+0.25$m，$0.5+1.5\sin30°$m，0m），如图 4-14 所示。

| | | | |
|---|---|---|---|
| ▼ ☐ solid frame orientation Rs | | | |
| first rotation around z reference | 0 | degree | euler01 |
| second rotation around y intermediate | 0 | degree | euler02 |
| third rotation around x target | 0 | degree | euler03 |
| lock first rotation angle | no | | euler01Lock |
| lock second rotation angle | no | | euler02Lock |
| lock third rotation angle | no | | euler03Lock |
| ▼ ☐ items location | | | |
| coordinate reference | **absolute** | | cooRef |
| ▼ (#) absolute position of center of gravity (1..3) | **???** | m | Gp_1 |
| (#) absolute position of center of gravity (1) | **0.5+1.5\*cos(30/180\*pi)+0.25** | m | Gp_1 |
| (#) absolute position of center of gravity (2) | **0.5+1.5\*sin(30/180\*pi)** | m | Gp_2 |
| (#) absolute position of center of gravity (3) | 0 | m | Gp_3 |
| lock Gx initial position | no | | GxLock |
| lock Gy initial position | no | | GyLock |
| lock Gz initial position | no | | GzLock |
| x position at port 1 | **0.5+1.5\*cos(30/180\*pi)** | m | xpRi1 |
| x position at port 2 | **0.5+1.5\*cos(30/180\*pi)+0.5** | m | xpRi2 |
| y position at port 1 | **0.5+1.5\*sin(30/180\*pi)** | m | ypRi1 |
| y position at port 2 | **0.5+1.5\*sin(30/180\*pi)** | m | ypRi2 |
| z position at port 1 | 0 | m | zpRi1 |
| z position at port 2 | 0 | m | zpRi2 |

图 4-14　绝对坐标系下杆 2 的参数设置

## 4.4 运动副

### 4.4.1 基本副

在三维多体库中的运动副元件图标及其相对应的运动副简图说明见表 4-1。

**表 4-1 三维多体库中的运动副元件图标及其运动副简图说明**

| 运动副形式 | 运动副简图说明 | 运动副元件图标 | 自由度 |
|---|---|---|---|
| 转动副 | | | 1 |
| 圆柱副 | | | 2 |
| 平动副 | | | 1 |
| 球副 | | | 3 |
| 万向联轴器 | | | 2 |
| 球槽副 | | | 4 |
| 面副 | | | 5 |

（续）

| 运动副形式 | 运动副简图说明 | 运动副元件图标 | 自由度 |
|---|---|---|---|
| 线副 | 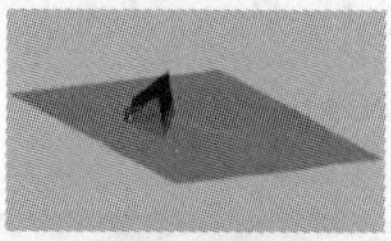 | 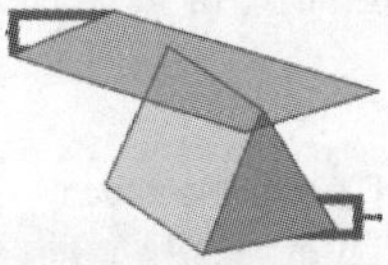 | 5 |
| 点副 |  | 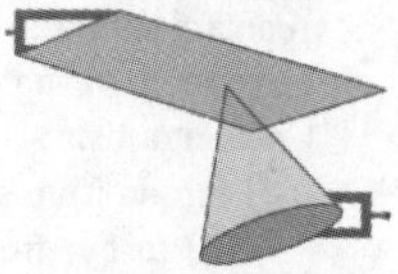 | 5 |
| 液压缸 | 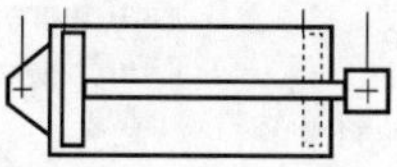 | 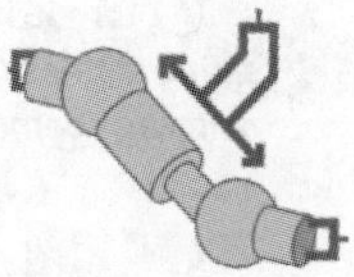 | — |

在三维多体库中，运动副参数的设置可以分为三大类：【axis orientation】（运动副方向）、【mechanical properties】（机械特性）和【stabilization coefficient】（稳定系数）。

1）运动副方向的参数设置如图 4-15 所示，在【axis orientation】中用户要根据欧拉角来设定运动副的方向（笔者建议用三维多体库的显示界面来检查角度设置是否正确）。

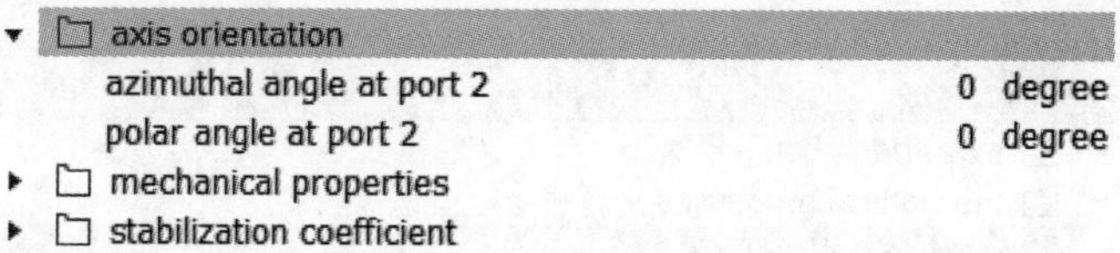

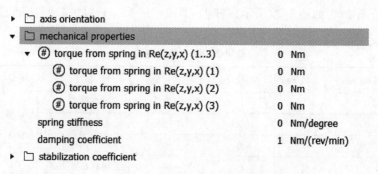

图 4-15　运动副方向的参数设置

2）第一种子模型参数设置如图 4-16 所示，在【mechanical properties】的参数设置时，用户要注意三维多体库中的运动副同样有两种子模型。第一种子模型会产生 5 个隐式变量。就约束本身而言不需要设定任何参数，只需要给定自由度方向上的正常刚度和阻尼即可。

图 4-16　第一种子模型参数设置

第二种子模型是用接触算法，假设一个全约束的运动副必然会受到平动方向的约束（3个）和转动方向的约束（3个）。运动副可以近似理解成释放某一个维度上的约束。这种方法没有隐式变量，但需要将约束刚度和阻尼设为合理值。第二种子模型参数设置如图 4-17 所示。

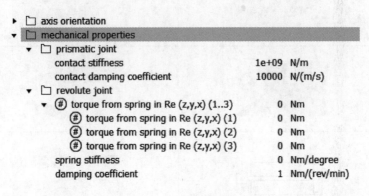

图 4-17 第二种子模型参数设置

在设定【stabilization coefficient】时，用户需要设定【alpha】【beta】两个稳定系数，如图 4-18 所示。【alpha】【beta】两个稳定系数用来建立 Baumgarte 约束方程（$[\ddot{\Phi}]+2\alpha[\dot{\Phi}]+\beta^2[\Phi]=[0]$，$[\ddot{\Phi}]$ 为约束方程的加速度矩阵，$[\dot{\Phi}]$ 为约束方程的速度矩阵，$[\Phi]$ 为约束方程的位移矩阵），一般情况下可以保持默认值，但对于大刚度系统可以适当加大这两个系数。

| Title | Value | Unit |
|---|---|---|
| ▶ ☐ axis orientation | | |
| ▶ ☐ mechanical properties | | |
| ▼ ☐ stabilization coefficient | | |
|     alpha | 5 | null |
|     beta | 5 | null |

图 4-18 稳定系数的参数设置

下面搭建一个简易吊车模型，结构示意图如图 4-19 所示，杆 1 和地面铰接，杆 2 和杆 1 铰接，杆 2 和杆 3 平动副连接，液压缸副作为驱动，杆 3 和杆 4 以球副连接。

搭建简易吊车模型如图 4-20 所示，杆 1、杆 2、杆 3、杆 4 的参数设置见表 4-2~表 4-5，见 demo4-2。

表 4-2 杆 1 参数设置

| 项目 | $X$ 坐标/mm | $Y$ 坐标/mm | $Z$ 坐标/mm | 连接对象 | 备注 | 质量 | 转动惯量 |
|---|---|---|---|---|---|---|---|
| 端口 1 | 0 | 0 | 0 | 地面 | 回转副 | | $I_X = 5\text{kg} \cdot \text{m}^2$, $I_Y = 5\text{kg} \cdot \text{m}^2$, $I_Z = 5\text{kg} \cdot \text{m}^2$ |
| 端口 2 | 0 | 0 | 1000 | 杆 2 | 回转副 | 50kg | |
| 质心 | 0 | 0 | 500 | — | $G_1$ | | |
| 相对原点 | 0 | 0 | 0 | — | 坐标系 $O_1 X_1 Y_1 Z_1$ | | |

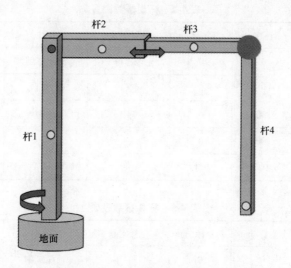

图 4-19　简易吊车模型结构示意图

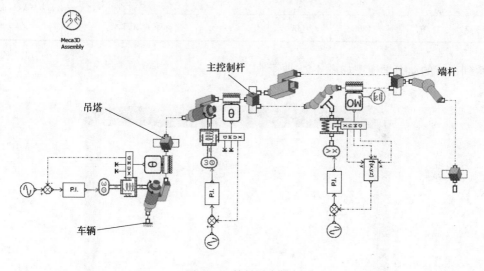

图 4-20　简易吊车模型

**表 4-3　杆 2 参数设置**

| 项目 | X 坐标/mm | Y 坐标/mm | Z 坐标/mm | 连接对象 | 备注 | 质量 | 转动惯量 |
|---|---|---|---|---|---|---|---|
| 端口 1 | 0 | 0 | 0 | 杆 3 | 液压缸副 | | |
| 端口 2 | 0 | 1400 | 0 | 杆 3 | 平动副 | | $I_X = 3\text{kg} \cdot \text{m}^2$, |
| 端口 3 | 0 | 0 | 0 | 杆 1 | 回转副 | 30kg | $I_Y = 3\text{kg} \cdot \text{m}^2$, |
| 质心 | 0 | 500 | 0 | — | $G_2$ | | $I_Z = 3\text{kg} \cdot \text{m}^2$ |
| 相对原点 | 0 | 0 | 1000 | — | 坐标系 $O_2 X_2 Y_2 Z_2$ | | |

表 4-4　杆 3 参数设置

| 项目 | X 坐标/mm | Y 坐标/mm | Z 坐标/mm | 连接对象 | 备注 | 质量 | 转动惯量 |
|------|-----------|-----------|-----------|----------|------|------|----------|
| 端口 1 | 0 | 0 | 0 | 杆 2 | 液压缸副 | | |
| 端口 2 | 0 | −400 | 0 | 杆 2 | 平动副 | | $I_X = 2\text{kg} \cdot \text{m}^2$, |
| 端口 3 | 0 | 800 | 0 | 杆 4 | 球副 | 20kg | $I_Y = 2\text{kg} \cdot \text{m}^2$, |
| 质心 | 0 | 200 | 0 | — | $G_3$ | | $I_Z = 2\text{kg} \cdot \text{m}^2$ |
| 相对原点 | 0 | 1000 | 1000 | — | 坐标系 $O_3X_3Y_3Z_3$ | | |

表 4-5　杆 4 参数设置

| 项目 | X 坐标/mm | Y 坐标/mm | Z 坐标/mm | 连接对象 | 备注 | 质量 | 转动惯量 |
|------|-----------|-----------|-----------|----------|------|------|----------|
| 端口 1 | 0 | 0 | 0 | 杆 3 | 液压缸副 | | |
| 端口 2 | 0 | 0 | 0 | 杆 3 | 平动副 | | $I_X = 10\text{kg} \cdot \text{m}^2$, |
| 质心 | 0 | 0 | −1000 | — | $G_4$ | 100kg | $I_Y = 10\text{kg} \cdot \text{m}^2$, |
| 相对原点 | 0 | 1800 | 1000 | — | 坐标系 $O_4X_4Y_4Z_4$ | | $I_Z = 10\text{kg} \cdot \text{m}^2$ |

得到系统的动力学模型如图 4-21 所示。

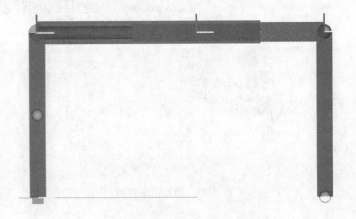

图 4-21　简易吊车动力学模型

## 4.4.2　接触

空间机构的接触问题就需要用到接触模型来描述了，接触模型的参数设置分为三部分：【shapes】（形状）、【contact properties】（接触特征）和【friction】（摩擦）。如图 4-22 所示，在【shapes】中定义接触的两个物体的几何特征；在【contact properties】中设置接触刚度和接触阻尼；在【friction】中选择摩擦模型，设置摩擦系数。

三维多体库中各接触形式的图标及其对应的简图说明见表 4-6。

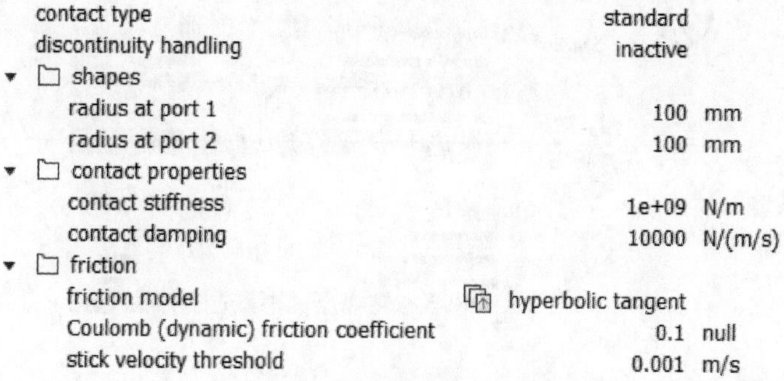

```
contact type                                    standard
discontinuity handling                          inactive
▼ ☐ shapes
     radius at port 1                      100   mm
     radius at port 2                      100   mm
▼ ☐ contact properties
     contact stiffness                    1e+09  N/m
     contact damping                      10000  N/(m/s)
▼ ☐ friction
     friction model                  🖿 hyperbolic tangent
     Coulomb (dynamic) friction coefficient   0.1  null
     stick velocity threshold            0.001  m/s
```

图 4-22　碰撞的参数设置

**表 4-6　三维多体库中各接触形式的图标及其对应的简图说明**

| 接 触 形 式 | 接触形式图标 | 简 图 说 明 |
| --- | --- | --- |
| 球-球接触 | 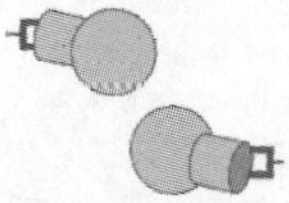 | 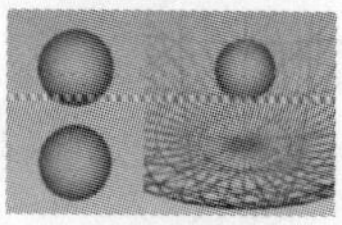 |
| 球-面接触 | 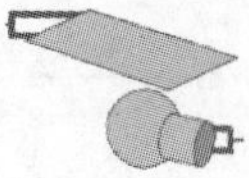 | 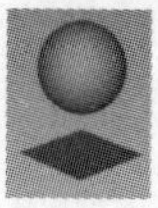 |
| 球-盒接触 | 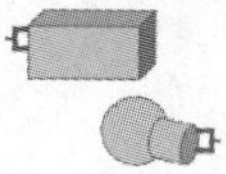 | 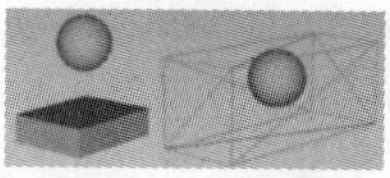 |
| 球-柱接触 | 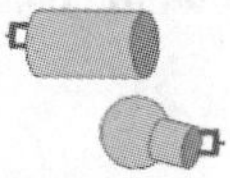 |  |

一个小球在离地面 30m 高度抛出，抛出时小球保持横向（$X$ 方向）5m/s，纵向（$Y$ 方向）10m/s 的速度，求当小球落地时，小球的横向和纵向位移。

首先计算出小球的下落时间

$$H=\frac{1}{2}gt^{2}，\ t=\sqrt{\frac{2H}{g}}=\sqrt{\frac{2\times30}{9.8}}\text{s}=2.474\text{s}$$

然后计算 $X$、$Y$ 方向的位移

$$x=v_{x}t=5\text{m/s}\times2.474\text{s}=12.37\text{m}，\ y=v_{y}t=10\text{m/s}\times2.474\text{s}=24.74\text{m}$$

平抛小球模型及参数设置如图 4-23 所示，见 demo4-3。设置小球采用相对坐标系，相对坐标系原点（0m,0m,30m），小球和地面采用球-面接触元件，并设置接触平面尺寸不受限制。得到小球在三个方向上的位移如图 4-24 所示，可以看到仿真结果和计算结果非常接近。

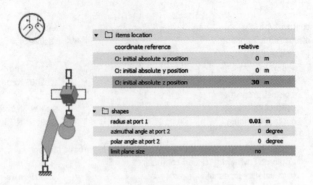

图 4-23　平抛小球模型及参数设置

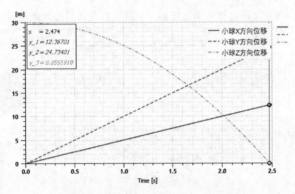

图 4-24　小球在三个方向上的位移

### 4.4.3　齿轮

三维多体库中还可以考虑齿轮的运动。三维多体库中的齿轮模型需要设置【axis】（旋转轴线）、【gearset geometry】（齿轮参数）、【teeth contact】（齿面接触）和【gearset tolerance】（啮合误差）。

具体步骤如下：

1）在【axis】中主要确定齿轮的旋转方向，可选择绕 X、Y 或 Z 轴，如图 4-25 所示。

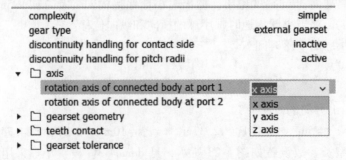

图 4-25　齿轮旋转方向的参数设置

2）在【gearset geometry】中设定齿轮的几何参数，如图 4-26 所示，当【ratio definition】（转速比定义）选择 pitch diameter（用分度圆直径来定义）时需设置：【transverse pressure

angle】（压力角）、【helix angle】（螺旋角）、【face width of gear at port 1】（齿轮 1 齿厚）、
【face width of gear at port 2】（齿轮 2 齿厚）、【pitch diameter at port 1】（齿轮 1 分度圆直径）、
【pitch diameter at port 2】（齿轮 2 分度圆直径）。

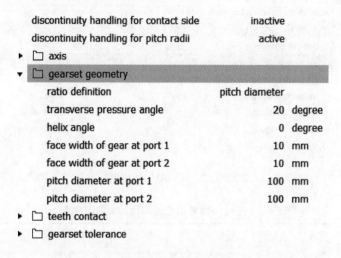

图 4-26 用分度圆直径来定义齿轮几何参数

当【ratio definition】选择 number of teeth（齿轮齿数）时（见图 4-27）需设置：【trans-verse pressure angle】（压力角）、【helix angle】（螺旋角）、【face width of gear at port 1】（齿轮 1 齿厚）、【face width of gear at port 2】（齿轮 2 齿厚）、【number of teeth of gear at port 1】（齿轮 1 齿数）、【number of teeth of gear at port 2】（齿轮 2 齿数）。

| discontinuity handling for contact side | inactive | |
| discontinuity handling for pitch radii | active | |
| ▶ 🗀 axis | | |
| ▼ 🗀 gearset geometry | | |
|   ratio definition | **number of teeth** | |
|   transverse pressure angle | 20 | degree |
|   helix angle | 0 | degree |
|   face width of gear at port 1 | 10 | mm |
|   face width of gear at port 2 | 10 | mm |
|   number of teeth of gear at port 1 | 13 | |
|   number of teeth of gear at port 2 | 13 | |
| ▶ 🗀 teeth contact | | |
| ▶ 🗀 gearset tolerance | | |

图 4-27 用齿轮齿数来定义几何参数

3）在【teeth contact】中设定接触刚度、接触阻尼和侧隙（这一项影响齿轮噪声），如图 4-28 所示。

4）在【gearset tolerance】中设定啮合误差值。当啮合误差大于设定值时软件将报错和停止仿真，一般这个值保持默认。

三维多体库中齿轮副的种类及其图标见表 4-7。

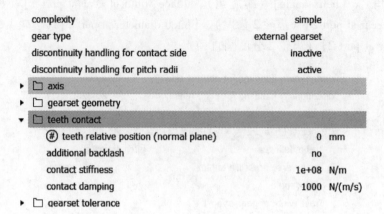

| complexity | simple |
| gear type | external gearset |
| discontinuity handling for contact side | inactive |
| discontinuity handling for pitch radii | active |
| ▸ ▢ axis | |
| ▸ ▢ gearset geometry | |
| ▾ ▢ teeth contact | |
|     (#) teeth relative position (normal plane) | 0 mm |
|     additional backlash | no |
|     contact stiffness | 1e+08 N/m |
|     contact damping | 1000 N/(m/s) |
| ▸ ▢ gearset tolerance | |

图 4-28  接触刚度、接触阻尼和侧隙的参数设置

**表 4-7  三维多体库中齿轮副的种类及其图标**

| 齿轮副种类 | 图  标 |
| --- | --- |
| 直齿轮副 | |
| 锥齿轮副 | |
| 齿轮齿条 | |
| 蜗轮蜗杆 | |

利用齿轮副搭建一个行星轮系，如图 4-29 所示。

选取太阳轮的回转中心为坐标原点，重力方向为 $Z$ 轴负方向。首先，整个机构实体共有 6 个，分别是太阳轮 1 个、行星齿轮 3 个、行星架 1 个、内齿圈 1 个。然后，选择相对坐标系，列出每个实体的坐标信息和连接关系，见表 4-8~表 4-11。

图 4-29　行星轮系

表 4-8　太阳轮参数设置

| 项目 | $X$ 坐标/mm | $Y$ 坐标/mm | $Z$ 坐标/mm | 连接对象 | 备注 | 质量 | 转动惯量 |
|---|---|---|---|---|---|---|---|
| 端口 1 | 100 | 0 | 0 | 行星齿轮 1 | 外啮合齿轮副 | | |
| 端口 2 | 100 | 0 | 0 | 行星齿轮 2 | 外啮合齿轮副 | | $I_X = 0.1\mathrm{kg \cdot m^2}$, |
| 端口 3 | 100 | 0 | 0 | 行星齿轮 3 | 外啮合齿轮副 | | $I_Y = 0.1\mathrm{kg \cdot m^2}$, |
| 端口 4 | 0 | 0 | 0 | 地面 | 回转副 | 1kg | $I_Z = 0.1\mathrm{kg \cdot m^2}$ |
| 质心 | 0 | 0 | 0 | — | $G_1$ | | |
| 相对原点 | −100 | 0 | 0 | — | 坐标系 $O_1X_1Y_1Z_1$ | | |

表 4-9　行星齿轮参数设置

| 项目 | $X$ 坐标/mm | $Y$ 坐标/mm | $Z$ 坐标/mm | 连接对象 | 备注 | 质量 | 转动惯量 |
|---|---|---|---|---|---|---|---|
| 端口 1 | 0 | 0 | 0 | 内齿圈 | 内啮合齿轮副 | | |
| 端口 2 | 20 | 0 | 0 | 行星架 | 转动副 | | $I_X = 0.1\mathrm{kg \cdot m^2}$, |
| 端口 3 | 0 | 0 | 0 | 太阳轮 | 外啮合齿轮副 | 1kg | $I_Y = 0.1\mathrm{kg \cdot m^2}$, |
| 质心 | 0 | 0 | 0 | — | $G_2$ | | $I_Z = 0.1\mathrm{kg \cdot m^2}$ |
| 相对原点 | 0 | $100\sin\theta$ | $100\cos\theta$ | — | 坐标系 $O_2X_2Y_2Z_2$ | | |

注：$\theta$ 分别为 120°、240° 和 360°。

表 4-10　行星架参数设置

| 项目 | $X$ 坐标/mm | $Y$ 坐标/mm | $Z$ 坐标/mm | 连接对象 | 备注 | 质量 | 转动惯量 |
|---|---|---|---|---|---|---|---|
| 端口 1 | 0 | $100\sin\theta$ | $100\cos\theta$ | 行星齿轮 1 | 转动副 | | |
| 端口 2 | 0 | $-100\sin\theta$ | $-100\cos\theta$ | 行星齿轮 2 | 转动副 | | $I_X = 0.1\mathrm{kg \cdot m^2}$, |
| 端口 3 | 0 | 0 | 0 | 行星齿轮 3 | 转动副 | 1kg | $I_Y = 0.1\mathrm{kg \cdot m^2}$, |
| 端口 4 | 80 | 0 | 0 | 地面 | 转动副 | | $I_Z = 0.1\mathrm{kg \cdot m^2}$ |
| 质心 | 0 | 0 | 0 | — | $G_3$ | | |
| 相对原点 | 0 | $100\sin\theta$ | $100\cos\theta$ | — | 坐标系 $O_3X_3Y_3Z_3$ | | |

注：$\theta$ 分别为 120°、240° 和 360°。

**表 4-11　内齿圈参数设置**

| 项目 | $X$ 坐标/mm | $Y$ 坐标/mm | $Z$ 坐标/mm | 连接对象 | 备注 | 质量 | 转动惯量 |
|---|---|---|---|---|---|---|---|
| 端口 1 | 0 | 0 | 0 | 行星齿轮 1 | 内啮合齿轮副 | | |
| 端口 2 | 0 | 0 | 0 | 行星齿轮 2 | 内啮合齿轮副 | | |
| 端口 3 | 0 | 0 | 0 | 行星齿轮 3 | 内啮合齿轮副 | 1kg | $I_X = 0.1\text{kg} \cdot \text{m}^2,$ $I_Y = 0.1\text{kg} \cdot \text{m}^2,$ $I_Z = 0.1\text{kg} \cdot \text{m}^2$ |
| 端口 4 | −50 | 0 | 0 | 地面 | 固定副 | | |
| 质心 | 0 | 0 | 0 | — | $G_4$ | | |
| 相对原点 | 0 | 0 | 0 | — | 坐标系 $O_4X_4Y_4Z_4$ | | |

搭建好的模型如图 4-30 所示，见 demo4-4。

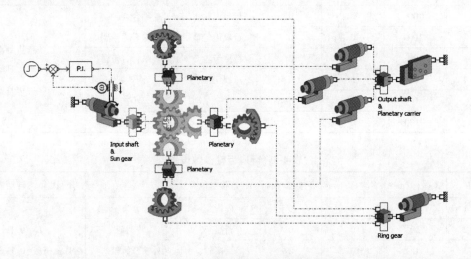

图 4-30　三维多体库搭建的行星轮系模型

为了验证模型搭建的正确性，可以测试一下模型的传动比。将行星架固定，此时系统只有在太阳轮有一个转速输入，行星架固定在地面上，则从太阳轮到内齿圈的传动比为

$$\frac{\omega_r - \omega_c}{\omega_s - \omega_c} = -\frac{r}{R}$$

式中　$\omega_r$——内齿圈转速；

　　　$\omega_c$——行星架转速；

　　　$\omega_s$——太阳轮转速；

　　　$r$——太阳轮半径；

　　　$R$——内齿圈半径。

行星轮转速仿真结果如图 4-31 所示，当输入转速 $\omega_s = -1000\text{r/min}$，$r = 149\text{mm}$，$R = 251\text{mm}$ 时，$\omega_r$ 为 593r/min，与软件计算结果相同，说明模型搭建无误。

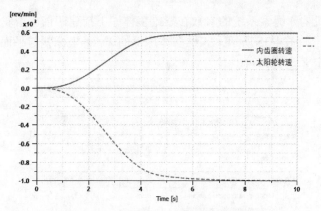

图 4-31　太阳轮和内齿圈转速仿真结果

### 4.4.4　绳索

在 Amesim R2019.2 版的三维多体库中新增加了绳索模型，能够考虑三个方向上的运动。其参数定义方式和平面机构库中的定义基本相同，但是绳索的运动是在三维空间进行的。绳索类元件分为滑轮、卷扬机、绳索和接头四种，如图 4-32 所示。

如图 4-33 所示，滑轮元件共有四个端口：端口 1 连接三维多体库的构件或者地面，用以确定滑轮的位置；端口 2、3 连接绳索元件，可根据外力计算滑轮的运动状态；端口 4 连接机械库中的转动惯量，用来模拟滑轮的转动惯量。

要注意的是，元件通过定义【azimuthal angle at port 1】（端口 1 方位角）和【polar angle at port 1】（端口 1 极角）来确定滑轮在空间中的姿态，如图 4-34 所示。

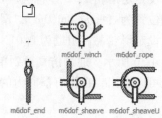

图 4-32　三维多体库中的绳索类元件

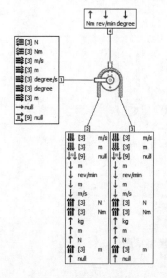

图 4-33　滑轮模型的端口

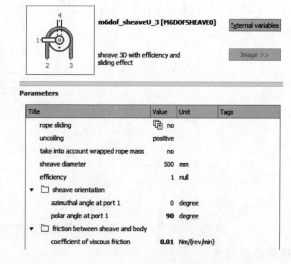

图 4-34　滑轮模型的参数

沿用之前平面机构库绳索系统的参数在三维多体库下搭建四倍率滑轮组模型。设定重力方向沿 $Y$ 轴负方向，如图 4-35 所示，三维多体库下的 $X$、$Y$ 坐标就与平面机构库下的坐标相同，只需要额外设定 $Z$ 坐标即可。

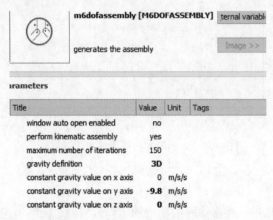

图 4-35　四倍率滑轮组模型参数设置

设定定滑轮 1、2 坐标为（0m,0m,0m）；动滑轮 1、2 初始位置为（0m,-1m,0m），卷扬机位置为（-3m,0m,0m），滑轮组直径 0.5m，挂钩重量 1kg，重物 1000kg，忽略绳索重量，设定滑轮黏性阻尼为 0.01N·m/（r/min），绳索黏性阻尼为 10000N/（m/s），模型搭建如图 4-36 所示，通过仿真得到单绳拉力仿真曲线如图 4-37 所示，见 demo4-5。通过与 3.6 节对比可以看出，在没有横向力的作用下，两种模型的仿真结果是相同的。

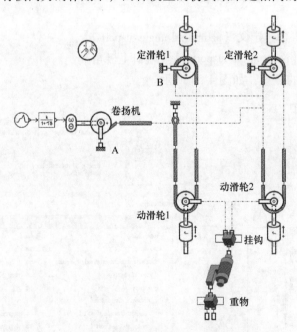

图 4-36　用三维多体库搭建四倍率滑轮组模型草图

计算单绳拉力

$$F = Mg/4 = 1000\text{kg}/4 \times 9.8\text{m/s}^2 = 2450\text{N}$$

模型仿真结果很好地体现了单绳拉力的动态变化情况，但由于模型中考虑了绳索和挂钩的重量以及滑轮的黏性摩擦，因此仿真结果数值略高于计算结果。

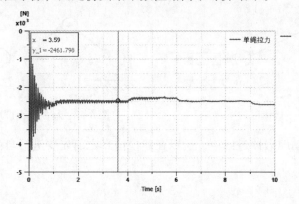

图 4-37　单绳拉力仿真曲线

## 4.5　力与力矩的加载

三维多体库中添加外力时，就要用到 VDSRMOTO 元件，如图 4-38 所示，其中端口 1 连接参考坐标系，端口 2 连接受力物体，端口 3~8 添加 6 个自由度上的外力（3 个力和 3 个力矩）。

与平面机构库类似，载荷的添加同样分相对坐标系和绝对坐标系，当端口 1 连接全局坐标矩阵时，表示力是在绝对坐标系下加载，如图 4-39

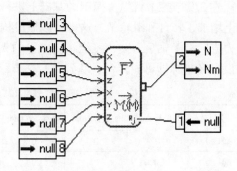

图 4-38　三维多体库中加载力的设置

所示，方向不随构件的移动而改变；当端口 1 连接来自于构件的相对坐标系时，力就加载在构件的相对坐标上，如图 4-40 所示，方向会随着构件的移动而发生相应移动。

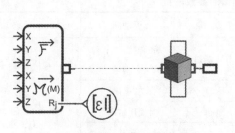

图 4-39　绝对坐标系下的加载

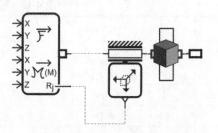

图 4-40　相对坐标系下的加载

## 4.6　自由度计算

三维多体库比平面机构库更容易发生过约束的问题，如图 4-41 所示，对于这种曲柄滑块机构，系统中有 3 个构件，3 个转动副和 1 个平动副，机构自由度计算公式为 $F = 6N - M$，$N$ 表示活动构件数，$M$ 表示所有运动副引入的约束数。$F = 6 \times 3 - 20 = -2$，系统过约束。

将构件 1、2 之间的转动副变成球槽副，将构件 2、3 之间的转动副变成球副，如图 4-42 所示。此时系统自由度为 $F=6N-M=6\times 3-17=1$，满足要求。

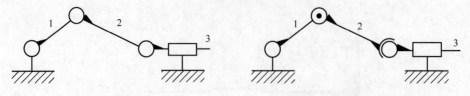

图 4-41　机构过约束　　　　　　图 4-42　释放自由度后的机构

由于软件不会自动地去掉过约束，所以在建模仿真之前先要进行自由度计算，并将系统化简。

## 4.7　综合实例

在 3.9 节三节臂绳排模型的基础上进行修改，搭建三节臂起重机上车机构系统，在原来系统上增加了转台和滑轮组，这样可以做机构的回转和绳索的收放。沿用之前的模型数据，设定重力方向沿 $Y$ 轴负方向，三维多体库下的 $X$、$Y$ 坐标就与平面机构库下的坐标相同，只需要额外设定 $Z$ 坐标即可。转台、基础臂、二节臂、三节臂、重物的参数见表 4-12~表 4-16。

表 4-12　转台的参数设置

| 项目 | $X$ 坐标/mm | $Y$ 坐标/mm | $Z$ 坐标/mm | 连接对象 | 运动副 | 质量 | 转动惯量 |
|---|---|---|---|---|---|---|---|
| 端口 1 | 0 | 0 | 0 | 地面 | 回转铰接 | | |
| 端口 2 | −1000 | 0 | 0 | 基础臂 | 变幅液压缸下支点 | | $I_X=5\mathrm{kg}\cdot\mathrm{m}^2$, |
| 端口 3 | −1000 | 500 | 0 | 基础臂 | 臂架铰接 | 600kg | $I_Y=5\mathrm{kg}\cdot\mathrm{m}^2$, |
| 质心 | −500 | 250 | 0 | — | $G_1$ | | $I_Z=5\mathrm{kg}\cdot\mathrm{m}^2$ |
| 相对原点 | 0 | 0 | 0 | — | 坐标系 $O_1X_1Y_1Z_1$ | | |

表 4-13　基础臂的参数设置

| 项目 | $X$ 坐标/mm | $Y$ 坐标/mm | $Z$ 坐标/mm | 连接对象 | 运动副 | 质量 | 转动惯量 |
|---|---|---|---|---|---|---|---|
| 端口 1 | 0 | 0 | 0 | 二节臂端口 1 | 基础臂、二节臂平动副 | | |
| 端口 2 | 0 | −500 | 0 | 地面 | 铰接副 | | |
| 端口 3 | 2500 | −500 | 0 | 地面 | 液压缸副 | | |
| 端口 4 | 2750 | −500 | 0 | 自由 | 形状 | | $I_X=3\mathrm{kg}\cdot\mathrm{m}^2$, |
| 端口 5 | 2750 | 500 | 0 | 定滑轮 2 圆周 | 绳索 4 | 300kg | $I_Y=3\mathrm{kg}\cdot\mathrm{m}^2$, |
| 端口 6 | 0 | 500 | 0 | 卷扬机 | 绳索 6 | | $I_Z=3\mathrm{kg}\cdot\mathrm{m}^2$ |
| 端口 7 | 0 | 100 | 0 | 定滑轮 1 圆周 | 绳索 1 | | |
| 质心 | 1375 | 0 | 0 | — | $G_2$ | | |
| 相对原点 | −1000 | 1000 | 0 | — | 坐标系 $O_2X_2Y_2Z_2$ | | |

表 4-14　二节臂的参数设置

| 项目 | X 坐标/mm | Y 坐标/mm | Z 坐标/mm | 连接对象 | 运动副 | 质量 | 转动惯量 |
|---|---|---|---|---|---|---|---|
| 端口 1 | 0 | 0 | 0 | 基础臂端口 1 | 基础臂、二节臂平动副 | | |
| 端口 2 | 0 | −400 | 0 | 自由 | 形状 | | |
| 端口 3 | 2500 | −400 | 0 | 自由 | 形状 | | $I_X = 3\text{kg} \cdot \text{m}^2$, |
| 端口 4 | 2250 | 0 | 0 | 定滑轮 1 圆心 | 绳索 1、绳索 3 | 280kg | $I_Y = 3\text{kg} \cdot \text{m}^2$, |
| 端口 5 | 2250 | 0 | 0 | 三节臂端口 1 | 二、三节臂平动副 | | $I_Z = 3\text{kg} \cdot \text{m}^2$ |
| 端口 6 | 2500 | 400 | 0 | 自由 | 形状 | | |
| 端口 7 | 0 | 400 | 0 | 定滑轮 2 圆心 | 绳索 2、绳索 4 | | |
| 质心 | 1250 | 0 | 0 | — | $G_3$ | | |
| 相对原点 | −900 | 1000 | 0 | — | 坐标系 $O_3 X_3 Y_3 Z_3$ | | |

表 4-15　三节臂的参数设置

| 项目 | X 坐标/mm | Y 坐标/mm | Z 坐标/mm | 连接对象 | 运动副 | 质量 | 转动惯量 |
|---|---|---|---|---|---|---|---|
| 端口 1 | 0 | 0 | 0 | 二节臂端口 1 | 二、三节臂平动副 | | |
| 端口 2 | 0 | 300 | 0 | 定滑轮 2 圆周 | 绳索 2 | | |
| 端口 3 | 1750 | 300 | 0 | 定滑轮 3 | 绳索 5 | | $I_X = 2\text{kg} \cdot \text{m}^2$, |
| 端口 4 | 1750 | −300 | 0 | 自由 | 形状 | 250kg | $I_Y = 2\text{kg} \cdot \text{m}^2$, |
| 端口 5 | 0 | −300 | 0 | 自由 | 形状 | | $I_Z = 2\text{kg} \cdot \text{m}^2$ |
| 端口 6 | 0 | −100 | 0 | 定滑轮 1 圆周 | 绳索 3 | | |
| 质心 | 875 | 0 | 0 | — | $G_4$ | | |
| 相对原点 | −800 | 1000 | 0 | — | 坐标系 $O_4 X_4 Y_4 Z_4$ | | |

表 4-16　重物的参数设置

| 项目 | X 坐标/mm | Y 坐标/mm | Z 坐标/mm | 连接对象 | 运动副 | 质量 | 转动惯量 |
|---|---|---|---|---|---|---|---|
| 端口 1 | 0 | 0 | 0 | 定滑轮 3 | 绳索 5 | | |
| 端口 2 | 0 | −400 | 0 | 自由 | 形状 | | $I_X = 1\text{kg} \cdot \text{m}^2$, |
| 质心 | 0 | −200 | 0 | — | $G_5$ | 200kg | $I_Y = 1\text{kg} \cdot \text{m}^2$, |
| 相对原点 | 2050 | −3000 | 0 | — | 坐标系 $O_5 X_5 Y_5 Z_5$ | | $I_Z = 1\text{kg} \cdot \text{m}^2$ |

　　搭建好的模型如图 4-43、图 4-44 所示，见 demo4-6，在伸缩杆加一个外力，机构在绳索的作用下二节臂和三节臂同步伸出，通过观察仿真结果得出三节臂的速度正好是二节臂的两倍，如图 4-45 所示，与之前的理论分析一致。

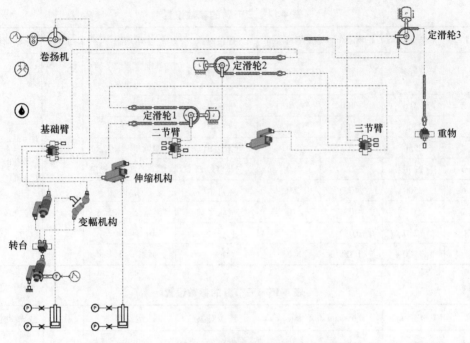

图 4-43　机构模型草图

图 4-44　系统的三维模型

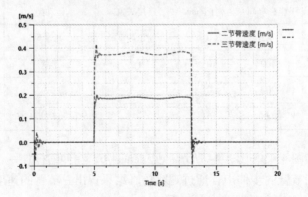

图 4-45　二节臂、三节臂伸出速度仿真曲线

## 4.8 本章小结

　　本章详细介绍了三维多体库的使用方法，三维多体库适用于机构的空间运动。三维多体库的坐标定义方式有两种：相对坐标系和绝对坐标系。每一个运动副都有两种子模型，第一种子模型会引入隐式变量，第二种子模型需要定义约束方向上的刚度和阻尼。复杂机构建模时应先进行机构自由度计算，避免过约束。

# 第 **5** 章
## 液压系统库

现代液压仿真技术按照建模对象的不同，从总体上可以分为液压系统仿真和液压元件仿真。液压系统仿真研究的侧重点是液压系统整体的性能。例如设计方案初定时，需要估算系统的工作压力、流量、机构运行速度、元件的选型和匹配、能耗等。这时所需的数据都是宏观的数据，基本上可以通过零部件生产厂家的样本获得。例如用阀的流阻曲线来反映阀的节流性能，用泵的 *P-Q*（压力-流量）曲线来反映泵的性能等。虽然这种方法不能够完全反映出系统的动态特性，但是对于研究系统整体性能、元件匹配和能耗这一类问题已经足够。因此在液压系统仿真中大多用的是功能级的模型。主机厂大多关心这一层级的仿真。

对应于 Amesim 中的液压系统库（HYD）（常简称液压库），其侧重点就是针对液压系统进行建模。组成库的元件都是功能型元件，元件的图标都是 ISO 标准图标，通俗易懂，如图 5-1 所示。

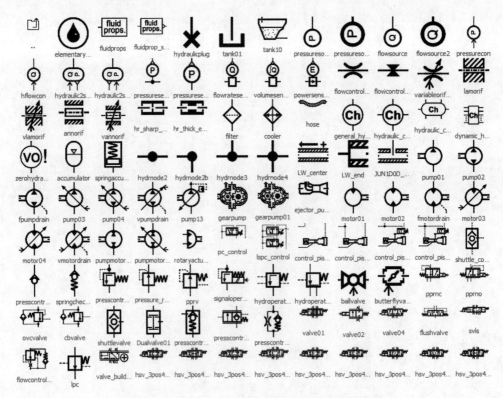

图 5-1　Amesim 中的液压系统库模型元件图标

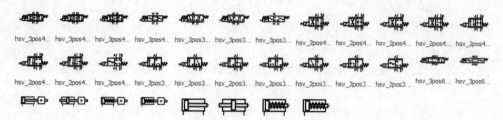

图 5-1　Amesim 中的液压系统库模型元件图标（续）

# 5.1　液压系统建模的基本理论

根据机电液系统的相似性，将液压系统中表现出的基本物理现象归纳为感性、容性和阻性三类。本节将从这三个方面介绍液压系统建模的基本理论。

## 5.1.1　液体属性的定义

在液压系统建模之前，首先要定义液体的属性。液体的属性包括密度、弹性模量、黏性和汽化。其中，密度、弹性模量、黏性是液体的基本属性。密度体现了液体的质量特性；弹性模量代表液体的可压缩性，体现了液体的刚度特性；黏性体现了液体的阻尼特性。汽化现象只存在于液体压力低于饱和压力的情况下。

**1. 密度**

密度的概念对应功率键合图理论中的惯性影响因素"I"。

$$\rho = \frac{M}{V} \tag{5-1}$$

式中　$\rho$——流体的密度（$kg/m^3$）；

　　　$M$——流体的质量（$kg$）；

　　　$V$——流体的体积（$m^3$）。

通常情况下，液体的密度不是一个常数，受到压力 $P$、温度 $T$ 的影响，如果变化很小的话，可以采用泰勒级数的前三项来近似表达

$$\rho = f(P,T)$$

$$\rho = \rho_0 + \left(\frac{\partial \rho}{\partial P}\right)_T (P - P_0) + \left(\frac{\partial \rho}{\partial T}\right)_T (T - T_0) \tag{5-2}$$

$$\rho = \rho_0 \left[1 + \frac{1}{B}(P - P_0) - \alpha(T - T_0)\right]$$

自然界最基本的定律之一就是质量守恒定律。如果在回路中没有流体质量的变化，那么在弹性模量和密度之间就存在下述关系

$$\begin{cases} B = V\dfrac{dP}{dV} \Leftrightarrow B = \dfrac{\rho}{\dfrac{d\rho}{dP}} \\ dM = 0 \end{cases} \tag{5-3}$$

式中　$\rho$——大气压力下的油液密度；

$B$——油液的弹性模量；

$P$——当前压力。

### 2. 弹性模量

弹性模量的概念对应功率键合图理论中的容性影响因素"C"，其数学表达式为

$$B = V\frac{\mathrm{d}P}{\mathrm{d}V} \Rightarrow \frac{\mathrm{d}P}{\mathrm{d}t} = \frac{B}{V}\frac{\mathrm{d}V}{\mathrm{d}t} \tag{5-4}$$

弹性模量代表着液体的可压缩性，通常情况下容性元件是用来计算压力的。

### 3. 黏性

黏性的概念对应功率键合图理论中的阻性影响因素"R"。

液体在外力作用下流动（或有流动趋势）时，液体分子间的内聚力会产生一种阻碍液体分子之间相对运动的内摩擦力，这种产生内摩擦力的性质称为液体的黏性。黏性是流体的固有属性。黏性的存在产生了流体的压力损失并带来了内部阻尼。黏性产生的原因是速度不同的两层流体之间分子扩散所产生的动量交换。所以，黏性是流体属性而不是流动性。黏性的数学公式推导原理如图 5-2 所示。

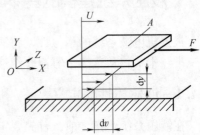

图 5-2 黏性的数学公式推导原理

$$F = \mu A\frac{\mathrm{d}v}{\mathrm{d}y} \tag{5-5}$$

式中 $\mu$——动力黏度（Pa·s）；

$A$——两层液体之间的接触面积（m²）；

$v$——流体速度（m/s）；

$y$——液层的厚度（m）。

运动黏度是动力黏度和密度的比值。该值更容易测量，因此大量方程均采用该量。

注意，在液压系统库中，黏度要么是常数，要么是压力的函数。

### 4. 汽化

汽化现象会显著影响液体的属性，当汽化发生时，液体的弹性模量会显著降低，进而影响液体的密度，在 Amesim 中采用空气含量（air/gas content）、饱和压力（saturation pressure）和蒸发压力（vapour pressure）来定义汽化现象。

在软件中，空气含量采用体积百分比来定义液体中空气的含量。汽化现象原理如图 5-3 所示，用饱和压力和蒸发压力把液体的状态分为了三个阶段（饱和压力永远高于蒸发压力）：当液体压力大于饱和压力时，所有气体溶于液体中，不存在汽化现象；当液体压力介于饱和压力和蒸发压力之间时，有空气析出，此时液体弹性模量和密度是与液体压力有关的一个函数；当液体压力低于蒸发压力时，所有空气析出，而且液体也完全挥发，仿真停止。

通常情况下液体属性由试验测得，但对于一般用户而言，这些数据很难获得，因此建议用户采用软件中自带的数据库，在【type of fluid properties】（流体属性类型）中选择【advanced using tables】（使用数据库），在【fluid property file】（流体属性文件）选择对应的液体名称即可，如图 5-4 所示。

值得注意的是，液压系统库采用的是等温假设（在仿真前要设定液体温度，设定后软

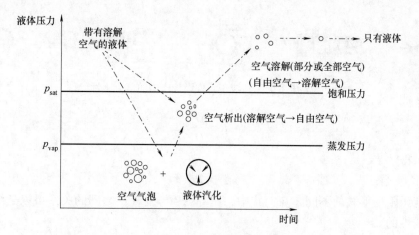

图 5-3　汽化现象原理

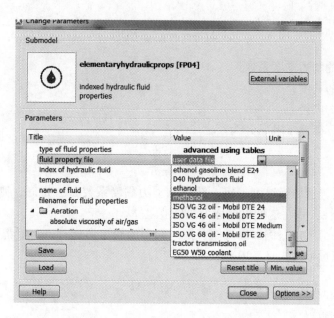

图 5-4　软件自带的液体属性数据库

件就认为液体工作在该温度下，仿真过程中液体温度不发生改变），因此液体的热属性，例如导热系数、比热容、热膨胀等在液压系统库中是忽略不计的（但是在热液压库中是可以考虑的，本书不涉及热液压库的仿真）。

## 5.1.2　阻性元件

　　液体流经节流阀口等处时，会产生压降 $\Delta P$，压降的大小与流经节流口的流量（单位时间流过的体积）$Q$ 有关。在液压传动中常利用阀口控制压力和流量。因此，研究液体在阀口的流动规律，对合理分析和设计液压元件及系统至关重要。在液压相关库中，涉及的部分阻性元件如图 5-5 所示。

　　与机械系统及电气系统相似，液压阻尼 $R$ 定义为压降 $\Delta P$ 与流量 $Q$ 之比，即

图 5-5　液压系统库和液压元件设计库中的部分阻性元件

$$R = \frac{\Delta P}{Q} \tag{5-6}$$

因此可得

$$\Delta P = RQ \tag{5-7}$$

根据液压阻尼形式的不同，在上式中，压降 $\Delta P$ 与流量 $Q$ 之间的关系可以是线性的，也可以是非线性的。

当液体在直管及细长孔中的流动处于层流状态时，所形成的压降 $\Delta P$ 可用式（5-8）表示

$$\Delta P = \frac{128 \mu l Q}{\pi d^4} = RQ \tag{5-8}$$

式中　$\mu$——液体的动力黏度系数；

$l$——直管的长度；

$d$——直管的内径。

由式（5-8）可得液压阻尼 $R$ 为

$$R = \frac{128 \mu l}{\pi d^4} \tag{5-9}$$

在一定条件下，例如当温度一定，液体的动力黏度系数 $\mu$ 一定时，则 $R$ 为常量，因此 $\Delta P$ 与 $Q$ 之间呈线性关系，这种阻尼称为线性液阻。

当液压阻尼是由阀口，例如溢流阀、换向阀等的阀口形成时，一般都相当于薄壁阀口，液体流过阀口的流量可用式（5-10）表示

$$Q = C_q A \sqrt{\frac{2}{\rho} \Delta P} \tag{5-10}$$

式中　$C_q$——流量系数；

$A$——阀口过流面积；

$\rho$——液体的密度。

由式（5-10）可得液压阻尼 $R$ 的表达式为

$$R = \frac{\Delta P}{Q} = \frac{1}{C_q A} \sqrt{\frac{\rho}{2} \Delta P} \tag{5-11}$$

由该式可以看出，即使当流量系数 $C_q$ 和液体密度 $\rho$ 为定值时，液压阻尼 $R$ 也不是定值，而是阀口面积 $A$ 和阀口前后压差 $\Delta P$ 的非线性函数。这种液阻称为非线性液阻。

值得注意的是，计算流量系数 $C_q$ 时存在一个问题：流量 $Q$ 是 $C_q$ 的函数，而 $C_q$ 又取决于雷诺数 $Re$，而 $Re$ 又与 $Q$ 密切相关，这样就得到 $Q = f(Q)$，形成了一个代数环，会严重影响模型的计算和求解。为了避免代数环，把流量解耦，引入一个流数（flow number）$\lambda$ 的概念，表达式为

$$\lambda = \frac{D_{h}}{\nu}\sqrt{\frac{2}{\rho}\left(P_{up}-P_{down}\right)} \tag{5-12}$$

式中　$D_{h}$——水力直径；

　　　$\nu$——流体运动黏度；

　　　$\rho$——流体密度；

　　　$P_{up}$——上游压力；

　　　$P_{down}$——下游压力。

而 $C_{q}$ 又是关于 $\lambda$ 的函数，因此软件中采用流数 $\lambda$ 来判断液体流动状态和确定流量系数。雷诺数可以在引入 $\lambda$ 后按式（5-13）计算

$$Re = \lambda C_{q} \tag{5-13}$$

### 5.1.3　容性元件

液压系统中所使用的油液是可压缩的，即具有弹性。虽然可压缩性很小，但对于液压系统的动态特性是很有影响的，涉及的元件如图 5-6 所示。在对液压系统进行动态分析时一般都需要考虑油液的可压缩性。

图 5-6　容性元件图标

液体的可压缩性或弹性一般可用液体的体积弹性模量 $B$ 表示，其表达式如下

$$B = V\frac{dP}{dV} \Rightarrow \frac{dP}{dt} = \frac{B}{V}\frac{dV}{dt} \tag{5-14}$$

式中　$B$——体积弹性模量；

　　　$V$——液体的体积。

从上式可以看出，油液的体积弹性模量 $B$ 的数值越大，说明要得到越小的 $V$，所需的压力变化量 $P$ 越大，即油液的刚度大，不容易被压缩。

由式（5-14）可得

$$P = \frac{1}{C}\int Q dt + P_{0} \tag{5-15}$$

式中　$C$——弹性模量，为体积弹性模量 $B$ 和液体体积 $V$ 的比值；

　　　$Q$——压力变化 $P$ 时所需补充的流量；

　　　$P_{0}$——初始压力。

### 5.1.4　感性元件

与机械物体一样，液体在流动中，当其流速变化时，也有惯性的作用。液体中的感性现象只存在于管路中。当油液以速度 $v$ 在管路中流动时，如要改变其运动速度，则需施加外力。根据牛顿定律，要使质量为 $M$ 的液体产生加速度所需施加的外力 $F$ 为

$$F = Ma = M\frac{\mathrm{d}v}{\mathrm{d}t} \tag{5-16}$$

因为在管路中流动的液体质量 $M$ 为

$$M = \rho l A \tag{5-17}$$

式中　$l$——管路的长度；

　　　$A$——管路的截面积。

则

$$F = \rho l A\frac{\mathrm{d}v}{\mathrm{d}t} = \rho l\frac{\mathrm{d}Q}{\mathrm{d}t} \tag{5-18}$$

式中　$Q$——管路中液体的流量。

整理得

$$\Delta P = \frac{\rho l}{A}\frac{\mathrm{d}Q}{\mathrm{d}t} \tag{5-19}$$

式中　$\Delta P$——使质量为 $M$ 的液体产生加速度 $a$ 所需施加在液体两端的压差。

可以看出，液压中的 $\frac{\rho l}{A}$ 相当于机械系统中的质量 $M$ 或电气系统中的电感 $L$，所以可以称 $\frac{\rho l}{A}$ 为液感（液流感性），并用 $I$ 表示，即

$$I = \frac{\rho l}{A}$$

$$\Delta P = I\frac{\mathrm{d}Q}{\mathrm{d}t} \tag{5-20}$$

## 5.2　液压阀建模的基本方法

大多数液压控制阀通过改变阀口过流面积来实现对系统压力或流量的控制，这种过流面积可变的控制阀口可抽象为一个可变液阻。液压阀可以看作是由多个不同形式的液阻组成的液压桥路。液压系统库中的各种阀也都是通过可变液阻的不同组合而形成的。

### 5.2.1　液压桥路

#### 1. 固定液阻的定义方法

通常情况下，在 Amesim 中定义液阻的方式有两种：一种可以通过给定过流面积来定义（在【Pressure drop definition method】中选择 $C_q$），另一种是通过给定工作点的压差和流量的方式来定义（在【Pressure drop definition method】中选择 d$P/Q$）。两种方式没有本质区别，都是通过薄壁小孔流量公式来计算流量，只不过第二种方式首先根据给定的压差和流量计算出一个等效的过流面积，然后再用这个等效的过流面积计算当前的流量，如图 5-7、图 5-8 所示。

我们来比较一下两种液阻定义方式的差异，如图 5-9 所示搭建模型，采用默认液体属性，2 号阻尼孔采用压差和流量的方式定义，4 号阻尼孔采用给定直径的方式来定义。参数设置见表 5-1，其他参数均保持默认值，仿真时间 10s，见 demo5-1。

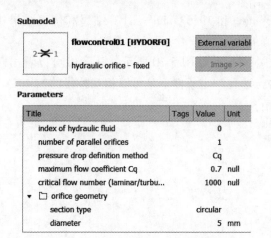

图 5-7　通过给定过流面积定义液阻　　图 5-8　通过给定压差和流量定义液阻

图 5-9　定义液阻的两种方式的模型仿真草图

**表 5-1　模型参数设置**

| 编号 | 参　　数 | 说　　明 | 设置值 |
|---|---|---|---|
| 1、3 | number of stages | 阶段数 | 1 |
| | pressure at start of stage 1 | 第 1 阶段起始压力 | 0bar |
| | pressure at end of stage 1 | 第 1 阶段终止压力 | 5bar |
| | duration of stage 1 | 第 1 阶段持续时间 | 10s |
| 2 | pressure drop definition method | 液阻定义方法 | $dP/Q$ |
| | characteristic flow rate | 特征流量 | 28.3L/min |
| | corresponding pressure drop | 特征压差 | 5bar |
| 4 | pressure drop definition method | 液阻定义方式 | $C_q$ |
| | diameter | 直径 | 5mm |

通过计算反算一下过流面积，取 $C_q$ 为 0.7，$\rho$ 为 $850\mathrm{kg/m^3}$，将已知条件 $Q = 28.3\mathrm{L/min}$，$\Delta P = 5\mathrm{bar}(1\mathrm{bar} = 10^5\mathrm{Pa})$ 转化为国际单位制下数值代入公式中得到

$$A = \frac{Q}{C_q\sqrt{\dfrac{2\Delta P}{\rho}}} = \frac{28.3/60000}{0.7 \times \sqrt{\dfrac{2 \times 500000}{850}}} \times 1000000\mathrm{mm^2} = 19.645\mathrm{mm^2}$$

软件中计算得到的过流面积分别为 $19.634mm^2$ 和 $19.635mm^2$。计算结果和仿真结果相当接近。

然后将两种方式计算出的流量放到同一图中对比,如图 5-10 所示,从图中可以看出两种方式计算出的流量曲线非常接近,说明两种方法在一定条件下是可以相互替代的。

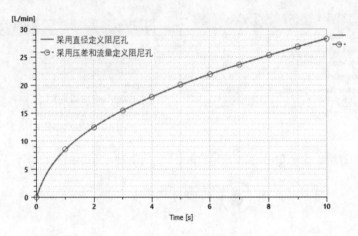

图 5-10　流量仿真曲线对比

一般情况下,如果液阻的几何尺寸已知,可以直接采用定义几何尺寸的方法;当液阻几何尺寸未知时就需要采用定义压差和流量的方式来定义了。值得注意的是,在选取压差和流量点时应尽量选取系统的工作点。系统工作点离所选取的压差和流量点越远,误差会越大。

**2. 可变液阻的定义方法**

可变液阻的定义方式与固定液阻完全相同,只是元件多了一个信号端口用来定义过流面积的变化规律。元件中【maximum signal value】和【minimum signal value】限定了输入信号的上、下限,其他参数的定义跟固定液阻一样。通过给定过流面积定义可变液阻如图 5-11 所示,通过给定压差和流量定义可变液阻如图 5-12 所示。

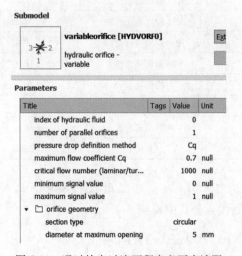

图 5-11　通过给定过流面积定义可变液阻

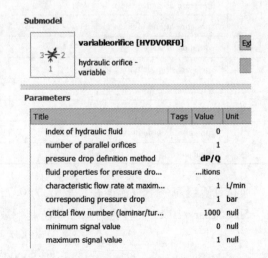

图 5-12　通过给定压差和流量定义可变液阻

### 3. 液压半桥

与电桥类似，液压阀中也分为半桥和全桥。如图 5-13 所示，液压半桥只有一个工作油口 A（或 B），只能用于控制有一个工作腔的单作用缸或者单向马达，且工作油口只能放在 P 口和 O 口之间，以便能分别与 P 口和 O 口相连接。三通阀的实质就是液压半桥。

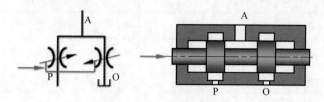

图 5-13　液压半桥原理

如图 5-14 所示构建模型，见 demo5-2，元件 1 用来模拟电磁阀输入的电信号，元件 2 是一个 2 阶传递函数，用来模拟阀芯运动的动态性能（通常情况下阀芯的运动可以等效为一个 2 阶传递函数），元件 3 和元件 5 用来模拟阀芯位移对应开口面积的函数，等效于三通阀参数设置中的【fractional areas】（面积分数）。

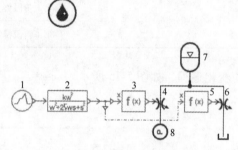

图 5-14　液压半桥建模草图

采用默认液体属性，参数设置见表 5-2，其他参数均保持默认值，仿真时间 0.2s，采样周期 0.0001s。

表 5-2　模型参数设置

| 编号 | 参　　　数 | 说　　　明 | 设置值 |
|---|---|---|---|
| 1 | number of stages | 阶段数 | 2 |
| | pressure at start of stage 1 | 第 1 阶段起始压力 | 40 |
| | pressure at end of stage 1 | 第 1 阶段终止压力 | 40 |
| | duration of stage 1 | 第 1 阶段持续时间 | 0.1 |
| | output at start of stage 2 | 第 2 阶段起始值 | 0 |
| | output at end of stage 2 | 第 2 阶段终止值 | 0 |
| | duration of stage 2 | 第 2 阶段持续时间 | 0.1 |
| 2 | natural frequency | 固有频率 | 80Hz |
| | damping ratio | 阻尼比 | 0.8 |
| | value of gain | 增益 | 1/40 |

（续）

| 编号 | 参　　数 | 说　　明 | 设置值 |
|---|---|---|---|
| 3 | expression in terms of the input x | 输入 $x$ 的表达式 | x |
| 4、6 | pressure drop definition method | 液阻定义方式 | $dP/Q$ |
| | characteristic flow rate | 特征流量 | 5L/min |
| | corresponding pressure drop | 特征压差 | 2bar |
| 5 | expression in terms of the input x | 输入 $x$ 的表达式 | $1-x$ |
| 7 | pressure at port 1 | 端口 1 压力 | 0bar |
| | gas precharge pressure | 充气压力 | 100bar |
| | accumulator volume | 蓄能器容积 | 1L |
| | polytropic index | 多变指数 | 1.4 |
| 8 | pressure at start of stage 1 | 第 1 阶段起始压力 | 5bar |
| | pressure at end of stage 1 | 第 1 阶段终止压力 | 5bar |
| | duration of stage 1 | 第 1 阶段持续时间 | 0.2s |

重点观察两个节流口的变化过程，如图 5-15 所示。

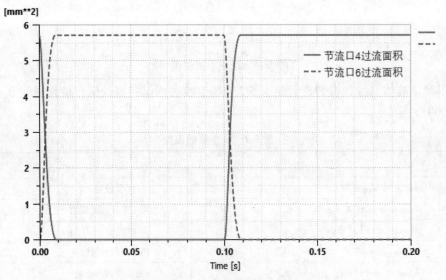

图 5-15　两个节流口的变化过程

再观察蓄能器中压力的变化，如图 5-16 所示。

再用液压系统库中标准的两位三通阀，加上同样的边界条件，模型搭建如图 5-17 所示，见 demo5-3。

采用默认液体属性，参数设置见表 5-3，其他参数均保持默认值，仿真时间 0.2s，采样周期 0.0001s。

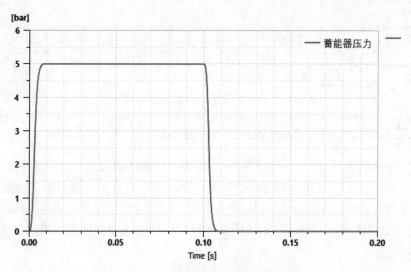

图 5-16　蓄能器中压力的变化过程

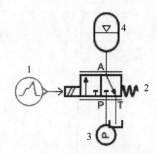

图 5-17　两位三通阀建模草图

**表 5-3　模型参数设置**

| 编号 | 参　　数 | 说　　明 | 设置值 |
|---|---|---|---|
|  | number of stages | 阶段数 | 2 |
|  | output at start of stage 1 | 第 1 阶段起始值 | 40 |
|  | output at end of stage 1 | 第 1 阶段终止值 | 40 |
| 1 | duration of stage 1 | 第 1 阶段持续时间 | 0.1 |
|  | output at start of stage 2 | 第 2 阶段起始值 | 0 |
|  | output at end of stage 2 | 第 2 阶段终止值 | 0 |
|  | duration of stage 2 | 第 2 阶段持续时间 | 0.1 |
|  | ports P to A characteristic flow rate at maximum opening | 阀口全开时，P 口到 A 口的流量 | 5L/min |
| 2 | ports P to A corresponding pressure drop | 阀口全开时，P 口到 A 口的压差 | 2bar |
|  | ports A to T characteristic flow rate at maximum opening | 阀口全开时，A 口到 T 口的流量 | 5L/min |
|  | ports A to T corresponding pressure drop | 阀口全开时，A 口到 T 口的压差 | 2bar |
|  | pressure at start of stage 1 | 第 1 阶段起始压力 | 5bar |
| 3 | pressure at end of stage 1 | 第 1 阶段终止压力 | 5bar |
|  | duration of stage 1 | 第 1 阶段持续时间 | 0.2s |

（续）

| 编号 | 参　数 | 说　明 | 设置值 |
|------|--------|--------|--------|
| 4 | pressure at port 1 | 端口 1 压力 | 0bar |
| | gas precharge pressure | 充气压力 | 100bar |
| | accumulator volume | 蓄能器容积 | 1L |
| | polytropic index | 多变指数 | 1.4 |

　　通过前后两个模型的对比，得到蓄能器的压力对比曲线以及阀口过流面积对比曲线，如图 5-18、图 5-19 所示。从结果上看两模型完全一致，说明两位三通阀的实质就是可变节流孔组成的液压半桥。但值得注意的是，液压半桥的输入信号是 0~1 之间，而电磁阀需要考虑饱和电流的作用，输入信号是 0~40mA 之间（即输入信号需要先除以饱和电流值然后再进行计算）。

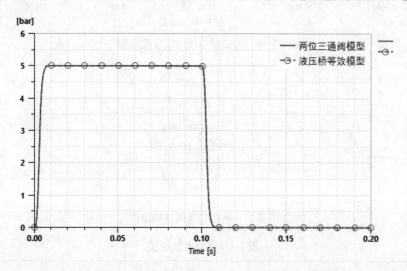

图 5-18　两位三通阀模型和液压半桥模型中蓄能器压力对比

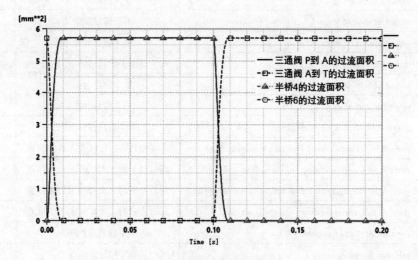

图 5-19　阀口过流面积对比

　　液压半桥模型中的 2 阶传递函数用来模拟阀芯运动的动态过程，在功能上等效于三通阀的【valve dynamics】（阀芯动态）部分，如图 5-20 所示。如果用户特别关注阀芯运动的动态过程，可以先推导阀芯运动的 2 阶传递函数，然后再用模型进行仿真。值得注意的是，用这种方法虽然能够考虑阀芯运动的动态过程，但传递函数的推导需要用户自己完成，而且无法考虑阀芯开启时受到的稳态液动力，想要详细考虑这两点就需要用到液压元件设计库的模型了。但是对于一般的系统匹配问题，不考虑阀芯运动动态过程的液压半桥模型已经足以解决。

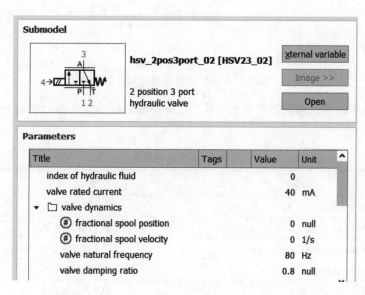

图 5-20　两位三通阀子模型中阀动态特性的参数设置

### 4. 液压全桥

　　液压全桥共有 A、B、P、O 四个油口，其中 A 口和 B 口分别接液压缸或者液压马达的两个油口。液压全桥可以进行双向控制，实质上等效于三位四通阀。液压全桥原理如图 5-21 所示。

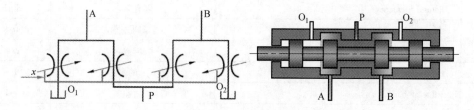

图 5-21　液压全桥原理

　　搭建如图 5-22 所示模型，见 demo5-4。与之前的两位三通阀类似，元件 1 用来模拟电磁阀输入的电信号，元件 2 是一个 2 阶传递函数，用来模拟阀芯运动的动态性能，元件 3 用来模拟阀芯位移对应开口面积的函数（如果四个阀口开口面积都不一样，就需要四个元件来定义）。元件 4 输入 "−1" 用来确保可变液阻 5、8 和 6、7 不能同时工作（可变液阻控制信号输入范围 0~1，因此当元件 1 输入信号为正时，可变液阻 5、8 工作，当输入信号为负时可变液阻6、7工作）。

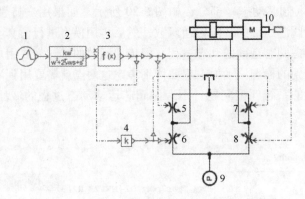

图 5-22 液压全桥模型仿真草图

采用默认液体属性，参数设置见表5-4，其他参数均保持默认值，仿真时间8s，采样周期0.01s。

表 5-4 系统参数设置

| 编号 | 参 数 | 说 明 | 设置值 |
|---|---|---|---|
| 1 | number of stages | 阶段数 | 3 |
| | output at start of stage 1 | 第1阶段起始值 | -40 |
| | output at end of stage 1 | 第1阶段终止值 | -40 |
| | duration of stage 1 | 第1阶段持续时间 | 3 |
| | output at start of stage 2 | 第2阶段起始值 | 0 |
| | output at end of stage 2 | 第2阶段终止值 | 0 |
| | duration of stage 2 | 第2阶段持续时间 | 2 |
| | output at start of stage 3 | 第3阶段起始值 | 40 |
| | output at end of stage 3 | 第3阶段终止值 | 40 |
| | duration of stage 3 | 第3阶段持续时间 | 3 |
| 2 | natural frequency | 固有频率 | 80Hz |
| | damping ratio | 阻尼比 | 0.8 |
| | value of gain | 增益 | 1/40 |
| 3 | expression in terms of the input x | 输入 x 的表达式 | 1-x |
| 4 | value of gain | 增益 | -1 |
| 5、6、7、8 | pressure drop definition method | 液阻定义方式 | dP/Q |
| | characteristic flow rate | 特征流量 | 20L/min |
| | corresponding pressure drop | 特征压差 | 5bar |
| 9 | pressure at start of stage 1 | 第1阶段起始压力 | 20bar |
| | pressure at end of stage 1 | 第1阶段终止压力 | 20bar |
| | duration of stage 1 | 第1阶段持续时间 | 8s |

（续）

| 编号 | 参　　数 | 说　　明 | 设置值 |
|---|---|---|---|
| 10 | piston diameter | 缸筒内径 | 80mm |
| | rod diameter port 1 end | 端口 1 活塞杆直径 | 50mm |
| | rod diameter port 2 end | 端口 2 活塞杆直径 | 50mm |
| | length of stroke | 油缸行程 | 0.3m |
| | total mass being moved | 活塞质量 | 100kg |

用液压系统库中的标准三位四通 O 型换向阀搭建模型如图 5-23 所示，见 demo5-5。

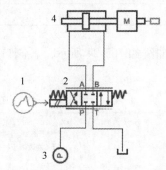

图 5-23　换向阀模型仿真模型草图

输入模型参数见表 5-5。

表 5-5　系统参数设置

| 编号 | 参　　数 | 说　　明 | 设置值 |
|---|---|---|---|
| 1 | number of stages | 阶段数 | 3 |
| | output at start of stage 1 | 第 1 阶段起始值 | −40 |
| | output at end of stage 1 | 第 1 阶段终止值 | −40 |
| | duration of stage 1 | 第 1 阶段持续时间 | 3 |
| | output at start of stage 2 | 第 2 阶段起始值 | 0 |
| | output at end of stage 2 | 第 2 阶段终止值 | 0 |
| | duration of stage 2 | 第 2 阶段持续时间 | 2 |
| | output at start of stage 3 | 第 3 阶段起始值 | 40 |
| | output at end of stage 3 | 第 3 阶段终止值 | 40 |
| | duration of stage 3 | 第 3 阶段持续时间 | 3 |
| 2 | ports P to A characteristic flow rate at maximum opening | 阀口全开时，P 口到 A 口的流量 | 20L/min |
| | ports P to A corresponding pressure drop | 阀口全开时，P 口到 A 口的压差 | 5bar |
| | ports B to T characteristic flow rate at maximum opening | 阀口全开时，B 口到 T 口的流量 | 20L/min |
| | ports B to T corresponding pressure drop | 阀口全开时，B 口到 T 口的压差 | 5bar |
| | ports P to B characteristic flow rate at maximum opening | 阀口全开时，P 口到 B 口的流量 | 20L/min |
| | ports P to B corresponding pressure drop | 阀口全开时，P 口到 B 口的压差 | 5bar |
| | ports A to T characteristic flow rate at maximum opening | 阀口全开时，A 口到 T 口的流量 | 20L/min |
| | ports A to T corresponding pressure drop | 阀口全开时，A 口到 T 口的压差 | 5bar |

（续）

| 编号 | 参 数 | 说 明 | 设置值 |
|---|---|---|---|
| 3 | pressure at start of stage 1 | 第 1 阶段起始压力 | 20bar |
| | pressure at end of stage 1 | 第 1 阶段终止压力 | 20bar |
| | duration of stage 1 | 第 1 阶段持续时间 | 8s |
| 4 | piston diameter | 缸筒内径 | 80mm |
| | rod diameter port 1 end | 端口 1 活塞杆直径 | 50mm |
| | rod diameter port 2 end | 端口 2 活塞杆直径 | 50mm |
| | length of stroke | 油缸行程 | 0.3m |
| | total mass being moved | 活塞质量 | 100kg |

　　得到两组模型液压缸的位移曲线如图 5-24 所示，各阀口的过流面积如图 5-25 和图 5-26 所示。

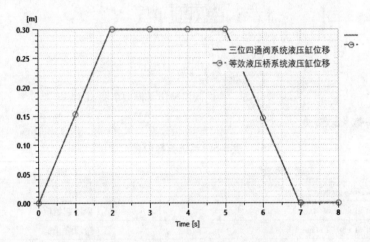

图 5-24　两组模型液压缸的位移曲线比较

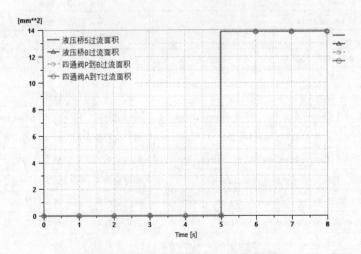

图 5-25　P 到 B 和 A 到 T 的过流面积比较

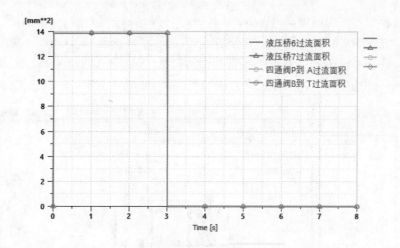

图 5-26　P 到 A 和 B 到 T 的过流面积比较

通过前后两个模型的对比，从结果上看两模型完全一致，说明三位四通阀的实质就是液压全桥。用户可以自己根据液压桥路等效的基本原理搭建出不同的液压阀。

## 5.2.2　多路阀定义模块使用方法

### 1. 多路阀定义模块

换向阀的功能模型是基于液压桥理论的，理论上讲，工程师完全可以基于液压桥理论搭建出各种换向阀。基于这种理念，在 Amesim R16 版本中新增了 Valve Builder 功能，提供了一个自动建模的插件。用户可以根据自己的需要完成换向阀的建模。Valve Builder 插件的使用流程可以分为三大步骤。

（1）绘制草图，即确定阀的形式　启动 Valve Builder 插件，在液压系统库中单击打开 Valve Builder，自动进入建模界面中，如图 5-27 所示。

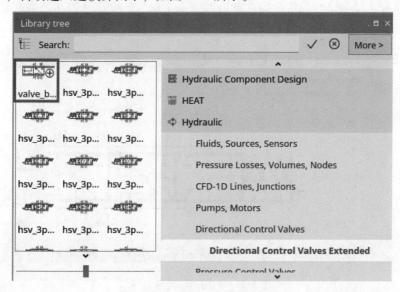

图 5-27　选择 Valve Builder 图标

在建模过程中，首先要定义【Valve sketcher】（换向阀的形式），即几位几通阀、阀口连接形式等。在 Valve Builder 插件上方分别定义 Number of ports on bottom（换向阀底部有几个阀口）、Number of ports on top（顶部有几个阀口）、Number of position（有几个工作位）、Neutral position（中位位置），具体定义方法如图 5-28 所示。

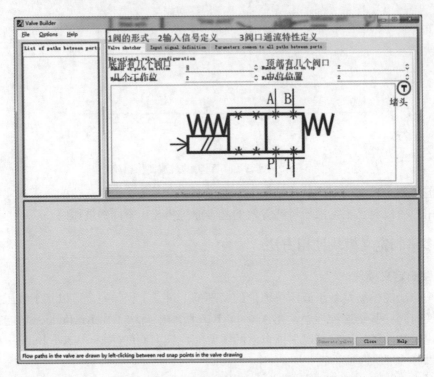

图 5-28　定义换向阀的形式

然后用鼠标连接油口，确定换向阀的流通关系。每当一个连通的油路确定之后，会在左上角显示出来。没有连通的油口会通过右上角的堵头图标堵住，如图 5-29 所示。

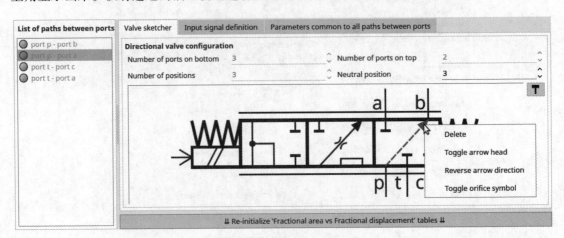

图 5-29　利用鼠标连通油口

（2）确定每一条油路的通流特性　当定义好油路的连通关系之后，接下来就需要确定每一条油路的通流特性了。所谓通流特性就是阀芯位移与过流面积百分比之间的关系。首先需要给定最大的过流面积，用户可以选择直接给定最大过流面积，也可给定最大过流面积对应的压差和流量。然后再定义阀芯位移与过流面积百分比之间的关系，如图 5-30、图 5-31所示。注意，这里的阀芯位移没有量纲。

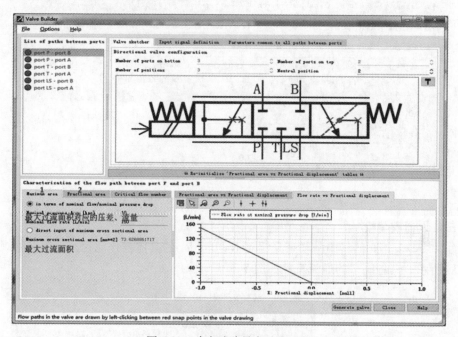

图 5-30　确定油路最大过流面积

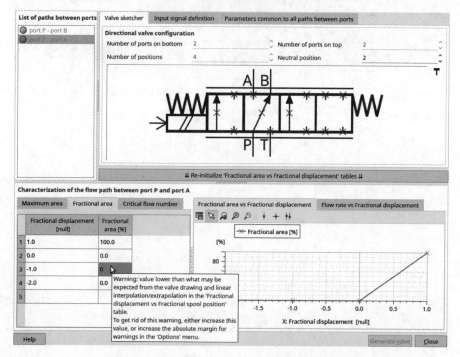

图 5-31　过流面积百分比与阀芯位移之间的关系

（3）定义阀芯位移与工作位之间的关系　以三位六通阀为例，如图 5-32 所示，当位移为 0 时为中位，1 为左位，-1 为右位。定义好之后单击【Generate valve on a new sketch】（在一个新的模型中生成阀），软件自动生成换向阀。

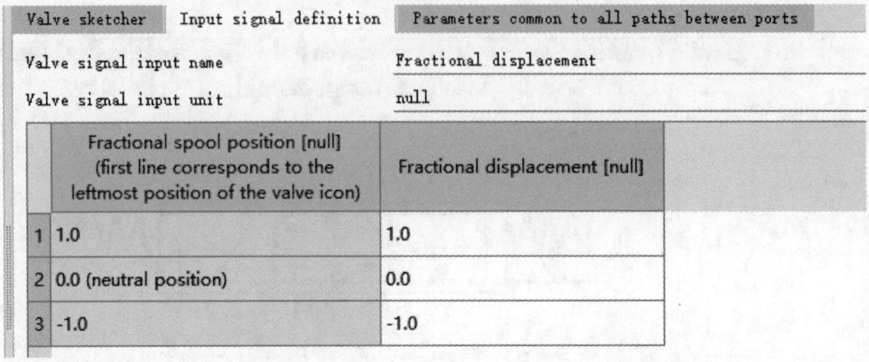

| Valve sketcher | Input signal definition | Parameters common to all paths between ports |
|---|---|---|
| Valve signal input name | | Fractional displacement |
| Valve signal input unit | | null |

| | Fractional spool position [null] (first line corresponds to the leftmost position of the valve icon) | Fractional displacement [null] | |
|---|---|---|---|
| 1 | 1.0 | 1.0 | |
| 2 | 0.0 (neutral position) | 0.0 | |
| 3 | -1.0 | -1.0 | |

图 5-32　定义输入信号和工作位之间的关系

## 2. 三位六通阀建模

下面以某型多路阀的其中一联来介绍 Valve Builder 的具体操作流程。某型多路阀的结构如图 5-33 所示，其各阀口的通流特性如图 5-34 所示。

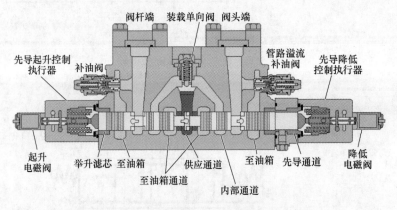

图 5-33　某型多路阀的结构

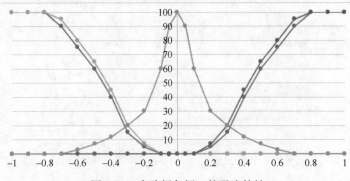

图 5-34　多路阀各阀口的通流特性

（1）定义三位六通阀的连接形式　搭建三位六通阀的连接形式，如图 5-35 所示。

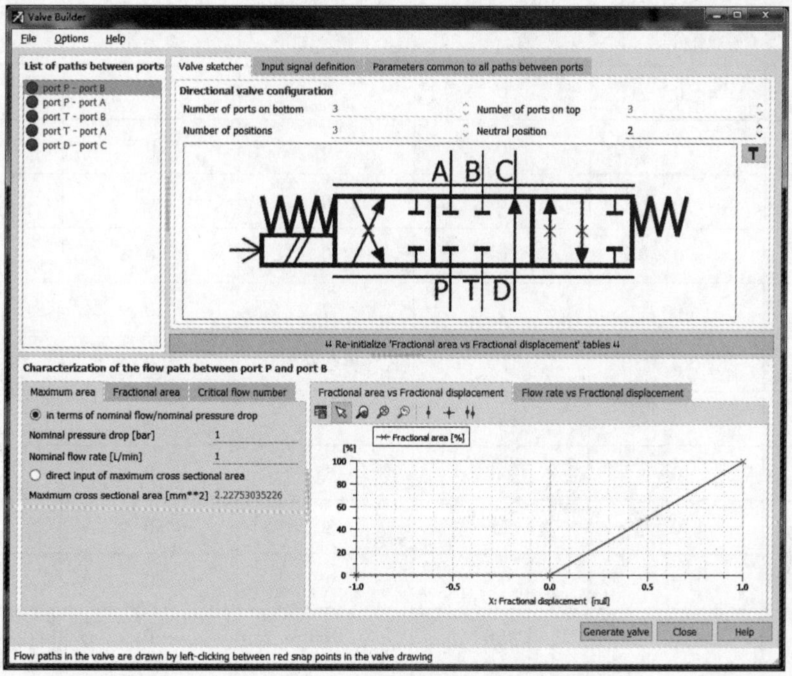

图 5-35　定义三位六通阀的连接形式

（2）输入三位六通阀的通流特性　设定 P-A、P-B、A-T、B-T、C-D 最大流量为 100L/min，对应的压降分别是 10bar、10bar、8bar、8bar、5bar。分别输入每个通路阀芯位移比和过流面积百分比，见表 5-6。

表 5-6　阀芯位移比和过流面积百分比

| 阀芯位移比 | P-A 过流面积百分比 | P-B 过流面积百分比 | A-T 过流面积百分比 | B-T 过流面积百分比 | C-D 过流面积百分比 |
|---|---|---|---|---|---|
| 1 | 100 | 0 | 0 | 100 | 0 |
| 0.9 | 100 | 0 | 0 | 100 | 0 |
| 0.8 | 100 | 0 | 0 | 100 | 0 |
| 0.7 | 90 | 0 | 0 | 95 | 0 |
| 0.6 | 75 | 0 | 0 | 80 | 3 |
| 0.5 | 60 | 0 | 0 | 65 | 7 |
| 0.4 | 40 | 0 | 0 | 45 | 12 |
| 0.3 | 15 | 0 | 0 | 20 | 20 |
| 0.2 | 5 | 0 | 0 | 7 | 30 |
| 0.1 | 0 | 0 | 0 | 0 | 60 |

（续）

| 阀芯位移比 | P-A 过流面积百分比 | P-B 过流面积百分比 | A-T 过流面积百分比 | B-T 过流面积百分比 | C-D 过流面积百分比 |
|---|---|---|---|---|---|
| 0.05 | 0 | 0 | 0 | 0 | 90 |
| 0 | 0 | 0 | 0 | 0 | 100 |
| −0.05 | 0 | 0 | 0 | 0 | 90 |
| −0.1 | 0 | 0 | 0 | 0 | 60 |
| −0.2 | 0 | 5 | 7 | 0 | 30 |
| −0.3 | 0 | 15 | 20 | 0 | 20 |
| −0.4 | 0 | 40 | 45 | 0 | 12 |
| −0.5 | 0 | 60 | 65 | 0 | 7 |
| −0.6 | 0 | 75 | 80 | 0 | 3 |
| −0.7 | 0 | 90 | 95 | 0 | 0 |
| −0.8 | 0 | 100 | 100 | 0 | 0 |
| −0.9 | 0 | 100 | 100 | 0 | 0 |
| −1 | 0 | 100 | 100 | 0 | 0 |

（3）定义阀芯位移与工作位之间的关系 设定阀芯的位移范围如图 5-36 所示，此时一定要跟上面数表中的阀芯位移范围相一致。

| Valve sketcher | Input signal definition | Parameters common to all paths between ports |
|---|---|---|
| Valve signal input name | | Fractional displacement |
| Valve signal input unit | | null |

| | Fractional spool position [null]<br>(first line corresponds to leftmost position) | Fractional displacement [null] |
|---|---|---|
| 1 | 1.0 | 1 |
| 2 | 0.0 (neutral position) | 0.0 |
| 3 | −1.0 | −1 |

图 5-36　设定阀芯的位移范围

（4）搭建一个测试回路 自动生成的多路阀测试模型仿真草图如图 5-37 所示，见 demo5-6，设定输入信号从−1 线性变化到 1 用时 10s，观察多路阀过流面积情况。

多路阀过流面积仿真曲线如图 5-38 所示，通过检查每一阀口的过流面积，与之前的数据相一致，说明三位六通阀模型搭建正确。

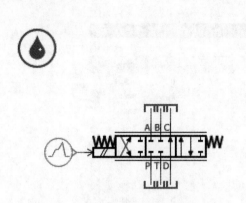

图 5-37　多路阀测试模型仿真草图

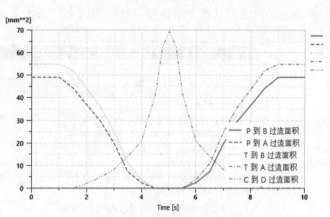

图 5-38　多路阀过流面积仿真曲线

## 5.2.3　压力控制阀的使用方法

在 Amesim R17 版本中增加了一些压力控制阀，极大地方便了相关压力控制系统的建模。液压系统库中的压力控制阀见表 5-7。

表 5-7　液压系统库中的压力控制阀

| 图　　标 | 描　　述 |
|---|---|
|  | 压力补偿阀 |
|  | 平衡阀（带负载反馈） |
|  | 平衡阀（不带负载反馈） |

### 1. 压力补偿阀的使用方法

压力补偿阀的端口如图 5-39 所示，压力补偿阀的基本原理是通过阀芯两侧端口 2、4 的压力差与弹簧反力进行比较，确定阀的开度。

压力补偿阀的参数设置如图 5-40 所示，$P_{min}$ 是控制压差，也就是弹簧预紧力引起的压力，在数值上等于弹簧预紧力除以阀芯作用面积，$P_{max}$ 是由弹簧刚度引起的额外开启压力，在数值上等于弹簧刚度乘以最大阀芯位移再除以阀芯作用面积。$Q_{char}$ 和 $dP_{char}$ 分别是阀口全开时的流

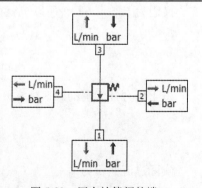

图 5-39　压力补偿阀的端口

量和压降，通过这两个参数可以计算出阀芯的最大过流面积 $A_{max}$。

| Title | Tags | Value | Unit | Name |
|---|---|---|---|---|
| index of hydraulic fluid | | 0 | | indexf |
| control pressure differential | | 7 | bar | pmin |
| pilot differential pressure for maximum closing | | 1 | bar | pmax |
| valve hysteresis | | 0 | bar | hyst |
| ▼ 🗀 valve dynamics | | | | |
| dynamics | 🗗 | no (static) | | spooldyn |
| ▼ 🗀 pressure drop characteristic | | | | |
| characteristic flow rate at maximum opening | | 10 | L/min | qchar |
| corresponding pressure drop | | 5 | bar | dpchar |
| filename or expression for fractional area = f(xv) | | xv | | fareafromxv |
| critical flow number (laminar/turbulent) | | 1000 | null | lcrit |
| fluid properties for pressure drop measurement | | at reference conditions | | userfp |

图 5-40  压力补偿阀的参数设置

工作时，压力补偿阀首先根据力的平衡方程计算出阀芯位移比，然后再根据阀芯位移比换算出阀芯实际的过流面积。具体推导过程如下。

已知压力补偿阀端口 2 和端口 4 的压力分别为 $P_2$ 和 $P_4$，阀芯作用面积为 $A$，弹簧预紧力为 $F_0$，弹簧刚度为 $k$，阀芯位移为 $x$，阀芯极限位移为 $x_{max}$，阀芯开口比为 $x_v$，阀芯运动过程中受力始终平衡，忽略阀芯质量。列阀芯受力的平衡方程

$$P_4 A = P_2 A + F_0 + kx \tag{5-21}$$

两边都除以阀芯作用面积 $A$

$$P_4 = P_2 + \frac{F_0}{A} + \frac{kx}{A} \tag{5-22}$$

因为 $P_{min} = \dfrac{F_0}{A}$，所以

$$P_4 = P_2 + P_{min} + \frac{kx}{A} \tag{5-23}$$

又因为 $P_{max} = \dfrac{kx_{max}}{A}$，所以也就得到了阀芯的位移比

$$\frac{x}{x_{max}} = \frac{kx/A}{kx_{max}/A} = \frac{P_4 - P_2 - P_{min}}{P_{max}} \tag{5-24}$$

由于压力补偿阀的阀口是常开的，因此阀芯的开口比应该是 $1 - \dfrac{x}{x_{max}}$，即

$$x_v = 1 - \frac{x}{x_{max}} = 1 - \frac{P_4 - P_2 - P_{min}}{P_{max}} \tag{5-25}$$

实际过流面积为 $x_v A_{max}$。

由上式推导可见，阀芯位移比实际上是开启压力减去反馈压力再减去弹簧预紧力引起的

压力后，与弹簧刚度引起的额外开启压力的比值，也就是说可以通过定义弹簧刚度引起的额外开启压力来模拟弹簧的刚度。液压系统库中的阀类元件有很多需要考虑阀体内部弹簧的作用，但由于弹簧的预紧力和刚度跟液压不是一个量纲，需要通过阀芯的位移和作用面积来进行转换，这就给计算带来了一些麻烦。出于简化计算的考虑，软件经常采用 $P_{max}$ 这个压力值来模拟弹簧刚度。

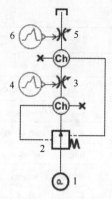

图 5-41　阀前补偿模型草图

搭建一个阀前补偿系统，所谓阀前补偿系统即压力补偿阀在换向阀的前面，模型搭建如图 5-41 所示，见 demo5-7，其中可变阻尼 3 用来模拟换向阀，可变阻尼 5 用作模拟负载，参数设置见表 5-8。

表 5-8　系统参数设置

| 编号 | 参　数 | 说　明 | 设置值 |
|---|---|---|---|
| 1 | number of stages | 阶段数 | 1 |
| | pressure at start of stage 1 | 第 1 阶段起始压力 | 50bar |
| | pressure at end of stage 1 | 第 1 阶段终止压力 | 50bar |
| | duration of stage 1 | 第 1 阶段持续时间 | 10s |
| 2 | control pressure differential | 控制压差 | 7bar |
| | pilot differential pressure for maximum closing | 由弹簧刚度引起的额外开启压力 | 1bar |
| | characteristic flow rate at maximum opening | 阀口全开时的流量 | 10L/min |
| | corresponding pressure drop | 阀口全开时的压差 | 5bar |
| 3 | pressure drop definition method | 液阻定义方式 | $dP/Q$ |
| | characteristic flow rate at maximum opening | 阀口全开时的流量 | 10L/min |
| | corresponding pressure drop | 阀口全开时的压差 | 5bar |
| 4 | number of stages | 阶段数 | 4 |
| | output at start of stage 1 | 第 1 阶段起始值 | 0 |
| | output at end of stage 1 | 第 1 阶段终止值 | 1 |
| | duration of stage 1 | 第 1 阶段持续时间 | 3s |
| | output at start of stage 2 | 第 2 阶段起始值 | 1 |
| | output at end of stage 2 | 第 2 阶段终止值 | 0.5 |
| | duration of stage 2 | 第 2 阶段持续时间 | 2s |
| | output at start of stage 3 | 第 3 阶段起始值 | 0.5 |
| | output at end of stage 3 | 第 3 阶段终止值 | 0.5 |
| | duration of stage 3 | 第 3 阶段持续时间 | 1s |
| | output at start of stage 4 | 第 4 阶段起始值 | 0.5 |
| | output at end of stage 4 | 第 4 阶段终止值 | 0 |
| | duration of stage 4 | 第 4 阶段持续时间 | 2s |

（续）

| 编号 | 参　　数 | 说　　明 | 设置值 |
|---|---|---|---|
| 5 | pressure drop definition method | 液阻定义方式 | $C_q$ |
| | diameter at maximum opening | 阀口全开时的直径 | 5mm |
| 6 | number of stages | 阶段数 | 3 |
| | output at start of stage 1 | 第 1 阶段起始值 | 0.5 |
| | output at end of stage 1 | 第 1 阶段终止值 | 0.5 |
| | duration of stage 1 | 第 1 阶段持续时间 | 3s |
| | output at start of stage 2 | 第 2 阶段起始值 | 0.7 |
| | output at end of stage 2 | 第 2 阶段终止值 | 0.7 |
| | duration of stage 2 | 第 2 阶段持续时间 | 5s |
| | output at start of stage 3 | 第 3 阶段起始值 | 0.2 |
| | output at end of stage 3 | 第 3 阶段终止值 | 0.2 |
| | duration of stage 3 | 第 3 阶段持续时间 | 2s |

　　运行模型，观察系统的流量随控制信号的变化，以及阻尼 3 两端的压差，如图 5-42 所示，可以看到流经阻尼孔 4 两端的压差变化不大，从而保证了流量随着控制信号线性地变化。

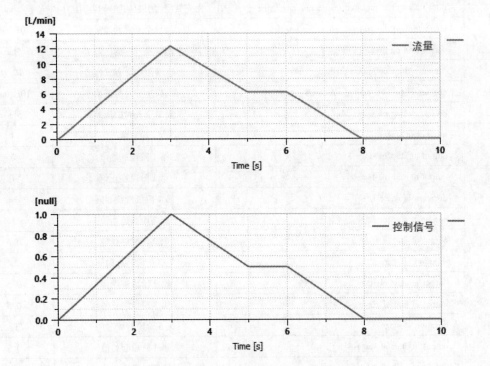

图 5-42　流量、控制信号和压差仿真曲线

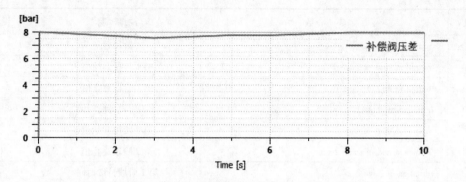

图 5-42　流量、控制信号和压差仿真曲线（续）

　　搭建一个阀后补偿系统，阀后补偿系统即压力补偿阀在换向阀的后面，模型搭建如图 5-43 所示，见 demo5-8，其中可变阻尼 2 用来模拟换向阀，可变阻尼 5 用作模拟负载。系统参数设置见表 5-9。

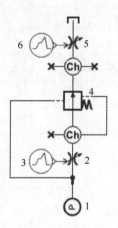

图 5-43　阀后补偿模型草图

表 5-9　系统参数设置

| 编号 | 参　　数 | 说　　明 | 设置值 |
|---|---|---|---|
| 1 | number of stages | 阶段数 | 1 |
| | pressure at start of stage 1 | 第 1 阶段起始压力 | 50bar |
| | pressure at end of stage 1 | 第 1 阶段终止压力 | 50bar |
| | duration of stage 1 | 第 1 阶段持续时间 | 10s |
| 2 | control pressure differential | 控制压差 | 7bar |
| | pilot differential pressure for maximum closing | 由弹簧刚度引起的额外开启压力 | 1bar |
| | characteristic flow rate at maximum opening | 阀口全开时的流量 | 10L/min |
| | corresponding pressure drop | 阀口全开时的压差 | 5bar |

（续）

| 编号 | 参　　数 | 说　　明 | 设置值 |
|---|---|---|---|
| 3 | number of stages | 阶段数 | 4 |
| | output at start of stage 1 | 第 1 阶段起始值 | 0 |
| | output at end of stage 1 | 第 1 阶段终止值 | 1 |
| | duration of stage 1 | 第 1 阶段持续时间 | 3s |
| | output at start of stage 2 | 第 2 阶段起始值 | 1 |
| | output at end of stage 2 | 第 2 阶段终止值 | 0.5 |
| | duration of stage 2 | 第 2 阶段持续时间 | 2s |
| | output at start of stage 3 | 第 3 阶段起始值 | 0.5 |
| | output at end of stage 3 | 第 3 阶段终止值 | 0.5 |
| | duration of stage 3 | 第 3 阶段持续时间 | 1s |
| | output at start of stage 4 | 第 4 阶段起始值 | 0.5 |
| | output at end of stage 4 | 第 4 阶段终止值 | 0 |
| | duration of stage 4 | 第 4 阶段持续时间 | 2s |
| 4 | control pressure differential | 控制压差 | 7bar |
| | pilot differential pressure for maximum closing | 由弹簧刚度引起的额外开启压力 | 1bar |
| | characteristic flow rate at maximum opening | 阀口全开时的流量 | 10L/min |
| | corresponding pressure drop | 阀口全开时的压差 | 5bar |
| 5 | pressure drop definition method | 液阻定义方式 | $C_q$ |
| | diameter at maximum opening | 阀口全开时的直径 | 5mm |
| 6 | number of stages | 阶段数 | 3 |
| | output at start of stage 1 | 第 1 阶段起始值 | 0.5 |
| | output at end of stage 1 | 第 1 阶段终止值 | 0.5 |
| | duration of stage 1 | 第 1 阶段持续时间 | 3s |
| | output at start of stage 2 | 第 2 阶段起始值 | 0.7 |
| | output at end of stage 2 | 第 2 阶段终止值 | 0.7 |
| | duration of stage 2 | 第 2 阶段持续时间 | 5s |
| | output at start of stage 3 | 第 3 阶段起始值 | 0.2 |
| | output at end of stage 3 | 第 3 阶段终止值 | 0.2 |
| | duration of stage 3 | 第 3 阶段持续时间 | 2s |

　　运行模型，观察系统的流量随控制信号的变化，以及阻尼 2 两端的压差如图 5-44 所示，可以看到流经阻尼孔 2 两端的压差变化不大，从而保证了流量随着控制信号线性地变化。

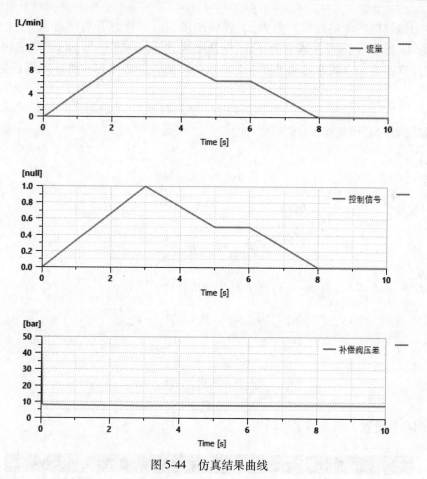

图 5-44  仿真结果曲线

**2. 平衡阀（带负载反馈）使用方法**

平衡阀一般用在有垂直载荷的地方，在下降侧产生一定背压，防止载荷下降速度失控。平衡阀外端口如图 5-45 所示，平衡阀一般有三个端口，其中端口 1 接方向阀，端口 2 为外控口，端口 3 一定要接在负载的下降侧。平衡阀的应用如图 5-46 所示。

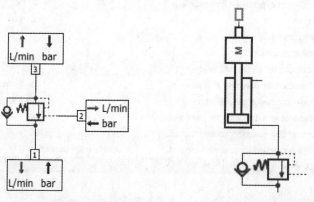

图 5-45  平衡阀外端口          图 5-46  平衡阀的应用

平衡阀内部计算的原理与前文压力补偿阀类似，也是根据压力的平衡计算出阀芯的位移比。已知端口 2 和端口 3 的压力分别为 $P_2$ 和 $P_3$，平衡阀的开启比为 $P_{ratio}$，平衡阀调定压力

（弹簧预紧力除以阀芯作用面积）为 $P_{set}$，弹簧刚度引起的额外开启压力为 $P_{max}$，阀芯作用面积分别为 $A_2$ 和 $A_3$，弹簧预紧力为 $F_0$，弹簧刚度为 $k$，阀芯位移为 $x$，阀芯极限位移为 $x_{max}$，阀芯开口比为 $x_v$，阀芯运动过程中受力始终平衡，忽略阀芯质量。列阀芯受力的平衡方程

$$P_2A_2+P_3A_3=F_0+kx \tag{5-26}$$

两边都除以阀芯作用面积 $A_3$

$$P_2\frac{A_2}{A_3}+P_3=\frac{F_0}{A_3}+\frac{kx}{A_3} \tag{5-27}$$

因为 $P_{set}=\dfrac{F_0}{A_3}$，$P_{ratio}=\dfrac{A_2}{A_3}$，所以

$$P_2P_{ratio}+P_3=P_{set}+\frac{kx}{A_3} \tag{5-28}$$

又因为 $P_{max}=\dfrac{kx_{max}}{A_3}$，所以也就得到了阀芯的位移比。

$$\frac{x}{x_{max}}=\frac{kx/A_3}{kx_{max}/A_3}=\frac{P_3+P_2P_{ratio}-P_{set}}{P_{max}} \tag{5-29}$$

即

$$x_v=\frac{P_3+P_2P_{ratio}-P_{set}}{P_{max}} \tag{5-30}$$

平衡阀参数设置如图 5-47 所示。

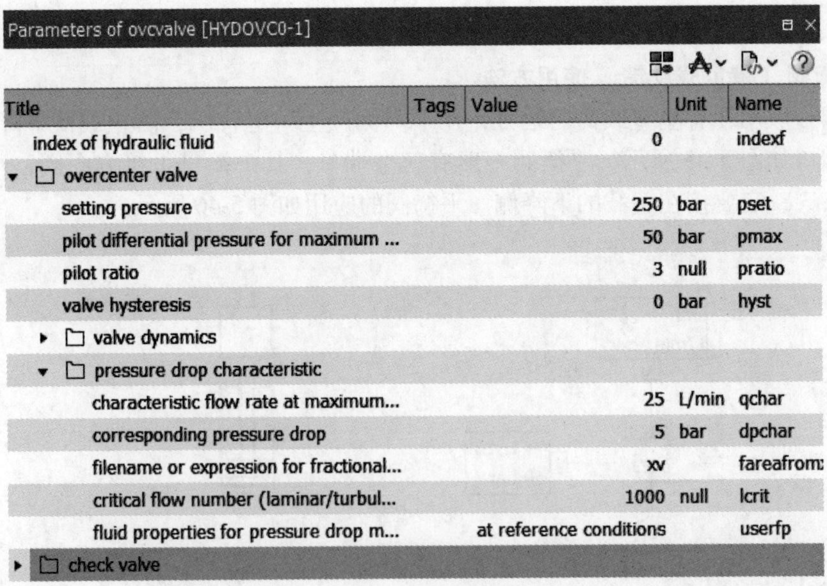

Parameters of ovcvalve [HYDOVC0-1]

| Title | Tags | Value | Unit | Name |
|---|---|---|---|---|
| index of hydraulic fluid | | 0 | | indexf |
| ▾ overcenter valve | | | | |
| setting pressure | | 250 | bar | pset |
| pilot differential pressure for maximum ... | | 50 | bar | pmax |
| pilot ratio | | 3 | null | pratio |
| valve hysteresis | | 0 | bar | hyst |
| ▸ valve dynamics | | | | |
| ▾ pressure drop characteristic | | | | |
| characteristic flow rate at maximum... | | 25 | L/min | qchar |
| corresponding pressure drop | | 5 | bar | dpchar |
| filename or expression for fractional... | | xv | | fareafrom: |
| critical flow number (laminar/turbul... | | 1000 | null | lcrit |
| fluid properties for pressure drop m... | | at reference conditions | | userfp |
| ▸ check valve | | | | |

图 5-47　平衡阀的参数设置

搭建模型如图 5-48 所示，见 demo5-9，参数设置见表 5-10。

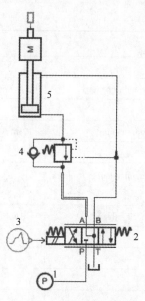

图 5-48　平衡阀模型卓图

表 5-10　系统参数设置

| 编号 | 参　　数 | 说　　明 | 设置值 |
|---|---|---|---|
| 1 | number of stages | 阶段数 | 1 |
| | pressure at start of stage 1 | 第 1 阶段起始压力 | 100bar |
| | pressure at end of stage 1 | 第 1 阶段终止压力 | 100bar |
| | duration of stage 1 | 第 1 阶段持续时间 | 12s |
| 2 | ports P to A characteristic flow rate at maximum opening | 阀口全开时 P 口到 A 口的流量 | 30L/min |
| | ports P to A corresponding pressure drop | 阀口全开时 P 口到 A 口的压差 | 3bar |
| | ports B to T characteristic flow rate at maximum opening | 阀口全开时 B 口到 T 口的流量 | 30L/min |
| | ports B to T corresponding pressure drop | 阀口全开时 B 口到 T 口的压差 | 3bar |
| | ports P to B characteristic flow rate at maximum opening | 阀口全开时 P 口到 B 口的流量 | 30L/min |
| | ports P to B corresponding pressure drop | 阀口全开时 P 口到 B 口的压差 | 3bar |
| | ports A to T characteristic flow rate at maximum opening | 阀口全开时 A 口到 T 口的流量 | 30L/min |
| | Ports A to T corresponding pressure drop | 阀口全开时 A 口到 T 口的压差 | 3bar |
| 3 | number of stages | 阶段数 | 3 |
| | output at start of stage 1 | 第 1 阶段起始值 | −40 |
| | output at end of stage 1 | 第 1 阶段终止值 | −40 |
| | duration of stage 1 | 第 1 阶段持续时间 | 4s |
| | output at start of stage 2 | 第 2 阶段起始值 | 0 |
| | output at end of stage 2 | 第 2 阶段终止值 | 0 |
| | duration of stage 2 | 第 2 阶段持续时间 | 3s |
| | output at start of stage 3 | 第 3 阶段起始值 | 40 |
| | output at end of stage 3 | 第 3 阶段终止值 | 40 |
| | duration of stage 3 | 第 3 阶段持续时间 | 5s |

（续）

| 编号 | 参 数 | 说 明 | 设置值 |
|---|---|---|---|
| 4 | setting pressure | 调定压力 | 350bar |
| | pilot differential pressure for maximum opening | 由弹簧刚度引起的额外开启压力 | 20bar |
| | pilot ratio | 先导比 | 5 |
| | characteristic flow rate at maximum opening | 平衡阀最大开度时的特征流量 | 25L/min |
| | corresponding pressure drop | 平衡阀相应压差 | 5bar |
| | characteristic flow rate at maximum opening (check valve) | 单向阀最大开度时的特征流量 | 25L/min |
| | corresponding pressure drop (check valve) | 单向阀最大开度时的特征压差 | 10bar |
| 5 | piston diameter | 缸筒内径 | 100mm |
| | rod diameter | 活塞杆直径 | 60mm |
| | length of stroke | 油缸行程 | 700mm |
| | angle rod makes with horizontal | 油缸角度 | 90° |
| | viscous friction coefficient | 油缸阻尼 | 100N/(m/s) |

运行模型，分别观察有杆腔和无杆腔两端的压力和液压缸位移随控制信号的变化情况，如图 5-49 所示。前 4s 时，控制信号是上升信号，换向阀工作在右位，活塞杆上升。此时液压缸无杆腔和有杆腔的压力分别为 16.4bar 和 6.1bar，忽略液压缸阻尼的作用，两者之差刚好是负载的压力，即

$$1.64×\frac{\pi}{4}×100^2N-0.61×\frac{\pi}{4}(100^2-60^2) N=9.8×1000N$$

在第 4~7s 时，控制信号是停止信号，换向阀工作在中位，因为中位机能是 Y 型，所以有杆腔压力变成 0，无杆腔压力为重力引起的 12.5bar。

$$\frac{9.8×1000N}{\pi/4×100^2mm^2}=1.25MPa=12.5bar$$

在第 7~12s 时，控制信号是下降信号，换向阀工作在左位，此时液压缸无杆腔和有杆腔的压力分别为 73bar 和 94.6bar。

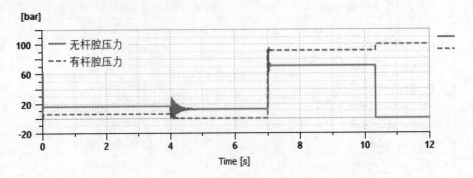

图 5-49  仿真曲线

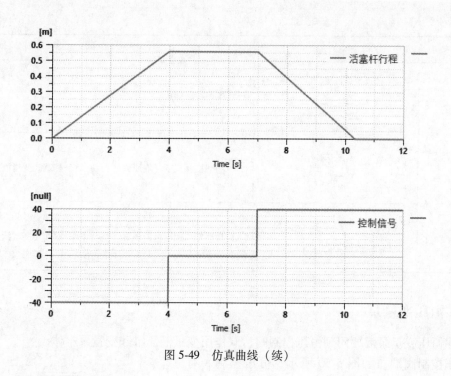

图 5-49　仿真曲线（续）

## 5.3　液压泵建模方法

根据客户的需要，Amesim R15 版本以后的新版本中增加了恒压控制、负载敏感控制和恒功率控制元件，这些元件在软件中以单独或集成的形式应用，见表 5-11。本节主要介绍这些新增加控制元件的应用。

表 5-11　恒压控制、负载敏感控制和恒功率控制元件及与其集成应用的液压缸

| 序　号 | 图　标 | 说　明 |
|---|---|---|
| 1 |  | 恒压控制阀 |
| 2 |  | 负载敏感控制阀（负载敏感阀+恒压控制阀） |
| 3 |  | 柱塞式变量液压缸 |

（续）

| 序 号 | 图 标 | 说 明 |
|---|---|---|
| 4 | | 双作用变量液压缸 |
| 5 | | 恒功率柱塞式变量液压缸（恒功率阀+柱塞式变量液压缸） |
| 6 | | 恒功率双作用变量液压缸（恒功率阀+双作用变量液压缸） |

### 5.3.1　恒压变量泵

搭建恒压变量泵需要用到恒压控制阀、双作用变量液压缸和变量泵本体。

恒压控制阀端口如图 5-50 所示，恒压控制阀有三个端口，端口 1 连接泵出口，端口 2 连接变量液压缸，端口 3 连接回油口。恒压控制阀的基本原理是将泵口压力与弹簧预紧力进行比较，如果泵口压力大于弹簧预紧力，阀芯开始运动，将泵口压力接通到变量液压缸，变量液压缸活塞移动，变量泵排量减小。

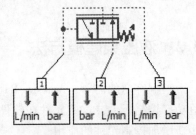

图 5-50　恒压控制阀端口

恒压控制阀参数如图 5-51 所示，恒压控制阀模型中有两个非常重要的参数：$P_{cmax}$ 表示弹簧预紧力，$\Delta P_{oppc}$ 表示恒压控制阀口完全打开时额外需要的压力（除去预紧力），在数值上等于弹簧刚度乘以阀芯最大位移再除以阀芯的作用面积。

| Title | Tags | Value | Unit | Name |
|---|---|---|---|---|
| index of hydraulic fluid | | 0 | | indexf |
| regulated pressure function of fractional s... | | linear | | pcxdisp |
| maximum controlled pressure | | 200 | bar | pcmax |
| pilot differential pressure for maximum op... | | 1 | bar | dpoppc |

图 5-51　恒压控制阀参数

恒压控制阀内部计算的原理与前文中压力补偿阀的计算原理类似，也是根据压力的平衡计算出阀芯的位移比。设阀芯作用面积为 $A$，弹簧刚度为 $k$，阀芯最大位移为 $x_{max}$，阀芯位移比为 $x_{pc}$，泵口压力为 $P_{del}$，首先列出阀芯的受力平衡方程

$$P_{del}A = P_{cmax}A + kx \tag{5-31}$$

等号两边都除以阀芯作用面积 $A$

$$P_{\mathrm{del}} = P_{\mathrm{cmax}} + \frac{kx}{A} \tag{5-32}$$

又因为 $\Delta P_{\mathrm{oppc}} = \dfrac{kx_{\max}}{A}$，所以也就得到了阀芯的位移比

$$P_{\mathrm{del}} = P_{\mathrm{cmax}} + \frac{x}{x_{\max}} \Delta P_{\mathrm{oppc}}$$

$$x_{\mathrm{pc}} = \frac{P_{\mathrm{del}} - P_{\mathrm{cmax}}}{\Delta P_{\mathrm{oppc}}} \tag{5-33}$$

恒压控制阀输出压力，即端口 2 的输出压力 $P_{\mathrm{reg}}$ 的计算公式为

$$P_{\mathrm{reg}} = P_{\mathrm{del}} x_{\mathrm{pc}} \tag{5-34}$$

式中　$x_{\mathrm{pc}}$——阀芯位移比；

　　　$P_{\mathrm{del}}$——泵口压力。

变量液压缸的端口如图 5-52 所示，变量液压缸共有四个端口，端口 3 连接泵的出油口，端口 2 把端口 3 的压力直接输出，端口 1 连接恒压控制阀，端口 4 连接变量泵的变量调节口。变量液压缸的参数设置如图 5-53 所示。变量液压缸模型中有几个非常重要的参数：$P_{\mathrm{spring}}$ 为弹簧预紧力，$\Delta P_{\mathrm{disp}}$ 为弹簧刚度引起的额外需要的打开压力（除去预紧力），在数值上等于弹簧刚度乘以阀芯最大位移再除以阀芯的作用面积，$a_{\mathrm{ratio}}$ 为液压缸左右两腔面积比。

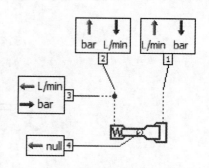

图 5-52　变量液压缸的端口

| index of hydraulic fluid | 0 | | indexf |
|---|---|---|---|
| fractional pump displacement dependency on piston position | linear | | xdisp |
| equivalent spring preload | 2.5 | bar | pspring |
| pilot differential pressure for minimum displacement | 0.5 | bar | dpdisp |
| piston area ratio | 0.7 | null | aratio |
| ▶ 🗀 dynamics | | | |

图 5-53　变量液压缸参数设置

变量液压缸内部的计算原理推导方法也与前文压力补偿阀的推导类似，都是先从阀芯的平衡方程入手。设液压缸弹簧预紧力为 $F_0$，弹簧刚度为 $k$，液压缸活塞位移为 $x$，最大位移为 $x_{\max}$，液压缸活塞的位移比（在数值上等于泵的排量比）为 $x_{\mathrm{pc}}$，液压缸左腔压力为 $P_{\mathrm{del}}$，作用面积为 $A_1$，液压缸右腔压力为 $P_{\mathrm{reg}}$，作用面积为 $A_2$，液压缸左腔和右腔的作用面积比为 $a_{\mathrm{ratio}}$ 首先列出活塞的受力平衡方程

$$F_0 + P_{\mathrm{del}} A_1 + kx = P_{\mathrm{reg}} A_2 \tag{5-35}$$

等式两边同时除以右腔作用面积 $A_2$ 并移项得到

$$\frac{kx}{A_2} = P_{\mathrm{reg}} - P_{\mathrm{del}} \frac{A_1}{A_2} - \frac{F_0}{A_2} \tag{5-36}$$

因为 $\dfrac{A_1}{A_2} = a_{\mathrm{ratio}}$，$\dfrac{F_0}{A_2} = P_{\mathrm{spring}}$

$$\frac{kx}{A_2} = P_{\text{reg}} - P_{\text{del}}a_{\text{ratio}} - P_{\text{spring}} \tag{5-37}$$

又因为 $kx_{\max}A_2 = \Delta P_{\text{dis}}$，上式等号两边同时除以 $\Delta P_{\text{dis}}$，得到液压缸的位移比

$$\frac{x}{x_{\max}} = \frac{kx/A_2}{kx_{\max}/A_2} = \frac{P_{\text{reg}} - P_{\text{del}}a_{\text{ratio}} - P_{\text{spring}}}{\Delta P_{\text{dis}}} \tag{5-38}$$

由于液压缸一开始处于最大排量状态，因此液压缸的调节公式为

$$x_{\text{pc}} = 1 - \frac{P_{\text{reg}} - P_{\text{del}}a_{\text{ratio}} - P_{\text{spring}}}{\Delta P_{\text{dis}}} \tag{5-39}$$

恒压变量泵模型仿真草图如图 5-54 所示，模型见 demo5-10，系统参数设置见表 5-12。在工具栏中选择【configure-study parameter】（研究参数配置），对恒压控制阀的控制压力进行批量仿真，设置【maximum controlled pressure】（最大控制压力）分别为 75bar、100bar、150bar、200bar。观察泵口压力、流量的变化情况。

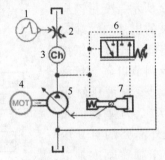

图 5-54　恒压变量泵模型仿真草图

**表 5-12　系统参数设置**

| 编号 | 参　数 | 说　明 | 设置值 |
|---|---|---|---|
| 1 | number of stages | 阶段数 | 2 |
| | output at start of stage 1 | 第 1 阶段起始值 | 1 |
| | output at end of stage 1 | 第 1 阶段终止值 | 1 |
| | duration of stage 1 | 第 1 阶段持续时间 | 1 |
| | output at start of stage 2 | 第 2 阶段起始值 | 1 |
| | output at end of stage 2 | 第 2 阶段终止值 | 0 |
| | duration of stage 2 | 第 2 阶段持续时间 | 9 |
| 2 | diameter at maximum opening | 阀口全开时的直径 | 10mm |
| 3 | volume of chamber | 容积腔容积 | 10cm³ |
| 4 | shaft speed | 电动机转速 | 1500rpm |
| 5 | pump displacement | 泵排量 | 100cc/min |
| 6 | maximum controlled pressure | 最高控制压力 | 200bar |
| | pilot differential pressure for maximum opening | 弹簧刚度引起的额外开启压力 | 1bar |
| 7 | equivalent spring preload | 弹簧预紧力 | 2.5bar |
| | pilot differential pressure for minimum displacement | 弹簧刚度引起的额外开启压力 | 0.5bar |
| | piston area ratio | 活塞面积比 | 0.7 |

恒压控制阀控制压力批量仿真曲线如图 5-55 所示，从仿真结果可以看出泵的输出压力稍高于设定控制压力，这是由恒压控制阀的弹簧刚度造成的，即 $\Delta P_{oppc}$ 造成的，$\Delta P_{oppc}$ 值越大，输出压力就越高于设定值。

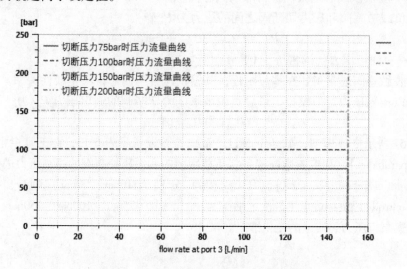

图 5-55　恒压控制阀控制压力批量仿真曲线

## 5.3.2　负载敏感恒压变量泵

搭建负载敏感恒压变量泵需要用到负载敏感控制阀、双作用变量液压缸和变量泵本体。负载敏感控制阀实质上是恒压控制阀和负载敏感阀的集成。负载敏感控制阀端口如图 5-56 所示。前文已对恒压控制阀进行了详细的说明，在此不再赘述，以下着重对负载敏感阀的内部原理推导进行介绍。

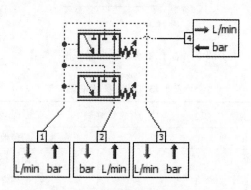

图 5-56　负载敏感控制阀端口

恒压控制阀的计算公式跟前面的推导一致，下面着重讲解负载敏感阀的数学模型。

$$x_{LS}=\frac{P_{del}-P_{LS}-\Delta P_{LS}}{\Delta P_{opLS}} \tag{5-40}$$

式中　$x_{LS}$——阀芯的位移比，在数值上等于 $x/x_{max}$（$x$ 为阀芯位移，$x_{max}$ 为阀芯最大位移）；

　　　$P_{del}$——泵口压力；

　　　$P_{LS}$——LS 口反馈压力；

$\Delta P_{LS}$——弹簧预紧力；

$\Delta P_{opLS}$——负载敏感阀阀口完全打开额外需要的力（除去预紧力），在数值上等于弹簧刚度乘以阀芯最大位移再除以阀芯面积。

设定在负载敏感阀和压力切断阀之间的压力为 $P_{mid}$

$$P_{mid} = P_{del}x_{LS} + P_{tank}(1-x_{LS}) \tag{5-41}$$

式中 $P_{tank}$——油箱压力（通常等于0）。

由于负载敏感阀通常工作在零位附近，其输出压力与阀芯位移呈线性关系。因此可以用阀芯位移乘以输入压力近似模拟。最后负载敏感压力切断阀的输出压力 $P_{reg}$ 为

$$P_{reg} = P_{del}x_{pc} + P_{mid}(1-x_{pc}) \tag{5-42}$$

如图 5-57 所示搭建模型，见 demo5-11。系统参数设置见表 5-13，在工具栏中选择【configure-study parameter】（研究参数配置）将负载敏感阀和恒压控制阀的控制压力进行批量仿真，设置【differential pressure control】（压差控制）分别为 10bar、20bar、30bar、40bar，设置【maximum controlled pressure】（最大控制压力）分别为 75bar、100bar、150bar、200bar，见表 5-14。观察泵口压力、流量的变化情况。

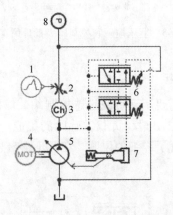

图 5-57 负载敏感恒压变量泵模型草图

**表 5-13 系统参数设置**

| 编号 | 参　　数 | 说　　明 | 设置值 |
|---|---|---|---|
| 1 | number of stages | 阶段数 | 2 |
|  | output at start of stage 1 | 第1阶段起始值 | 1 |
|  | output at end of stage 1 | 第1阶段终止值 | 1 |
|  | duration of stage 1 | 第1阶段持续时间 | 10 |
| 2 | diameter at maximum opening | 阀口全开时的直径 | 5mm |
| 3 | volume of chamber | 容积腔容积 | 10cm$^3$ |
| 4 | shaft speed | 电动机转速 | 1500r/min |
| 5 | pump displacement | 泵排量 | 100cc/r |
| 6 | LS pilot differential pressure for maximum opening | LS 调定压力 | 20bar |
|  | PC pilot differential pressure for maximum opening | 弹簧刚度引起的额外开启压力 | 1bar |

（续）

| 编号 | 参　　数 | 说　　明 | 设置值 |
|---|---|---|---|
| 7 | equivalent spring preload | 弹簧预紧力 | 2.5bar |
| | pilot differential pressure for minimum displacement | 弹簧刚度引起的额外开启压力 | 0.5bar |
| | piston area ratio | 活塞面积比 | 0.7 |
| 8 | pressure at start of stage 1 | 第 1 阶段初始压力 | 0bar |
| | pressure at end of stage 1 | 第 1 阶段终止压力 | 200bar |
| | duration of stage 1 | 第 1 阶段持续时间 | 10s |

表 5-14　批量仿真参数设置

| 参　　数 | 参数设置 1 | 参数设置 2 | 参数设置 3 | 参数设置 4 |
|---|---|---|---|---|
| differential pressure control | 10bar | 20bar | 30bar | 40bar |
| maximum controlled pressure | 75bar | 100bar | 150bar | 200bar |

针对元件 6 的【differential pressure control】（压差控制）和【maximum controlled pressure】（最大控制压力）两个参数进行批量仿真。负载敏感恒压变量泵批量仿真曲线如图 5-58 所示。

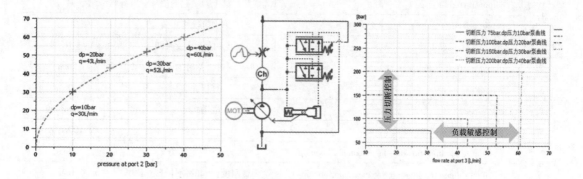

图 5-58　负载敏感恒压变量泵批量仿真曲线

从仿真结果可以看出，泵口压力近似等于恒压控制阀调定压力。另外，当控制压力 $dp$ 是 10bar 时，泵输出流量为 30L/min。当 $dp$ 是 20bar 时，刚好是 10bar 的 2 倍，因此流量就是 30L/min 的 $\sqrt{2}$ 倍，为 43L/min。同理，当 $dp$ 为 30bar 和 40bar 时，流量分别为 30L/min 的 $\sqrt{3}$ 倍和 2 倍，即 52L/min 和 60L/min。

### 5.3.3　负载敏感恒压恒功率变量泵

搭建负载敏感恒压恒功率变量泵需要用到负载敏感控制阀、恒功率双作用变量液压缸和变量泵本体。在 Amesim 中恒功率阀是嵌入在双作用变量液压缸中的。

恒功率阀中有一个参数是限制扭矩 $T_{lim}$，用来限制泵的驱动扭矩，泵的驱动扭矩 $T_{th}$ 是泵的变量比例 $f_{disp}$、最大排量 $disp_{max}$ 和泵口压力 $P_{del}$ 的乘积。但这个驱动扭矩不能超过限制扭矩，模型中就是用这种方法来限制泵的输出功率的。

$$T_{th} = f_{disp} disp_{max} P_{del}$$
$$T_{th} \leqslant T_{lim} \tag{5-43}$$

用户在设置限制扭矩时应根据限制功率 $P_{lim}$ 除以泵的驱动转速 $n$，计算时要注意单位，$P_{lim}$ 的单位为 kW，$n$ 的单位为 r/min。

$$T_{th} = 9550 P_{lim}/n \tag{5-44}$$

如图 5-59 所示搭建模型，参数设置见表 5-15，见 demo5-12。在工具栏中选择【configure-study parameter】（研究参数配置）对恒功率阀的扭矩限制值和恒压控制阀的控制压力进行批量仿真。设置【maximum controlled pressure】（最大控制压力）分别为 75bar、100bar、150bar、200bar，见表 5-14。观察泵口压力、流量的变化情况。

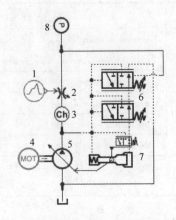

图 5-59　负载敏感恒压恒功率变量泵模型草图

### 表 5-15　系统仿真参数

| 编号 | 参　　数 | 说　　明 | 设置值 |
|---|---|---|---|
| 1 | number of stages | 阶段数 | 2 |
| | output at start of stage 1 | 第 1 阶段起始值 | 1 |
| | output at end of stage 1 | 第 1 阶段终止值 | 1 |
| | duration of stage 1 | 第 1 阶段持续时间 | 10 |
| 2 | diameter at maximum opening | 阀口全开时的直径 | 5mm |
| 3 | volume of chamber | 容积腔容积 | 100cm$^3$ |
| 4 | shaft speed | 电动机转速 | 1500r/min |
| 5 | pump displacement | 泵排量 | 100cc/r |
| 6 | LS pilot differential pressure for maximum opening | LS 调定压力 | 20bar |
| | PC pilot differential pressure for maximum opening | 弹簧刚度引起的额外开启压力 | 1bar |
| | equivalent spring preload | 弹簧预紧力 | 2.5bar |
| | pilot differential pressure for minimum displacement | 弹簧刚度引起的额外开启压力 | 0.5bar |
| 7 | piston area ratio | 活塞面积比 | 0.7 |
| | limiting torque | 限制扭矩 | 9550×8/1500N·m |
| | pump maximum displacement | 泵最大排量 | 100cc/r |
| 8 | pressure at start of stage 1 | 第 1 阶段起始压力 | 0bar |
| | pressure at end of stage 1 | 第 1 阶段终止压力 | 500bar |
| | duration of stage 1 | 第 1 阶段持续时间 | 10s |

系统仿真曲线如图 5-60 所示。可以看出，当达到用户设定的扭矩限制时，系统开始进行恒功率控制。

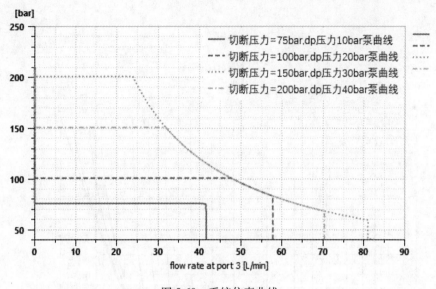

图 5-60 系统仿真曲线

# 5.4 液压管路子模型选取

液压管路子模型的选择直接影响到液压系统的动态、稳态特性，因此管路的选择非常重要。在 Amesim 中有 8 种管路子模型，初学者可能会非常困惑，本节将着重介绍管路对应的数学模型及子模型的选用规则。

## 5.4.1 管路中的物理现象

管路是一个比较特殊但非常重要的液压元件，严格来讲，管路同时存在着阻性、容性、和惯性三种元素。

**1. 管路的阻性模型**

管路的阻性模型反映了管路内的摩擦特性，表现出的宏观现象为管路压力损失。通常情况下，管路摩擦可以分为两种：稳态摩擦和非稳态摩擦。

1）稳态摩擦：流体之间的内摩擦和流体与壁面之间的摩擦。压力损失 $\Delta P_{\text{fric}}$ 的计算如下

$$\Delta P_{\text{fric}} = \lambda \frac{L}{D} \frac{\rho v^2}{2} \tag{5-45}$$

式中　$\lambda$——摩擦系数，是雷诺数和相对粗糙度的函数，$\lambda$ 根据 Moody 图来选取，如图 5-61 所示，在 Amesim 中已经将 Moody 图做成了数据库，仿真时可以随时根据雷诺数和相对粗糙度确定 $\lambda$；

　　　$L$——管路长度；

　　　$D$——管路直径；

　　　$\rho$——流体密度；

　　　$v$——流体速度。

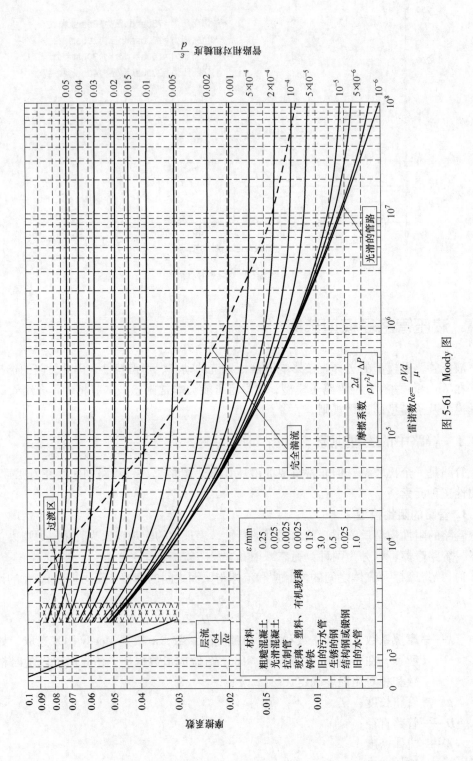

图 5-61　Moody 图

为了研究管路中流量和压力损失的关系，搭建图 5-62 所示模型，见 demo5-13，分别设置管路相对粗糙度为 0、0.002、0.008、0.016、0.033，观察管路压力损失的变化。

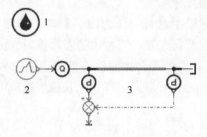

图 5-62 管路模型仿真草图

管路中的流量-压力损失曲线如图 5-63 所示，当压力损失小于 3bar 时，液体处于层流状态，液体流量跟表面粗糙度无关。管路中的流量 $Q$ 按照式（5-46）计算。

$$Q = A\frac{D^2}{32\mu L}\Delta P_{\text{fric}}$$

$$= \frac{0.01^2\pi}{4}\times\frac{0.01^2}{32\times0.051\times1}\times2\times10^5\times60000\text{L/min} = 57.7\text{L/min}$$

（5-46）

式中　$A$——管路横截面积（$\text{m}^2$）；

$D$——管路直径（m），$D = 0.01\text{m}$；

$\mu$——液体动力黏度（Pa·s），$\mu = 0.051\text{Pa·s}$；

$L$——管路长度（m），$L = 1\text{m}$；

$\Delta P_{\text{fric}}$——压力损失（Pa），$\Delta P_{\text{fric}} = 2\times10^5\text{Pa}$。

当压力损失大于 3bar 时，液体处于湍流状态，此时的流量就跟表面粗糙度有关了。

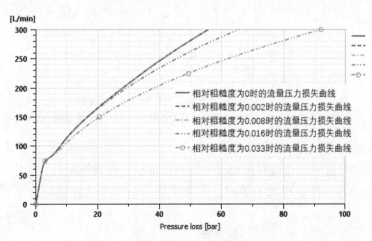

图 5-63 管路中的流量-压力损失曲线

2）非稳态摩擦：压力波动产生的摩擦（跟振动的频率有关），非稳态摩擦只有在流量振荡的高频率下才有意义，在低频下是可以忽略的。非稳态摩擦造成的压力损失计算如下

$$\Delta P_{\text{fric}}\frac{\rho L}{A} \approx \frac{32v}{D^2}Q + \frac{16v}{D^2}\sum_{i=1}^{k}y_i$$

（5-47）

式中　$k$——频率相关摩擦状态变量的数量；

　　　$v$——液体的运动黏度；

　　　$y_i$——每个状态变量下的流量。

用户可以对比不同的摩擦模型对管路压力波的影响，如图 5-64 所示。可以发现，当不考虑摩擦时，管路中的压力波就是方波；当考虑稳态摩擦时，方波幅值逐渐减小，也产生了较小的"斜率"；当考虑稳态和非稳态摩擦时，方波幅值逐渐减小，波形也变得更圆滑。注意，这里提到的液阻只是直管的压力损失。弯管、管接头造成的局部压力损失有专门的液阻库来考虑。

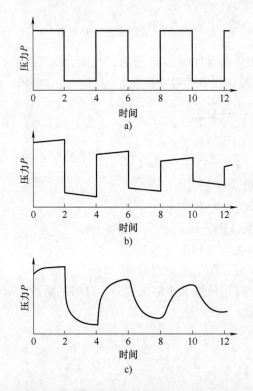

图 5-64　不同的摩擦模型对管路压力波的影响

a）模型 1：不考虑摩擦　b）模型 2：仅考虑稳态摩擦　c）模型 3：考虑稳态和非稳态摩擦

**2. 管路的容性模型**

在研究管路的容性时不仅仅要考虑液体的可压缩性，管路的材料、壁厚、长度等参数同样也对管路模型的容性有着很大的影响。管路中压力的变化同样适用容性元件的压力计算公式

$$\frac{dP}{dt} = \frac{B}{V}(Q_1 - Q_2)\frac{\rho_0}{\rho_P} \qquad (5\text{-}48)$$

式中　$B$——管路和液体的等效弹性模量；

　　　$V$——管路容积；

　$Q_1$、$Q_2$——管路入口和出口流量；

　$\rho_0$、$\rho_P$——液体在零压力和压力 $P$ 下的密度。

　　管路材料弹性模量的计算如图 5-65 所示，在软件中分别有五种方式来定义管路的弹性模量：①infinitely stiff wall，表示刚性管路没有变形，此时不考虑管路自身的弹性模量，仅考虑液体自身即可，这种情况通常用于金属管路且是低压系统；②calculated wall bulk modulus，表示弹性管路需要用户提供管路自身的壁厚和材料的弹性模量，然后根据软件内部公式计算等效弹性模量，这种设定比较通用，适用于绝大多数容性管路；③tabulated wall bulk modulus，表示有些管路的材料可能是非金属的，这些材料的弹性模量呈非线性，如果要详细考虑管路的形变对弹性模量的改变，就需要用户提供管路压力（bar）和管路材料弹性模量（bar）之间的关系数表了；④volumetric expansion，表示用户也可以提供不同压力（bar）下管路膨胀率（cm³/m）的数表；⑤effective bulk modulus，如果用户已知管路材料的弹性模量可以选择这个选项，直接输入弹性模量数值。

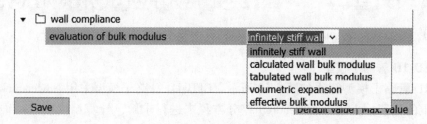

图 5-65　管路材料弹性模量的计算

### 3. 管路的惯性模型

　　管路中液体的惯性对系统的动态性能有很大的影响，在研究系统动态时应该加以考虑。

　　一段管路"微元"的受力如图 5-66 所示，设一段长度为 $L$ 的管路，入口压力为 $P_{\text{in}}$，出口压力为 $P_{\text{out}}$，管路直径为 $D$，横截面积为 $A$，液体密度为 $\rho$，流速为 $v$，流量为 $Q$，阻力系数为 $\lambda$，则其受力方程为

$$\rho LA \frac{\mathrm{d}}{\mathrm{d}t}\left(\frac{Q}{A}\right) = A(P_{\text{in}} - P_{\text{out}}) - \rho LAg\sin\theta - \frac{\lambda\rho LAv^2}{2D} \tag{5-49}$$

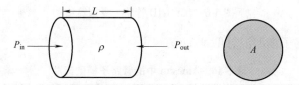

图 5-66　一段管路"微元"的受力

　　其中，等号右边第二项为考虑重力的影响，$\theta$ 为管路的倾角，等号右边第三项为管路的沿程阻力。

　　在不考虑倾角的情况下，可以由上式得到 $\dfrac{\mathrm{d}Q}{\mathrm{d}t} = \dfrac{A(P_{\text{in}} - P_{\text{out}})}{\rho L}$，参考 $\dfrac{\mathrm{d}v}{\mathrm{d}t} = \dfrac{\sum force}{M}$，令 $I_{\text{hyd}} = \dfrac{\rho L}{A}$，称为液感（也称为液体惯性）。

## 5.4.2　管路子模型的分类

　　在一维仿真软件中，管路的子模型通常可以分为零维、一维和 CFD-1D 三大类。

### 1. 零维管路子模型

零维管路子模型原理如图 5-67 所示，零维管路子模型将整个管路抽象成一个整体模型，前提条件是管路内部的压力和流量沿着管路长度方向变化不大，因此这种模型只适用于短管或者管路的影响不太重要的系统。

### 2. 一维管路子模型

一维管路子模型原理如图 5-68 所示，一维管路子模型可以理解成多个零维管路子模型的串联，这种模型可以考虑沿长度方向上压力和流量的变化，用户需要确定管路离散的点数，理论上说离散点数越多，管路模型也就越精确，但是相应的计算量也就越大。

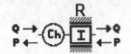

图 5-67　零维管路子模型原理　　　　　　　　图 5-68　一维管路子模型原理

### 3. CFD-1D 管路子模型

CFD-1D 管路子模型算法如图 5-69 所示，CFD-1D 管路子模型采用 Navier-Stokes 方程在长度方向上的化简，应用 Lax-Wendroff 差分方程来进行求解，计算精度接近一维管路子模型，但计算速度提高很多。

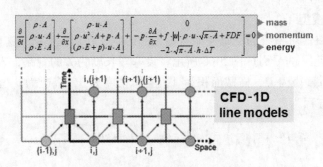

图 5-69　CFD-1D 管路子模型算法

Amesim 中的管路子模型汇总见表 5-16。

表 5-16　Amesim 中的管路子模型汇总

| 管路子模型 | 集总模型（L）或分布模型（D） | 因果关系 | 可压缩性 | 稳态摩擦 | 惯性 | 波浪效应 | 非稳态摩擦 | 管壁柔性 |
|---|---|---|---|---|---|---|---|---|
| Direct | × | × | × | × | × | × | × | × |
| HLR | L | R | × | √ | × | × | × | √ |
| HLIR | L | IR | × | √ | √ | × | × | √ |
| HL0000 | L | C | √ | × | × | × | × | √ |
| HL0001 | | C-R | | | | | | |
| HL0002 | L | R-C-R | √ | √ | × | × | × | √ |
| HL0003 | | C-R-C | | | | | | |

（续）

| 管路子模型 | 集总模型（L）或分布模型（D） | 因果关系 | 可压缩性 | 稳态摩擦 | 惯性 | 波浪效应 | 非稳态摩擦 | 管壁柔性 |
|---|---|---|---|---|---|---|---|---|
| HL0040 | | C-IR-＊＊＊-C-IR | | | | | | |
| HL0041 | D | IR-C-＊＊＊-C-IR | √ | √ | √ | √ | √ | √ |
| HL0042 | | C-IR-＊＊＊-IR-C | | | | | | |
| HL010 | | C-R-＊＊＊-C-R | | | | | | |
| HL011 | D | R-C-＊＊＊-C-R | √ | √ | × | × | × | √ |
| HL012 | | C-R-＊＊＊-R-C | | | | | | |
| HLLW0 | | cfd-1d（C-IR-＊＊＊-C-IR） | | | | | | |
| HLLW1 | D | cfd-1d（IR-C-＊＊＊-C-IR） | √ | √ | √ | √ | √ | √ |
| HLLW2 | | cfd-1d（C-IR-＊＊＊-IR-C） | | | | | | |

### 5.4.3　液压管路子模型的选用

#### 1. 三个重要的参考量

一般根据管路的长径比、耗散数和采样间隔，来选择管路的子模型。

1）长径比。长径比用来区分管路长度方向上的离散程度，如果长径比不大于 6 则可以把管路等效成零维模型，整个管路可以看成一个整体。如果长径比大于 6，则不能把管路看成一个整体，需要在长度方向进行离散处理。长径比的计算如下

$$A_r = \frac{L}{D_{hyd}}$$

$$A_c = \frac{A_r}{N+1} = \frac{L_c}{D_{hyd}} \tag{5-50}$$

式中　$A_r$——管路的长径比；

　　　$L$——管路长度；

　　$D_{hyd}$——管路水力直径；

　　　$A_c$——离散后每段管路的长径比；

　　　$N$——管路离散的段数；

　　　$L_c$——离散后每一节管路的长度。

通常情况下，管路离散的段数越多，仿真的结果也就越精确。但是同样的，离散的段数越多，模型的状态变量也就会越多，计算量就越大，耗时就会更多。因此离散的段数 $N$ 不应该超过推荐值 $N_s$。

可以用下面的公式来计算 $N_s$

$$N_s = \max\left[ E\left(\frac{A_r}{6}\right) - 1,\ 0 \right] \tag{5-51}$$

其中，$E(x)$ 表示保留 $x$ 的整数部分。

也可以通过图 5-70 快速选取出 $N_s$ 的取值。

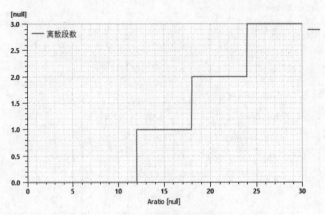

图 5-70    长径比和管路离散段数的关系

2）耗散数。耗散数用来区分在管路中黏性效应占主导还是波动效应占主导。耗散数越高（越接近于 1 时）意味着黏性效应越占主导，波动效应越不明显，这时不应该考虑液体的惯性。

相反，如果耗散数远小于 1，意味着波动效应非常明显，这时候就要考虑采用能够计算波动效应的模型了。

耗散数的计算如下

$$D_n = \frac{4L\nu}{cD_{hyd}^2} \tag{5-52}$$

式中    $L$——管路长度；

$\nu$——液体运动黏度；

$c$——声速，$c = \sqrt{\dfrac{B}{\rho}}$，$B$ 为管路和液体的等效弹性模量，$\rho$ 为液体密度；

$D_{hyd}$——管路水力直径。

3）采样间隔。压力波在管路中的传播时间等于管路长度除以声速，即 $T_{wave} = \dfrac{L}{c}$。如果压力波的传播时间小于软件的采样间隔 $T_{print}$，就意味着压力波是无法被显示出来的。所以在选择管路子模型时也要考虑采样间隔的影响。

**2. 液压管路子模型的选取方法**

通常情况下遵循图 5-71 来选取管路的子模型，首先根据管路的长径比来确定是采用零维模型还是一维模型。当长径比 $A_r$ 不大于 6 时采用零维模型，当长径比 $A_r$ 大于 6 时需要采用一维模型，在长度方向上把管路离散。根据长径比选取合理的离散段数，确定每一段的长径比 $A_c$。然后根据耗散数 $D_n$ 确定是黏性效应还是波动效应占主导，当 $D_n$ 大于 0.5 时黏性效应占主导，当 $D_n$ 不大于 0.5 时波动效应占主导。同时还要考虑采样间隔和压力波的传播时间，如果压力波的传播时间小于采样间隔，波动效应就要被忽略了。最后根据 $A_c$ 和 $D_n$ 的大小选择对应的子模型。

对于 Amesim R15 之前的版本，没有【line submodel assistance】来辅助，可以首先选择一个简单的子模型，输入管路的直径和长度，用软件试算一下，软件会在求解中给出提示，如图 5-72 所示。

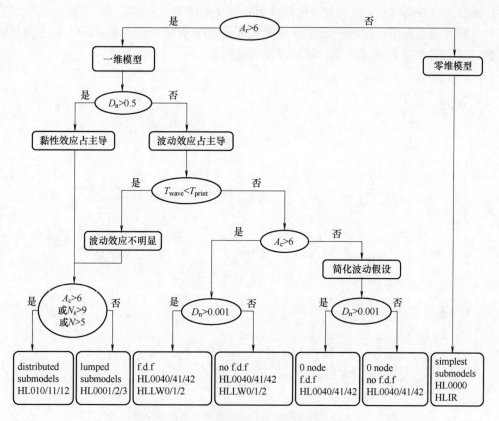

图 5-71　管路子模型选取逻辑框图

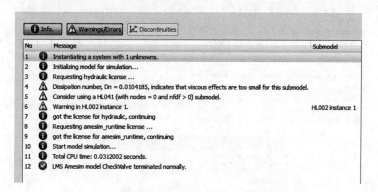

图 5-72　软件在求解中给出的管路子模型提示

## 5.5　综合实例

### 5.5.1　阀前补偿负载敏感系统建模

三个完全相同的液压缸受到不同的垂直负载, 分别为 10000kg、20000kg、30000kg, 液压缸活塞杆直径 100mm, 活塞直径 150mm, 行程 1000mm, 要求各液压缸相互独立运动, 最大伸出速度为 0.06m/s，采用阀前补偿负载敏感系统来建模。

搭建好的阀前补偿负载敏感系统模型仿真草图如图 5-73 所示，见 demo5-14，液压缸负载参数设置如图 5-74 所示。下面计算建模所需的参数。

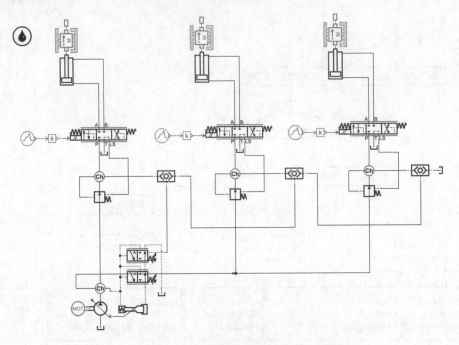

图 5-73　阀前补偿负载敏感系统模型仿真草图

| Title | Value | Unit | Title | Value | Unit |
|---|---|---|---|---|---|
| (#) velocity at port 1 | 0 | m/s | (#) velocity at port 1 | 0 | m/s |
| (#) displacement at port 1 | 0 | mm | (#) displacement at port 1 | 0 | mm |
| use friction | yes | | use friction | no | |
| endstop type | ideal | | endstop type | ideal | |
| mass | 10000 | kg | mass | 20000 | kg |
| inclination (+90 port 1 lowest, -90 port 1 high... | -90 | degree | inclination (+90 port 1 lowest, -90 port 1 highest) | -90 | degree |
| ▸ ☐ friction | | | ▾ ☐ endstops | | |
| ▾ ☐ endstops | | | higher displacement limit | 1000 | mm |
| higher displacement limit | 1000 | mm | lower displacement limit | 0 | mm |
| lower displacement limit | 0 | mm | | | |

| Title | Value | Unit |
|---|---|---|
| (#) velocity at port 1 | 0 | m/s |
| (#) displacement at port 1 | 0 | mm |
| use friction | no | |
| endstop type | ideal | |
| mass | 30000 | kg |
| inclination (+90 port 1 lowest, -90 port 1 highest) | -90 | degree |
| ▾ ☐ endstops | | |
| higher displacement limit | 1000 | mm |
| lower displacement limit | 0 | mm |

图 5-74　液压缸负载参数设置

（1）分别计算各负载压力

$$P = \frac{F}{\frac{\pi}{4}d^2} \tag{5-53}$$

式中　$F$——负载（N）；

　　　$d$——活塞直径（m）。

将各负载和活塞直径值代入上式得 $P_1 = 55\text{bar}$，$P_2 = 110\text{bar}$，$P_3 = 166\text{bar}$。

因此确定系统最高压力为 200bar。

（2）计算系统最大流量

$$Q_1 = Av = \frac{\pi}{4}d^2v = 63.6\text{L}/\text{min}，\text{取 } 70\text{L}/\text{min}。$$

$$Q = 3Q_1 = 210\text{L}/\text{min}$$

确定系统最高流量为 210L/min。

（3）负载敏感阀设定　设定多路阀中压力补偿器的补偿压力 $\Delta P_v$ 为 10bar，因此多路阀每条通路的流量和压差均分别为 70L/min、10bar，如图 5-75 所示。

| index of hydraulic fluid | | 0 | | indexf |
|---|---|---|---|---|
| valve rated current | | 1 | mA | irate |
| load sensing fractional spool bandwidth | | 0.1 | null | lsband |
| ▼ ☐ valve dynamics | | | | |
| | (#) fractional spool position | 0 | null | x |
| | (#) fractional spool velocity | 0 | 1/s | v |
| valve natural frequency | | 20 | Hz | wn |
| valve damping ratio | | 0.8 | null | zeta |
| ▼ ☐ pressure drop characteristic | | | | |
| ports P to A characteristic flow rate at maxim... | | 70 | L/min | qpa |
| ports P to A corresponding pressure drop | | 10 | bar | ppa |
| ports P to A critical flow number (laminar/turb... | | 1000 | null | kcpa |
| ports B to T characteristic flow rate at maxim... | | 70 | L/min | qbt |
| ports B to T corresponding pressure drop | | 10 | bar | pbt |
| ports B to T critical flow number (laminar/turb... | | 1000 | null | kcbt |
| ports P to B characteristic flow rate at maxim... | | 70 | L/min | qpb |
| ports P to B corresponding pressure drop | | 10 | bar | ppb |
| ports P to B critical flow number (laminar/turb... | | 1000 | null | kcpb |
| ports A to T characteristic flow rate at maxim... | | 70 | L/min | qat |
| ports A to T corresponding pressure drop | | 10 | bar | pat |
| ports A to T critical flow number (laminar/turb... | | 1000 | null | kcat |
| fluid properties for pressure drop measurement | at reference conditions | | | userfp |

图 5-75　负载敏感阀参数设置

对于多路阀中的压力补偿器，其过流面积应大于主阀芯过流面积，设置全开时的压降和流量分别为 10bar 和 100L/min，如图 5-76 所示。

（4）负载敏感泵设置　对于负载敏感泵中的压力补偿器，设定补偿压力 $\Delta P_p$ 为 15bar，系统最高压力为 200bar，参数设置如图 5-77 所示（如果 $\Delta P_p$ 小于 $\Delta P_v$，则多路阀中的压力补偿器将不起作用，读者可以自己试一下）。

设置泵的排量为 210mL/r，转速为 1200r/min。

（5）仿真分析　运行模型，观察三个液压缸的流量如图 5-78 所示，可以发现虽然三个液压缸的负载不同但是流量却是大致相同的，说明负载敏感系统的控制起了作用。观察多路阀中压力补偿器的进、出口压力，如图 5-79 所示，可以看出三个多路阀中的压力补偿器进、出口压差为 10bar，等于压力补偿器的设定值。观察泵出口压力和 LS 反馈压力，两者之差正好是负载敏感泵上压力补偿器的压力设定值，如图 5-80 所示。以上说明模型搭建正确，参数设置合理。

**Parameters**

| Title | Value | Unit |
|---|---|---|
| index of hydraulic fluid | 0 | |
| control pressure differential | 10 | bar |
| pilot differential pressure for maximum clo… | **0.5** | bar |
| valve hysteresis | 0 | bar |
| ▶ ☐ valve dynamics | | |
| ▼ ☐ pressure drop characteristic | | |
|     characteristic flow rate at maximum o… | **100** | L/min |
|     corresponding pressure drop | 10 | bar |
|     filename or expression for fractional a… | xv | |
|     critical flow number (laminar/turbulent) | 1000 | null |
|     fluid properties for pressure drop mea… | at reference conditions | |

图 5-76 压力补偿器参数设置

| index of hydraulic fluid | 0 | indexf |
|---|---|---|
| ▼ ☐ load sensing spool (LS) | | |
|     differential pressure control | **15** bar | dpls |
|     LS pilot differential pressure for maximum op… | 1 bar | dpopls |
|     intermediate pressure function of LS fraction… | linear | lsxdisp |
| ▼ ☐ pressure compensator (PC) | | |
|     maximum controlled pressure | 200 bar | pcmax |
|     PC pilot differential pressure for maximum op… | 1 bar | dpoppc |
|     regulated pressure function of PC fractional … | linear | pcxdisp |

图 5-77 负载敏感泵参数设置

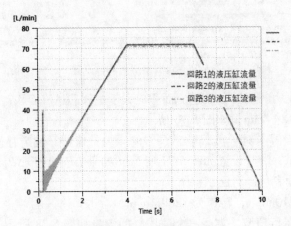

图 5-78 液压缸流量仿真曲线

    当泵转速改成 800r/min 时，即发生了欠流量，观察三个液压缸的流量如图 5-81 所示，此时可以发现负载最大的回路流量已经跟不上了，系统优先满足低负载回路，这是阀前补偿系统的一个特性。

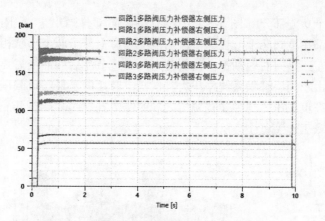

图 5-79　多路阀中压力补偿器的进、出口的压力

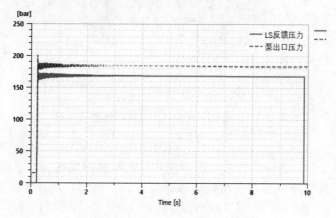

图 5-80　泵出口压力和 LS 反馈压力

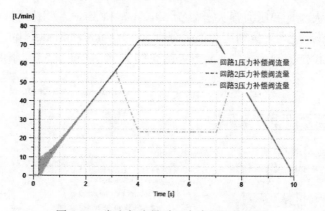

图 5-81　发生欠流量时三个液压缸的流量

## 5.5.2　阀后补偿负载敏感系统建模

阀后补偿负载敏感系统是在阀前补偿负载敏感系统的基础上，将原先的阀前补偿多路阀改为阀后补偿多路阀。阀后补偿系统在软件中没有直接的模型，但是可以通过基本元件的组合来实现。

首先了解一下阀后补偿系统的原理，如图 5-82 所示，整个阀后补偿阀可以分为节流、压力补偿、换向三个功能部分（图 5-82a 中没有将换向部分画出来）。图 5-82b 阀详细结构中节流和换向功能都在主阀芯上。在其节流功能的台肩上开了两个形状相同，方向相反的楔形槽，无论阀芯向左还是向右运动都会使阀开启。经过节流后的油液需要推开压力补偿阀才能进入换向位置。由于阀后补偿系统中压力补偿阀上腔接的是最高负载压力，即经过节流后压力必须升高到最高负载压力与弹簧预紧力之和时压力补偿阀才能打开。经过压力补偿阀的油液经过换向阀进入工作装置中。

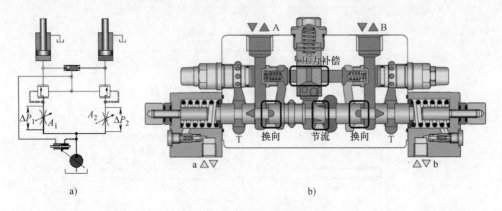

图 5-82　阀后补偿原理示意图

a) 结构简图　b) 详细结构

在搭建等效模型时，将一个阀芯上的节流和换向结构拆成两部分，如图 5-83 所示。换向功能用一个中位机能是 O 型的三位四通阀来等效，节流部分用一个阻尼孔来等效。压力补偿阀还是沿用之前的元件，注意，压力补偿阀弹簧侧接的是最高负载压力，因此要用单向阀来选择最高负载压力。

设置节流口最大流量和压力损失分别为 50L/min 和 5bar，如图 5-84 所示。压力补偿阀弹簧预紧力为 10bar，最大流量和压力损失分别为 80L/min 和 5bar，由于此时补偿阀初始状态是关闭的，因此设定控制函数为 $1-x_v$，如图 5-85 所示。同时设定控制信号为 $\mathrm{abs}(x)$。

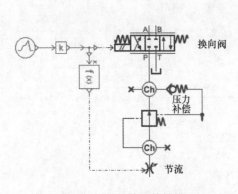

图 5-83　阀后补偿阀等效模型

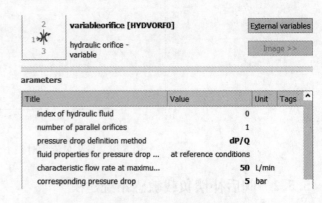

图 5-84　节流阀参数设置

换向阀部分沿用之前的参数，设定最大流量和压力损失分别为 50L/min 和 5bar，如图 5-86所示。

设定泵上压力补偿器的补偿压力为 20bar，其他参数保持不变，搭建好的模型如图 5-87

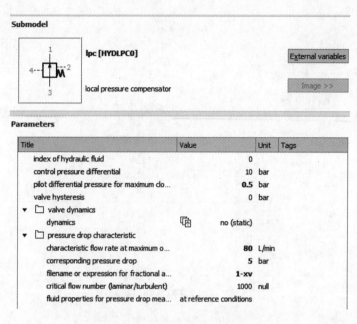

图 5-85　压力补偿器参数设置

| | Value | Unit | Tags |
|---|---|---|---|
| index of hydraulic fluid | 0 | | indexf |
| valve rated current | 1 | mA | irate |
| ▶ ☐ valve dynamics | | | |
| ▼ ☐ pressure drop characteristic | | | |
| ports P to A characteristic flow rate at maximum opening | 50 | L/min | qpa |
| ports P to A corresponding pressure drop | 5 | bar | ppa |
| ports P to A critical flow number (laminar/turbulent) | 1000 | null | lcpa |
| ports B to T characteristic flow rate at maximum opening | 50 | L/min | qbt |
| ports B to T corresponding pressure drop | 5 | bar | pbt |
| ports B to T critical flow number (laminar/turbulent) | 1000 | null | lcbt |
| ports P to B characteristic flow rate at maximum opening | 50 | L/min | qpb |
| ports P to B corresponding pressure drop | 5 | bar | ppb |
| ports P to B critical flow number (laminar/turbulent) | 1000 | null | lcpb |
| ports A to T characteristic flow rate at maximum opening | 50 | L/min | qat |
| ports A to T corresponding pressure drop | 5 | bar | pat |
| ports A to T critical flow number (laminar/turbulent) | 1000 | null | lcat |

图 5-86　换向阀参数设置

所示，见 demo5-15。

运行模型，观察三个液压缸流量和压力补偿阀两端压差，分别如图 5-88、图 5-89 所示。

当把电动机转速变为 500r/min，即泵的流量减少一半，且手柄控制信号的幅度也变为原来的 100%、50%、25%，此时发生了欠流量（名义需求流量为 70+70×0.5+70×0.25L/min = 122.5L/min，而泵最大流量为 500×210/1000L/min = 105L/min）。此时输出流量应该按照输入信号比例分配，即

$$Q_1 = \frac{100\%}{100\%+50\%+25\%} \times 105\text{L/min} = 60\text{L/min}$$

$$Q_2 = \frac{50\%}{100\%+50\%+25\%} \times 105\text{L/min} = 30\text{L/min}$$

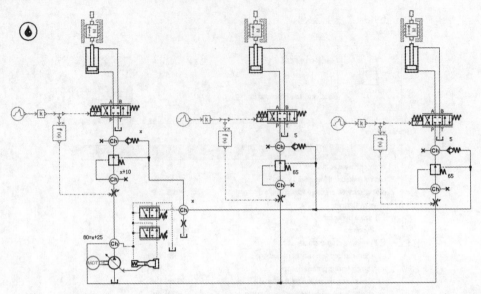

图 5-87　阀后补偿系统仿真草图

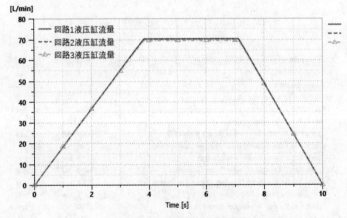

图 5-88　三个液压缸的流量

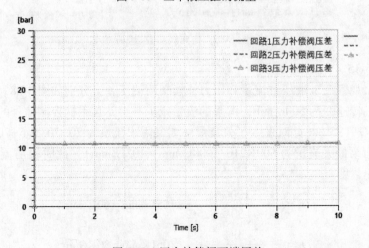

图 5-89　压力补偿阀两端压差

$$Q_3 = \frac{25\%}{100\%+50\%+25\%} \times 105 L/\min = 15 L/\min$$

运行模型，观察三个液压缸流量和手柄信号的关系，分别如图 5-90、图 5-91 所示。可以看到当发生欠流量时，阀后补偿系统依然能够保持很好的流量分配，流量按照输入信号比例分配。

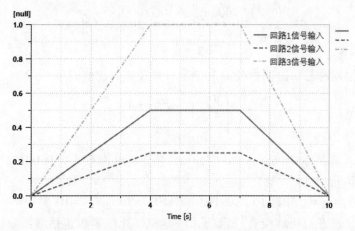

图 5-90　欠流量时的手柄信号

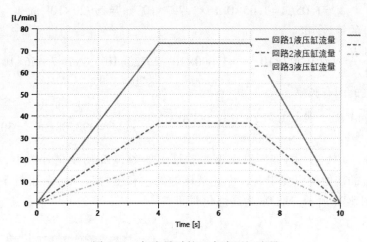

图 5-91　欠流量时的三个液压缸流量

### 5.5.3　阀控缸伺服系统建模与仿真

一直以来液压伺服系统的设计都采用的是传递函数的方法，即先推导出伺服作动器的传递函数，然后再推导出伺服阀的传递函数，最后组成系统的传递函数。这种方法比较灵活，但是涉及大量的计算和推导工作，需要使用者有一定的数学基础。本案例将介绍使用 Amesim 设计液压伺服系统模型，并通过与传统传递函数方法的比较来验证这种方法的可行性。

采用 Amesim 设计液压伺服系统的基本步骤跟传统的方法一致，首先根据负载计算液压伺服作动器的作用面积，确定作动器的基本参数；然后根据系统所需要的流量选择伺服阀，确定伺服阀的参数；最后组成完整系统，验证系统性能。

设计这样一个伺服系统，系统最大质量 $M$ 为 2000kg，工作部件的移动距离 $L$ 为 150mm，

受到摩擦力 $F_\mathrm{f}$ 为 10000N，液压源压力 $P_\mathrm{s}$ 为 100bar，要求系统最大工作速度 $v$ 为 0.1m/s，最大加速度 $a$ 为 $0.5\mathrm{m/s^2}$，体积弹性模量为 17000Bar，求液压系统的开环、闭环传递函数。

### 1. 作动器的计算

选择液压缸工作压力是液压源压力的 2/3，液压缸的工作面积为

$$A = \frac{Ma+F_\mathrm{f}}{\frac{2}{3}P_\mathrm{s}} = \frac{2000\times0.5+10000}{\frac{2}{3}\times10}\mathrm{mm^2} = 1650\mathrm{mm^2}$$

认为液压缸是对称缸，缸筒内径 $D$ 和活塞杆外径 $d$ 的比值 $D/d$ 为 $\sqrt{2}$

$$\begin{cases} \frac{\pi}{4}(D^2-d^2) = A \\ D/d = \sqrt{2} \end{cases}$$

联立方程并求解，得 $D=65\mathrm{mm}$，$d=45\mathrm{mm}$，修正后的面积 $A$ 为 $0.001727\mathrm{m^2}$。

计算液压缸流量

$$Q_\mathrm{t} = Av = 1.727\times10^{-3}\times0.1\mathrm{m^3/s} = 1.727\times10^{-4}\mathrm{m^3/s} = 10.32\mathrm{L/min}$$

计算总容积，注意液压缸应有一定的死区容积（死区容积包括液压缸内部流道及与其相连的管路容积）

$$V_\mathrm{t} = 1.05LA = 1.05\times0.15\times1.727\times10^{-3}\mathrm{m^3} = 2.720\times10^{-4}\mathrm{m^3}$$

计算液压缸的等效刚度

$$K = \frac{4A^2B}{V_\mathrm{t}} = 4\times(1.727\times10^{-3})^2\times17000\times10^5/2.720\times10^{-4}\mathrm{N/m} = 7.456\times10^7\mathrm{N/m}$$

计算液压缸的固有频率

$$\omega_\mathrm{h} = \sqrt{\frac{4A^2B}{MV_\mathrm{t}}} = \sqrt{\frac{4\times(1.727\times10^{-3})^2\times17000\times10^5}{2000\times2.720\times10^{-4}}}\mathrm{rad/s} = 193.08\mathrm{rad/s} = 30.73\mathrm{Hz}$$

下面用 Amesim 软件中的液压缸模型来验证，如图 5-92 所示搭建模型，见 demo5-16a。注意设定液压缸的初始位置在中间，设置液压油的饱和压力为 0bar，如图 5-93 所示，液压缸参数设置如图 5-94 所示，取 0s 为线性化时间点。

**elementaryhydraulicprops [FP04]**

indexed hydraulic fluid properties

arameters

| Title | Value | Tags | Unit |
|---|---|---|---|
| density | 850 | | kg/m**3 |
| bulk modulus | 17000 | | bar |
| absolute viscosity | 51 | | cP |
| ▼ ☐ Aeration | | | |
| absolute viscosity of air/gas | 0.02 | | cP |
| saturation pressure (for dissolved air/... | **0** | | bar |
| air/gas content | 0.1 | | % |
| polytropic index for air/gas/vapor con... | 1.4 | | null |

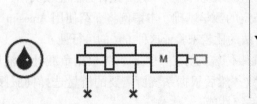

图 5-92　液压缸模型搭建

图 5-93　液压油参数设置

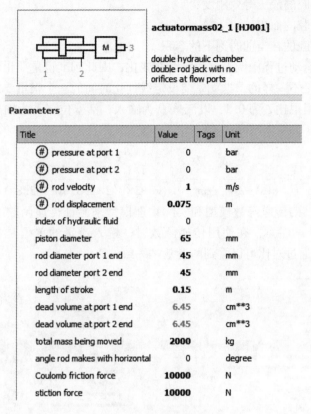

图 5-94 液压缸参数设置

用软件中求特征值的功能分析，求模型的特征根，对应的实部就是液压缸的固有频率，如图 5-95 所示。

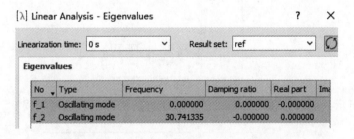

图 5-95 用特征值的功能分析固有频率

注意，上面使用的公式只适用于活塞在中间位置时液压缸的固有频率，当活塞在任意位置时的液压刚度用式（5-54）计算

$$2\pi f = \sqrt{\frac{K_1 + K_2}{M}} \tag{5-54}$$

$$K_1 = A_1^2\left(\frac{B}{V_1}\right) \qquad K_2 = A_2^2\left(\frac{B}{V_2}\right)$$

式中 $f$——频率；

$K_1$、$K_2$——左右两腔的液压等效刚度；

$A_1$、$A_2$——左右两腔的面积；

$V_1$、$V_2$——左右两腔的在当前时刻下的容积。

因为液压缸在运动过程中两腔体积始终在变化，因此刚度也是变化的，因此液压缸的传递函数在不同时刻是不一样的，这就是要设定线性化时间的一个很重要的原因。

设定液压缸的阻尼比 $\xi$ 为 0.2，以流量 $Q$ 为输入，活塞位移 $Y$ 为输出，则液压缸的传递函数为

$$\frac{Y}{Q} = \frac{\dfrac{1}{A}\omega_h^2}{s(s^2+2\xi\omega_h s+\omega_h^2)} = \frac{1/1.727\times10^{-3}\times193.8^2}{s(s^2+2\times0.2\times193.8s+193.8^2)}$$

同时搭建液压缸的传递函数模型和实际物理模型来验证传递函数的正确性，如图 5-96 所示，见 demo5-16b。注意，在使用传递函数时，输入流量的单位是 L/min，需要转换成 $m^3/s$ 再进行输入。通过对比可以看到两者基本一致。

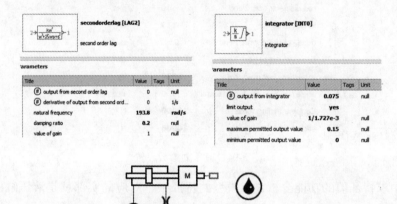

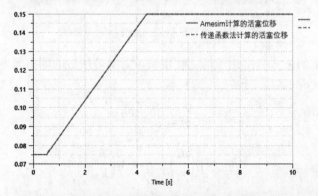

图 5-96　液压缸验证模型

如图 5-97 所示，通过位移对比可以看出液压缸的传递函数推导无误。

图 5-97　液压缸实际物理模型与等效传递函数结果对比

### 2. 伺服阀的计算

首先计算负载产生的压降为

$$P_L = \frac{F_f}{A} = \frac{10000}{\frac{\pi}{4}\ (65^2 - 45^2)}\mathrm{MPa} = 5.79\mathrm{MPa}$$

流经伺服阀产生的压降为

$$\Delta P_1 = 10\mathrm{MPa} - 5.79\mathrm{MPa} = 4.21\mathrm{MPa}$$

注意，这是伺服阀的双边压降，单边压降是计算值的一半，即 2.1MPa，根据伺服阀的样本（见图 5-98），选择 $\mathrm{CSDY_1}$-30 伺服阀（压降在 4.21MPa 时流量应大于 10L/min），固有频率 25Hz（即 157rad/s），阻尼比 0.7，额定电流 300mA。

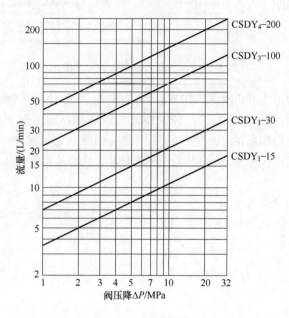

图 5-98 伺服阀样本

计算伺服阀在实际压降下的流量

$$Q_1 = \sqrt{\frac{\Delta P_1}{\Delta P_2}}Q_2 = \sqrt{\frac{4.21}{5}} \times 15\mathrm{L/min} = 13.76\mathrm{L/min}$$

式中　$Q_1$——伺服阀实际工况下的流量（L/min）；

　　　$\Delta P_1$——伺服阀实际工况下的压差（MPa）；

　　　$\Delta P_2$——伺服阀额定压差（MPa）；

　　　$Q_2$——伺服阀额定流量（L/min）。

伺服阀的流量增益为

$$K_{sv} = \frac{Q_1}{I_n} = \frac{13.76}{1000 \times 60 \times 300}\mathrm{m^3/(s \cdot mA)} = 7.64 \times 10^{-7}\mathrm{m^3/(s \cdot mA)}$$

式中　$K_{sv}$——伺服阀的流量增益；

　　　$I_n$——额定电流。

伺服阀的传递函数为

$$\frac{Q_{sv}}{I}=\frac{K_{sv}\omega_{sv}^2}{s^2+2\xi\omega_{sv}s+\omega_{sv}^2}=\frac{7.64\times10^{-7}\times157^2}{s^2+2\times0.7\times157s+157^2}$$

搭建伺服阀传递函数验证模型如图 5-99 所示，见 demo5-16c，伺服阀 P 口接 4.2MPa 压力源，T 口接油箱。定义四个流阻均为 13.76L/min，21bar，饱和电流为 300mA，固有频率 50Hz，阻尼比 0.7。

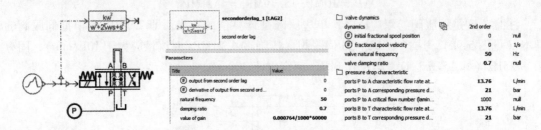

图 5-99　伺服阀传递函数验证模型

对比仿真结果，如图 5-100 所示，输入在 5s 内由 0mA 上升到 300mA，然后在 5s 内又从 300mA 下降到 0mA 的斜坡信号，对比两种模型流量的结果，通过对比可以看出两种方法得出的流量基本一致。值得注意的是，通过计算得到的伺服阀的流量增益是在压差为 4.2MPa 时得到的，当伺服阀两端压差发生改变时，伺服阀的流量增益也要发生改变。

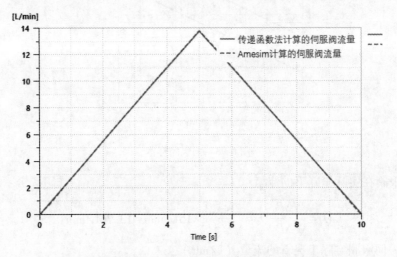

图 5-100　伺服阀实际物理模型与等效传递函数结果对比

将上面推导的液压缸、伺服阀的传递函数连接起来就得到了完整的阀控缸开环传递函数，模型如图 5-101 所示，见 demo5-16d。

得到液压缸位移如图 5-102 所示，通过比较，两种方法的计算结果基本一致。

然后定义输入的电信号为控制变量，液压缸的位移为观察变量，观察两种方法的伯德图，如图 5-103 所示，通过比较可以发现两种方法得到的伯德图基本一致，但是在转角频率处有些差异，这是由于阻尼设置方法的不同造成的：传递函数法采用直接输入系统阻尼比的方式来表示系统的阻尼；而 Amesim 则是根据系统中所有阻性元件的实际参数计算出等效阻

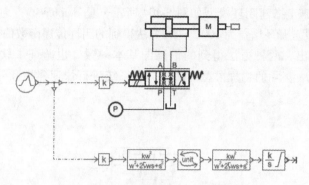

图 5-101 阀控缸开环传递函数模型

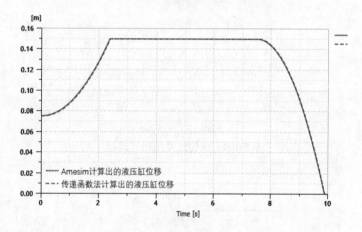

图 5-102 开环系统模型位移对比

尼比,因此两种方法会有一些差异,但是如果参数输入正确,这种差异不会太大。

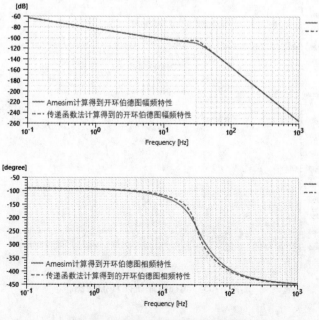

图 5-103 阀控缸系统开环伯德图

在开环模型的基础上搭建闭环模型如图 5-104 所示，见 demo5-16e，注意位置传感器得到的位移单位是 mm，设置开环增益为 100，两种方法得到的闭环传递函数伯德图，如图 5-105 所示。通过对比可以看出，两种方法得到的伯德图基本一致。也验证了软件自身模型的正确性，今后可以用软件中实际的物理模型对液压伺服系统进行快速建模和分析。

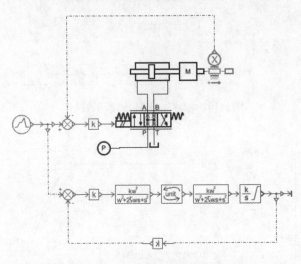

图 5-104　阀控缸系统闭环模型

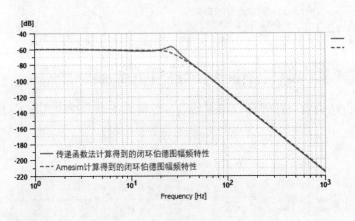

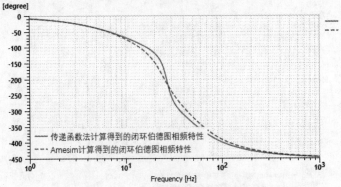

图 5-105　阀控缸系统闭环伯德图

## 5.6　本章小结

本章介绍了液压系统库的基本理论，大家需要掌握的是液压中的物理现象分为容性、阻性和感性三大类，其中容性元件用来计算压力，阻性元件用来计算流量，感性元件只存在于管路中。液压系统库是采用等温假设的，即假设整个仿真过程中温度不变，用户在使用过程中只需要从数据库选择液压油种类，再定义工作温度即可。

液压系统库中所有的液压阀都是根据液压桥路理论等效而成的，没有考虑阀芯的质量，因此都是功能性的模型。液压系统库中的 Valve Builder 实质上就是一个液阻等效的自动化建模工具。

液压系统库中增加了恒压、负载敏感和恒功率三种控制方式。管路的子模型较多，但可以通过【line submodel assistance】来辅助选取。

负载敏感的控制方式分为阀前补偿和阀后补偿，在流量充足时两者都能实现很好的控制。但在欠流量时，阀前补偿会失效，阀后补偿依然起作用。

在进行伺服系统计算分析时，利用液压系统库中现有的模型进行线性分析与推导传递函数是等效的，但是在阻尼设置的方法上有差异，Amesim 模型考虑得更详细，因此也就更适合快速计算。

第 **6** 章
液压元件设计库

对于液压零部件的仿真，分析的侧重点是元件几何尺寸的改变对其自身性能的影响。例如阀芯的冲击、内部的泄漏、液动力的变化、阀自身的稳定性等。因此这一类分析就需要更多、更详细的参数。液压元件建模过程中需要的参数通常是从实际的零部件装配图测量得到的。零部件厂家大多关心这一层级的仿真。

但是液压系统和液压元件的仿真不是完全分开的，两者可以很好地结合在一起。系统的复杂程度是由仿真的目的所决定的。例如对于比较常见的多路阀系统，如果研究的重点是系统的匹配，那么多路阀的模型就可以选择功能模型；如果要研究阀的微动性能，就需要对多路阀进行详细建模了。永远记住，模型应该详细地反映要研究的问题，但是应该尽量简单。

## 6.1 液压元件设计库简介

### 6.1.1 液压元件设计库的建模思想

正如前文所提到的，液压仿真分为两大类：液压系统仿真和液压元件仿真。液压系统库（HYD）更多的是用来做系统级的仿真，而液压元件设计库（HCD）则更多的是用来做零部件的仿真。液压系统库和液压元件设计库是相互兼容的，液压元件设计库需要用到液压系统库来设定流体介质和边界条件。

由于液压元件的种类千差万别，不可能把每一个元件都做成一个模型放到软件中，因此必须采取有别于液压系统库中标准元件集成的建模思路。构成液压元件设计库的元件都是一些标准的功能单元集合，用户在使用时不再是整体调用一个标准功能单元，而是用这些标准功能单元组合成一个元件。例如对于单向阀元件，可以用一个球阀阀口单元加上质量单元再加上弹簧单元组合而成。这种建模思想有点类似于乐高玩具，液压元件设计库中的每一个元件类似于一个乐高积木块，元件与元件的连接类似于积木搭建在一起，构成了各种各样的模型。Amesim 中的液压元件设计库模型元件图标如图 6-1 所示。

### 6.1.2 液压元件设计库的分类

液压元件设计库的元件按照阀套是否可移动分为两大类：阀套固定、阀芯可以移动，称为绝对运动元件；阀芯和阀套都能移动，称为相对运动元件。这两类最明显的差别在于阀套上是否有机械端口。

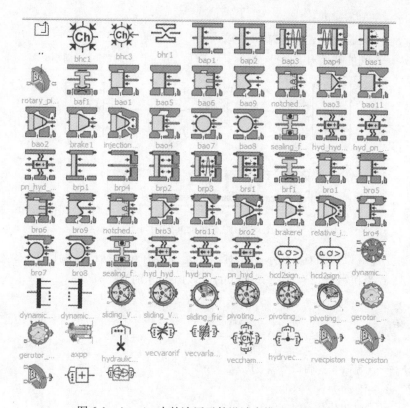

图 6-1  Amesim 中的液压元件设计库模型元件图标

第一类元件使用比较广泛，一般的滑阀都用这种方式建模。第二类元件是专门用来描述阀芯和阀套相对运动的，例如多级伸缩的液压缸就得用第二类元件进行建模了。

通过观察外部变量，可以看出液压元件设计库的元件内部公式可以分为两大类，一类是受力计算公式，用于计算出这个元件的受力，并且多个元件受力计算公式联立起来可以得到阀芯的位移；另一类就是液压计算公式，用于计算这个元件的输入、输出流量。

绝对运动元件端口如图 6-2 所示，绝对运动元件共有 4 个端口，端口 1、2 为液压端口，端口 3、4 为机械端口，因此其内部的计算原理分别为

$$F_3 = F_4 + F_{jet} - P_2 A_{piston}$$

$$Q_1 = C_q S(x) \sqrt{\frac{2P_1 - P_2}{\rho}} - A_{piston} v \quad x = x_3 - x_0 \tag{6-1}$$

式中  $F_3$、$F_4$——端口 3、端口 4 外力；

$F_{jet}$——液动力；

$A_{piston}$——阀芯作用面积；

$P_1$、$P_2$——端口 1、端口 2 压力；

$Q_1$——端口 1 流量；

$C_q$——阀口流量系数；

$S(x)$——阀芯过流面积，是阀芯位移 $x$ 的函数；

$\rho$——液体密度；

$v$——阀芯速度；

$x_3$——阀芯位移，来自端口 3 输入；

$x_0$——阀的初始开口度。

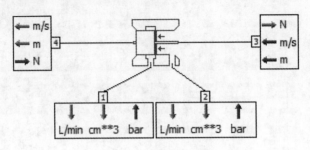

图 6-2　绝对运动元件端口

相对运动元件端口如图 6-3 所示，相对运动元件共有 6 个端口，端口 1、2 为液压端口，端口 3、4、5、6 为机械端口，因此其内部的计算原理分别为

$$F_3 = F_6 + F_{\text{jet}} - P_2 A_{\text{piston}} \tag{6-2}$$

$$Q_1 = C_q S(x) \sqrt{\frac{2P_1 - P_2}{\rho}} - A_{\text{piston}} v \quad x = x_3 - x_4 - x_0$$

式中　$F_3$、$F_6$——端口 3、端口 6 外力；

$F_{\text{jet}}$——液动力；

$x_3$——阀芯位移，来自端口 3 输入；

$x_4$——阀套位移，来自端口 4 输入。

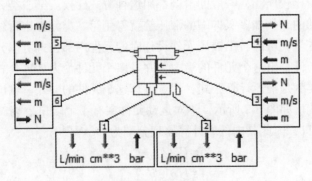

图 6-3　相对运动元件端口

从上面的例子可以看出，同样节流形式的元件，绝对运动元件和相对运动元件计算原理公式基本相同，唯一的区别在于阀芯开口度 $x$ 的计算。绝对运动元件阀芯开口度等于阀芯位移减去初始开口度，而相对运动元件阀芯开口度等于阀芯位移减去初始开口度再减去阀套位移。

值得注意的是，在液压元件设计库中有一个容积腔元件，在液压系统库中也有一个容积腔元件，分别如图 6-4、图 6-5 所示。这两个容积腔元件虽然在内部计算原理上是一样的，但是应用的条件却不大相同。液压元件设计库中的容积腔，简称可变容积腔，其内部计算公式为

$$V_{ol} = V_0 + \sum V_{ports}$$

$$\frac{\mathrm{d}P}{\mathrm{d}t} = \frac{B \sum Q}{V_0 + \sum V_{ports}} \tag{6-3}$$

式中　$V_{ol}$——当前的实际容积；

　　　　$V_0$——可变容积腔的初始容积；

　$\sum V_{ports}$——四个端口体积变化量之和；

　　　　$P$——容积腔压力；

　　　　$B$——液体弹性模量；

　　　$\sum Q$——各端口输入流量和。

而液压系统库的容积腔，简称固定容积腔，其容积不能改变。

$$\frac{\mathrm{d}P}{\mathrm{d}t} = \frac{B \sum Q}{V_0} \tag{6-4}$$

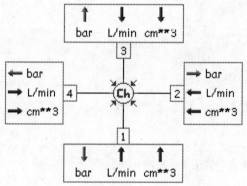
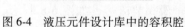

图 6-4　液压元件设计库中的容积腔

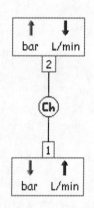

图 6-5　液压系统库中的容积腔

通常情况下，如果要考虑容积变化的影响，必须使用可变容积腔。可变容积腔经常跟活塞元件联合使用，如图 6-6 所示。但很遗憾的是，很多用户都忽略了这一点，之所以在没有准确建模的情况下仿真结果分析起来合理，是因为模型内部有一个保护算法，取柱塞容积的百分之一作为最小容积，因此仿真结果才近似合理。在使用可变容积腔时一定要结合活塞元件一起使用。

图 6-6　可变容积腔和活塞元件一起使用

## 6.2　节流元件的使用方法

在液压元件设计库中，有着大量的不同开口形式的节流元件（见图 6-7），虽然每一个的功能不尽相同，但其内部的计算思路基本是一致的，都是从外界获得阀芯位移，然后通过定义阀芯位移与过流面积的函数关系来计算出实际的过流面积，最后再根据压差计算出流量。不同开口形式的节流元件实际上差别在于阀芯位移和过流面积的函数关系不一样。

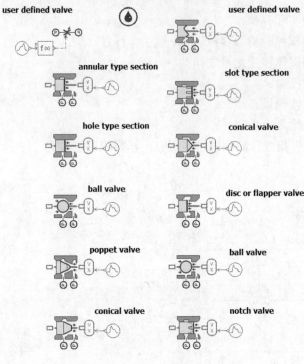

图 6-7　不同开口形式的节流元件

液压元件设计库中的一个节流元件相当于一个滑阀节流边，如图 6-8 所示。因此一个四边滑阀在建模时就应该有四个节流元件。

节流元件流量计算公式如下

$$Q = C_q A(x_{spool}) \sqrt{\frac{2}{\rho}(P_{up} - P_{down})} - A_{spool} v_{spool}$$

$$A(x_{spool}) = \pi D x_{spool} \tag{6-5}$$

$$A_{spool} = \frac{\pi}{4}(D^2 - d^2)$$

式中　$C_q$——阀口流量系数；

$A(x_{spool})$——阀芯有效面积；

$\rho$——液体密度；

$P_{up}$——上游压力；

$P_{down}$——下游压力；

$A_{spool}$——阀杆和阀芯形成的环形面积；

$v_{spool}$——阀芯速度；

$D$——阀芯直径；

$x_{spool}$——阀芯位移；

$d$——阀杆直径。

由上式可知，整个节流元件输出的流量可以分为两部分：由压差引起的流量和由阀芯运动引起的流量，其中由阀芯运动引起的流量如图 6-9 所示。

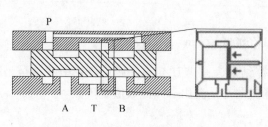

图 6-8 节流元件相当于滑阀节流边

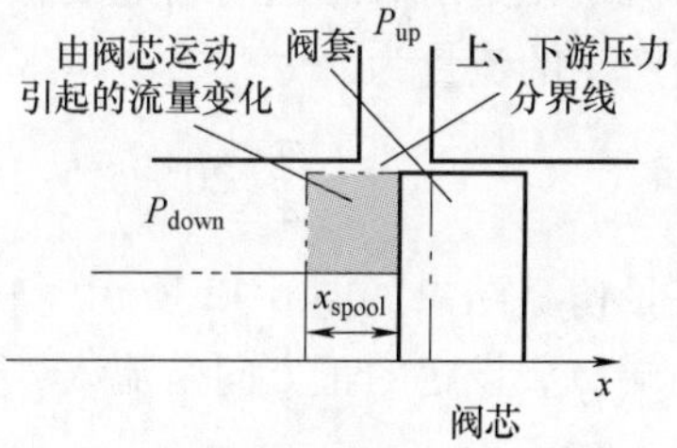

图 6-9 由阀芯运动引起的流量

对于一般的节流元件，参数设置可以分为几何参数、流量系数、阀芯开口度和液动力四类。

## 6.2.1 几何参数

几何参数主要用来描述节流元件的几何特征，例如对应滑阀而言的阀芯直径、阀杆直径参数。对于其他阀类元件的几何参数，软件的帮助文档中都有很详细的说明。这里不再赘述。滑阀节流边参数设置如图 6-10 所示。

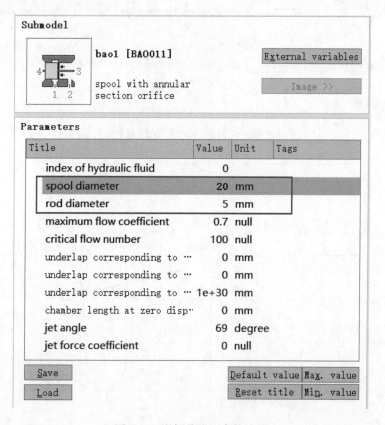

图 6-10 滑阀节流边参数设置

滑阀节流边模型草图如图 6-11 所示，见 demo6-1，设定阀芯直径 $D = 20\text{mm}$，阀杆直径 $d = 5\text{mm}$，因为端口 1 和 2 都接油箱，压差为 0bar，所以由压差引起的流量为 0L/min，此时产生的流量就是由阀芯运动引起的流量。设定位移从 0m 到 1m 用了 10s 的时间，因此可以计算出产生的流量为

$$\frac{\pi}{4}(20^2 - 5^2)/10^6 \times 0.1 \times 60000\text{L/min} = 1.77\text{L/min}$$

流量仿真结果如图 6-12 所示，软件计算结果为 $-1.77\text{L/min}$，计算结果中的负号是因为元件中端口 2 设定的正方向是流入，而实际流向却是流出，因此数值是负数。

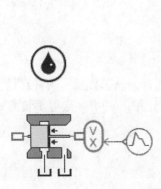

图 6-11　滑阀节流边模型草图

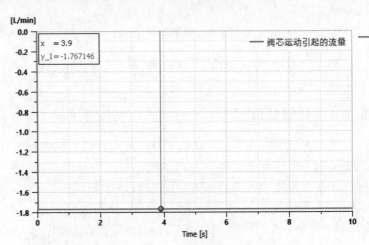

图 6-12　流量仿真结果

## 6.2.2　流量系数

对于滑阀类元件，可以通过实验测得流数 $\lambda$ 和流量系数 $C_q$ 的关系，如图 6-13 所示。在

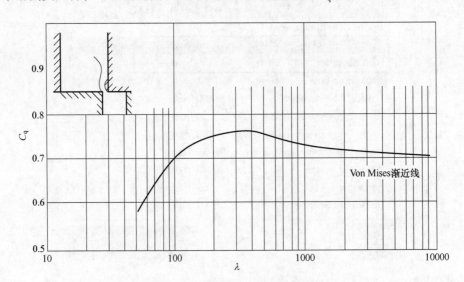

图 6-13　流量系数和流数的关系

软件中用以下公式近似描述。

$$C_q = C_{qmax} \tanh\left(\frac{2\lambda}{\lambda_{crit}}\right) \tag{6-6}$$

式中　$C_{qmax}$——最大流量系数;

$\quad\quad\lambda_{crit}$——临界流数。

由图 6-13 可见，当 $\lambda$ 在 100 左右时，油液流动状态从层流变成了湍流，达到稳定后流量系数 $C_q$ 稳定在 0.7。因此一般的临界流数 $\lambda_{crit}$ 就设成 100，流量系数设成 0.7。这组数据适合于绝大多数的仿真情况，如果用户没有确切的实验数据，建议保持默认值，如图 6-14 所示。

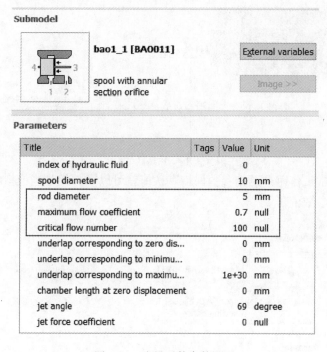

图 6-14　流量系数参数设置

## 6.2.3　阀芯开口度

滑阀阀芯的开口度对滑阀的稳定性非常重要，能够直接影响阀的稳定性，是一个关键参数，在软件中通过【underlap corresponding to zero displacement】（阀芯零位移时的开口度）这项参数来确定。该参数大于零时为正开口，小于零时为负开口，等于零时为零开口。

不同中位机能的三位四通阀及模型如图 6-15 所示，不同中位机能三位四通阀的 Ameism 模型都是一样的，但通过阀芯开口度的设置可实现不同的中位机能。

阀芯开口度参数设置如图 6-16 所示，【underlap corresponding to minimum area】和【underlap corresponding to maximum area】分别指的是在阀芯最小和最大过流面积时对应的阀芯位移，这两个参数用来设定阀芯位移在计算上取值的上、下限。注意，阀芯的位移是由阀芯整体受力方程决定的，移动范围在质量块元件中确定，这两个参数只影响计算过流面积时位移的取值，即

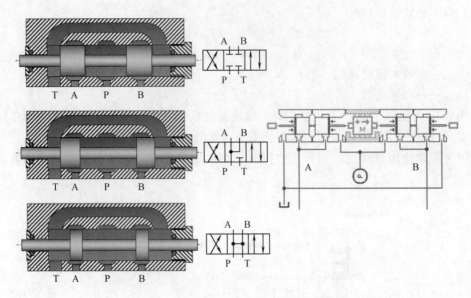

图 6-15　不同中位机能的三位四通阀及模型

$$x_{\min} \leqslant x \leqslant x_{\max}$$
$$A(x_{\min}) \leqslant A \leqslant A(x_{\max})$$

　　一般滑阀在正常工作时这两个参数保持默认值就可以了，但是当模拟阀芯泄漏或者磨损时就要设置这两个参数值了。

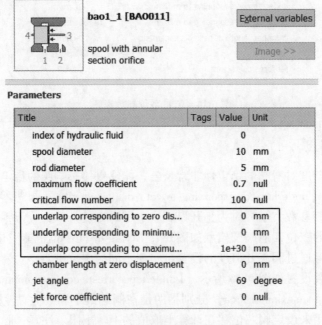

图 6-16　阀芯开口度参数设置

　　阀芯开口度模型草图如图 6-17 所示，见 demo6-2，设定阀芯直径 $D = 10\text{mm}$，阀杆直径

$d=5\mathrm{mm}$，阀芯位移从 $-3\mathrm{mm}$ 到 $3\mathrm{mm}$ 用了 $10\mathrm{s}$，分别设定阀芯开口度 $x_0$ 为 $-1\mathrm{mm}$、$0\mathrm{mm}$ 和 $1\mathrm{mm}$，得到阀芯位移和过流面积的曲线。通过批量仿真，得到结果如图 6-18 所示，可见正开口的阀芯过流面积从位移 $-1\mathrm{mm}$ 处开始增加，而负开口的阀芯过流面积从位移为 $1\mathrm{mm}$ 处才开始增加（阀芯移动了 $1\mathrm{mm}$ 阀口才打开）。

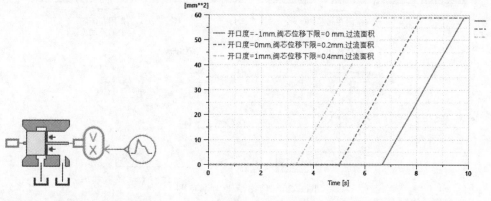

图 6-17　阀芯开口度模型草图　　　　图 6-18　不同阀芯开口度的过流面积仿真曲线

基于上面的模型，阀芯开口度保持默认值，但是 $x_{\min}$ 分别设定为 $0\mathrm{mm}$、$0.2\mathrm{mm}$、$0.4\mathrm{mm}$，$x_{\max}$ 设定为 $1\mathrm{mm}$，通过批量仿真得到结果如图 6-19 所示，可见过流面积的最小值分别是阀芯位移为 $0\mathrm{mm}$、$0.2\mathrm{mm}$、$0.4\mathrm{mm}$ 时所对应的面积，最大值为阀芯位移为 $1\mathrm{mm}$ 时所对应的面积。

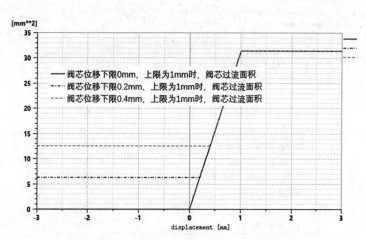

图 6-19　不同阀芯位移的过流面积仿真曲线

## 6.2.4　液动力

Amesim 中是可以计算阀芯中的稳态液动力的，无论液体的流动方向是流入还是流出，稳态液动力的方向总是使阀芯关闭的方向，如图 6-20 所示。

液动力参数设置如图 6-21 所示，计算稳态液动力需要输入两个参数：【jet angle】（喷射角）和【jet force coefficient】（液动力修正系数）。

液动力喷射角和间隙的关系如图 6-22 所示，通常情况下阀芯开口度 $x$ 远大于阀芯轴向

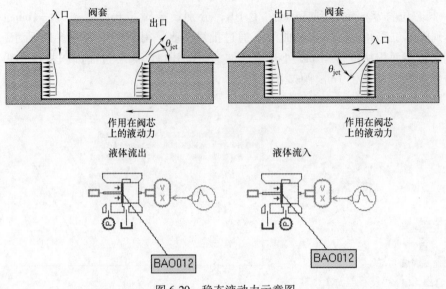

图 6-20　稳态液动力示意图

### Submodel

**bao1_1 [BAO011]**

spool with annular
section orifice

External variables

Image >>

### Parameters

| Title | Tags | Value | Unit |
|---|---|---|---|
| index of hydraulic fluid | | 0 | |
| spool diameter | | 10 | mm |
| rod diameter | | 5 | mm |
| maximum flow coefficient | | 0.7 | null |
| critical flow number | | 100 | null |
| underlap corresponding to zero dis... | | 0 | mm |
| underlap corresponding to minimu... | | 0 | mm |
| underlap corresponding to maximu... | | 1e+30 | mm |
| chamber length at zero displacement | | 0 | mm |
| jet angle | | 69 | degree |
| jet force coefficient | | 0 | null |

图 6-21　液动力参数设置

间隙 $d_c$，$x/d_c$ 值远大于 15，$\cos\theta \approx 0.4$，因此液动力的喷射角为 69°。液动力 $F_{jet}$ 的计算如下

$$F_{jet} = K_{jet}\rho \frac{Q^2}{C_q A(x_{spool})}\cos\theta = 2C_q A(x_{spool})\Delta P\cos\theta \qquad (6\text{-}7)$$

式中　$K_{jet}$——液动力修正系数；

　　　$Q$——流经阀体的流量；

　　　$\theta$——喷射角；

　　　$\Delta P$——压力变化。

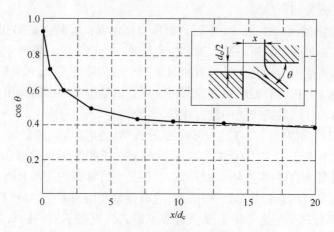

图 6-22　液动力喷射角和间隙的关系

软件中【jet force coefficient】是一个修正系数，用户可以根据实际情况来修正液动力的大小，当流量较小时，液动力也会比较小，【jet force coefficient】可以取 0。

阀芯液动力模型草图如图 6-23 所示，见 demo6-3，设定阀芯直径 $D=10\text{mm}$，阀杆直径 $d=5\text{mm}$，液动力系数等于 1，压力变化 $\Delta P=5\text{bar}$，位移信号给定常值 $0.0005\text{m}(0.5\text{mm})$，其他参数保持默认值。根据上面的公式计算液动力

$$F_{\text{jet}}=2\times0.7\times3.14\times0.01\times0.0005\times5\times10^5\times\cos69°\text{N}=3.94\text{N}$$

液动力仿真曲线如图 6-24 所示，与计算结果基本相同。

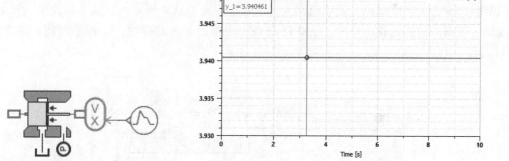

图 6-23　阀芯液动力模型草图　　　　　　图 6-24　液动力仿真曲线

值得注意的是，Amesim 中的液动力指的是稳态液动力。Amesim 中的标准元件是无法考虑瞬态液动力的，因为瞬态液动力跟阀芯的流场有关。如果要考虑瞬态液动力，需要用户自己定义一个函数，以外力的形式加载到阀芯上。

## 6.3　液压阀建模

### 6.3.1　建模的分析步骤

虽然液压阀的种类各式各样，但用液压元件设计库建模的步骤以及分析的思路是有规律

的，整个分析过程分为四个步骤。

（1）分析压力作用面　在这一步中要分析压力作用面，实际上是对阀芯进行受力分析，这一步非常重要，如果受力分析不准，阀芯位移计算一定也不准。模型中凡是加了粗箭头的元件都有计算作用面受力的功能。虽然有的时候两个作用面面积大小相等、受力方向相反，可以抵消，但在初步分析的时候应该避免漏掉，还是尽量将能考虑的作用面都考虑上，如果确实能够抵消，可以在之后的步骤中进行化简。

（2）分析可以移动的部件　在这一步中要分析可以独立运动的部件，有几个独立运动的部件，建模时就用到几个"质量块"模型。对于一般的液压阀通常由阀芯、阀套构成，因此只要放一个质量块描述阀芯的运动就可以，但是一些复杂的阀涉及阀芯与阀套的相对运动，例如插装阀式平衡阀或者是多级液压缸，这时候就要用到多个"质量块"模型了。

（3）分析节流形式　在这一步中要分析节流形式，根据不同的阀口形状，在液压元件设计库中选择最贴近实际物理结构的节流元件。当没有合适的元件时，可以考虑使用通用节流元件。

（4）分析可变容积腔　在这一步中要分析可变容积腔，液压阀的可变容积腔通常情况下是阀芯和壁面之间形成的变化的容积。阀芯在运动过程中，可变容积腔内部的液体是被压缩的，由于液体的刚度很大，往往会对阀芯的动态性能有很大的影响，一定要用活塞加可变容积腔的形式来模拟。

## 6.3.2　液控单向阀建模

液控单向阀原理如图 6-25 所示，液控单向阀是依靠控制流体压力，可以使单向阀反向流通的阀。液控单向阀与普通单向阀的不同之处是多了一个控制油路，当控制油路未接通压力油液时，液控单向阀就像普通单向阀一样工作，压力油从 2 口流入，从 3 口流出，不能反向流动。当高压油接通到 1 口时，活塞杆在高压油作用下向右移动，顶开单向阀，使 2 口、3 口接通。

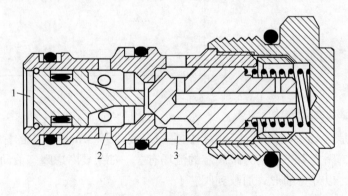

图 6-25　液控单向阀原理

建模分析的第一步，分析压力作用面。液控单向阀压力作用面分析如图 6-26 所示，液控单向阀压力作用面共有 5 个，因此在模型中要加上 5 个考虑压力作用面的模型。注意，2 号压力作用面虽然形状复杂，但是其投影还是一个圆形，与 1 号压力作用面面积相等；3 号压力作用面的外缘和 4 号压力作用面的内缘虽然没有重合，但选择的锥阀元件是会把这部分面积考虑在内的。搭建好的模型如图 6-27 所示。

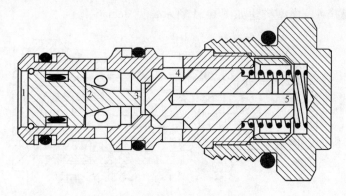

图 6-26　液控单向阀压力作用面分析

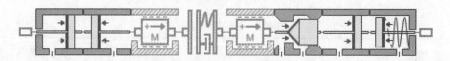

图 6-27　压力作用面对应的模型草图

建模分析的第二步，分析可以移动的部件，模型中共有两个可以独立运动的部件，而且两者存在碰撞关系，因此需要用到两个质量块元件，中间用碰撞元件连接，如图 6-28 所示。

图 6-28　可移动部件对应的模型草图

建模分析的第三步，分析节流形式，此处案例中选择锥阀节流元件。考虑到力的作用面相互抵消，锥阀的有效直径 $d_a$ 是阀杆的直径 $d_r$，如图 6-29 所示。

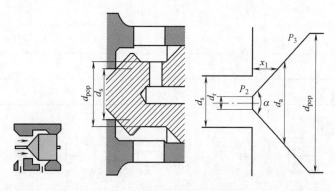

图 6-29　锥阀节流元件建模

$d_s$—阀座直径　$d_r$—阀杆直径　$d_a$—阀芯有效直径，会随着阀芯的移动而改变　$\alpha$—锥角

$d_{pop}$—锥阀有效直径　$P_2$、$P_3$—锥阀阀口两侧压力　$x_1$—锥阀开口度

建模分析的第四步，分析可变容积腔，在本案例中，共有两个可变容积腔，分别是压力

作用面 2 和 3 之间形成的可变容积腔以及压力作用面 5 和壁面之间形成的可变容积腔。设定参数见图 6-30、表 6-1，模型搭建如图 6-31 所示，见 demo6-4。

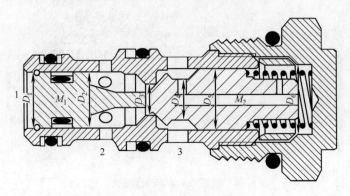

图 6-30  液控单向阀参数示意图

表 6-1  对应参数值列表

| 参　　数 | 数　　值 | 单　　位 |
|---|---|---|
| $D_1$ | 15 | mm |
| $D_2$ | 15 | mm |
| $D_3$ | 10 | mm |
| $D_4$ | 12 | mm |
| $D_5$ | 20 | mm |
| $D_6$ | 20 | mm |
| $M_1$ | 0.01 | kg |
| $M_2$ | 0.01 | kg |
| $M_1$ 行程 | 5 | mm |
| $M_2$ 行程 | 2 | mm |
| 弹簧刚度 $k$ | 3 | N/mm |
| 弹簧预紧力 $F$ | 10 | N |

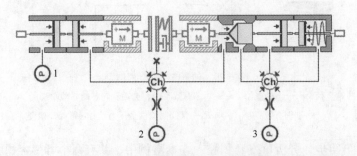

图 6-31  液控单向阀仿真模型草图

设定边界条件，工况一：液控单向阀正向开启。

当 $P_1$ 等于 0bar，$P_2$ 施加斜坡信号从 0bar 到 20bar 用了 10s，$P_3$ 等于 0bar，观察此时单向阀流量。

首先，通过计算得到液控单向阀的开启压力，此时的开启压力在数值上应等于弹簧预紧力 $F$ 除以 $D_3$ 对应的面积

$$P_1 = \frac{F}{\frac{\pi D_3^2}{4}} = 10 \bigg/ \frac{10^2 \times \pi}{4} \times 10\text{bar} = 1.28\text{bar}$$

液控单向阀压力流量仿真曲线如图 6-32 所示，通过仿真结果可以看出液控单向阀的开启压力为 1.28bar，与计算结果非常接近，同时得到阀的最大过流面积为 78.5mm$^2$。

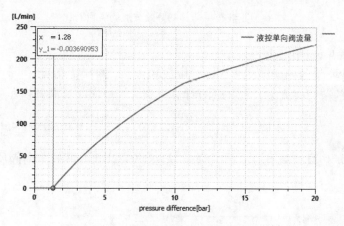

图 6-32  液控单向阀压力流量仿真曲线

搭建一个节流阀模型，设定同样的压力边界条件，设定直径为 $(78.5 \times 4 / \pi)^{0.5}$mm，如图 6-33 所示，得到流量仿真结果如图 6-34 所示，说明单向阀完全开启之后就变成了一个固定节流阀。

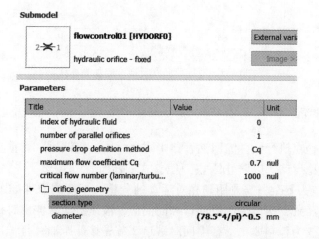

图 6-33  等效节流阀参数设置

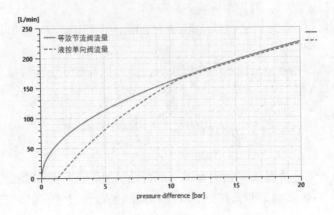

图 6-34　液控单向阀和等效节流阀流量对比

工况二：液控单向阀反向开启。

当 $P_1$ 施加斜坡信号从 0bar 到 20bar 用了 10s，$P_2$ 的压力等于 0bar，$P_3$ 的压力等于 20bar，观察此时的单向阀流量，首先通过计算得到液控单向阀反向开启压力

$$P_1 = \left( \frac{\pi D_6^2}{4} P_3 + F \right) \Big/ \frac{\pi D_1^2}{4} = \left( \frac{\pi \times 10^2}{4} \times 2 + 10 \right) \Big/ \frac{\pi \times 15^2}{4} \times 10 \text{bar} = 9.45 \text{bar}$$

从图 6-35 所示仿真结果可以看出，当压力达到 9.42bar 时液控单向阀反向开启，与计算结果非常接近。

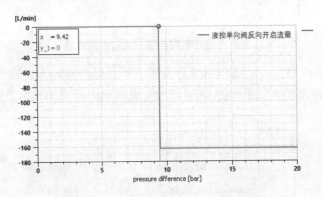

图 6-35　液控单向阀反向开启仿真曲线

### 6.3.3　平衡阀建模

平衡阀的功能是在执行元件的回油管路中建立背压，使液压缸受垂直载荷或液压马达在负载变化时仍能平稳运动，以防止因重力使立式液压缸活塞突然下落或液压马达出现"飞速"。平衡阀建模较为复杂，需要用到相对运动的分析。平衡阀原理如图 6-36 所示，端口 1 为负载口，连接液压缸，端口 2 为供油口和回油口，液压缸活塞伸出时接高压油、活塞缩回时接低压油，端口 3 为控制口，活塞缩回时端口 2 首先接低压油，且端口 3 接高压油，推动阀芯打开。开启比为 $(A_2 - A_1)/A_1$。

平衡阀基本参数见表 6-2。

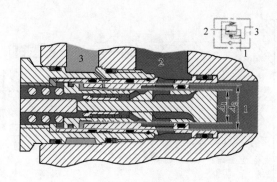

图 6-36 平衡阀原理

**表 6-2 平衡阀基本参数**

| 参　数 | 注　释 | 数　值 | 单　位 |
|---|---|---|---|
| $M_1$ | 阀芯质量 | 0.04 | kg |
| $M_2$ | 阀套质量 | 0.03 | kg |
| $L_{11}$ | 阀芯位移下限 | -2 | mm |
| $L_{12}$ | 阀芯位移上限 | 3 | mm |
| $L_{21}$ | 阀套位移下限 | -6 | mm |
| $L_{22}$ | 阀套位移上限 | 0 | mm |
| $D_1$ | 面积 $A_1$ 对应直径 | 6 | mm |
| $D_2$ | 面积 $A_2$ 对应直径 | 12 | mm |

平衡阀建模第一步：分析压力作用面，阀套和阀芯需要分别考虑。整个阀芯有三个压力作用面，分别是阀芯背面阀杆的面积 1、阀芯背面环形的面积 2 和阀芯正面活塞的面积 3。平衡阀阀芯受力面和模型的对应如图 6-37 所示。

对于阀套来说，其压力作用面有两个，分别是阀套左端无杆腔面积 1，阀套有杆腔面积 2。平衡阀阀套受力面和模型的对应如图 6-38 所示。

平衡阀建模第二步：分析可以移动的部件，在模型中共有阀芯和阀套两个部件可以移动，且这两个部件是嵌套关系，因此采用 Amesim 机械库中的质量块嵌套模型。其中，M1 代表阀芯质量，M2 代表阀套质量。同时注意，平衡阀中有两个弹簧，分别是阀套和壳体之间的弹簧、阀芯和阀套之间的弹簧，如图 6-39 所示。

平衡阀建模第三步：分析节流形式，模型中只有一个阀口，根据其几何形式，采用锥阀阀套的挡板阀相对运动模型，如图 6-40 所示。

平衡阀建模第四步：分析可变容积腔，整个平衡阀中有两个可变容积腔，分别在阀套的内、外侧。搭建好的平衡阀仿真模型草图如图 6-41 所示。

将模型封装后搭建测试回路，采用垂直载荷液压缸、中位机能是 Y 型的换向阀，沿用

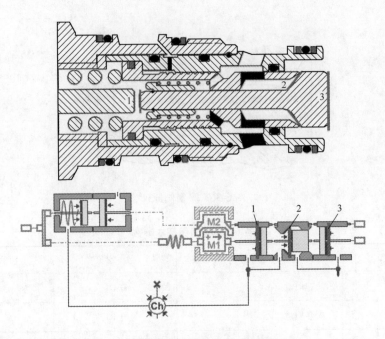

图 6-37　平衡阀阀芯受力面和模型的对应

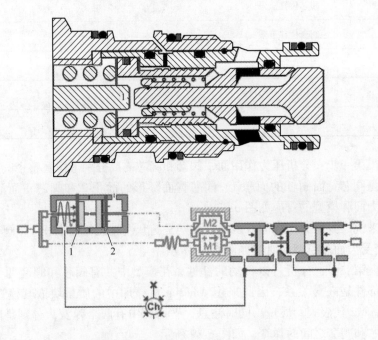

图 6-38　平衡阀阀套受力面和模型的对应

之前液压系统库中平衡阀的液压系统，相当于在原有系统的基础上对平衡阀进行了详细元件建模。搭建完成的平衡阀性能验证测试回路仿真草图如图 6-42 所示，见 demo6-5。封装后的平衡阀模型如图 6-43 所示。

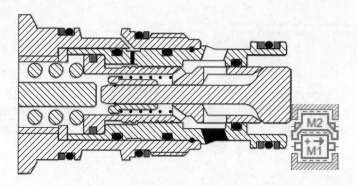

图 6-39 采用嵌套质量块模型模拟阀芯和阀套

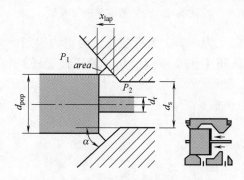

图 6-40 锥阀阀套挡板阀相对运动模型

$P_1$、$P_2$—锥阀阀口两侧压力 $d_{pop}$—阀芯直径 $x_{lap}$—阀芯开口度 $\alpha$—锥角 $d_r$—阀杆直径 $d_s$—阀座直径

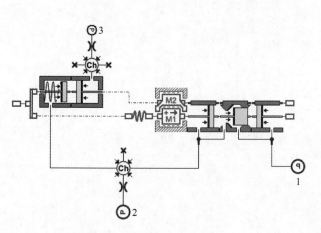

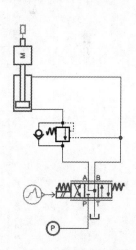

图 6-41 平衡阀仿真模型草图

图 6-42 平衡阀性能验证
测试回路仿真草图

平衡阀测试回路位移、压力、控制信号曲线如图 6-44 所示，运行模型，在换向阀中通入控制信号，前 4s 让液压缸的活塞伸出，4~7s 保持不动，7~12s 让活塞缩回。在前 4s 活塞伸出时，换向阀工作在右位，活塞杆上升，此时液压缸无杆腔和有杆腔的压力分别为 16.3bar 和 6.1bar。在第 4~7s 时，控制信号是停止信号，换向阀工作在中位，因为中位机

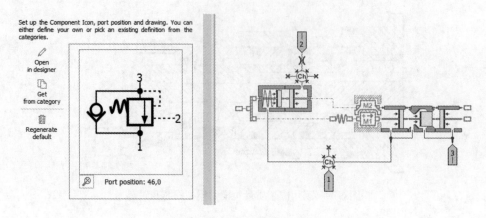

图 6-43　封装后的平衡阀模型

能是 Y 型，所以有杆腔压力变为 0bar，无杆腔压力为重力引起的 12.5bar。在第 7~12s 时，控制信号是下降信号，换向阀工作在左位，此时液压缸无杆腔和有杆腔压力分别为 73bar 和 94.6bar。

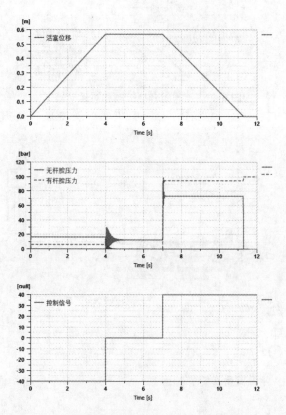

图 6-44　平衡阀测试回路位移、压力、控制信号曲线

## 6.3.4　多路阀建模

本案例以开中心三位六通阀为例讲解多路阀的详细建模过程。多路阀原理如图 6-45 所

示，三位六通阀是在三位四通阀的基础上开了旁通油路，每一联阀都有两条供油通道，液压泵输出的高压油分别进入通道 1 和通道 2。通道 1 在主阀芯上方贯穿于整个多路阀，高压油经过通道 1、单向阀，经过阀芯节流到达工作油口（A 口或 B 口）。通道 2 从主阀芯中间穿过，到达下一联的通道 2，最后连接多路阀的 T 口回油箱。主阀芯中位时，通道 2 过流面积最大，主阀芯向左或向右移动都会使通道 2 的过流面积不断减小直至为零。

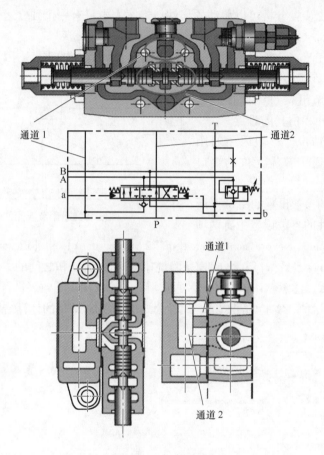

图 6-45　多路阀原理

多路阀建模第一步：分析压力作用面。多路阀压力作用面如图 6-46 所示，整个阀芯压力作用面共有 10 个，其中 1~8 是多路阀的节流边，9 和 10 是阀芯两侧的活塞腔。多路阀压力作用面和模型的对应如图 6-47 所示。

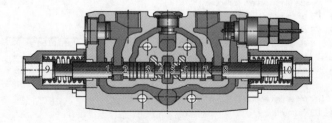

图 6-46　多路阀压力作用面

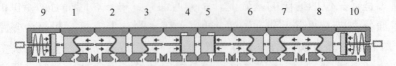

图 6-47　多路阀压力作用面和模型的对应

多路阀建模第二步：分析可以移动的部件，本案例中只有一个独立运动部件，因此要加一个质量块元件。

多路阀建模第三步：分析节流形式，这一步是多路阀建模的重点。因为为了增加工作的稳定性，多路阀的节流边中经常会开各种节流槽，这一类节流槽过流面积的计算就成为多路阀设计和仿真的难点。

通常对于这类情况，一般采用通用节流元件来描述，通用节流元件的端口如图 6-48 所示。

通用节流元件的参数设置如图 6-49 所示。在通用节流元件的参数设置中有两项

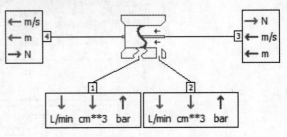

图 6-48　通用节流元件的端口

要特别注意：【filename or expression for area$[m^{**}2]=f(x[m])$】和【filename or expression for hydraulic diameter$[m]=f(x[m])$】，分别表示阀芯位移和过流面积之间的关系以及阀芯位移和水力直径之间的关系，注意默认单位是 m。通常情况下建议用户用数表进行输入。而数表的来源可以是 CAD 的测量值、实验的测试值、经验公式也可以是 CFD 的计算结果。

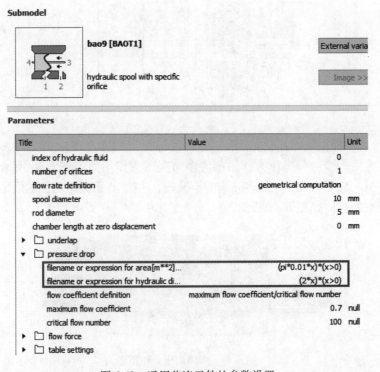

图 6-49　通用节流元件的参数设置

通过计算得到多路阀阀芯位移对应的各阀口过流面积的数表见表 6-3。注意，在定义水力直径时，由于获取准确的数据需要做大量的测量和计算，在设计的初期可以输入一个固定值来进行估算，当然这种近似设置会引入一些误差，但是在设计初期这种误差是可以接受的。同时注意，在定义元件 3、6（模拟 C-D 节流边）参数时，需要将限定阀芯位移上下限的参数【underlap corresponding to minimum area】【underlap corresponding to maximum area】分别设置成 10mm 和−10mm，否则按照默认值，模型会自动屏蔽掉另一半的节流。

表 6-3　多路阀各阀口过流面积的数表

| 阀芯位移 $x$/mm | P-A 过流面积/mm$^2$ | P-B 过流面积/mm$^2$ | A-T 过流面积/mm$^2$ | B-T 过流面积/mm$^2$ | C-D 过流面积/mm$^2$ |
|---|---|---|---|---|---|
| 10 | 49 | 0 | 0 | 49 | 49 |
| 9 | 49 | 0 | 0 | 49 | 49 |
| 8 | 49 | 0 | 0 | 49 | 49 |
| 7 | 44.1 | 0 | 0 | 46.55 | 49 |
| 6 | 36.75 | 0 | 0 | 39.2 | 49 |
| 5 | 29.4 | 0 | 0 | 31.85 | 49 |
| 4 | 19.6 | 0 | 0 | 22.05 | 49 |
| 3 | 7.35 | 0 | 0 | 9.8 | 49 |
| 2 | 2.45 | 0 | 0 | 3.43 | 49 |
| 1 | 0 | 0 | 0 | 0 | 49 |
| 0.5 | 0 | 0 | 0 | 0 | 49 |
| 0 | 0 | 0 | 0 | 0 | 49 |
| −0.5 | 0 | 0 | 0 | 0 | 44.1 |
| −1 | 0 | 0 | 0 | 0 | 29.4 |
| −2 | 0 | 2.45 | 3.43 | 0 | 14.7 |
| −3 | 0 | 7.35 | 9.8 | 0 | 9.8 |
| −4 | 0 | 19.6 | 22.05 | 0 | 5.88 |
| −5 | 0 | 29.4 | 31.85 | 0 | 3.43 |
| −6 | 0 | 36.75 | 39.2 | 0 | 1.47 |
| −7 | 0 | 44.1 | 46.55 | 0 | 0 |
| −8 | 0 | 49 | 49 | 0 | 0 |
| −9 | 0 | 49 | 49 | 0 | 0 |
| −10 | 0 | 49 | 49 | 0 | 0 |
| 对应元件 | 2 | 7 | 1 | 8 | 3、6 |

多路阀建模第四步：在这一步中要分析可变容积腔，阀芯和阀体壁面之间形成的腔体为可变容积腔，建模时应加以考虑。将模型封装后如图 6-50 所示，见 demo6-6。

通过仿真得到了阀芯各节流边的过流面积，如图 6-51 所示。

在计算多路阀开槽的过流面积时，如果开槽形状是圆形、三角形、矩形、梯形、圆角梯形，可以采用 BASEN01/02 元件来进行建模。BASEN01/02 元件建模的基本思想是把一个复杂的槽口分割成若干段标准图形，通过判断节流发生的区域来调用相应图形的计算公式，如图 6-52 所示。

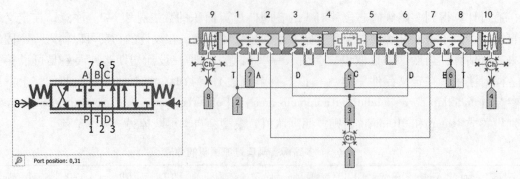

图 6-50　封装后的多路阀图标

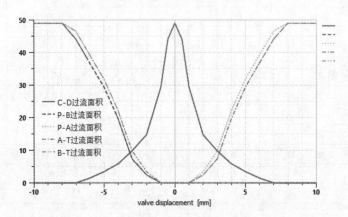

图 6-51　多路阀各节流边过流面积仿真曲线

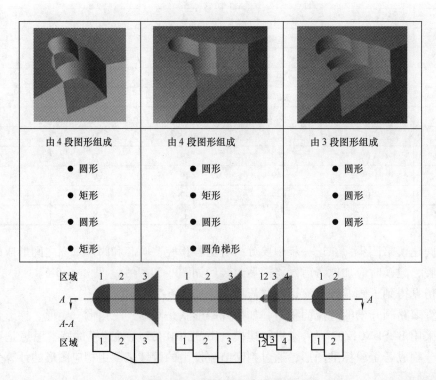

图 6-52　"离散"的建模思想

具体在计算过流面积和水力直径时，软件会先计算槽口的圆周面积（深色区域），然后计算节流槽的横截面积（深色线条部分），取圆周面积和横截面积最小的一组作为当前开口度下的过流面积，如图 6-53 所示。

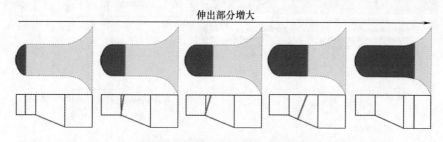

图 6-53　过流面积和水力直径计算原理

在参数定义时，首先需要确定这条节流边上有几个槽【number of slots】，每个槽由几段图形构成【number of regions】。每个槽的参数定义方式如图 6-54 所示。

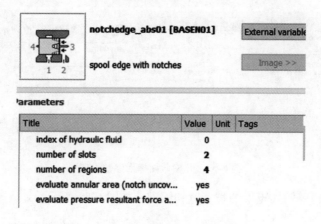

图 6-54　定义槽的个数和分段数

软件中集成的标准几何图形有圆形、三角形、梯形和矩形四种。当选择圆形时，要输入圆的直径、两个弦长、弦长间距和深度，如图 6-55 所示。

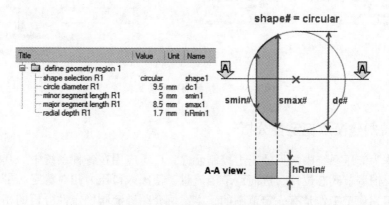

图 6-55　开槽截面圆形参数设置

当选择三角形时，要输入三角形的顶角、底边长和深度，如图 6-56 所示。

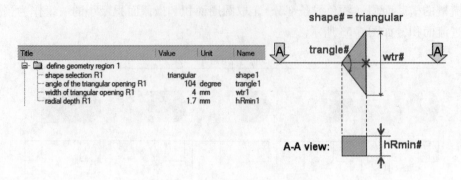

图 6-56　开槽截面三角形参数设置

当选择梯形时，要输入梯形的顶角、上下底边长和深度，如图 6-57 所示。

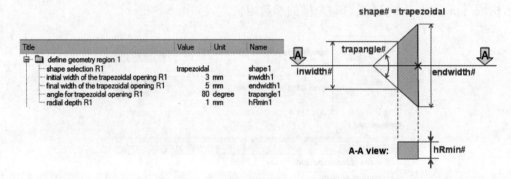

图 6-57　开槽截面梯形参数设置

当选择矩形时，要输入矩形的长、宽和深度，如图 6-58 所示。

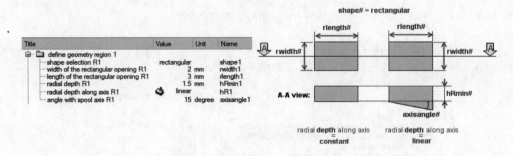

图 6-58　开槽截面矩形参数设置

## 6.3.5　溢流阀建模及稳定性分析

溢流阀作为液压系统中常见的压力控制元件，广泛应用在各种系统中。其基本原理是通过入口压力反馈调节阀芯位移，进而调节溢流量，使阀入口压力相对稳定。尽管溢流阀的结构很简单，但它稳定工作是有一定范围的，本案例介绍溢流阀稳定性分析的相关理论。溢流阀的结构和相关参数如图 6-59 所示。

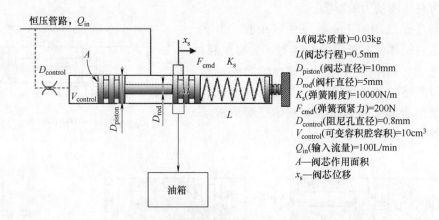

M(阀芯质量)=0.03kg
L(阀芯行程)=0.5mm
$D_{piston}$(阀芯直径)=10mm
$D_{rod}$(阀杆直径)=5mm
$K_s$(弹簧刚度)=10000N/m
$F_{cmd}$(弹簧预紧力)=200N
$D_{control}$(阻尼孔直径)=0.8mm
$V_{control}$(可变容积腔容积)=10cm³
$Q_{in}$(输入流量)=100L/min
A—阀芯作用面积
$x_s$—阀芯位移

图 6-59　溢流阀的结构和相关参数

### 1. 溢流阀的建模

溢流阀建模第一步：分析压力作用面。压力作用面对应的模型草图如图 6-60 所示。整个溢流阀阀芯压力作用面共有三个，因此在模型中要加上三个考虑压力作用面的模型。虽然右边两个压力作用面面积相等、方向相反，作用力是抵消的，在简化时确实可以去掉，但是笔者建议大家在第一次建模时，为了不丢掉任何细节，尽量做到模型和实际结构的一一对应，当验证了模型的正确性之后再考虑对模型进行合理简化。

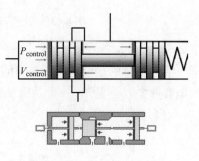

图 6-60　压力作用面
对应的模型草图

溢流阀建模第二步：分析可以移动的部件。本案例中只有一个独立运动部件，因此要加一个质量块。在质量块的参数设置中，一般须设置质量块的初始位置和移动范围。一般情况下笔者建议选择初始状态下的受力平衡点作为初始位置，例如在初始溢流阀状态下，此时压力尚未建立起来，阀芯只受到弹簧力的作用而处于最左端，那么就选此刻作为初始状态，【⊕ displacement at port 1】（初始位移）设为 0mm，【lower displacement limit】（质量块的位移下限）为 0mm，【higher displacement limit】（位移上限）为阀芯行程 3mm，参数设置如图 6-61 所示。

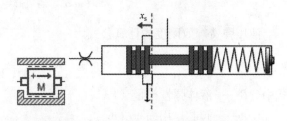

溢流阀建模第三步：分析节流形式。此处案例选择环形槽节流元件，节流口用滑阀元件来模拟，如图 6-62 所示，此时要注意因为溢流阀的阀口是常闭的，因此需要设定 $x_0$ 等于 0。由于系统流量

| Title | Tags | Value | Unit |
|---|---|---|---|
| (⊕) velocity at port 1 | | 0 | m/s |
| (⊕) displacement at port 1 | | 0 | mm |
| use friction | | **yes** | |
| endstop type | | **ideal** | |
| mass | | **0.03** | kg |
| inclination (+90 port 1 lowest, -90 port 1 highest) | | 0 | degree |
| ▾ ☐ friction | | | |
| friction type | | simple | |
| stiction force | | 0 | N |
| Coulomb friction force | | 0 | N |
| coefficient of viscous friction | | **17** | N/(m/s) |
| coefficient of windage | | 0 | N/(m/s)**2 |
| ▾ ☐ endstops | | | |
| higher displacement limit | | **3** | mm |
| lower displacement limit | | **0** | mm |

图 6-61　阀芯质量块参数的设置

比较小，可忽略液动力的影响。

溢流阀建模第四步：分析可变容积腔。本案例中，阀芯和阀体壁面形成的腔体为可变容积腔，需要加以考虑。而两个台肩之间形成的为固定容积腔，可以忽略，如图 6-63 所示。用可变容积腔和活塞模型组合起来模拟阀芯和阀体壁面形成的可变容积腔如图 6-64 所示。

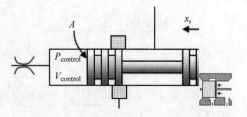

图 6-62　节流口用滑阀元件来模拟

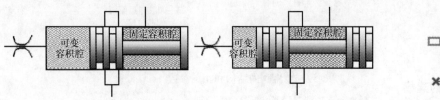

图 6-63　可变容积腔和固定容积腔

图 6-64　可变容积腔和活塞模型组合

值得注意的是可变容积腔对刚度的影响，会显著影响阀的动态性，以及仿真速度。整个模型有两个"弹簧"，一个是机械弹簧，另一个是液压弹簧，如图 6-65 所示。

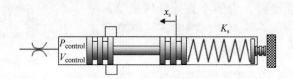

图 6-65　溢流阀中的液压弹簧

液压弹簧等效刚度的计算公式为

$$K_{\text{hyd}\rightarrow\text{meca}} = \frac{BA^2}{V_{\text{control}}} \tag{6-8}$$

式中　$B$——液体弹性模量（Pa）；

　　　$A$——阀芯作用面积（$\text{m}^2$）；

　$V_{\text{control}}$——可变容积腔容积（$\text{m}^3$）。

带入参数，$B = 17000\text{bar}$，$D_{\text{piston}} = 10\text{mm}$，$V_{\text{control}} = 10\text{cm}^3$。

$$K_{\text{hyd}\rightarrow\text{meca}} = \frac{17000\times10^5\times(3.14/4\times0.01^2)^2}{10\times10^{-6}}\text{N/m} \approx 10^6\text{N/m}$$

可见容积腔造成的刚度是很大的，因此在液压元件的建模分析当中，如果系统中有液压弹簧，机械弹簧就可以忽略掉。用户在建模时可以用上式计算液压弹簧的刚度。

另外在阀类元件建模时，通常在质量块中要设定参数【coefficient of viscous friction】（黏性摩擦系数），通常情况下这个参数是不好得到的。一般建议通过下面的方法来估算。

一般情况下认为阀芯的阻尼在 5%～10%，在这里取 5%，根据公式

$$R = 2\times0.05\times\sqrt{K_{\text{hyd}\rightarrow\text{meca}}M} \tag{6-9}$$

取质量 $M$ 为 0.03kg，带入得

$$R = 2 \times 0.05 \times \sqrt{10^6 \times 0.03}\,\text{N}/(\text{m/s}) \approx 17.3\,\text{N}/(\text{m/s})$$

搭建好的溢流阀仿真模型草图如图 6-66 所示，见 demo6-7。仿真结果如图 6-67 所示，溢流阀出口压力为 25.6bar。

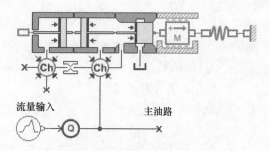

图 6-66　溢流阀仿真模型草图

通过笔算得到溢流阀的开启压力

$$P = \frac{F_{\text{cmd}}}{\pi D_{\text{piston}}^2 / 4} = 200 / \frac{10^2 \times \pi}{4} \times 10\,\text{bar} = 25.5\,\text{bar}$$

仿真结果稍高于数值计算结果，这是由于弹簧刚度引起的。

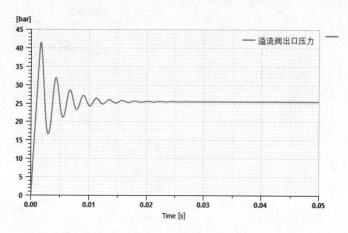

图 6-67　溢流阀压力仿真曲线

**2. 溢流阀的传递函数**

为了对溢流阀的稳定性进行分析，首先列出溢流阀模型的理论方程式，然后得到线性化后的模型。设溢流阀阀芯质量为 $M$，位移为 $x_s$，阻尼为 $R$，弹簧预紧力为 $F_{\text{cmd}}$，弹簧刚度为 $K_s$，阀芯作用面积为 $A$，可变容积腔压力为 $P_{\text{control}}$。根据力的平衡方程得到

$$M\ddot{x}_s + R\dot{x}_s = -(F_{\text{cmd}} + K_s x_s) + A P_{\text{control}} \tag{6-10}$$

设溢流阀流量系数为 $C_q$，过流面为 $A(x_s)$，固定容积腔压力为 $P_{\text{until}}$，根据流量方程得到阀芯流量

$$Q_s = C_q A(x_s) \sqrt{\frac{2}{\rho} P_{\text{until}}} \tag{6-11}$$

设固定容积腔容积为 $V_{\text{until}}$，可变容积腔容积为 $V_{\text{control}}$，负载流量为 $Q_{\text{load}}$，阻尼孔流量为

$Q_{orif}$，阀芯流量为 $Q_s$，液体弹性模量为 $B$，根据容积腔压力公式得到

$$P_{control} = \frac{B}{V_{control}} \int (Q_{orif} - A\dot{x}_s) \, dt$$

$$(6\text{-}12)$$

$$P_{until} = \frac{B}{V_{until}} \int (Q_{load} - Q_{orif} - Q_s) \, dt$$

因为阀口的流量方程是非线性的，所以系统线性化的前提是把流量方程线性化。阀芯流量 $Q_s$ 是阀芯位移 $x_s$ 和阀芯压差 $\Delta P$ 的函数，得

$$Q_s = Q(x_s, \Delta P)$$

$$(6\text{-}13)$$

将上式在（$\Delta P_0, x_0$）处线性化展开，得

$$Q_s = \left.\frac{\partial Q_s}{\partial x_s}\right|_{\Delta P_0} x_s^* + \left.\frac{\partial Q_s}{\partial \Delta P}\right|_{x_{s0}} \Delta P^*$$

$$Q_s = C_q \pi D_{piston} \sqrt{\frac{2}{\rho}\Delta P_0}\, x_s^* + \frac{C_q \pi D_{piston} x_{s0}}{\sqrt{2\rho\Delta P_0}}\Delta P^*$$

$$(6\text{-}14)$$

$$Q_s = G_x x_s^* + G_{\Delta P}\Delta P^*$$

其中，$G_x = C_q \pi D_{piston}\sqrt{\dfrac{2}{\rho}\Delta P_0}$，$G_{\Delta P} = \dfrac{C_q \pi D_{piston} x_{s0}}{\sqrt{2\rho\Delta P_0}}$

$$G_x = 0.7\times\pi\times0.01\times\sqrt{\frac{2}{850}\times2\times10^6}, \quad G_{\Delta P} = \frac{0.7\times\pi\times0.01\times0.0001}{\sqrt{2\times850\times2\times10^6}}$$

根据上面的方程组整理成溢流阀的传递函数，如图 6-68 所示。

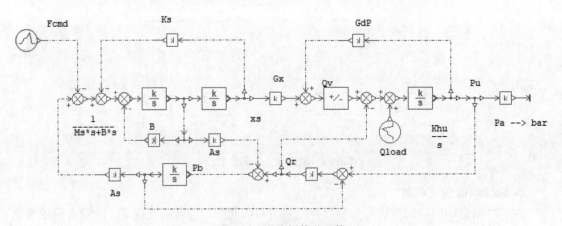

图 6-68　溢流阀传递函数

得到线性化的模型和原模型的对比，如图 6-69 所示。通过对比可以看出，线性化的模型和原模型仿真结果基本一致。

**3. 溢流阀的线性分析**

采用根的轨迹法研究溢流阀的稳定性，这里设阻尼孔直径的变化范围是 $0\sim1.3$mm，每隔 $0.1$mm 做一次批量仿真，如图 6-70 所示。

取线性化时间为 $0.75$s，用根的轨迹法绘制阻尼孔直径对根的轨迹的影响，如图 6-71 所示。由于其他极点离纵轴太远，不是系统的主导极点，因此忽略其他极点的影响，只看系统

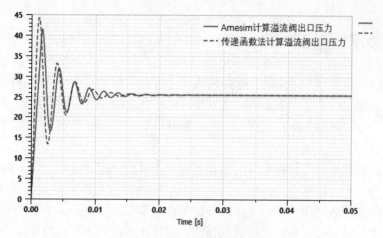

图 6-69　两种建模方法的对比

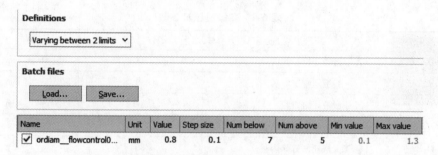

图 6-70　阻尼孔直径批量仿真

主导极点的影响。从主导极点根的轨迹图可以看出，当不断增加阻尼孔的直径时，整个系统的阻尼比也在不断减小，系统的稳定性在不断降低。当阻尼孔直径在 0.5mm 时，系统阻尼比为 0.7。用户可以用类似的方法研究其他参数对系统阻尼比的影响。

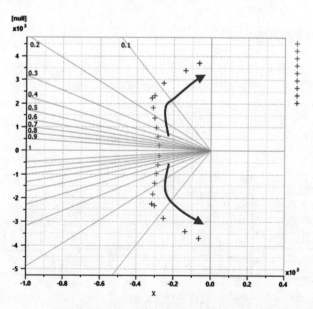

图 6-71　阻尼孔直径对根的轨迹的影响

## 6.4 多级液压缸建模

多级液压缸又称伸缩式液压缸，它由两级或多级活塞缸套装而成。当进油时，油液先推动有效作用面积最大的一级活塞运动，然后推动面积次之的二级活塞运动，以此类推，直至最后一级伸出。缩回时则先从作用面积小的活塞开始缩回，以此类推，二级活塞先缩回，后一级活塞再缩回。

多级液压缸的特点是工作行程可以很长，不工作时可以缩得较短。当多级液压缸逐级伸出时，有效工作面积逐次减小。当输入流量不变时，外伸速度逐渐增大，当外负载不变时，液压缸的工作压力逐渐增高。多级液压缸分为单作用和双作用两类，单作用多级液压缸的外伸依靠油液压力，收缩时依靠自重或负载作用；双作用多级液压缸的外伸与收缩均依靠油液压力。某款多级液压缸参数见表6-4，分别搭建单作用和双作用多级缸模型。

表 6-4    多级液压缸参数

| 参　　数 | 说　　明 | 数　　值 | 单　　位 |
|---|---|---|---|
| $D_1$ | 一级液压缸缸筒内径 | 100 | mm |
| $d_1$ | 一级液压缸缸筒活塞杆直径 | 80 | mm |
| $L_1$ | 一级液压缸行程 | 500 | mm |
| $M_1$ | 一级液压缸活塞质量 | 150 | kg |
| $D_2$ | 二级液压缸缸筒内径 | 80 | mm |
| $d_2$ | 二级液压缸缸筒活塞杆直径 | 60 | mm |
| $L_2$ | 二级液压缸行程 | 400 | mm |
| $M_2$ | 二级液压缸活塞质量 | 100 | kg |
| $F$ | 外负载 | 50000 | N |

### 6.4.1    单作用多级液压缸

单作用多级液压缸的工作原理如图 6-72 所示，一级液压缸开始伸出时 A 口进油，此时的作用面为一级液压缸的有杆腔和无杆腔。此时的压强 $P$ 为

$$P = \frac{F}{\frac{\pi}{4}\left[D_1^2 - (D_1^2 - d_1^2)\right]} \qquad (6\text{-}15)$$

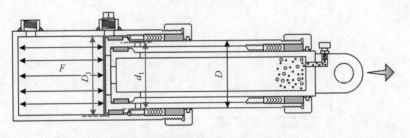

图 6-72    一级液压缸工作示意图

当一级液压缸伸到行程终点，二级液压缸开始动作，此时的作用面为二级液压缸的有杆腔和无杆腔，如图 6-73 所示。此时的压强 $P$ 为

$$P = \frac{F}{\dfrac{\pi}{4}\left[D_2^2 - (D_2^2 - d_2^2)\right]} \tag{6-16}$$

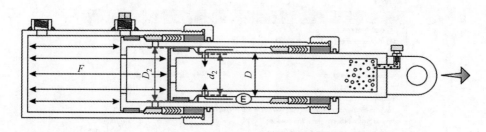

图 6-73　二级液压缸工作示意图

单作用多级液压缸建模的第一步：分析压力作用面，分别考虑一级液压缸和二级液压缸的有杆腔和无杆腔，共六个压力作用面，如图 6-74 所示。注意，二级液压缸的有杆腔和无杆腔之间因为是相对运动，所以每个腔有两个作用面。

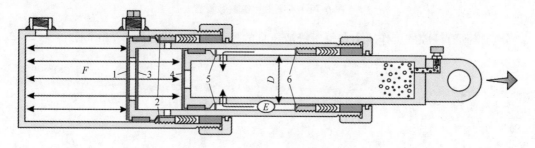

图 6-74　多级液压缸压力面分析

单作用多级液压缸建模的第二步：分析可以移动的部件，模型中一级液压缸和二级液压缸的活塞杆都能够运动，一级液压缸能独立运动，二级液压缸能相对一级液压缸运动，因此需要采用质量块模型来描述一级液压缸，采用相对作用元件里面的质量块来建模。

单作用多级液压缸建模的第三步：分析可变容积腔，一级液压缸和二级液压缸分别有两个可变容积腔，因此模型中共有四个可变容积腔，因为模型为单作用多级液压缸，四个容积腔是相连通的，所以可以简化成一个容积腔。单作用多级液压缸模型草图如图 6-75 所示，见demo6-8。

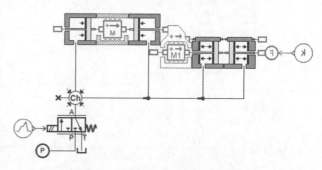

图 6-75　单作用多级液压缸模型草图

参数设置的时候要注意相对运动元件的输入，在【higher displacement limit（piston/envelope）】（嵌套活塞位移上限）这项

中输入二级液压缸位移400mm，如图6-76所示。

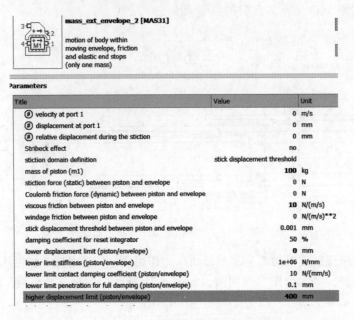

图6-76  二级液压缸参数设置

分别得到有杆腔的工作压力和每一级液压缸的位移仿真曲线如图6-77所示。

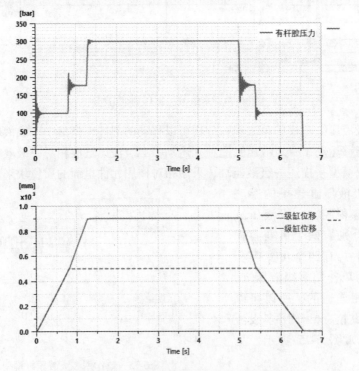

图6-77  单作用多级液压缸压力位移仿真曲线

如图6-77所示，仿真开始时，一级液压缸开始伸出并推动二级液压缸一起运动，到

0.8s 时一级液压缸运动到头，二级液压缸开始运动，由于作用面积减小，因此压力进一步升高，速度进一步增大；当 1.3s 时，二级液压缸运动到头，压力达到系统压力。在第 5s 时二级液压缸开始缩回，到 5.4s 时一级液压缸开始缩回，6.6s 时缸体缩回到原位。

## 6.4.2　双作用多级液压缸

采用同样的方法搭建双作用多级液压缸，但注意，一级液压缸的有杆腔和无杆腔分别和二级液压缸的有杆腔和无杆腔相连通，所以整个模型只有两个可变容积腔。一级液压缸工作示意图如图 6-78 所示，对于一级液压缸作用面积满足公式

$$P_{in}\frac{\pi}{4}D_1^2 - P_{out}\frac{\pi}{4}(D_1^2 - d_1^2) = F \tag{6-17}$$

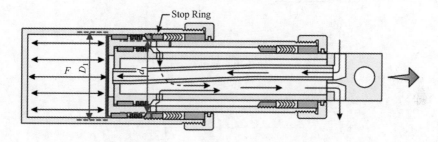

图 6-78　一级液压缸工作示意图

二级液压缸工作示意图如图 6-79 所示，对于二级液压缸作用面积满足公式

$$P_{in}\frac{\pi}{4}D_2^2 - P_{out}\frac{\pi}{4}(D_2^2 - d_2^2) = F \tag{6-18}$$

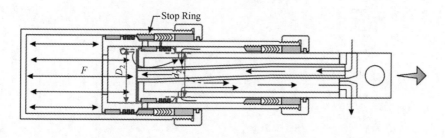

图 6-79　二级液压缸工作示意图

双作用多级液压缸模型草图如图 6-80 所示，见 demo6-9。

双作用多级液压缸压力位移仿真曲线如图 6-81 所示，仿真开始时，一级液压缸开始伸出并推动二级液压缸一起运动，到 0.7s 时一级液压缸运动到头，二级液压缸开始运动，由于作用面积减小，因此压力进一步升高，速度进一步增大；到 1.2s 时，二级液压缸运动到头，压力达到系统压力。在第 5s 时二级液压缸开始缩回，到 5.3s 时一级液压缸开始缩回，6.3s 时缸体缩回到原位。

本案例中仅列举了两级液压缸的搭建过程，对于级数更多的液压缸完全可以按照同样的建模思路，把二级活塞杆不断复制就可以了。

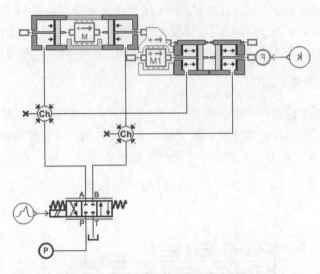

图 6-80　双作用多级液压缸模型草图

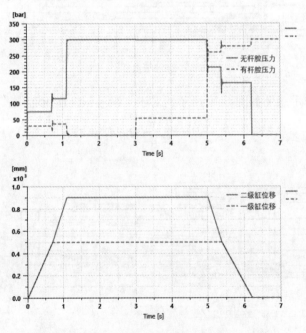

图 6-81　双作用多级液压缸压力位移仿真曲线

## 6.5　容积式变量泵建模

本节主要介绍容积式变量泵的一般建模方法，这种建模方法的优点在于通用性和灵活性，只要是容积式的变量泵都可以用这种方法建模，而且利用这种方法可以对感兴趣的部分进行详细考虑。但缺点是用户必须自己创建模型以及模型用到的查表数据，工作量较大。

### 6.5.1  容积式变量泵的一般建模方法

容积式变量泵的基本工作原理是由泵轴的旋转运动,引起泵腔容积的变化,容积变大时吸入流体,容积变小时压缩流体,泵压出流体受到系统的阻力作用而产生压力。由容积式变量泵的工作原理可知其正常工作有两个必要条件:容积的变化、泵腔吸油和排油要分开。根据容积式变量泵的原理,搭建单个容积变化元件的等效模型如图 6-82 所示。

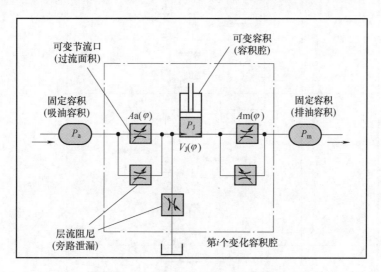

图 6-82  单个容积变化元件的等效模型

采用 Amesim 搭建容积式变量泵的传统方法就是首先搭建单个容积变换单元,然后复制成整个模型,如图 6-83 所示。模型中有三类查表文件,分别是转角对应容积的变化,转角对应吸油口过流面积的变化,转角对应排油口过流面积的变化以及旁路的泄露。整体建模时只要根据实际情况复制容积变化单元即可,但要注意每个容积变化单元都会相差一个相位角。

采用这种方法建模的优点是原理很清晰,也便于理解,但是涉及泵内单元较多的情况时,往往使得模型非常复杂,重复工作较多,元件相连时很容易出错。

所以针对传统方法的不足,在 Amesim R17 中增加了矢量元件模型,矢量元件的基本思路是只用一组数表文件根据不同的相位差生成多组曲线,这样只要搭建出一个单元的模型,设置好相位就能生成整个模型。矢量元件主要包括活塞元件、节流元件、泄漏元件、容积元件和连接元件,图标如图 6-84 所示。矢量元件使用时首先要确定矢量个数,即整个泵可以离散成多少个单元,模型中所有矢量元件的参数值必须相同。

活塞元件用来描述泵内单元容积的变化。用户首先需要输入矢量个数,然后提供容积随驱动轴转角变化的曲线,如图 6-85 所示。液压元件设计库中提供了三种不同变量类型的变量活塞,用户可以根据自己的需求选择。

矢量节流元件多用于表示泵的吸油口和排油口过流面积的变化,用户首先需要输入矢量个数,然后需要输入关于输入信号和过流面积、水力直径的数表,如图 6-86 所示。

矢量泄漏元件用于表示泵的内外泄漏。用户首先需要输入矢量个数,输入泄漏窗口的长度和宽度,然后输入关于输入信号和泄漏缝隙高度的数表,如图 6-87 所示。

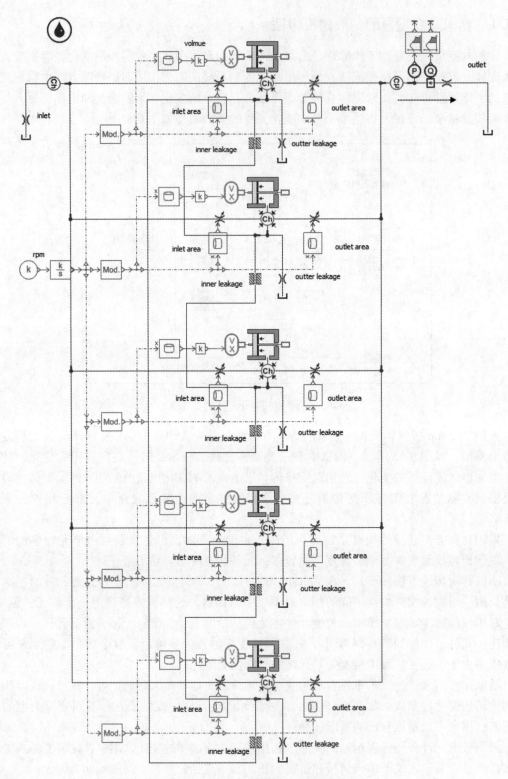

图 6-83　传统方法搭建容积式变量泵模型

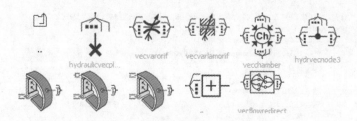

图 6-84　矢量元件图标

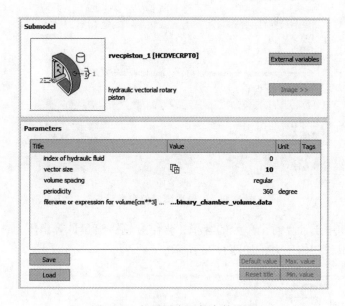

图 6-85　矢量活塞元件参数设置

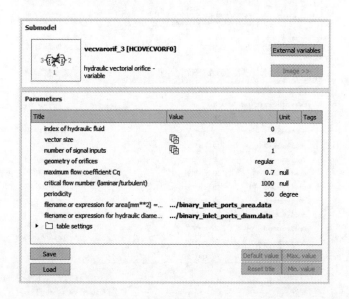

图 6-86　矢量节流元件参数设置

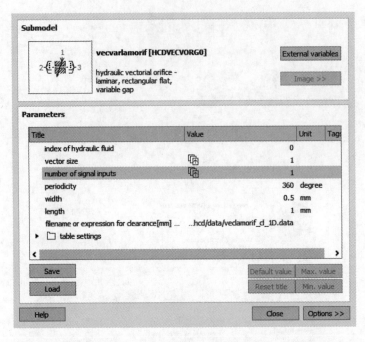

图 6-87　矢量泄漏元件参数设置

矢量容积元件用于计算每个单元的容积，再结合输入流量计算出压力，用户需要设置每个单元的初始容积和初始压力，如图 6-88 所示。

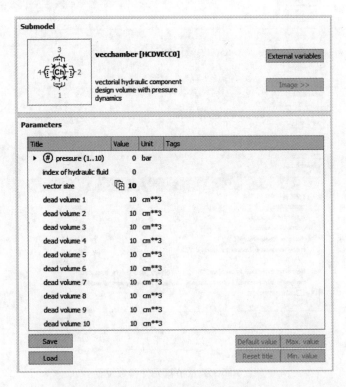

图 6-88　矢量容积元件参数设置

　　矢量连接元件用于调整两个元件之间内部的连接顺序，如图 6-89 所示。如果没有矢量连接元件，软件默认是按照对应序号连接，增加矢量连接元件之后，软件安装矢量连接元件时按照设置的顺序连接，如图 6-90 所示。

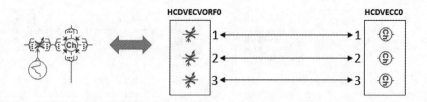

图 6-89　没有矢量连接元件时默认按照对应序号连接

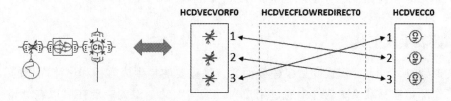

图 6-90　增加矢量连接元件之后按照设置顺序连接

　　例如单元和单元之间的内泄漏可以采用图 6-91 所示方式建模。

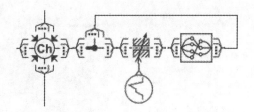

图 6-91　矢量连接元件搭建内泄漏模型

　　采用这种方法搭建双作用叶片泵如图 6-92 所示，见 demo 6-10。

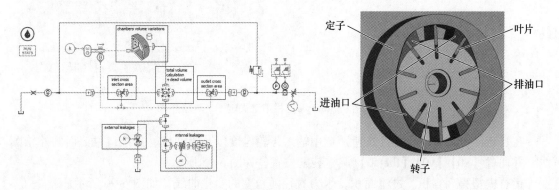

图 6-92　采用矢量模型搭建双作用叶片泵

通过批量仿真得到不同转速下泵的输出流量和泵口压力的时间曲线，如图 6-93 所示。

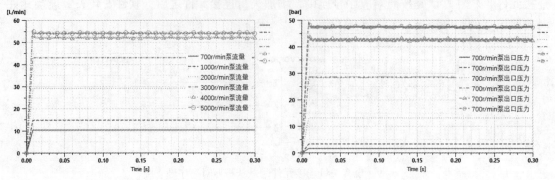

图 6-93　不同转速下泵的输出流量和泵口压力的时间曲线

## 6.5.2　数表生成工具

前文提到过，对于容积式变量泵建模而言，最重要的是生成容积和过流面积的数表，以往这些工作都是在三维绘图软件中通过用户自己编写宏命令得到。现在可以在 Amesim 中采用【Surface Tool Python App】得到。

以转子泵为例，在【Surfaces】（表面）栏中输入定子和转子的外轮廓线，通过【x0】【y0】【theta0】调整装配位置，定义定子轮廓为 hole（孔），如图 6-94 所示。

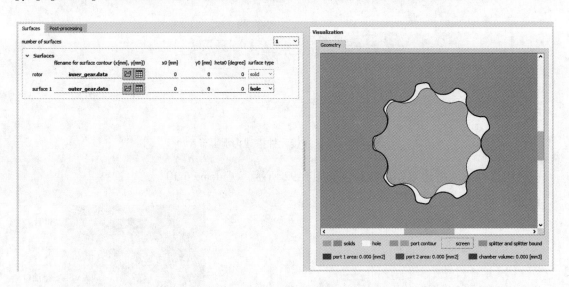

图 6-94　在【Surfaces】栏中定义定子、转子轮廓

在【Post-processing】（后处理）栏中输入齿轮厚度以及吸油口、排油口过流面的外轮廓线，并通过【x0】【y0】【theta0】调整装配位置，如图 6-95 所示。

运行模型得到容积、过流面积、水力直径随角度的变化曲线，如图 6-96 所示。

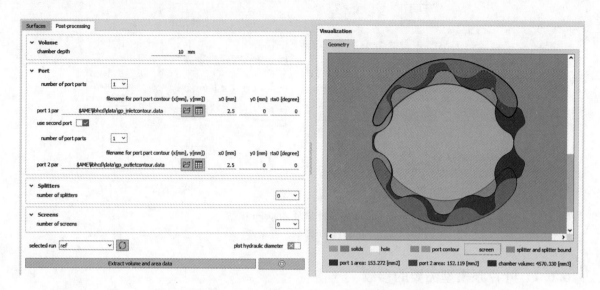

图 6-95　在【Post-processing】栏中定义过流面积

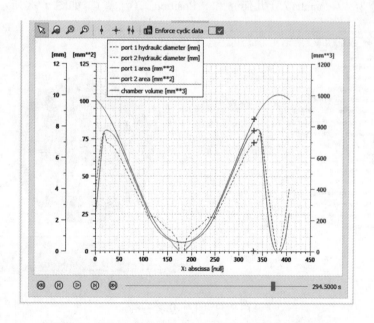

图 6-96　容积、过流面积、水力直径随角度的变化曲线

## 6.6　叶片泵建模

在 Amesim R17 中增加了叶片泵元件，按照变量方式分为滑动式和摆动式，如图 6-97 所示，配合 CAD Import 功能，可以将叶片泵的三维模型直接转换成 Amesim 模型，非常方便，本节将主要介绍叶片泵的建模过程。

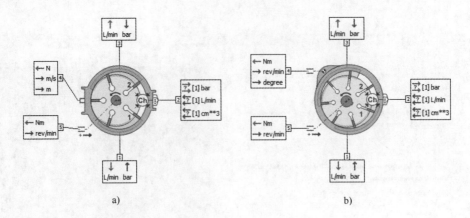

图 6-97　叶片泵 Amesim 模型

a）滑动式　b）摆动式

## 6. 6. 1　叶片泵模型需要的参数

叶片泵的参数设置分为两组：【Geometry】（几何）和【Ports】（端口），【Geometry】（几何）中又分为"Geometry"（几何）和"Position"（活塞），如图 6-98 所示。

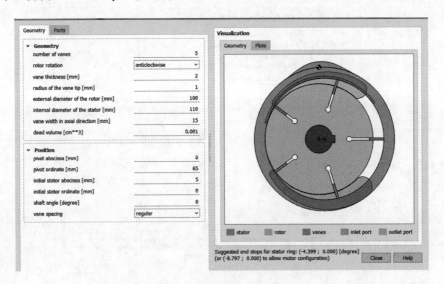

图 6-98　叶片泵参数设置

在"Geometry"（几何）中设置叶片个数 $z$、叶片厚度 $b_v$、叶尖半径 $r_v$、转子外径 $d_r$、定子内径 $d_s$、叶片高度 $H$、死腔容积 $V_0$。在"Position"（活塞）中，以转子中心为坐标原点，设置铰点横坐标 $x_{p0}$、铰点纵坐标 $y_{p0}$、定子中心横坐标 $x_{s0}$、定子中心纵坐标 $y_{s0}$，如图 6-99 所示。

在定义吸油口和排油口时，可以选择"analytic"（解析）或"tabulated contour"（数表轮廓），如图 6-100 所示。当选择"analytic"（解析）时，用户需要输入吸油口和排油口的起始角和终止角。当选择"tabulated contour"（数表轮廓）时，用户需要提供描述吸油口和排油口的外轮廓线，这个数表可以通过在三维软件中添加测量脚本得到，也可以通过使用 Amesim 中的 CAD Import 得到，如图 6-101 所示。

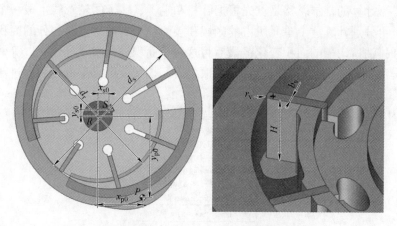

图 6-99 叶片泵主要几何参数定义

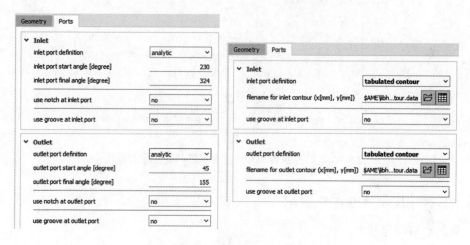

图 6-100 吸油口和排油口的参数定义

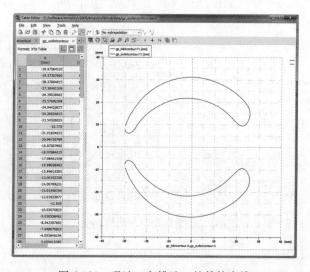

图 6-101 吸油口和排油口的外轮廓线

叶片泵模型计算的基本思路是首先根据叶片和定子、转子的轮廓线生成一个单元的腔容积变化曲线；再分别计算这个单元所占的区域和吸油口、排油口重叠部分的面积变化，以及计算吸油口和排油口沟槽的面积变化；最后将这两个面积进行串联等效，以等效后的面积作为吸油口和排油口的过流面积。经过特征提取之后，模型就可以生成容积和过流面积随角度变化的曲线，如图 6-102 所示。

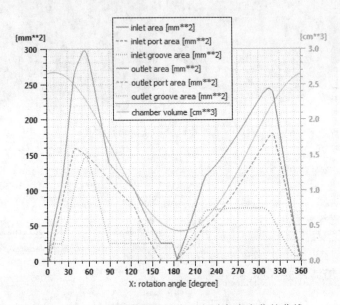

图 6-102　叶片泵容积和过流面积随角度变化的曲线

## 6.6.2　生成叶片泵 Amesim 模型

### 1. 导入 CAD 模型

在 Amesim 工具栏中找到【Tools】|【CAD Import】，打开 CAD Import 辅助建模工具。在 CAD Import 辅助建模工具中导入三维模型文件 Lubrication_pump. x_t，如图 6-103 所示。

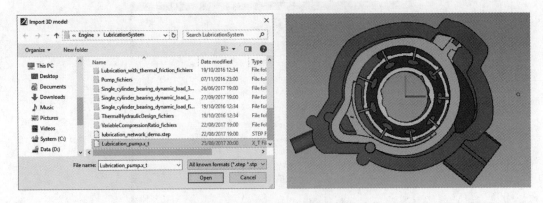

图 6-103　选择要导入的模型文件

### 2. 进入零部件识别过程

将模型的绝对坐标系定在转子轴上，并选择 *XY* 平面作为工作平面，逆时针转动方向作为正方向，先经过吸油口再经过排油口。

1）单击【1D modeling】|【Activate 1D modeling】进入零部件识别模式，如图 6-104 所示。

2）单击绝对坐标系的图标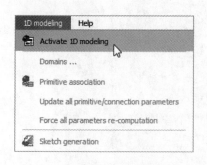开始指定元件，选择"Pivoting vane pump"，如图 6-105 所示。

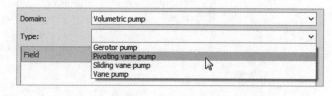

图 6-104　进入零部件识别模式　　　　　　图 6-105　选择"Pivoting vane pump"

3）选择吸油口和排油口，如图 6-106 所示。

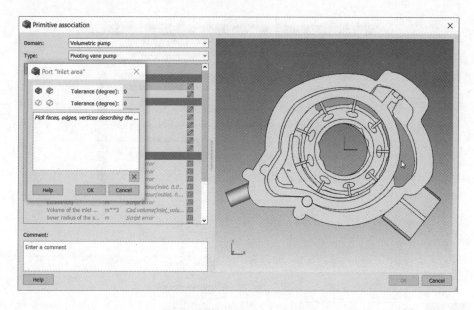

图 6-106　选择吸油口和排油口

4）分别选择吸油口容积、排油口容积、铰点、转子、定子和叶片，并输入叶片个数。如图 6-107、图 6-108 所示。

**3. 生成 Amesim 模型**

1）选择【Sketch generation】（草图生成），如图 6-109 所示。

2）选择"Current description"（当前描述），如图 6-110 所示。

3）选择用液压系统库和液压元件设计库来建模，如图 6-111 所示。

4）成功生成叶片泵模型如图 6-112 所示。

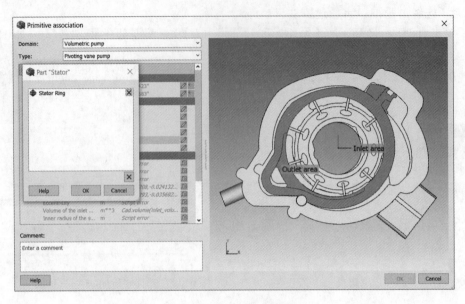

图 6-107　选择相应的容积

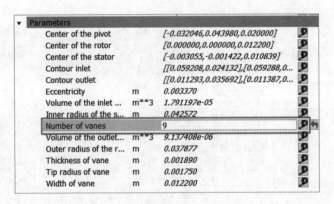

图 6-108　设置叶片的个数

图 6-109　选择【Sketch generation】

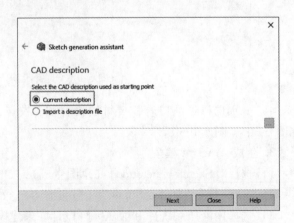

图 6-110　选择"Current description"

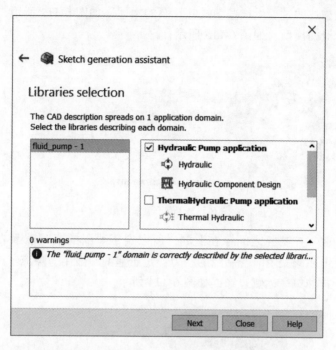

图 6-111 选择用液压系统库和液压元件设计库来建模

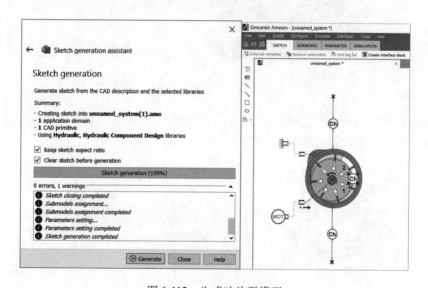

图 6-112 生成叶片泵模型

### 6.6.3 润滑系统变排量机油泵建模

近年来为了提高燃油经济性,越来越多的发动机润滑系统采用变排量机油泵。与传统的定排量机油泵相比,变排量机油泵的最大优势在于泵输出流量能够随着发动机的工作点(转速、负荷和油温)而改变,从而达到节能减排的目的。目前有两种类型的叶片泵变排量技术:滑动式和摆动式,本案例以摆动式叶片泵为例演示变排量机油泵模型的搭建过程。

首先按照前文描述的过程生成摆动式叶片泵的本体，如图 6-112 所示，然后在本体模型的基础上增加转子泄漏模型，如图 6-113 所示。

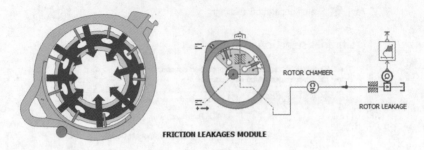

图 6-113　转子泄漏模型

因为泵的排油腔和控制腔之间存在泄漏，所以定子泄漏模型对于调节活塞位置至关重要。它将直接决定电磁阀关闭时控制腔的压力。定子泄漏一般用缝隙流考虑，缝隙的长度起始于铰点，终止于排油口最远侧边缘，如图 6-114 所示。

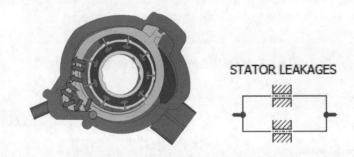

图 6-114　定子泄漏模型

采用有行程限制的转动惯量模拟泵的定子，一端连接弹簧用来模拟泵的变量弹簧，两个旋转活塞元件用来模拟变量机构的高压腔和低压腔。如图 6-115 所示。

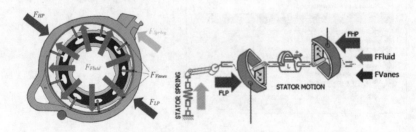

图 6-115　变量机构模型

由于定子在移动时还会受铰点上的摩擦力，会影响定子位移的控制，进而影响泵的排量，因此如果将这部分摩擦力考虑进来，需要用到【sense internal variable】（感应内部变量）功能，将泵定子受到的外力输出到摩擦力模型中，如图 6-116 所示。

在变量泵出口还要安装电磁阀来控制泵的输出压力，通常情况下是选用两位三通阀，分别连接泵的排油口、控制腔和油底壳。当输入电流为 0A 时，控制腔跟油底壳连接，此时控制腔内压力为 0bar，泵以最大排量输出；当电磁阀输入电流逐渐增大时，阀芯向右移动，控制腔跟

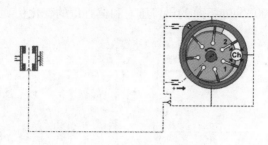

图 6-116 定子摩擦力模型

油底壳连接的通路逐渐关闭，泵排油口跟控制腔的连接通路逐渐增大，控制腔压力逐渐升高，当大于弹簧预紧力时，定子开始转动，泵排量减小。搭建好的电磁阀模型如图 6-117 所示。

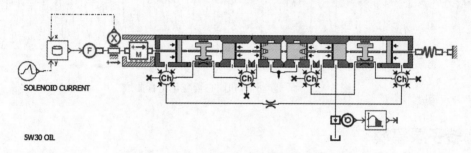

图 6-117 电磁阀模型

将所有模型整合到一起得到整个变排量机油泵系统，如图 6-118 所示，见 demo 6-11。

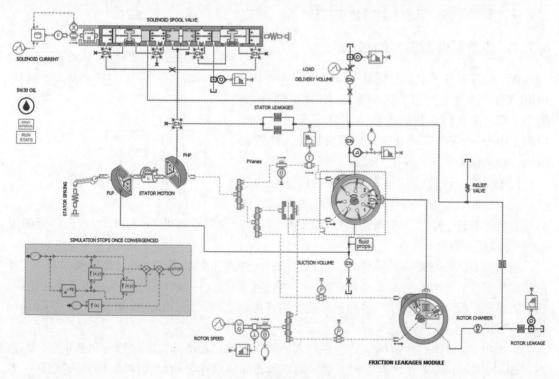

图 6-118 变排量机油泵系统

235

运行模型，分析 3600r/min 下泵的出口压力和偏心量的变化仿真曲线，如图 6-119 所示。

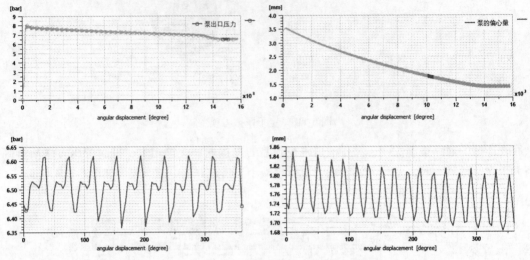

图 6-119  泵出口压力和偏心量变化仿真曲线

## 6.7  转子泵建模

在 Amesim R2019.2 中增加了转子泵元件，如图 6-120 所示，配合 CAD Import 功能，可以将转子泵的三维模型直接转换成 Amesim 模型，非常方便，本节主要介绍转子泵的建模过程。

### 6.7.1  转子泵模型需要的参数

转子泵有两种子模型分别是 HCDGPEXT0 和 HC-DGPEXT1。两种子模型的区别在于 HCDGPEXT0 子模型采用的是几何参数的方法来描述定子、转子的轮廓；HCDGPEXT1 子模型采用的是直接输入外轮廓线的方式来描述定子、转子的轮廓。

转子泵模型计算的基本思路是首先根据泵的定子、转子轮廓线生成一个单元容积变化的曲线，然后再分别计算这个单元容积所占的区域和吸油口、排油口重叠的部分，作为这个单元的吸油、排油过流面积。

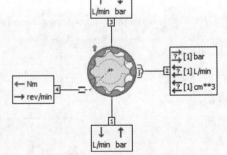

图 6-120  转子泵模型端口

当选择 HCDGPEXT0 子模型时，用户需要输入外齿轮圆半径 $G$、外齿轮圆弧半径 $S$、外齿轮圆角半径 $r_f$、摆线半径 $K$ 和偏心量 $ecc$，模型会根据这些参数计算出转子和定子的轮廓。然后需要输入吸油口和排油口的相关参数。用户可以选择 "analytic"（解析）或 "tabulated contour"（数表轮廓）。

当采用 "analytic"（解析）时，用户需要输入吸油口和排油口的起始角和终止角。当选择 "tabulated contour"（数表轮廓）时，用户需要提供描述吸油口和排油口的外轮廓线，参数的定义如图 6-121 所示。

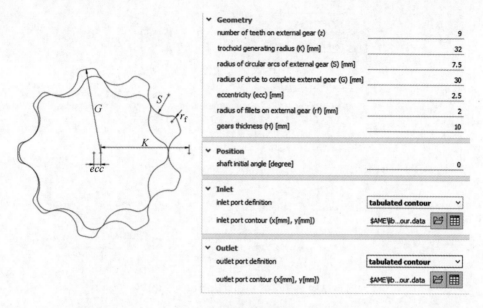

图 6-121　转子泵参数定义

当选择 HCDGPEXT1 子模型时，用户需要输入定子和转子的外轮廓线，以及吸油口和排油口的外轮廓线，如图 6-122 所示。

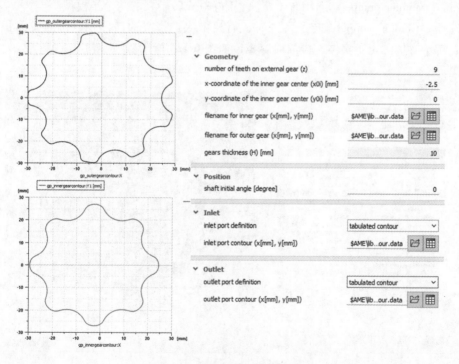

图 6-122　转子泵轮廓线数表定义

无论采用哪种方法，最终模型都可以生成容积和过流面积的变化曲线，通过【Gerotor configuration tool】（转子泵配置工具）查看变化曲线，如图 6-123 所示。

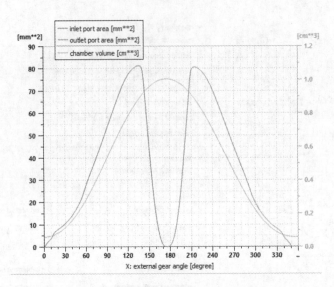

图 6-123　转子泵容积和过流面积的变化曲线

## 6.7.2　生成转子泵 Amesim 模型

导入 Amesim 三维模型后，在【Type】（类型）中可以选择"Gerotor pump"（转子泵）或"Genneric gerotor pump"（通用转子泵），正好对应转子泵的两个子模型。

当选择"Gerotor pump"（转子泵）时，需要依次选择吸油口面积、排油口面积、吸油口容积、转子实体、定子实体、排油口容积，如图 6-124 所示。

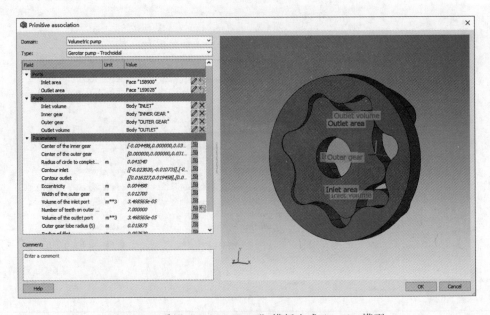

图 6-124　采用"Gerotor pump"模板生成 Amesim 模型

当选择"Genneric gerotor pump"（通用转子泵）时，需要依次选择吸油口面积、排油口面积、吸油口容积、转子实体、转子齿轮外轮廓线定子实体、定子齿轮外轮廓线排油口容积，如图 6-125 所示。

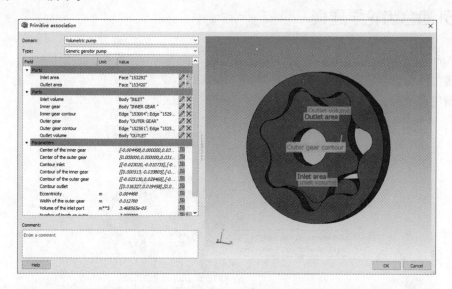

图 6-125　采用"Genneric gerotor pump"（通用转子泵）模板生成 Amesim 模型

生成 Amesim 模型后，再连接泵上下回路，并可以通过 App 生成的结构图来判断模型参数的提取是否正确，如图 6-126 所示，见 demo 6-12。

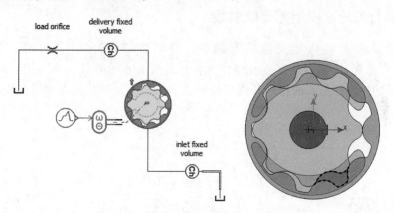

图 6-126　转子泵模型和对应结构

设定转速为 1500r/min，输出压力和输出流量仿真曲线如图 6-127 所示。

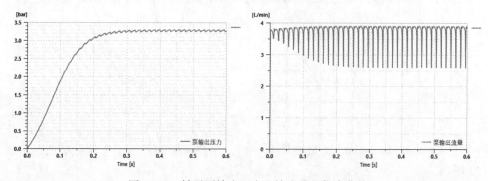

图 6-127　转子泵输出压力和输出流量仿真曲线

## 6.8　外啮合齿轮泵建模

在 Amesim R2020 中增加了外啮合齿轮泵元件，如图 6-128 所示，配合 CAD Import 功能，可以直接将外啮合齿轮泵的三维模型转换成 Amesim 模型，非常方便，本节主要介绍外啮合齿轮泵的建模过程。

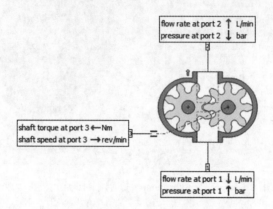

图 6-128　外啮合齿轮泵元件

### 6.8.1　外啮合齿轮泵模型需要的参数

外啮合齿轮泵的参数定义方式有两种，分别是"analytic"（解析）和"tabulated contour"（数表轮廓），两者的区别在于定义齿轮轮廓方式的差异。当采用"analytic"（解析）时，齿轮的轮廓线需要通过渐开线齿轮理论进行计算。渐开线齿轮参数设置如图 6-129 所示。

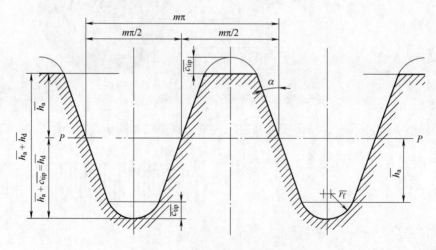

图 6-129　渐开线齿轮参数定义

当采用"tabulated contour"（数表轮廓）时，用户需要输入两个齿轮轮廓线的数表，如图 6-130 所示。

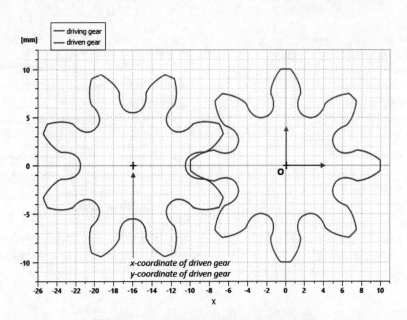

图 6-130　主动齿轮和从动齿轮轮廓线的数表

在定义吸油、排油过流面积时，有三种选项分别为"radial only"（只考虑径向）、"analytic"（解析）和"tabulated contour"（数表轮廓）。当选择"radial only"（只考虑径向）时，表示吸油口和排油口的液体流向都是径向的，没有轴向流动，因此不需要额外定义吸油口和排油口的几何参数。只需要定义主动齿轮、从动齿轮的起始角和终止角即可。采用"radial only"（只考虑径向）定义油口参数如图 6-131 所示。

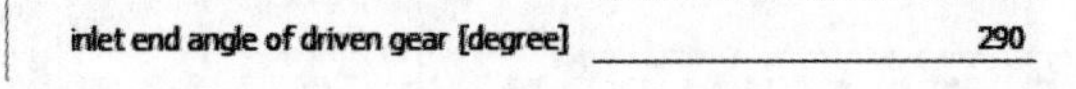

图 6-131　采用"radial only"（只考虑径向）定义油口参数

当选择"analytic"（解析）时，表示吸油口和排油口的液体流向同时存在径向和轴向，过流面积就应该是这两个方向的综合结果。需要通过参数来定义吸油口、排油口矩形窗的几何尺寸。采用"analytic"（解析）定义油口参数如图 6-132 所示。

当选择"tabulated contour"（数表轮廓）时，表示采用矩形外轮廓线的数表来定义吸油口、排油口。而且值得注意的是，因为涉及装配的问题，定义矩形轮廓线的坐标系应该与定义齿轮轮廓的坐标系一致。采用"tabulated contour"（数表轮廓）定义油口参数如图 6-133 所示。

无论采用哪种参数定义方法，模型都可以生成容积和过流面积的变化曲线，如图 6-134 所示。

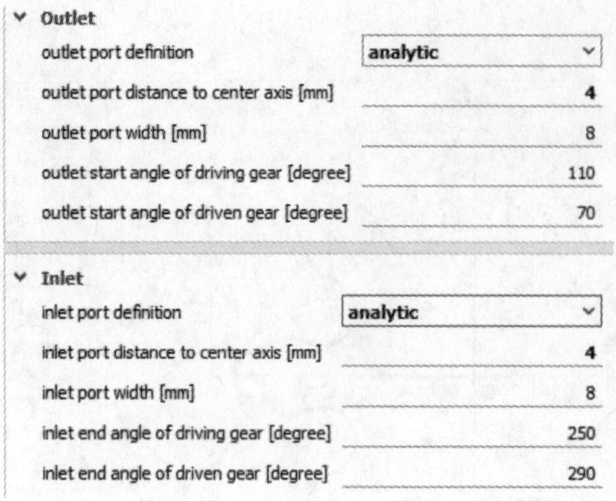

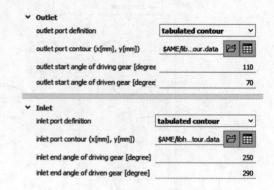

图 6-132　采用"analytic"（解析）
定义油口参数

图 6-133　采用"tabulated contour"
（数表轮廓）定义油口参数

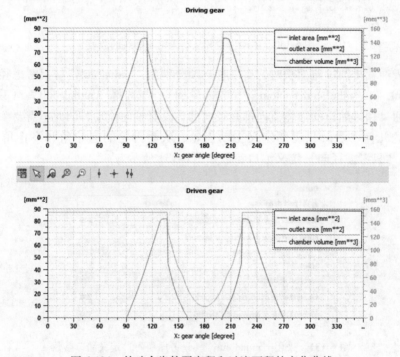

图 6-134　外啮合齿轮泵容积和过流面积的变化曲线

### 6.8.2　生成齿轮泵 Amesim 模型

导入 Amesim 三维模型后，在【Type】（类型）中可以选择"External gear pump"（外啮合齿轮泵），需要依次选择吸油口面积、排油口面积、主动齿轮、单个主动齿轮啮合轮廓、从动齿轮、单个从动齿轮啮合轮廓，如图 6-135 所示。

生成 Amesim 模型后，连接溢流阀，通过 App 生成的结构图来判断模型参数的提取是否正确，如图 6-136 所示，见 demo 6-13。

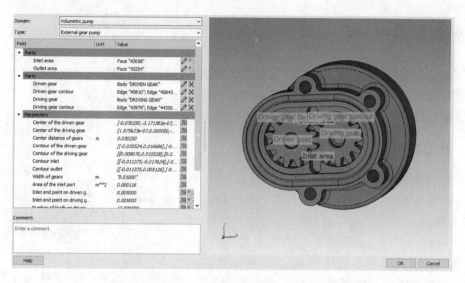

图 6-135 采用外啮合齿轮泵模板生成 Amesim 模型

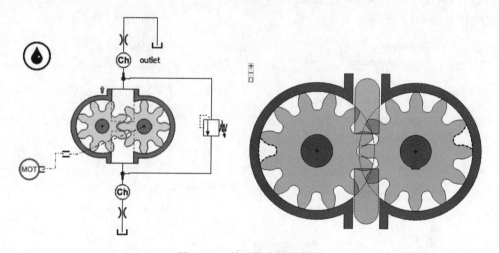

图 6-136 外啮合齿轮泵模型

设定转速为 1500r/min，输出压力和输出流量仿真曲线如图 6-137 所示。

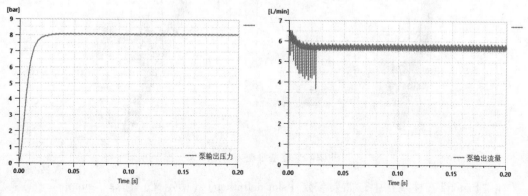

图 6-137 外啮合齿轮泵输出压力和输出流量仿真曲线

## 6.9 柱塞泵建模

在 Amesim R2019. 2 中增加了柱塞泵元件，如图 6-138 所示，配合 CAD Import 功能，可以直接将柱塞泵的三维模型转换成 Amesim 模型，本节主要介绍柱塞泵的建模过程。

### 6.9.1 柱塞泵模型需要的参数

柱塞泵建模需要的参数较为复杂，分为三组："Geometry"（几何形状）"Piston"（柱塞）和"Leakages"（泄漏）。

在"Geometry"（几何形状）中依次定义柱塞个数，柱塞中心到旋转中心的半径 $R_{pi}$，斜盘倾角 $\beta$，斜盘铰点到驱动轴的垂向距离 $sp_{offset}$，死区容积 $vol_0$ 和柱塞球头到斜盘的距离 $ss_{ph}$。柱塞泵整体参数输入和定义分别如图 6-139 和图 6-140 所示。

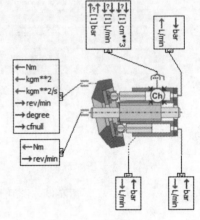

图 6-138　柱塞泵元件

| ∨ Geometry | |
| --- | --- |
| number of pistons | 9 |
| pitch radius [mm] | 30 |
| initial swash plate angle [degree] | 12.5 |
| swash plate axis offset [mm] | 5 |
| dead volume [cm**3] | 0.5 |
| piston head center distance to swashplate [mm] | 5 |

图 6-139　柱塞泵整体参数输入

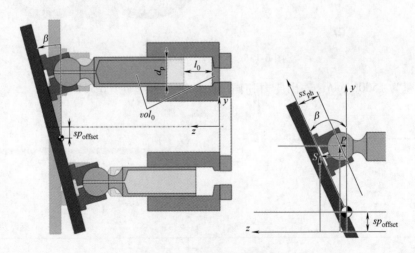

图 6-140　柱塞泵整体参数定义

在"Piston"（柱塞）中，如果参数【slot definition】（槽定义）选择"simple"（简单），

此时认为缸体上的槽跟柱塞是中心对齐的，依次定义柱塞直径 $d_p$，斜盘倾角为零时柱塞腔的长度 $l_0$，缸筒上的槽宽 $slot_w$。如果选择 "advanced"（高级），则还需要定义缸体上的槽相对于柱塞中心的偏移量 $slot_{dr}$ 和经过的角度 $slot_{da}$。柱塞泵缸筒、活塞的参数输入和定义分别如图 6-141 和图 6-142 所示。

> Piston
  piston diameter [mm]                                    12
  length of piston chamber at zero displacement [mm]      6.65
  slot definition                          simple ⌄
  piston slot width [mm]                                   4

> Piston
  piston diameter [mm]                                    12
  length of piston chamber at zero displacement [mm]      6.65
  slot definition                          advanced ⌄
  piston slot width [mm]                                   4
  piston slot radial offset [mm]                           0
  piston slot angular range [degree]                      42

图 6-141　柱塞泵缸筒、活塞的参数输入

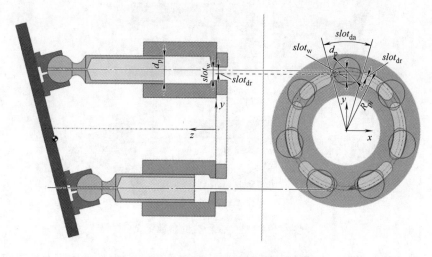

图 6-142　柱塞泵缸筒、活塞的参数定义

在 "Leakages"（泄漏）中，一般认为柱塞泵存在的泄漏有三处，分别是配流盘和缸筒间的径向间隙泄漏，缸筒和柱塞间的轴向间隙泄漏，以及滑靴和斜盘间的平面泄漏。正好对应模型中的【Port plate】（配流盘）、【Barrel】（缸筒）、【Slipper】（滑靴）三处参数设置。

在【Port plate】（配流盘）、中设置配流盘和缸筒间的径向间隙 $h_{bpp}$ 和配流盘径向长度 $l_{bpp}$；在【Barrel】（缸筒）中设置缸筒和柱塞间的轴向间隙 $h_{pc}$、偏心率 $ecc_{pc}$、柱塞和滑靴初始接触长度 $l_{0pc}$ 和最大接触长度 $l_{maxpc}$；在【Slipper】（滑靴）中设置滑靴和斜盘间的间隙 $h_{ssp}$、滑靴通孔直径 $d_{cp}$、长度 $l_{cp}$，滑靴底部的内径 $r_{sspi}$、外径 $r_{sspo}$。柱塞泵滑靴的参数输入和定义分别如图 6-143、图 6-144 所示。

**Leakages**

**Port plate**

| | |
|---|---|
| compute barrel-port plate leakage | ☑ |
| clearance between barrel and port plate [mm] | 0.005 |
| radial length of the leakage between barrel and port plate [mm] | **2** |

**Barrel**

| | |
|---|---|
| compute piston-cylinder leakage | ☑ |
| clearance between piston and cylinder [mm] | *0.005* |
| eccentricity between piston and cylinder [mm] | 0 |
| piston-cylinder contact length at zero displacement [mm] | 30 |
| piston-cylinder maximum contact length [mm] | **40** |

**Slipper**

| | |
|---|---|
| compute slipper-swash plate leakage | ☑ |
| clearance between slipper and swash plate [mm] | **0.2** |
| diameter of capillary hole through the piston [mm] | **0.5** |
| length of capillary hole through the piston [mm] | **6** |
| inner radius of the slipper pad [mm] | **2** |
| outer radius of the slipper pad [mm] | **2** |

图 6-143　柱塞泵滑靴的参数输入

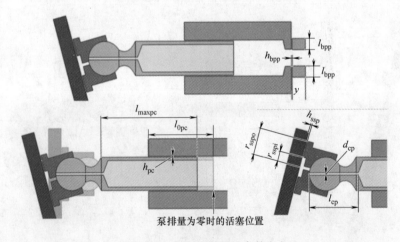

泵排量为零时的活塞位置

图 6-144　柱塞泵滑靴的参数定义

　　值得注意的是，滑靴和斜盘间的泄漏间隙不是一个定值，它是由油膜厚度决定的，会随着柱塞的受力发生周期性的变化，很多柱塞泵的生产厂家非常关心这个值的变化。但在当前柱塞泵模型中把这个间隙值处理成了一个定值，目的是简化计算。若是希望计算滑靴油膜动态的变化过程，可以把滑靴副单独建模，或者是采用一维、三维联合仿真的方法。

　　在定义配流盘过流面积时有三种方法，分别是"analytic"（解析）、"tabulated contour"（数表轮廓）和"tabulated opening area"（数表过流面积）。

　　当采用"analytic"（解析）时，只需要分别定义配流盘吸油口、排油口开槽宽度（$port_{\text{w in}}$、$port_{\text{w out}}$）、槽的起始角（$\theta_{\text{pf in}}$、$\theta_{\text{ps in}}$）和终止角（$\theta_{\text{pf out}}$、$\theta_{\text{ps out}}$），如图 6-145 所示。

　　当采用"tabulated contour"（数表轮廓）时，需要用户提供配流盘开槽的外轮廓线，以表格形式输入，系统默认单位为 mm。

当采用"tabulated opening area"（数表过流面积）时，需要用户提供转角、过流面积以及水力直径的数表。过流面积与水力直径的默认单位分别为 mm² 和 mm，转角的范围为 0° ~ 360°。柱塞泵模型生成的容积和过流面积变化曲线，如图 6-146 所示。

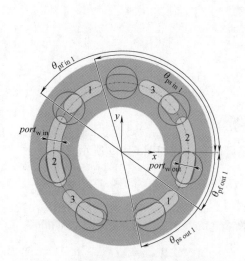

图 6-145　配流盘开槽的起始角和终止角

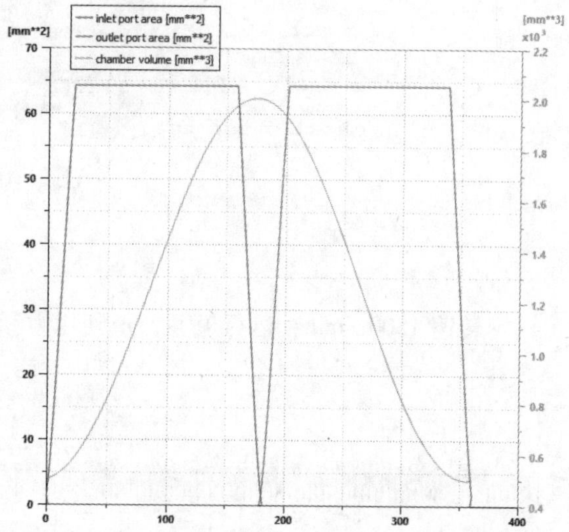

图 6-146　柱塞泵模型生成的容积和过流面积变化曲线

## 6.9.2　生成柱塞泵 Amesim 模型

导入 Amesim 三维模型后，在【Type】（类型）中选择"Axial piston pump"（轴向柱塞泵），在【Ports】（端口）中选择吸油口面积、排油口面积。在【Parts】（零件）中依次选择缸筒、吸油容积、排油容积、柱塞、柱塞槽轮廓、斜盘、吸油口轮廓、排油口轮廓，如图 6-147 所示。

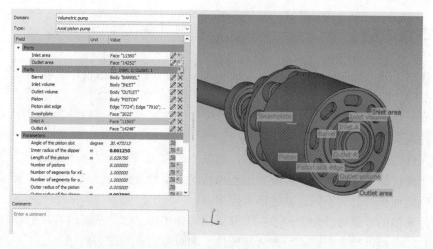

图 6-147　采用柱塞泵模板生成 Amesim 模型

生成 Amesim 模型后，连接溢流阀，通过 App 生成的结构图来判断模型参数提取是否正确，如图 6-148 所示，见 demo 6-14。

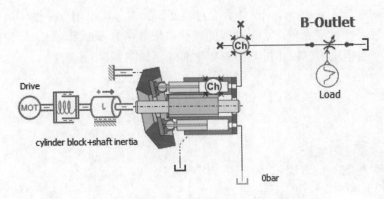

图 6-148    柱塞泵模型

设定转速 1500r/min，运行模型，得到压力和流量仿真曲线如图 6-149 所示。

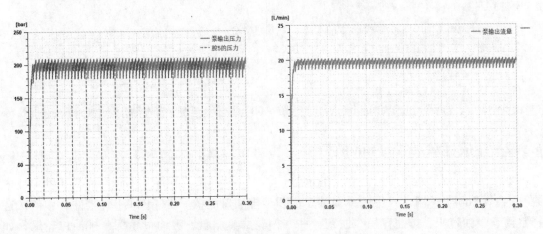

图 6-149    柱塞泵压力和流量仿真曲线

## 6.10    本章小结

本章介绍了液压元件设计库的使用方法，大家要掌握的是构成液压元件设计库的元件都是一些标准的功能单元集合，在使用时不再是整体调用一个标准元件，而是用这些标准功能单元组合成一个元件。液压元件设计库的元件按照阀芯是否可动可以分为绝对运动元件和相对运动元件两大类。

阀类元件内部流量计算流程基本类似，都是由外部元件根据力的平衡方程计算出位移，再由阀类元件计算出过流面积，再根据压差和移动速度计算流量。只是不同节流形式元件的内部计算过流面积的公式不同，其他都大致相同。

零部件建模的步骤可以分为四步：①分析压力作用面；②分析可以移动的部件；③分析节流形式；④分析可变容积腔，另外活塞元件要和可变容积腔配合使用。

可以通过液压系统库中的 CAD Import 功能，直接利用三维模型生成叶片泵模型，相关的几何数据直接从三维模型中提取，极大地方便了建模过程。

第 **7** 章

# 传动库的使用方法

Amesim 传动库专门用于动力总成的设计、分析和优化。动力传动库包含用于建立动力传动系统、变速器以及驱动链的各种模块。该库使得设计人员可以考虑动力传动系统仿真中涉及的各种物理现象。从轮胎到发动机，该库提供了包含从最基本的模块到最详细的高级模块的一整套模块，为整车传递系统的建模和分析提供了一种有效的途径。

## 7.1 传动库常用元件数学模型和使用方法

传动库的元件包括发动机、悬置、耦合元件、变速比元件、齿轮、轴承、传动轴和整车，既可以专门用于发动机、变速器等传动系统的建模，还可以将各个子系统集成起来，分析系统的舒适性、性能与损失及 NVH 等一系列工程问题。

### 7.1.1 发动机和悬置

本节主要介绍传动库中的发动机模型和悬置模型的使用方法，发动机和悬置相关模型如图 7-1 所示。发动机模型主要用于计算发动机的瞬态扭矩输出，悬置模型主要用于计算动力总成的支承力，进而用于悬置效果的评估。

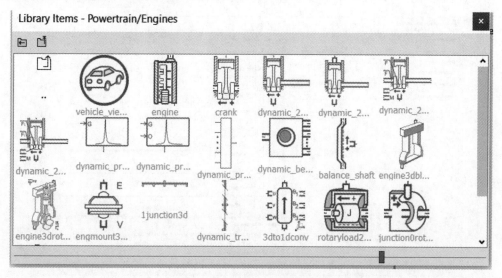

图 7-1　发动机和悬置相关模型

### 1. 发动机模型

传动库发动机模型的主要功能是计算发动机的瞬态扭矩输出，发动机扭矩瞬态的变化对车辆的 NVH 性能非常重要。发动机有两个复杂程度模型，即简单发动机模型和曲柄活塞发动机模型。

（1）简单发动机模型  简单发动机模型的外部端口如图 7-2 所示，其子模型有三个，分别是 TREN00A、TREN00B、TREN01A。

当选择子模型 TREN00A 时，发动机端口 1 的输入扭矩就是端口 2 的输入信号。当选择子模型 TREN00B 时，端口 1 输入转速信号，端口 2 输入油门信号，用户需要提供发动机扭矩（N·m）随油门开度（0 到 1 之间）和转速变化的部分负荷特性数表，如图 7-3 所示，模型根据油门和转速通过查表得到当前的输出扭矩。

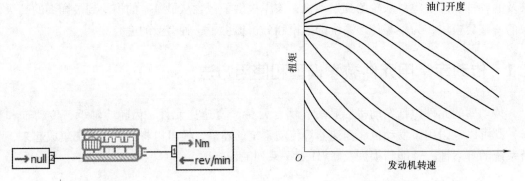

图 7-2  简单发动机模型　　　　　　图 7-3  发动机扭矩随油门开度和转速的变化

当选择子模型 TREN01A 时，模型采用谐波叠加方式计算瞬态扭矩（发动机输出扭矩是由不同频率下的三角函数叠加得到的）。用户必须指定不同发动机转速下的 $H_0$、$A_i$、$B_i$ 或 $H_0$、$G_i$、$\varphi_i$ 值。用户可以在专用 App 中直接完成，如图 7-4 所示。

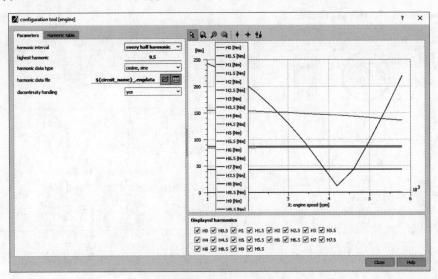

图 7-4  简单发动机模型参数设置 App

TREN01A 子模型有两种模式可以选择。当在【harmonic data type】（谐波数据类型）中选择"cosine，sine"时，发动机输出扭矩的计算公式如下

$$T = H_0 + \sum \left[ A_i \cos(i\omega t) + B_i \sin(i\omega t) \right] \tag{7-1}$$

式中　$H_0$——平均扭矩值；

　　　$A_i$——第 $i$ 阶谐波余弦扭矩幅值；

　　　$B_i$——第 $i$ 阶谐波正弦扭矩幅值；

　　　$i$——简谐阶数（$i = 1, 2, 3, \cdots$）；

　　　$\omega$——发动机转速；

　　　$t$——时间。

当在【harmonic data type】（谐波数据类型）中选择"gain，phase"（增益，相位）时，发动机输出扭矩的计算公式如下

$$T = H_0 + \sum G_i \sin(i\omega t + \varphi_i) \tag{7-2}$$

式中　　$H_0$——平均扭矩值；

　　　$G_i$——第 $i$ 阶谐波的幅值，$G_i = \sqrt{A_i^2 + B_i^2}$；

　　　$\varphi_i$——第 $i$ 阶谐波的相位角，$\varphi_i = \arctan\dfrac{A_i}{B_i}$。

（2）曲柄活塞发动机模型　曲柄活塞发动机模型可根据发动机的几何参数和缸压曲线来计算发动机的输出扭矩。模型的复杂度有三个层级。

第一层级：简单模型，不考虑机构中各部件质量、惯性和摩擦的影响，仅考虑几何参数的影响。由于零部件惯性和摩擦的影响在低频段不明显，因此，该层级的模型适用于低频段传动系统动态响应的研究。

第二层级：详细模型，机构中各部件的质量、惯性都会被考虑，但假设曲轴是刚体。该模型假设发动机中的摩擦主要存在于活塞和缸体壁之间以及曲轴和轴承之间。

第三层级：在考虑了几何参数和零部件质量影响的基础上把曲轴考虑成柔性体，考虑曲轴扭转刚度的影响。

用户可以通过 App 来定义发动机的参数，如图 7-5 所示。

为了比较三个层级模型的差异和特点，这里列举了一个标准的 L4 发动机模型来说明，即分别搭建三种不同复杂层级的模型，然后通过频域特性对比分析加以详述。

搭建第一层级的模型如图 7-6 所示，经过仿真得到的瀑布图和阶次切片如图 7-7 所示。

从图 7-7 瀑布图中可以看到 2 阶能量最高，然后是 4 阶、6 阶……从阶次切片中可以看出曲线整体上比较平整，这是由于模型中忽略了零部件的质量因素造成的。

搭建第二层级的模型如图 7-8 所示，经过仿真得到的瀑布图和阶次切片如图 7-9 所示。

从图 7-9 瀑布图中可以看到 2 阶能量最高，但是在 132Hz、4000r/min 处能量明显降低，4 阶、6 阶与前面的模型相比基本不发生变化。从阶次切片中也能看出 2 阶曲线在 4000r/min 处明显降低。这是因为机构的质量对 2 阶谐波有很大的影响，机构质量产生的惯性扭矩与转速的平方成正比，抵消了气缸的驱动力矩，当转速达到 4000r/min 时，两者相位刚好相差 180°，因此曲线达到最低。

搭建第三层级的模型如图 7-10 所示，经过仿真得到的瀑布图和阶次切片如图 7-11 所示。

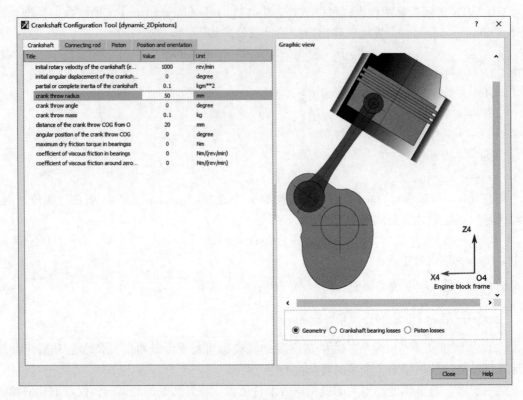

图 7-5　发动机参数设置 App

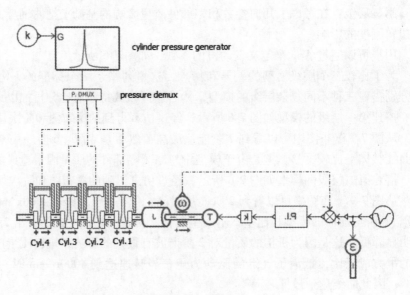

图 7-6　发动机建模（第一层级）

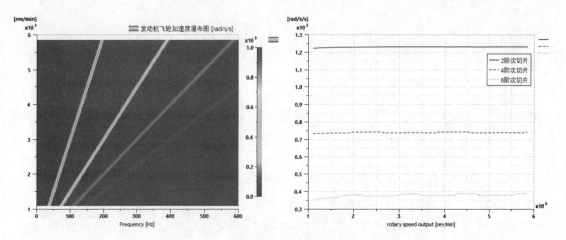

图 7-7 第一层级发动机模型瀑布图和阶次切片

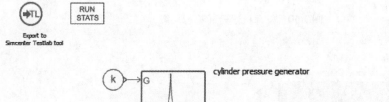

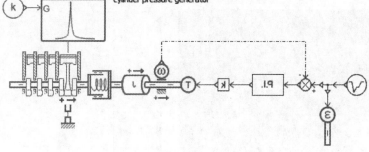

图 7-8 发动机建模（第二层级）

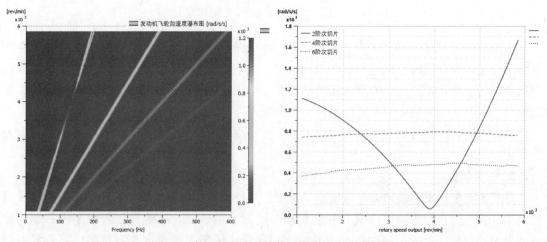

图 7-9 第二层级发动机模型瀑布图和阶次切片

**253**

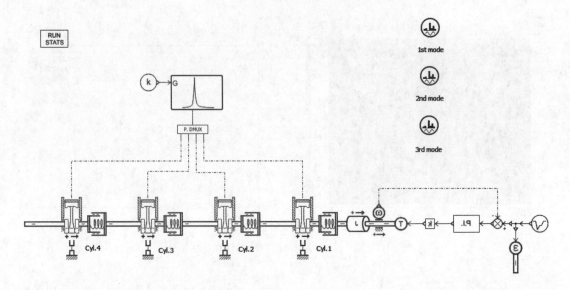

图 7-10　发动机建模（第三层级）

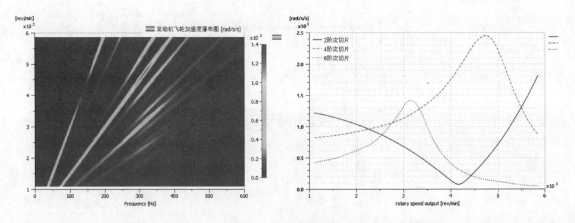

图 7-11　第三层级发动机模型瀑布图和阶次切片

从图 7-11 瀑布图中可以看到，当分段考虑曲轴的刚度时，模型中呈现的很多阶次特性发生了变化。可以很清楚地观察到在 300Hz 时，4 阶次曲线有一个很大的波峰，这是因为该阶次频率与系统第 1 阶固有频率比较接近，发生了共振造成的。就这个例子而言，这是非常危险的，因为这个波峰正好在发动机的工作范围内。

通过阶次切片的对比，可以发现当考虑了曲轴刚度的影响后，4 阶和 6 阶曲线都有很大的变化。

### 2. 悬置模型

悬置模型包括发动机动力总成模型、三维连接器模型和悬置块模型。发动机动力总成模型用于计算外力作用下动力总成（发动机和变速器）的运动；三维连接器用于将每个悬置点的外力等效成一个合力施加在动力总成上；悬置块模型用于根据相对位移计算悬置点处 X、Y、Z 三个方向上的受力。

（1）发动机动力总成模型 发动机动力总成模型可以分为两种，如图 7-12 所示，分别是 TRVDENG003 和 TRVDENG002，这两种模型都是 6 个自由度的 3D 模型，区别在于 TRVDENG002 模型是特定的集成曲轴惯性的发动机动力总成模型，它可以传输发动机特性扭矩，而 TRVDENG003 模型则是通用的动力总成 3D 刚体模型。

Amesim 中悬置相关的坐标系定义如下。

Rinertia：发动机惯性坐标系，发动机的质量和转动惯量都在这个坐标系下测

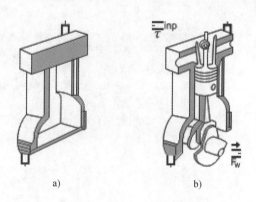

图 7-12 发动机动力总成模型
a) TRVDENG003 b) TRVDENG002

量得到。通常这个坐标系原点在发动机质心上，$X$ 轴平行于曲轴轴线，指向飞轮，$Z$ 轴向上，$Y$ 轴由右手定则确定，如图 7-13 所示。

R4：发动机坐标系，在发动机机体上，Amesim 中用这个坐标系来计算发动机受力，$X$ 指向车辆前进的方向，$Z$ 轴向上，$Y$ 轴指向车辆左侧，如图 7-14 所示。

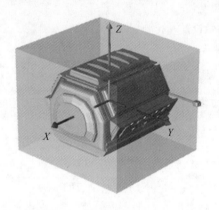

图 7-13 发动机惯性坐标系 Rinertia

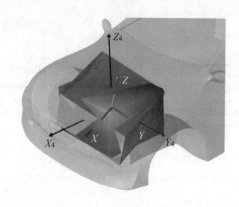

图 7-14 发动机坐标系 R4

R4grid：由发动机坐标系 R4 绕 $Z$ 轴旋转 180° 得到，这个坐标系原点通常在前轴的中点。这个坐标系也在发动机机体上，发动机设计部门会使用这个坐标系。

有的读者可能会非常困惑，为什么要在发动机机体上定义这么多坐标系呢？其实这与车辆的装配顺序有关，通常情况下都是先测量发动机的转动惯量然后再将发动机装配在整车上。发动机的转动惯量就是在 Rinertia 上测得的，然后在 R4grid 中通过欧拉角来定义发动机的初始姿态，软件通过内部的转化在 R4 坐标系中计算发动机的受力。

由于涉及的参数较多，为了方便用户参数设置，软件中增加了发动机悬置参数设置 App。发动机悬置参数设置 App 的工具栏有 Model Parameters、Frames Coordinates、Mount Design Assistant 三个选项，如图 7-15 所示。

在【Model Parameters】（模型参数）中设置发动机的质量、转动惯量（Rinertia 坐标系）以及悬置点的位置坐标（R4grid 坐标系）、刚度等，如图 7-16 所示。

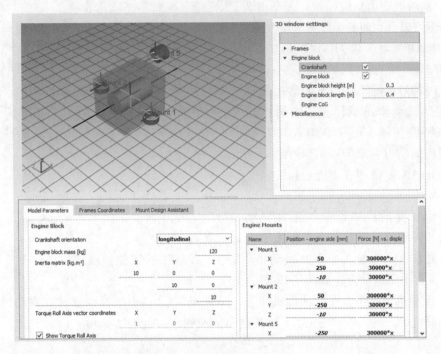

图 7-15　发动机悬置参数设置 App

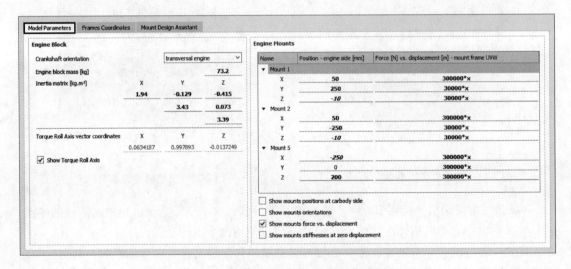

图 7-16　【Model Parameters】参数设置界面

在【Frames Coordinates】（坐标系）中设定坐标系位置关系和欧拉角，如图 7-17 所示。

1)【Position of Carbody "grid" frame （R1grid)-in Absolute frame （R0）［mm］】表示在绝对坐标系 R0 下设定整车坐标系 R1grid 的位置。

2)【Position of Engine "grid" frame （R4grid)-in Carbody "grid" frame （R1grid）［mm］】表示在整车坐标系 R1grid 下设定发动机 grid 坐标系（R4grid）的位置。

3)【Position of Engine Block CoG-in Engine "grid" frame （R4grid）［mm］】表示在发动

机 grid 坐标系（R4grid）下设定发动机重心位置。

4）【Orientation of Inertia frame（Rinertia）-in Engine grid frame（R4grid）［degree］】表示在发动机 grid 坐标系（R4grid）下设定惯性轴的方向，即欧拉角。

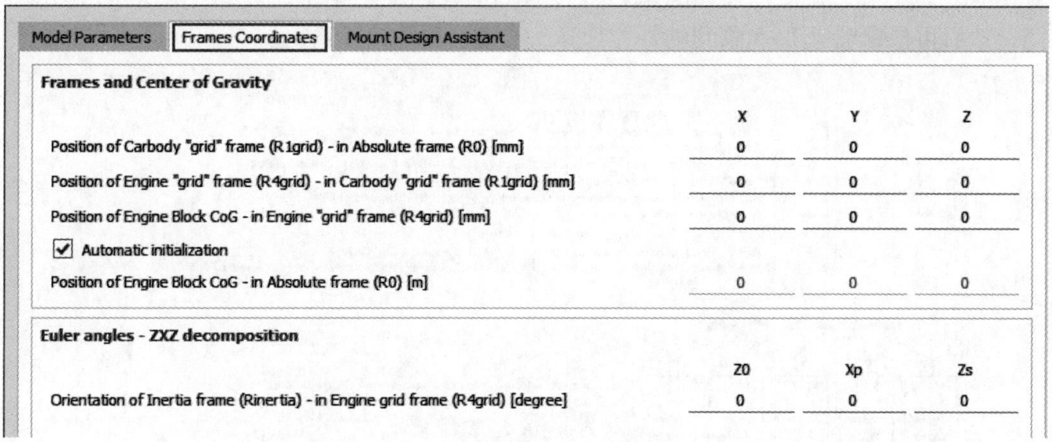

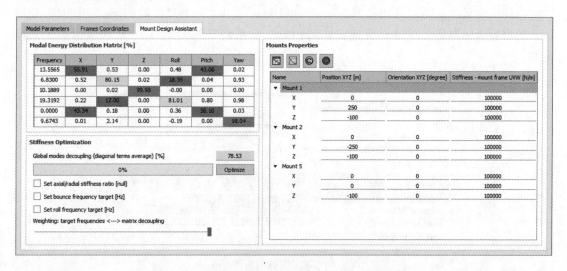

图 7-17　【Frames Coordinates】参数设置界面

在【Mount Design Assistant】（悬置设计）中求解悬置解耦率并进行优化，如图 7-18 所示。优化过程的基本思想是将发动机在 6 个方向上的自由度进行解耦。实际上，在耦合系统中，发动机的刚体模态会相互影响。这取决于系统的几何形状、重心和发动机主轴的位置，以及悬置装置在不同模态下的刚度。发动机刚体模态的解耦是指为了控制和调整刚体模态的固有频率而对刚体模态进行分离。对于完全解耦的系统，一个方向的固有频率只与这个方向的悬置刚度有关。换句话说，调整该方向的悬置刚度只会影响这个方向上固有频率的值，而其他方向上的频率保持不变。

图 7-18　【Mount Design Assistant】参数设置界面

软件能够通过内部的优化算法，优化悬置块的位置、方向和刚度，把 6 个方向上的解耦率计算出来。

（2）三维连接器模型　三维连接器模型是一种常用的连接元件，用于连接实体和运动副，如图 7-19 所示。该模型在端口 6 输入所连接实体的运动学信息（$X$、$Y$、$Z$ 三个方向的位移、速度、加速度、角度、角速度和角加速度）。在端口 1、2、3、4 和 5 接收 $X$、$Y$、$Z$ 三个方向上的力和力矩。该模型将端口 6 接收到的实体运动学信息原封不动地输出给端口 1~5，然后再根据端口 1~5 收到的外力计算出合力，由端口 6 输出。

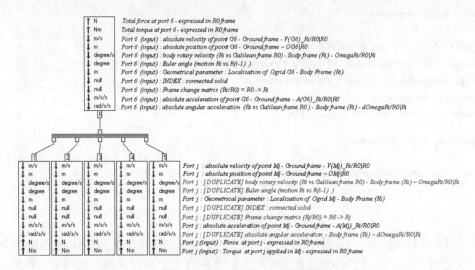

图 7-19　三维连接器模型外部端口

三维连接器模型可以扩展实体连接的端口。例如一个三维实体原来只有一个外部端口，也就只能连接一个运动副，但是通过连接三维连接器模型，就可以连接多个运动副了。

设置参数时要注意，首先要选择坐标系。定义参数的两种方式如图 7-20 所示，当选择【Solid frame：Ri（"Behaviour Frame"）】时，端口 1~5 的位置坐标都是在端口 6 所连实体的相对坐标系中来设定的。当选择【Inverse solid frame：Ri（inv）（"Grid Frame"）】时，端口 1~5 的位置坐标都是在端口 6 所连实体的相对坐标系绕 $Z$ 轴旋转 180° 后的坐标系中来设定的。

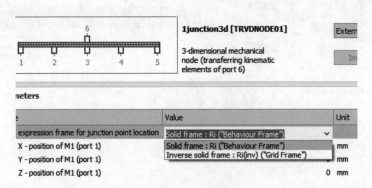

图 7-20　定义参数的两种方式

需要注意的是，三维连接器的安装顺序必须保持一致（即同一个运动副上、下连接的三维连接器端口必须相同），如图 7-21 所示。

（3）悬置块模型 悬置块模型如图 7-22 所示。悬置块模型有两个端口，端口 V 必须接车身，位置通过整车坐标系给定；端口 E 必须接动力总成，位置通过发动机坐标系给定。模型根据两个端口在三个方向上的相对位移计算出悬置块三个方向上的反作用力。

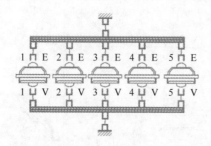

图 7-21 三维连接器安装顺序必须保持一致

图 7-22 悬置块模型

## 7.1.2 耦合元件

耦合元件用来连接传动系统的主动元件和从动元件，这类元件或多或少都会涉及摩擦的相关问题。有关摩擦的相关理论还请读者参照第 2 章的相关内容。耦合元件按照功能分类大体上可以分为吸振元件、离合器和同步器三类，如图 7-23 所示。

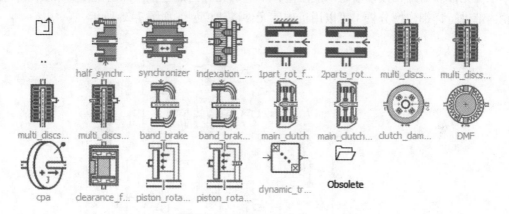

图 7-23 耦合元件相关模型

### 1. 吸振元件

吸振元件按照功能的不同，包括单质量飞轮（SMF）、双质量飞轮（DMF）和离心摆式减振器（CPVA）。

（1）单质量飞轮 单质量飞轮又称扭转减振器，与双质量飞轮的最大区别在于没有弧形弹簧。这个模型能够考虑多级阻尼，非对称阻尼，随扭转角、发动机转速变化的滞回。该模型没有对内部动态特性进行建模。

单质量飞轮元件有两个端口，带有字母 G 的端口 1 必须连接到变速器一侧，带有 E 字母的端口 2 必须连接到发动机一侧的飞轮。该连接规则保证了离合器、阻尼器在发动机驱动车辆时扭角为正，在发动机由车辆驱动时扭角为负。当阻尼器的特性不对称时，这一点尤为重要。单质量飞轮具有专门的参数设置 App，如图 7-24 所示。

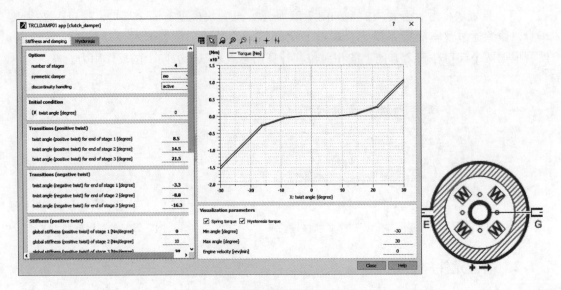

图 7-24　单质量飞轮参数设置 App

值得注意的是，这个模型没有集成专门的摩擦模型，若要考虑真实摩擦特性，需要外接一个摩擦元件。另外，该模型是功能模型，不能对元件内部进行详细建模，如果要对单质量飞轮内部进行详细建模分析，可以用机械库元件搭建模型，如图 7-25 所示。

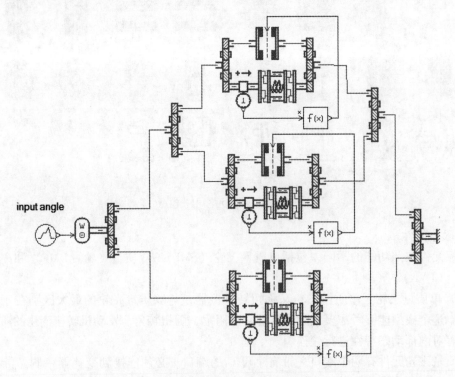

图 7-25　用机械库元件搭建单质量飞轮

（2）双质量飞轮　双质量飞轮实际上不是离合器的一部分，但取代了以前看到的内部阻尼器。由于它能够比标准的内部阻尼器更好地吸收发动机振动，越来越多的车辆开始装备双质量飞轮。Amesim 中的双质量飞轮模型能够考虑弧形弹簧的特性。弧形弹簧安装在连接到发动机的主飞轮和连接到离合器与变速器的副飞轮之间。标准弹簧和弧形弹簧的主要区别是弧形弹簧考虑了弹簧和飞轮之间由弹簧曲率和离心效应引起的摩擦。双质量飞轮具有专门的参数设置 App，如图 7-26 所示。

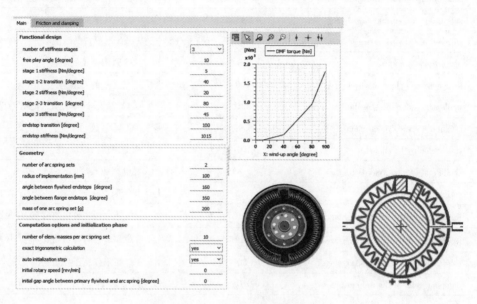

图 7-26　双质量飞轮参数设置 App

双质量飞轮建模所需的参数见表 7-1。

表 7-1　双质量飞轮建模所需参数

| 序号 | 参 数 名 称 | 参数设置 | 单位 | 说　　明 |
|---|---|---|---|---|
| 1 | inertia of primary flywheel | 0.072 | $kg \cdot m^2$ | 初级飞轮惯量 |
| 2 | inertia of secondary flywheel | 0.04 | $kg \cdot m^2$ | 次级飞轮惯量 |
| 3 | relative angle of the flange-primary wheel frame | 0 | (°) | 法兰和初级飞轮架相对转角 $\gamma$，见图 7-27 |
| 4 | number of arc springs | 8 | | 弧形弹簧个数 |
| 5 | number of stages in arc springs | 2 | | 弧形弹簧段数，即一个弧形弹簧内同轴弹簧的数目 |
| 6 | number of elementary masses per arc spring | 5 | | 每个弧形弹簧质量的离散个数 |
| 7 | friction model | tanh | | 摩擦模型 |
| 8 | exact trigonometric caculation | yes | | 精确三角形计算 |
| 9 | initialisation step | yes | | 考虑初始状态 |
| 10 | gap angle（at 0° flange angle） | 8 | (°) | 缺口角度（当法兰角度为 0°时）$\varphi$，见图 7-27 |
| 11 | total angle between arc spring stops（at 0° flange angle） | 164 | (°) | 挡板角度 $\theta_{g1}$，见图 7-27 |

（续）

| 序号 | 参 数 名 称 | 参数设置 | 单位 | 说　　明 |
|---|---|---|---|---|
| 12 | total angle between flange stops | 170 | (°) | 法兰角度 $\theta_{g2}$，见图 7-27 |
| 13 | solid stiffness of the arc spring stage 1 | 16.25 | N·m/(°) | 1 级弧形弹簧的压死刚度 |
| 14 | stiffness of arc spring stage1 | 0.34375 | N·m/(°) | 1 级弧形弹簧的刚度 |
| 15 | stiffness of arc spring stage2 | 3.82375 | N·m/(°) | 2 级弧形弹簧的刚度 |
| 16 | mass of one arc spring | 40 | g | 单个弧形弹簧的质量 |
| 17 | total normal preload at 0rpm | 100 | N | 零转速下的总预紧力 |
| 18 | implementation radius of the arc spring | 110 | mm | 弧形弹簧安装半径 $R$，见图 7-27 |
| 19 | striction（static）coefficient | 0.12 | | 静摩擦系数 |
| 20 | stick velocity threshold | 0.01 | m/s | 黏滞速度极限 |
| 21 | coefficient of total viscous friction | 5.89 | N/(m/s) | 黏性摩擦系数 |
| 22 | spring damping | damping ratio | | 弹簧阻尼比 |
| 23 | free length of the arc spring stage1 | 161.27 | (°) | 1 级弧形弹簧自由角度 $\theta_{r01}$，见图 7-27 |
| 24 | free length of the arc spring stage2 | 114 | (°) | 2 级弧形弹簧自由角度 $\theta_{r02}$，见图 7-27 |
| 25 | solid length of the arc spring stage1 | 80 | (°) | 1 级弧形弹簧压死角度 |
| 26 | damping radio of the arc springs | 0.05 | — | 弧形弹簧阻尼比 |
| 27 | limit of penetration for full damping of contact | 0.01 | mm | 全阻尼接触极限穿透值 |
| 28 | angular position of elementary spring mass-primary whell frame | 0 | (°) | 弧形弹簧角度位置 |

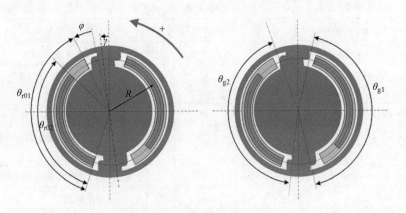

图 7-27　主要参数示意图

（3）离心摆式减振器　离心摆式减振器能够大幅度降低内燃机扭矩变化引起的扭转振动。它通常与双质量飞轮一起使用，以提高其效率。离心摆式减振器的基本原理与调谐质块阻尼器是一样的：在主传动结构上放置一个次级质量，当这个质量以它的固有频率被激励时，它会产生与激励相反的运动，理想情况下，会抵消原有激励。

离心摆式减振器的主要特点是共振频率不固定，正比于转速变化。这一点对于内燃机尤为重要，因为内燃机的激励频率也与发动机的转速成正比。具体来说，这意味着有可能通过调整离心摆式减振器来吸收发动机一个特定阶次的振动。

离心摆式减振器有两个子模型，分别为 TRCPA01 和 TRCPA02，每个子模型都有专用的参数设置 App。TRCPA01 子模型用来模拟单摆式的离心摆式减振器，其基本结构如图 7-28 所示，其参数设置 App 如图 7-29 所示。

值得注意的是，如果结构中存在多个离心摆，则参数【pendulum total moment of inertia】要输入所有离心摆的转动惯量之和。如果要考虑离心摆的行程限制，就要在【limitation of the angular displacement of the pendulum】中选择 "Yes"，然后定义行程的上、下限。

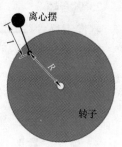

图 7-28　TRCPA01
基本结构

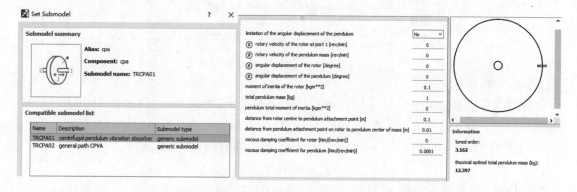

图 7-29　TRCPA01 参数设置 App

当选择 TRCPA02 时，其参数设置 App 如图 7-30 所示。TRCPA02 子模型用来模拟 bifilar Sarazin 式的离心摆式减振器。bifilar Sarazin 式的离心摆式减振器指的是离心摆相对于转子的旋转幅度很小的离心摆式减振器，运动行程受到两个滚子的限制。

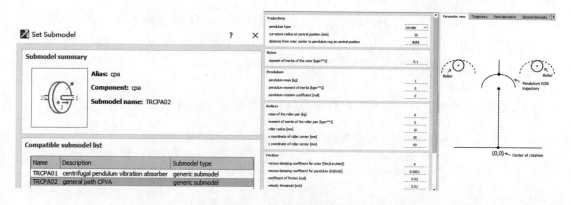

图 7-30　TRCPA02 参数设置 App

TRCPA02 子模型考虑了滚子元件的质量和位置。离心摆可以遵循圆形、摆线、行星三种预定的轨迹。离心摆上的摩擦也考虑在内。

**2. 离合器**

软件中离合器的模型分为干式离合器和湿式离合器。湿式离合器的性能与摩擦片的个数、机油温度有很大的关系，因此湿式离合器的模型较为复杂。

传动库中的湿式离合器如图 7-31 所示，离合器的加载方式可以分为信号加载和位移加载两种。带有温度端口的模型还可以考虑油温变化带来的影响。

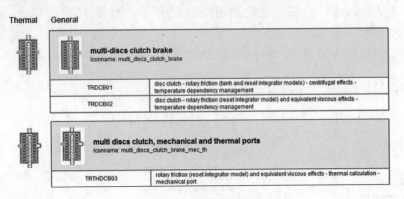

图 7-31　湿式离合器

湿式离合器有三种子模型（TRDCB01、TRDCB02、TRDCB03），当选择 TRDCB01 子模型时，模型中有双曲正切、重置积分和 LuGre RT 三种摩擦模型。控制信号的类型也有三种。

当选择【fraction (0,1) of maximum torque】时，离合器传递的力矩是

$$T_{\mathrm{dry.\,max}} = Cmd f_{\mathrm{slip}} n_{\mathrm{p}} \tag{7-3}$$

式中　$Cmd$——端口 2 的输入信号，大小在 0~1 之间；

　　　$f_{\mathrm{slip}}$——每个摩擦片提供的摩擦力；

　　　$n_{\mathrm{p}}$——摩擦片个数。

当选择【normal force [N] acting on clutch pack】时，离合器传递的力矩是

$$T_{\mathrm{dry.\,max}} = mu F_{\mathrm{total}} R_{\mathrm{eff}} n_{\mathrm{p}} \tag{7-4}$$

式中　$mu$——摩擦系数；

　　　$F_{\mathrm{total}}$——正压力与离心力的合力，$F_{\mathrm{total}} = force + f_{\mathrm{centri}}$，$force$ 为端口 2 输入信号，为正压力；$f_{\mathrm{centri}}$ 为离心力；

　　　$R_{\mathrm{eff}}$——根据离合器内外半径计算出的动态半径；

　　　$n_{\mathrm{p}}$——摩擦片个数。

静摩擦力或摩擦系数还可以根据转速和温度进行修正，如图 7-32 所示。

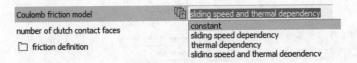

图 7-32　根据转速和温度修正静摩擦力

当选择 TRDCB02 子模型时，模型中有重置积分和 LuGre RT 两种摩擦模型。与 TRDCB01 的不同之处在于，TRDCB02 增加了能够详细考虑拖曳阻力的算法，因此复杂度要比 TRDCB01 大。拖曳阻力有 7 种计算方法可供选择，如图 7-33 所示。

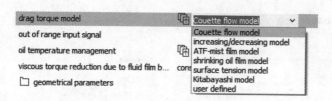

图 7-33　计算拖曳阻力的 7 种方法

当选择 TRDCB03 子模型时，TRDCB03 子模型的算法与 TRDCB02 基本相同，只是 TRD-CB03 子模型的端口 2 要连接机械部件，如图 7-34 所示。

干式离合器如图 7-35 所示，其内部数学模型就是简单的双曲正切模型或重置积分模型。

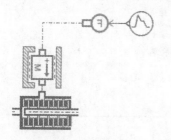
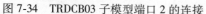

图 7-34　TRDCB03 子模型端口 2 的连接　　　图 7-35　干式离合器

### 3. 同步器

同步器模型根据复杂程度的不同可以分为三个层次的模型，分别是半同步器模型、完整同步器模型及半同步器详细模型。

（1）第一层级：半同步器模型　半同步器模型是纯功能模型，如图 7-36 所示，不需要同步器的几何尺寸。这一层级的模型适合对手动变速器进行基本逻辑的验证，但是不能描述详细的同步工作过程。

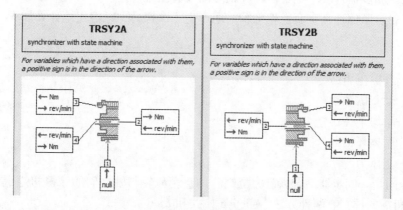

图 7-36　半同步器模型

半同步器模型可以理解成摩擦模型，其参数设置如图 7-37 所示。

半同步器模型具有中位（neutral）、同步中（synchronizing）和完全同步（synchronized）三种工作状态，其控制逻辑如图 7-38 所示。

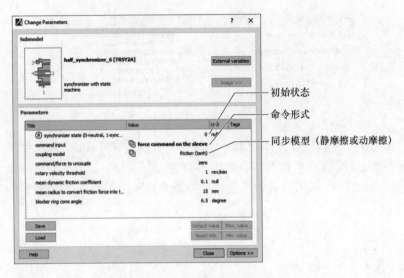

图 7-37　半同步器模型参数设置

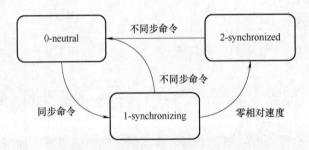

图 7-38　半同步器模型的三种工作状态

1）中位。同步器打开，空套齿轮和轴之间没有扭矩传递。

2）同步中。摩擦环在空套齿轮与轴之间产生了摩擦力，摩擦扭矩计算如下

$$T_f = \frac{\mu R}{\sin\alpha} \times F_n \tag{7-5}$$

式中　$T_f$——摩擦扭矩；

　　　$\mu$——动摩擦系数；

　　　$R$——平均半径；

　　　$\alpha$——摩擦环锥角；

　　　$F_n$——正压力。

3）完全同步。同步器结合齿已完全结合。空套齿轮与轴之间的摩擦扭矩保证二者完全同步。摩擦扭矩的计算有两种方法：stiction 模式和 friction 模式。

如果选择"stiction"模式，同步器等效为一个弹簧阻尼系统。

$$T = K\theta + h\dot{\theta} \tag{7-6}$$

式中　$K$——弹簧刚度；

　　　$\theta$——弹簧挠角；

　　　$h$——阻尼值。

如果选择"friction"模式，同步器等效为一个摩擦模型。

$$T = T_f \tanh\left(2 \times \frac{\omega_{\text{rel}}}{d\omega}\right) \qquad (7\text{-}7)$$

式中　$T_f$——最大摩擦扭矩；

　　　$\omega_{\text{rel}}$——空套齿轮与轴的相对角速度；

　　　$d\omega$——同步器转速阈值。

（2）第二层级：完整同步器模型　完整同步器模型如图 7-39 所示，其内部嵌入了预载滑块模型，能够考虑同步器的一些重要的几何参数，并能够反映出同步的具体过程。这一层级的模型与第一层级模型最大的区别在于这是部分基于几何参数的建模，因此端口 1 接收的不再是命令信号而是机构的换档力，所以它能连接到实际系统中。由于模型中采用了近似的方式来模拟接触形状，所以其仍属于静态模型，输出扭矩取决于结合套的位置。

完整同步器模型参数设置如图 7-40 所示，包括结合套参数、滑块组和同步环参数三部分。

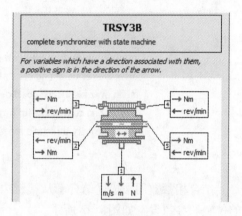

图 7-39　完整同步器模型

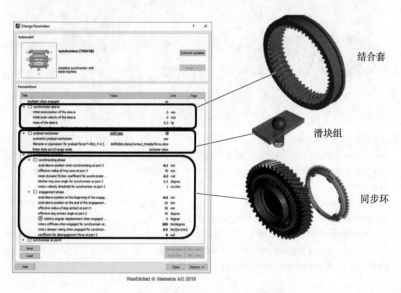

图 7-40　完整同步器模型参数设置

结合套参数主要需要输入结合套的初始位置和质量，滑块组参数主要需要输入滑块组位移和载荷力的关系曲线。

同步环参数设置较为复杂，按照功能可分为同步相参数和结合相参数。同步相参数用来描述结合套接触锁环后靠近内齿圈的过程。同步相开始时，结合套的位置和参数定义如图 7-41 所示。

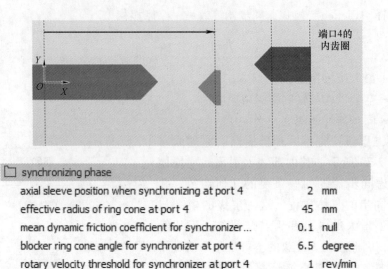

图 7-41　同步相参数定义

结合相参数用来描述结合套从接触内齿圈到安全锁止的过程。结合相开始和结束时对应的位置和参数设置如图 7-42 所示。

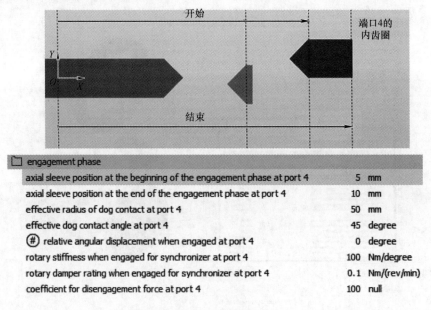

图 7-42　结合相参数定义

当同步器结合时也可以考虑增加侧隙的影响。如果相对速度大于设定阈值，则结合套位移不能超过啮合相位置的开始值。如果相对速度小于设定阈值，则认为接触齿之间存在理想的接触。为了计算这种理想接触产生的扭矩，需要定义有效接触角和有效接触半径，如图 7-43 所示。

（3）第三层级：半同步器详细模型　半同步器详细模型如图 7-44 所示，能够考虑详细几何参数的物理建模，并能够将同步器的完整结合过程详细反映出来。完整的同步器结合过程共有 6 个步骤，如图 7-45 所示。

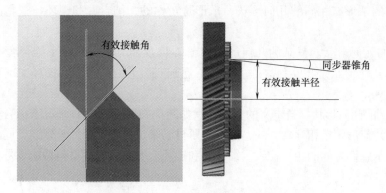

图 7-43　定义有效接触角和有效接触半径

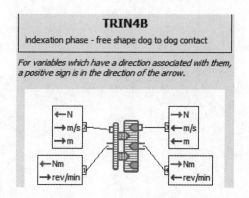

图 7-44　半同步器详细模型

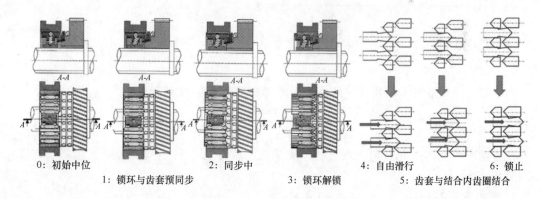

图 7-45　完整的同步器结合过程

模型将同步器的平动与转动分解开来分别建模，并通过爪形接触模型耦合起来。半同步器详细模型需要细化以下两方面参数：

1）滑块组（Preload mechanism）。可以简单定义几何参数，也可以通过【shape editor】（形状编辑器）来自由定义齿形。

2）爪形（Dog to dog contact）。

定义几何参数的方法有三种：

1）简单的几何形状。简单的几何形状参数设置如图 7-46 所示，这种情况下结合套和锁环、空套齿轮的爪形有相同的几何形状，爪形是对称的，结合套和锁环、空套齿轮具有相同的材料性能。

2）复杂的几何形状。复杂的几何形状如图 7-47 所示，这种情况下结合套和锁环、空套齿轮的爪形的几何形状是相互独立的，均为不规则五边形，结合套和锁环、空套齿轮的材料性能也是独立的。

3）自定义的几何形状。自定义的几何形状如图 7-48 所示，这种情况下结合套和锁环、空套齿轮爪形的几何形状是相互独立的，用户需要自己来定义它们的外轮廓线，同时需要定义一个坐标系来表示它们之间的相对位移。结合套和锁环、空套齿轮的材料性能也是相互独立的。

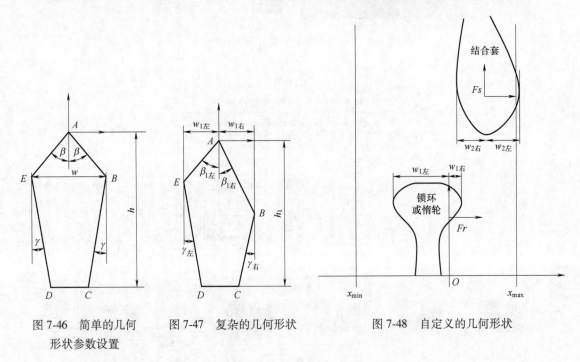

图 7-46　简单的几何　　　图 7-47　复杂的几何形状　　　图 7-48　自定义的几何形状
形状参数设置

利用以上同步器基本模块搭建的详细同步器模型如图 7-49 所示。

### 7.1.3　变速比元件

在传动库中变速比元件包含两类：一类是液力变矩器；另一类是无级变速器（CVT），如图 7-50 所示。

**1. 液力变矩器**

液力变矩器元件有两个子模型：TRTC00A 和 TRTC01A。其中，TRTC00A 是功能模型，能够计算稳态性能，需要用户提供液力变矩器的性能曲线；而 TRTC01A 是几何模型，能够计算动态性能，需要用户提供液力变矩器的几何参数。

当选择 TRTC00A 时，有四种方式定义液力变矩器的静态性能曲线，如图 7-51 所示。用户首先要根据现有的数据选择一种合适的性能曲线定义方式。由于液力变矩器的工作状态分为正常状态（泵轮驱动涡轮 $0<SR<1$）和超速状态（涡轮驱动泵轮 $SR>1$）两种工况（$SR$ 是涡轮与泵轮的转速比），所以用户还要选择这两种工况是用同一组数表来表示，还是分别用两个数表单独表示。

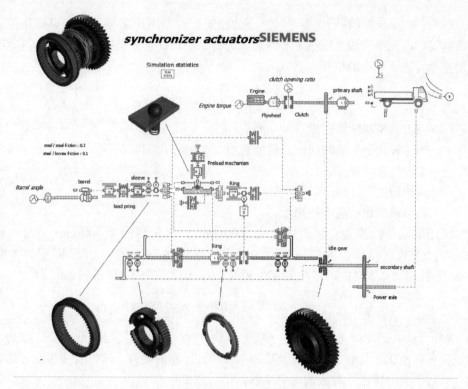

图 7-49　详细同步器模型

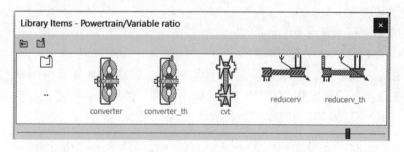

图 7-50　变速比元件

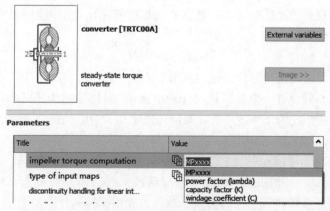

图 7-51　定义液力变矩器静态性能曲线的四种方式

1）选择【MPxxxx】（在固定参考转速下的扭矩）时，用户需要定义扭矩比和转速比之间的关系曲线，以及参考转速下扭矩和转速比的关系。软件首先根据转速比查出扭矩比，然后再查出参考转速下对应的扭矩，代入公式

$$T_i = \left[ \frac{Mp(SR)}{\omega_{ref}^2} \right] N_{impeller}^2 si \tag{7-8}$$

式中　$T_i$——液力变矩器输出扭矩（N·m）；

$Mp(SR)$——参考转速下当前转速比对应的扭矩（N·m）；

$\omega_{ref}$——参考转速（r/min）；

$N_{impeller}$——泵轮转速（r/min）；

$si$——当前转速比对应的扭矩比。

例如采用默认参数设置：泵轮转速为 1000r/min，涡轮转速为 300r/min，参考转速为 2000r/min。首先查表得到当前转速比 0.3 对应的扭矩比为 1.505，然后得到参考转速为 2000r/min 下转速比 0.3 对应的扭矩为 420.97N·m，代入式（7-8）得到

$$T_i = \left( \frac{420.97}{2000^2} \right) \times 1000^2 \times 1.505 \text{N} \cdot \text{m} = 158.39 \text{N} \cdot \text{m}$$

2）选择【power factor（lambda）】（功率系数）时，用户需要定义液力变矩器的水力直径、扭矩比和转速比之间的关系，以及功率系数和转速比的关系。软件首先根据转速比查出扭矩比，然后再查出转速比对应的功率系数，代入公式

$$T_i = \left[ \rho D_h^5 \lambda(SR) \pi^2 / 900 \right] N_{impeller}^2 si \tag{7-9}$$

式中　$\rho$——油液密度（kg/m³）；

$D_h$——水力直径（m）；

$\lambda(SR)$——当前转速比对应的功率系数。

例如采用默认参数设置：泵轮转速为 1000r/min，涡轮转速为 300r/min，水力直径为 0.2m。首先查表得到转速比 0.3 对应的扭矩比为 1.505，然后得到转速比 0.3 对应的功率系数为 0.033，油液密度为 844.45kg/m³，代入式（7-9）得到

$$T_i = \left( 844.45 \times 0.2^5 \times 0.033 \times \frac{\pi^2}{900} \right) \times 1000^2 \times 1.505 \text{N} \cdot \text{m} = 148.51 \text{N} \cdot \text{m}$$

3）选择【capacity factor（K）】（能容系数）时，用户需要定义扭矩比和转速比之间的关系，以及能容系数和转速比的关系。软件首先根据转速比查出扭矩比，然后再查出转速比对应的能容系数，代入公式

$$T_i = \left[ 10K(SR)^{-2} \right] N_{impeller}^2 si \tag{7-10}$$

式中　$K(SR)$——当前转速比对应的能容系数。

例如采用默认参数设置，泵轮转速为 1000r/min，涡轮转速为 300r/min，首先查表得到转速比 0.3 对应的扭矩比为 1.505，然后得到转速比 0.3 对应的能容系数为 408.25。代入式（7-10）得到

$$T_i = \left( 10 \times 408.25^{-2} \right) \times 1000^2 \times 1.505 \text{N} \cdot \text{m} = 90.29 \text{N} \cdot \text{m}$$

4）选择【windage coefficient（C）】（阻尼系数）时，用户需要定义扭矩比和转速比之间的关系，以及阻尼系数和转速比的关系。软件首先根据转速比查出扭矩比，然后再查出转速比对应的阻尼系数，代入公式

$$T_i = C(SR)N_{\text{impeller}}^2 si \qquad (7\text{-}11)$$

式中 $C(SR)$——当前转速比对应的阻尼系数。

例如采用默认参数设置，泵轮转速为 1000r/min，涡轮转速为 300r/min，首先查表得到转速比 0.3 对应的扭矩比为 1.505，然后得到转速比 0.3 对应的阻尼系数为 $9.843\times10^{-5}$。代入式（7-11）得到

$$T_i = 9.843\times10^{-5}\times1000^2\times1.505\text{N}\cdot\text{m} = 148.14\text{N}\cdot\text{m}$$

当选择 TRTC01A 时，需要给定液力变矩器内的详细几何参数，如图 7-52 所示。具体包括液力变矩器的叶片个数，叶片过流面积，泵轮、导轮、涡轮的转动惯量、平均直径，叶片流线的起始角，叶片流线的离开角，叶片设计系数、半径，流体冲击损失系数，黏性摩擦系数，具体的计算方法请参照元件的帮助文档。

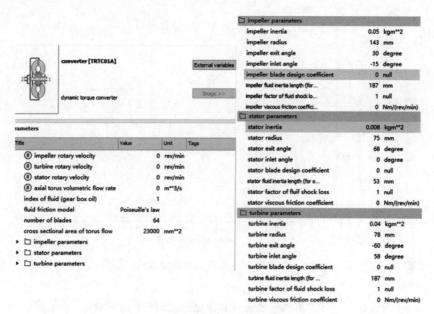

图 7-52　液力变矩器模型几何参数

液力变矩器的几何模型需要的经验参数很多，一般很难获得，但可以应用 Amesim 中的优化设计工具，通过设定优化目标进行参数辨识获取。

如图 7-53 所示，分别搭建功能模型和几何模型两个不同复杂程度的模型。功能模型作为参照，几何模型作为优化对象，两个模型的边界条件相同（通俗来讲，就是为了让几何模型的输出特性与功能模型相同，几何模型的参数应该怎样调）。

首先要将液力变矩器的性能曲线 [包括变矩比 $T_R$（线 1）、效率 $\eta$（线 3）及能容系数 $K$（线 2）随转速比 $SR$ 的关系] 作为参数输入功能模型中，性能曲线如图 7-54 所示。

以误差平方的累积（功能模型、几何模型的输出力矩之差的平方再积分）作为优化目标，让这个值最小，如图 7-55 所示。

以液力变矩器的叶片过流面积，泵轮、导轮、涡轮的半径，叶片流线的起始角，叶片流线的离开角作为优化对象，如图 7-56 所示。

优化后得到的仿真结果如图 7-57 所示，通过对比可以看到液力变矩器的几何模型仿真曲线与功能模型仿真曲线非常接近。

Step 0: generate the characteristic curve of the functional model
Step 1: identify geometric parameters from the characteristic curve
Step 2: simulate geometric model to generate characteristic curve including temperature dimension

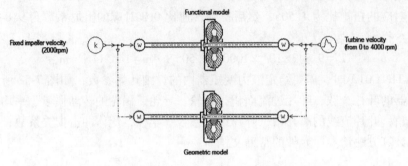

图 7-53　Amesim 液力变矩器模型

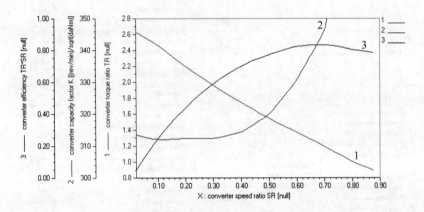

图 7-54　变矩器的性能曲线

| Submodel | Simcenter Amesim Title | Name | Units | | Name | Expression |
|---|---|---|---|---|---|---|
| geometric [TRTC01A-1] | MP1000 torque | MP1 | Nm | | TR_optim | integ((TR1-TR2)**2) |
| reference [TRTC00A-1] | MP1000 torque | MP2 | Nm | | MP_optim | integ(((MP1-MP2)/100)**2) |
| geometric [TRTC01A-1] | torque ratio (TR) | TR1 | null | | | |
| reference [TRTC00A-1] | torque ratio (TR) | TR2 | null | | | |

图 7-55　液力变矩器的优化目标

| Name | Simcenter Amesim T | Submodel | Units |
|---|---|---|---|
| At | cross sectional a... | geometric [TRTC01A-1] | mm**2 |
| Ri | impeller radius | geometric [TRTC01A-1] | mm |
| aio | impeller exit angle | geometric [TRTC01A-1] | degree |
| aii | impeller inlet angle | geometric [TRTC01A-1] | degree |
| Rs | stator radius | geometric [TRTC01A-1] | mm |
| aso | stator exit angle | geometric [TRTC01A-1] | degree |
| asi | stator inlet angle | geometric [TRTC01A-1] | degree |
| Rt | turbine radius | geometric [TRTC01A-1] | mm |
| ato | turbine exit angle | geometric [TRTC01A-1] | degree |
| ati | turbine inlet angle | geometric [TRTC01A-1] | degree |

图 7-56　液力变矩器的优化对象

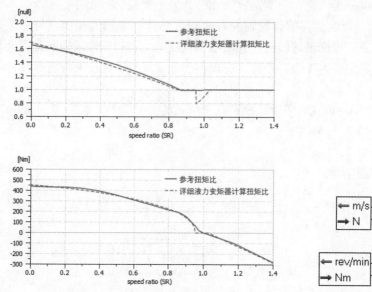

图 7-57　液力变矩器优化后的结果

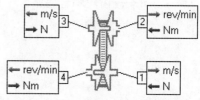

图 7-58　传动库中的 CVT 元件

### 2. CVT

传动库中的 CVT 元件如图 7-58 所示。该元件是一个动态模型，能够根据元件的受力计算出 CVT 传动转速比的变化。

具体来讲，首先根据端口 1、3 的受力平衡计算出主动轮的横向加速度，进而计算出主动轮的半径；然后根据几何约束关系计算出从动轮的半径，进而得到传动比；然后再通过查表得到传递损失扭矩；最后根据端口 2、4 扭矩和传递损失扭矩平衡得到端口 2、4 转速。

## 7.1.4　齿轮

齿轮传动是指由齿轮副传递运动和动力的装置，它是现代各种设备中应用最广泛的机械传动方式之一。传动库中的齿轮可以分为定轴齿轮传动和行星齿轮传动两类。

### 1. 定轴齿轮传动

定轴齿轮是指齿轮运转时，各个齿轮的轴线相对于机架的位置都是固定的。定轴齿轮又可以分为平面定轴齿轮和空间定轴齿轮，软件中的定轴齿轮元件模型如图 7-59 所示。

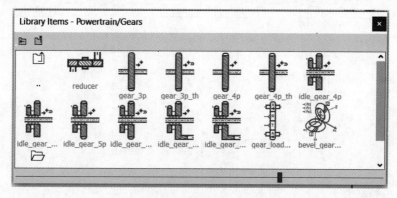

图 7-59　定轴齿轮元件模型

定轴齿轮的因果关系可以分为两类。一类是速度元件，另一类是合力元件。

速度元件如图 7-60 所示。速度元件的齿轮轴左右两端必然有一端输入速度，另一端输入扭矩，在啮合处输入啮合力。根据轴的转速计算出啮合点的速度，根据输入的啮合力计算扭矩输出。这一类元件因为确定了速度边界条件，所以称为速度元件。速度元件各参数计算如下。

$$\omega_3 = \omega_2 \qquad T_2 = T_3 + RF \qquad v = \omega_2 R \qquad (7\text{-}12)$$

式中　$\omega_2$、$\omega_3$——齿轮轴端口 2、3 转速；

　　　$T_2$、$T_3$——齿轮轴端口 2、3 扭矩；

　　　$R$——齿轮分度圆半径；

　　　$F$——齿轮啮合力；

　　　$v$——啮合速度。

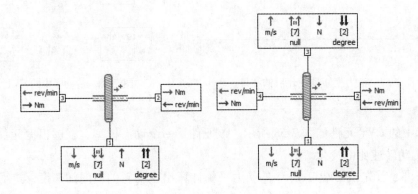

图 7-60　速度元件外部变量

合力元件的齿轮轴左右两端都输入扭矩，在啮合处输入啮合速度。根据传动轴输入扭矩之差计算啮合力，并根据啮合点的速度反算传动轴转速。合力元件如图 7-61 所示，这一类元件因为确定了受力边界条件，所以称为合力元件。合力元件各参数计算如下。

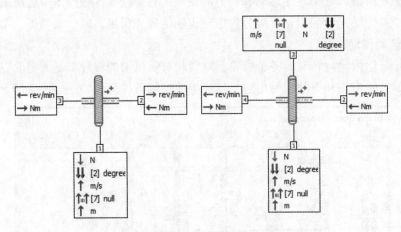

图 7-61　合力元件外部变量

$$F = (T_2 - T_3) / R \qquad \omega_2 = -\omega_3 = v / R \qquad (7\text{-}13)$$

式中　$F$——齿轮啮合力；

$T_2$、$T_3$——齿轮轴端口 2、3 扭矩；

　　$R$——齿轮分度圆半径；

$\omega_2$、$\omega_3$——齿轮轴端口 2、3 转速；

　　$v$——啮合速度。

　　多个相互啮合的齿轮中，只要有一个齿轮的转速确定，其他齿轮的转速都能根据传动比计算出来，所以每一排齿轮组中只能有一个速度元件，但合力元件可以有多个，如图 7-62 所示。

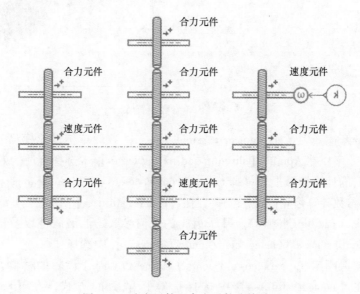

图 7-62　速度元件和合力元件连接关系

　　齿轮的正方向与旋转元件的正方向定义相同，同样遵从右手定则。建模时，一对齿轮左右对齐即可，如图 7-63 所示。

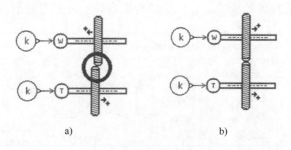

图 7-63　齿轮连接要求左右对齐
a) 未对齐　b) 对齐

　　齿轮模型可以考虑不同的复杂程度建模，因此模型参数设置较为复杂，可以通过齿轮参数设置 App 来设置，如图 7-64 所示。

　　根据分析目的的不同，可以从以下几个方面设置模型的复杂程度：

　　1）简单传动比（simple transformer ratio）。模型按照几何参数计算出传动比，传动效率 100%。

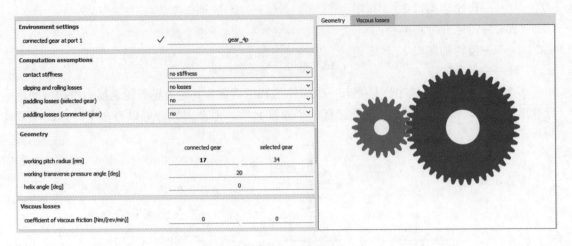

图 7-64　齿轮参数设置 App

2）固定或变摩擦损失（constant or variable losses）。在简单传动比模型基础上，考虑固定或可变的传动效率，在 App 的【slipping and rolling losses】中选择合适的效率定义方式。

3）齿轮几何的计算接触损失（calculated contact losses based on gear geometry）。基于齿轮的材料、几何参数计算齿轮的接触损失，在【contact stiffness】中选择计算接触力的方式。

4）搅油损失（paddling losses）。基于齿轮的几何参数、油液属性以及浸油高度计算搅油损失，在【paddling losses（select gear/connected gear）】中选择"yes"。

5）侧隙及接触刚度（clearance and contact stiffness）。基于齿轮的材料、几何参数侧隙计算接触力。在【contact stiffness】中选择计算接触力的方式，在【backlsh】中选择"yes"。一般情况下，考虑齿轮的 NVH 问题时，才需要选择这个选项。

**2. 行星齿轮传动**

行星齿轮是指除了能像定轴齿轮那样绕着自己的转动轴转动之外，齿轮的转动轴还随着行星架绕其他齿轮轴线转动的齿轮。软件中的行星齿轮元件模型如图 7-65 所示。

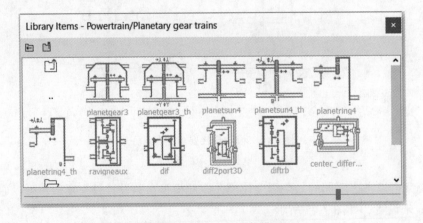

图 7-65　行星齿轮元件模型

软件中提供了三种行星轮系的建模方式：经典行星轮系模型、半行星轮系模型和特定行星轮系模型。

（1）经典行星轮系模型　经典行星轮系模型如图 7-66 所示，其特点是将整个行星轮系封装成了一个模型。

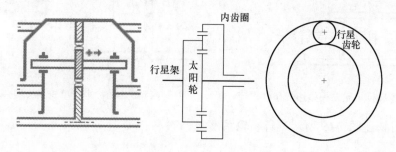

图 7-66　经典行星轮系模型

行星齿轮传动遵循 willis 理论公式

$$\omega_c = \frac{R}{R+r}\omega_r + \frac{r}{R+r}\omega_s$$

$$T_r = \frac{R}{R+r}T_c$$

$$T_s = \frac{r}{R+r}T_c$$

(7-14)

式中　$\omega_c$——行星架转速；

$R$——内齿圈半径；

$r$——太阳轮半径；

$\omega_r$——内齿圈转速；

$\omega_s$——太阳轮转速；

$T_r$——内齿圈扭矩；

$T_c$——行星架扭矩；

$T_s$——太阳轮扭矩。

由上式可以看出，只要知道了太阳轮、行星架和内齿圈三个元件中任意两个元件的转速，另外一个元件的转速就可以根据 willis 理论公式求出。同理，只要知道任意一个元件的扭矩，其他元件的受力也能够计算出来。因此在使用经典行星轮系模型时，要求太阳轮、行星架和内齿圈三个元件中任意两个要给定速度边界条件，另外一个元件给定受力边界条件，如图 7-67 所示。

（2）半行星轮系模型　半行星轮系模型的基本思想是将一个完整的行星轮系拆成太阳轮和行星架、行星架和内齿圈两部分，如图 7-68 所示。这样做的好处是增加了建模的灵活性，非常适合用于多层复杂行星排的建模。

使用半行星轮系模型建模的步骤如下：

1）确定元件的个数，即整个系统中太阳轮、行星架和内齿圈的个数。

2）确定元件间的啮合关系，有几对啮合关系，就有几个半行星轮系模型。

3）连接模型，即将同一元件对应的端口连接在一起。

4）加载边界条件。

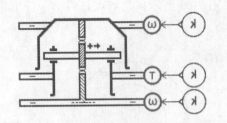

图 7-67  经典行星轮系模型边界条件设定

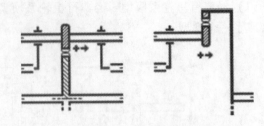

图 7-68  半行星轮系模型

例如，可搭建图 7-69 所示半行星轮系模型。

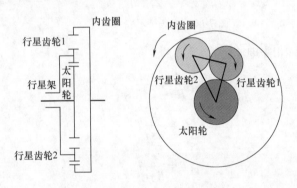

图 7-69  半行星轮系结构

模型中有一个太阳轮，两个行星齿轮共用一个行星架，一个内齿圈。啮合关系共有三对：太阳轮和行星齿轮 1 啮合，行星齿轮 1 和行星齿轮 2 啮合，行星齿轮 2 和内齿圈啮合，因此用到三个元件。将三个元件中对应的行星齿轮和行星架连接起来，如图 7-70 所示。

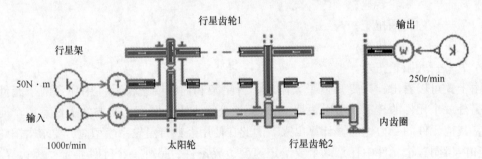

图 7-70  行星轮系模型

再例如，按图 7-71 所示结构搭建 Ravigneaux 变速器模型。Ravigneaux 变速器机构的特点是有两个太阳轮，两排行星齿轮共用一个内齿圈、一个行星架。即在一个行星架上安装了相互啮合的两套行星齿轮，其特点是结构紧凑、齿轮接触面积较大，可以由太阳轮、行星架或内齿圈作为输出元件。

模型中有两个太阳轮，两个行星齿轮，一个行星架，一个内齿圈。啮合关系共有四对：太阳轮 1 和行星齿轮 2 啮合，太阳轮 2 和行星齿轮 1 啮合，行星齿轮 1 和行星齿轮 2 啮合，行星齿轮 2 和内齿圈啮合，因此用到四个元件。将四个元件中相同的部分连接起来，如图 7-72 所示。

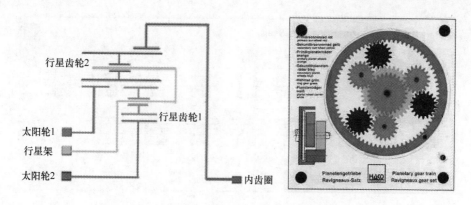

图 7-71　Ravigneaux 变速器结构

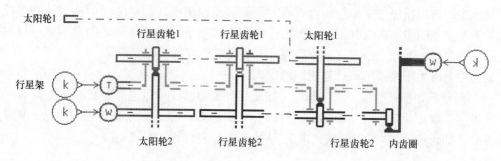

图 7-72　Ravigneaux 变速器模型

（3）特定行星轮系　特定行星轮系模型包括 Ravigneaux 变速器、差速器和分动箱，如图 7-73 所示。这三个模型是针对较常用的行星轮系开发好的模型，使用时可直接调用。

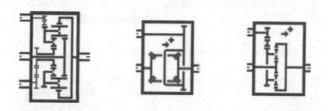

图 7-73　特定行星轮系模型

　　Ravigneaux 变速器模型多用于车辆的变速器建模中，差速器用于驱动桥建模，分动箱用于多轴车的建模。

## 7.1.5　轴承

　　传动库中的轴承元件主要是用来估算传递扭矩损失的。按照外圈是否转动可以分为两大类：绝对运动轴承和相对运动轴承（轴承外圈有机械端口）。其中，每一类又可以按照计算考虑的因素分为简单轴承、考虑温度影响的轴承、考虑外负载变化的轴承、同时考虑温度和外负载变化的轴承。传动库中的轴承元件如图 7-74 所示。

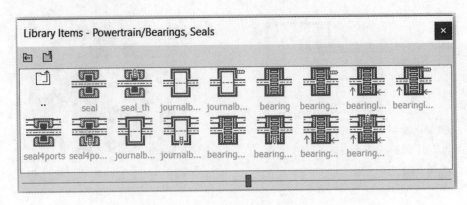

图 7-74　传动库中的轴承元件

轴承中的扭矩损失是由轴与轴承之间的摩擦以及轴承内部部件之间的相对运动造成的。润滑状态对轴承的扭矩损失有很大的影响，在润滑状态下，滚动元件之间会形成一层油膜，使得原本接触的表面相互分开，减少摩擦，并可提供很好的表面保护。

软件中有两类子模型用来计算扭矩的损失：

（1）简单扭矩损耗模型　当选择简单扭矩损耗模型时，可以选择参数的输入类型：constant（恒定参数）或 2D-file（2D 数表参数），如图 7-75 所示。如果选择恒定参数，则 $T_{sc}$ 为输入参数；如果选择 2D 数表参数，则 $T_{sc}$ 从数表中查表得到。

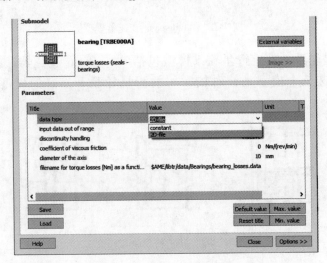

图 7-75　简单扭矩损耗模型

扭矩损失计算如下

$$T_{loss} = T_{sc} \tanh \frac{2\omega_2}{d_{vel}} + K_{visc} \omega_2 \qquad (7\text{-}15)$$

式中　$T_{loss}$——扭矩损失；

$T_{sc}$——静态摩擦力矩；

$\omega_2$——端口 2 输入转速；

$d_{vel}$——动、静摩擦转速分界值；

$K_{visc}$——黏性摩擦系数。

（2）基于几何的扭矩损耗模型　当选择基于几何的扭矩损耗模型时，轴承的扭矩损失跟润滑油、载荷和几何尺寸有关。参数设置如图 7-76 所示，在【oil index】中输入润滑油的索引号。在【dm：diameter of the axis（to center of the rolls）】中输入轴承平均直径，在【torque losses equation】中选择扭矩损失的计算方法。

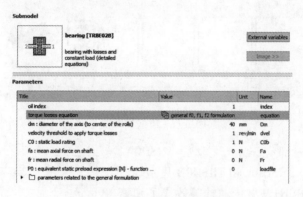

图 7-76　基于几何的扭矩损耗模型

软件中内置了五种计算扭矩的方法，如图 7-77 所示，分别为【general f0，f1，f2 formulation】【NTN tapered roller bearing formulation】【TIMKEN drawn cup needle bearing formulation】【TIMKEN thrust needle bearing formulation】【SKF friction model formulation】。这里面包含了通用计算公

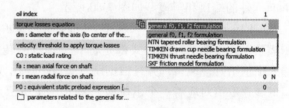

图 7-77　五种不同计算扭矩损失的方法

式，以及不同厂家计算的经验公式。每一种方法对应着不同的参数，具体每一种计算方法的相关参数请参照软件的帮助文档。

在 Amesim R2020 中，软件将轴承的计算方法嵌入了 Bearing App 中，如图 7-78 所示。

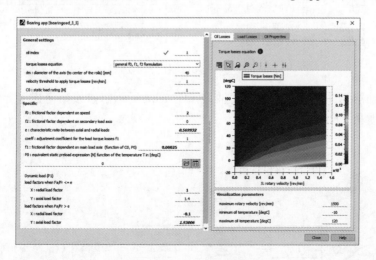

图 7-78　Bearing App 参数设置

### 7.1.6 传动轴

传动库中的传动轴模型如图 7-79 所示，用来连接各个传动部件。

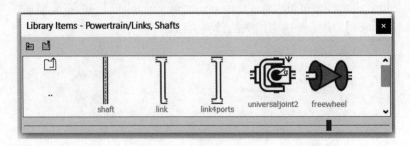

图 7-79　传动轴模型

其中 shaft 元件内部有三个子模型：TRSH0A、TRSH0B 和 TRSH1A。TRSH0A 和 TRSH0B 只是端口 1、2 互换了一下，TRSH1A 将传动轴等效成了弹簧和阻尼并联的机构，需要输入等效刚度和阻尼。shaft 元件的端口和子模型如图 7-80 所示。

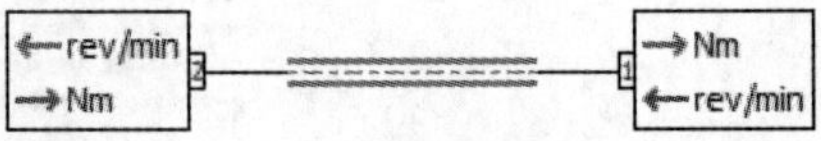

| TRSH0A | direct connection shaft |
|--------|-------------------------|
| TRSH0B | direct connection shaft |
| TRSH1A | shaft with rotary spring and damper |

图 7-80　shaft 元件的端口和子模型

link3ports 元件有三个子模型，link4ports 有四个子模型。其内部的计算公式都是将一个端口的转速输入赋值给其他端口，并且根据所有端口扭矩代数和为零来计算转速端口的扭矩值。一个端口的转速取值对应着一个子模型，如图 7-81 所示。

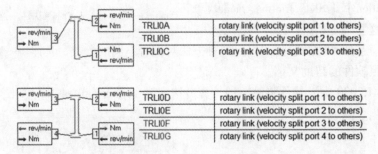

| TRLI0A | rotary link (velocity split port 1 to others) |
|--------|-----------------------------------------------|
| TRLI0B | rotary link (velocity split port 2 to others) |
| TRLI0C | rotary link (velocity split port 3 to others) |
| TRLI0D | rotary link (velocity split port 1 to others) |
| TRLI0E | rotary link (velocity split port 2 to others) |
| TRLI0F | rotary link (velocity split port 3 to others) |
| TRLI0G | rotary link (velocity split port 4 to others) |

图 7-81　link 元件端口和子模型

用万向联轴器元件搭建完整的传动轴，如图 7-82 所示。该模型考虑了相位、夹角、主动轴和从动轴惯量、刚度等参数。

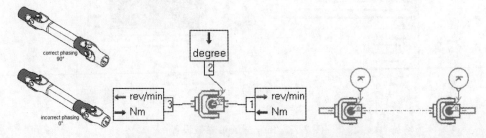

图 7-82　用万向联轴器元件搭建完整的传动轴

### 7.1.7　整车模型

传动库中的整车模型包括车辆模型、悬架模型、轮胎和路面模型四部分，如图 7-83 所示。车辆模型分为 0D 车辆模型、1D 车辆模型和 2D、3D 车辆模型。0D、2D、3D 车辆模型只考虑了车身受力，需要与悬架模型和轮胎模型一起使用。当选择 3D 车辆模型时出现图标。

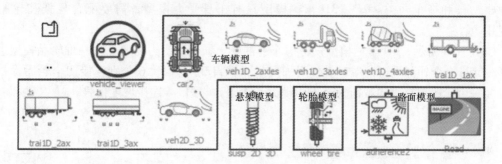

图 7-83　整车模型元件

在进行整车详细建模时，往往需要输入轮胎、悬架等结构的详细参数，这些参数需要在不同的坐标系下设置。在没有 3D 辅助建模界面时，这些参数的输入往往很容易出错，因此在 Amesim R2019 以后的版本中开发了 3D 观测器，方便用户输入参数和观察结果。

3D 观测器如图 7-84 所示，它能够自动地将输入参数、仿真结果与三维实体相关联。用户可以很直观地看到参数的改变和对结果的影响。它完全集成在传动库中，3D 场景的创建是自动的（不需要创建几何对象或分配结果）。3D 观测器基于动画工具创建，因此用户可以在 3D 观测器中直接使用动画功能。3D 观测器的功能还包括：

1）可自动生成 3D 观测窗口。

2）支持用户自定义 CAD 导入。

3）在参数模式下位置自动更新。

4）仿真过程中，可实时播放系统的运动。

5）3D 机械库元件与传动元件可在同一界面可视化。

值得注意的是，3D 观测器只适用于 2D、3D 车辆模型，0D 和 1D 车辆模型由于参数设置较简单，因此不需要使用 3D 观测器。

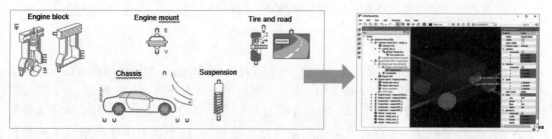

图 7-84　3D 观测器

#### 1. 车辆模型

车辆模型分类如图 7-85 所示。车辆模型按照自由度可以分为 0D 车辆模型、1D 车辆模型和 2D、3D 车辆模型。0D 车辆模型和 1D 车辆模型只考虑车辆纵向自由度的影响。2D 车辆模型考虑车身纵向、垂向和俯仰三个自由度的影响。3D 车辆模型考虑车身纵向、垂向、侧向、俯仰、滚转和横摆六个自由度的影响。其中，1D 车辆模型又可以分为驱动车和拖车两类。2D、3D 车辆模型只有车身受力模型，需要配合悬架和轮胎一起使用。

如图 7-86 所示，0D 车辆模型仅考虑车身的受力，轮胎受力需要外接一维轮胎模型进行计算。其有 6 个外部端口，端口 1 接附加质量，端口 2、3、5、6 分别连接四个轮胎提供的外力（每个轮胎根据垂向载荷计算出驱动力和滚阻），端口 4 连接坡度信号。

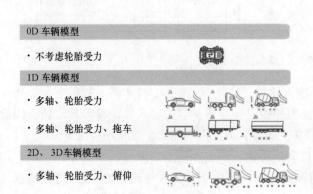

图 7-85　车辆模型分类　　　　图 7-86　0D 车辆模型外部端口

车辆模型计算的基本思路是通过驱动力和阻力的平衡来计算车辆速度和加速度，其所受合力的方程为

$$F_{\text{total}} = F_{\text{frantwhell}} + F_{\text{rearwhell}} - F_{\text{slope}} - F_{\text{aero}} - coefv \cdot V_{\text{car}} \tag{7-16}$$

式中　$F_{\text{frantwhell}}$——前轴的受力和，由端口 3、5 连接的轮胎模型算出；

　　　$F_{\text{rearwhell}}$——后轴的受力和，由端口 2、6 连接的轮胎模型算出；

　　　$F_{\text{slope}}$——车辆的坡阻，$F_{\text{slope}} = Mg\sin\left[\arctan\left(\dfrac{\alpha}{100}\right)\right]$，$\alpha$ 为坡度；

　　　$F_{\text{aero}}$——车辆的空气阻力，$F_{\text{aero}} = \dfrac{1}{2}\rho S C_x V_{\text{c}}^2$，$\rho$ 为空气密度，$S$ 为迎风面积，$C_x$ 为空气阻力系数，$V_{\text{c}}$ 为车辆与空气的相对速度；

　　　$coefv$——车辆滚阻系数；

　　　$V_{\text{car}}$——车速。

值得注意的是，这个模型默认四个轮胎的垂向载荷分别是整个车辆垂向载荷的 1/4。

1D 车辆模型外部端口如图 7-87 所示，1D 车辆模型有 8 个外部端口，端口 1、2 连接驱动或制动力矩，端口 3 接风速信号，端口 4 接坡度信号，端口 5、6、7 输出车辆的纵向位移、速度、加速度信号，端口 8 接附加质量（拖车模型）。这个模型中已经集成了轮胎模型，因此不需要再额外连接轮胎。

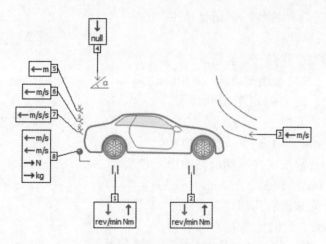

图 7-87　1D 车辆模型外部端口

　　1D 车辆模型计算的基本思路也是通过驱动力和阻力的平衡来计算车辆速度和加速度，其加速度方程为

$$A_{\text{car}}=\cfrac{1}{M_{\text{veh}}+M_{\text{trail}}+\cfrac{r_{\text{in1}}}{(rad_1)^2}+\cfrac{r_{\text{in2}}}{(rad_2)^2}}(F_{\text{engine}}-F_{\text{aero}}-F_{\text{slope}}-F_{\text{friction}}-F_{\text{trailer}}) \tag{7-17}$$

式中　　$M_{\text{veh}}$——车辆质量；

　　　　$M_{\text{trail}}$——拖车质量；

　　$r_{\text{in1}}$、$r_{\text{in2}}$——车辆前、后桥的转动惯量；

$rad_1$、$rad_2$——车辆前、后轮的半径；

　　　$F_{\text{engine}}$——驱动力，$F_{\text{engine}}=\dfrac{T_1}{rad_1}+\dfrac{T_2}{rad_2}$，$T_1$、$T_2$ 为车辆前后桥的输入力矩；

　　　$F_{\text{aero}}$——空气阻力，$F_{\text{aero}}=W_xV_{\text{c}}^2$，$W_x=\dfrac{1}{2}\rho_{\text{air}}S_xC_x$；

　　　　$V_{\text{c}}$——车速和风速的合速度；

　　　　$\rho_{\text{air}}$——空气密度；

　　　　$S_x$——车辆正迎风面积；

　　$C_x$、$C_z$——纵向和垂向的阻力系数；

　　$W_x$、$W_z$——纵向和垂向的风阻系数；

　　　$F_{\text{slope}}$——坡阻，$F_{\text{slope}}=Mg\sin\alpha_{\text{slope}}$，$\alpha_{\text{slope}}$ 为坡度；

　　$F_{\text{friction}}$——滚阻，$F_{\text{friction}}=r_{\text{vehi}}V_{\text{c}}+F_{\text{roll}}$，$F_{\text{roll}}=R_{\text{roll}}(Mg\sin\alpha_{\text{slope}}-W_zV_c^2)$，$r_{\text{vehi}}$ 为车辆黏性摩擦

　　　　　系数，$R_{\text{roll}}$ 为车辆滚阻系数，$W_z=\dfrac{1}{2}\rho_{\text{air}}S_xC_z$；

　　　$F_{\text{trailer}}$——拖拽阻力。

　　2D、3D 车辆模型外部端口如图 7-88 所示，2D、3D 车辆模型有 9 个外部端口，其中端口 1、2、3、4 连接悬架模型，端口 5 接风速、端口 6 是额外的车身受力端口，端口 7、8、9 输出车辆的纵向位移、速度、加速度信号。该模型可用于分析车体与动力总成或载荷转移现

象。因此，它适用于驾驶性能、舒适性或平顺性研究。

2D、3D 车辆模型中共有三个坐标系。

Absolute frame（R0）：绝对坐标系 R0，通常固定在地面上，用来确定车辆的位置，如图 7-89 所示。

Carbody grid frame（R1grid）：整车相对坐标系（R1grid），通常固定在车辆前轴的中点，$Z1grid$ 向上，$X1grid$ 向后，$Y1grid$ 向左，如图 7-90 所示。通常车辆的几何信息在这个坐标系下描述，例如车辆的质心位置和轴距就是在 R1grid 坐标系下描述的，如图 7-91 所示。

Carbody frame（R1）：整车坐标系（R1），通常固定在车辆前轴的中点，$Z1$ 向上，$X1$ 向前，$Y1$ 向右（相当于 R1grid 沿着 $Z$ 轴旋转了 $180°$），如图 7-92 所示。通常车辆在绝对坐标系下的姿态（俯仰、横摆、滚转）在这个坐标系下定义。

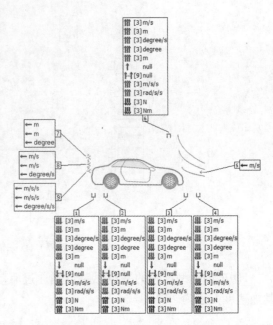

图 7-88　2D、3D 车辆模型外部端口

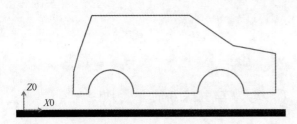

图 7-89　Absolute frame（R0）的定义

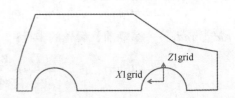

图 7-90　Carbody grid frame（R1grid）的定义

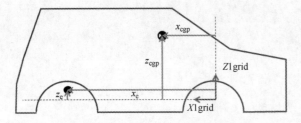

图 7-91　轴距和质心的定义示意图

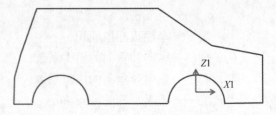

图 7-92　Carbody frame（R1）的定义

2D、3D 模型参数设置如图 7-93 所示，无论是 2D 还是 3D 车辆模型，首先定义绝对坐标系下车身质心的初始位置，车身的初始角度、车身的初始速度、初始角速度。然后在【aerodynamic parameters】（气动参数）中定义风阻参数（包括风阻系数、迎风面积等）。在【carbody】（车身）中定义车身质量、转动惯量以及整车质心在整车坐标系中的位置。最后在【axles】（轴）中定义车辆轴距、后轴高度和前、后轴的宽度。

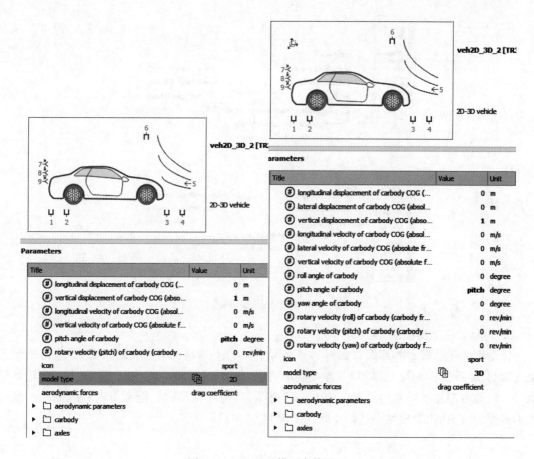

图 7-93　2D、3D 模型参数设置

**2. 悬架模型**

传动库的悬架模型外部端口和参数设置如图 7-94 所示，端口 1 连接轮胎模型，端口 2 连接车身模型。当选择 2D 悬架模型时，仅能考虑悬架的纵向、垂向受力。当选择 3D 悬架模型时，能考虑悬架的侧向、纵向和垂向受力。

无论采用 2D 还是 3D 悬架模型，首先要定义悬架的位置，软件默认悬架的上支点在前、后轴左右两端，而下支点在轮胎的中心点。由于车轴位置在车身参数中已经能够确定，因此定义悬架位置实质上是定义轮胎的位置。

定义悬架位置的方式有两种：一种是"assisted"（辅助），软件默认悬架垂直于地面，只要定义【spindle vertical position（absolute frame）】（绝对坐标系下轮胎中心到车轴的垂向距离）就可以了。另一种是"manual"（手动），需要手动定义【spindle longitudinal position（absolute frame）】（绝对坐标系下轮胎中心的纵向坐标）、【spindle lateral position（absolute frame）】（绝对坐标系下轮胎中心的侧向坐标）和【spindle vertical position（absolute frame）】（绝对坐标系下轮胎中心的垂向坐标）。

当选择 2D 悬架时，需要定义纵向和垂向的预紧力、刚度和阻尼；当选择 3D 悬架时，需要定义侧向、纵向和垂向的预紧力、刚度和阻尼，如图 7-94 所示。

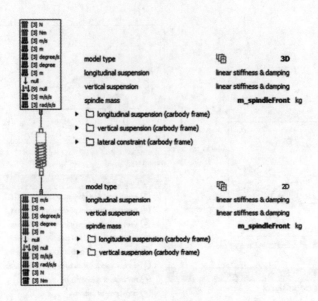

图 7-94　悬架模型外部端口和参数设置

### 3. 轮胎和路面模型

传动库的轮胎模型外部端口如图 7-95 所示，端口 1 接路面模型，端口 2、5 连接驱动力矩（端口 2、5 方向相反）、端口 3 连接制动力矩、端口 4 连接悬架模型。当选择 2D 轮胎模型时，仅能考虑轮胎的纵向、垂向受力。当选择 3D 轮胎模型时，能考虑轮胎的侧向、纵向和垂向受力（3D 轮胎模型不适用于转向工况）。

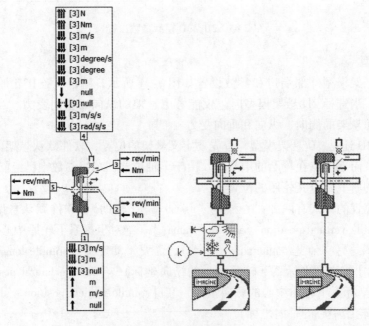

图 7-95　轮胎模型外部端口

软件首先要根据轮胎的垂向载荷计算出轮胎的滚动半径；然后再根据滚动半径计算出滑

移率，根据滑移率和用户选择的轮胎纵向力的计算方法（包括 Tanh model、Simplified Pacejka、Pacejka 1989、Pacejka 2002）计算出纵向力，根据垂向载荷滚阻系数和滚动半径计算出滚动阻力矩；最后根据端口 2、5 的驱动力、端口 3 的制动力、滚动阻力矩、纵向阻力矩平衡计算出轮胎的速度和加速度。

由于涉及轮胎纵向力计算的参数较多，可以通过轮胎参数 App 进行设置，如图 7-96 所示。

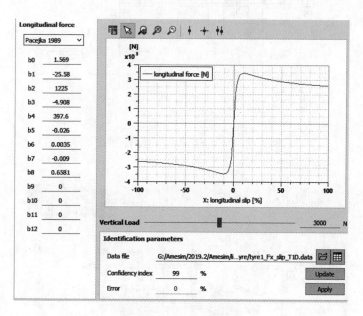

图 7-96　轮胎参数设置

# 7.2　性能与损失

在节能减排的背景下，降低传动功率损耗是一个重要的设计领域。传动效率的影响因素包括齿轮间的接触、摩擦、润滑、温度等。

Amesim 传动库的元件都具有计算功率损失的功能。这样就可以在产品开发的初期仅使用几何参数或由供应商给出的功能参数来预测和分析传动损失。通过这种方式，可以很快发现设计中存在的问题，并在生产之前得到纠正。

## 7.2.1　手动变速器建模

图 7-97 所示为某型 6 档手动变速器的工作原理。该变速器包括定轴齿轮、同步器和空套齿轮等部分，共有三个轴，分别是输入轴 $S_1$、输出轴 $S_2$、倒档轴 $S_{Rev}$。6 档位同步器分布情况是 5 档与 6 档同步器在输入轴 $S_1$ 上，1 档、2 档、3 档及 4 档的同步器在输出轴 $S_2$ 上。主轴和差速器上采用的是圆锥滚子轴承，副轴上采用的是深沟球轴承和圆柱滚子轴承的组合，采用飞溅式润滑且差动轮和副轴上的小齿轮部分浸在油中。

按照图 7-97 搭建手动变速器模型如图 7-98 所示。当模型切换到子模型模式时，如图 7-98 所示，倒档空套齿轮无法选择子模型，这是由于因果关系错误所致，因为倒档轴左右都给定了零扭矩输入，而空套齿轮需要一个速度输入，因此切换到子模型模式时报错。

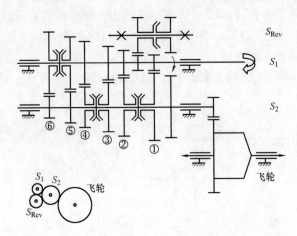

图 7-97　某型 6 档手动变速器工作原理

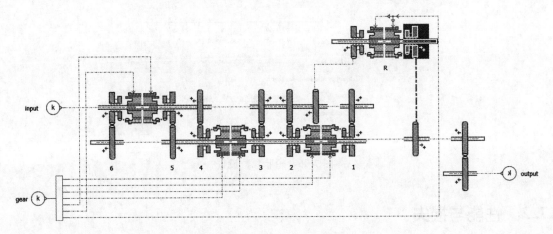

图 7-98　手动变速器模型 1

经过上述分析，切换到草图模式，给定倒档轴一个惯量模型，惯量模型计算出的速度输入空套齿轮，如图 7-99 所示。

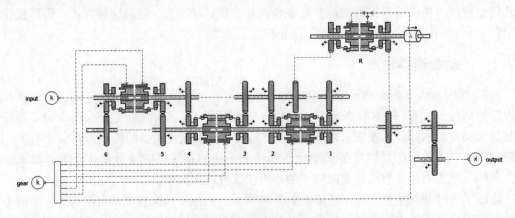

图 7-99　手动变速器模型 2

　　将模型切换到仿真模式，编译时会出现图 7-100 所示的两个生成的隐式变量出现的提示。在 5 档左侧与右侧两部分分别出现一个代数环。代数环的产生也是因果关系所致。

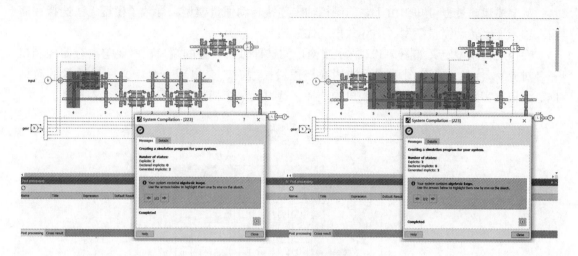

图 7-100　编译提示信息

　　将模型切换为草图模式，然后全选并进行删除子模型操作，之后再添加一个转动惯量在输入轴上，如图 7-101 所示。注意该转动惯量加在输入轴的任何位置都可以，见 demo7-1。

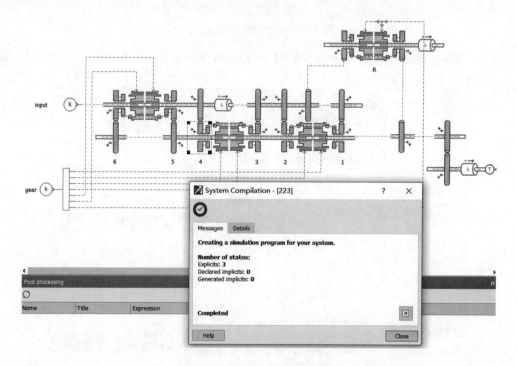

图 7-101　手动变速器完整模型

　　值得注意的是，齿轮建模时，一个轴的转速只能有一个，所以在这个轴上连接的元件中只能有一个"速度元件"提供转速边界条件，而转动惯量模型就是一个比较常用的"速度元件"。整个变速器模型中共有三个独立的轴（由于 $S_2$ 轴和输出轴是齿轮副连接，因此共用一个转动惯量），因此需要三个转动惯量模型提供转速边界条件。

从上述建模过程可知，由于之前倒档轴未连接转动惯量模型，导致子模型无法选择；而输入轴未连接转动惯量模型，则导致出现代数环。

换档逻辑模型定义如图 7-102 所示（对应勾选即可，模型的端口次序要与离合器控制口一一对应）。注意，在草图模式下选用换档逻辑模型时，会出现一个定义端口数量的对话框，要根据实际控制档位数及控制机构选择，这里是 7 个档位通过 7 个半同步器控制。

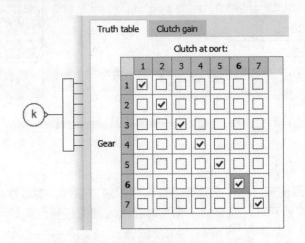

图 7-102　换档逻辑模型定义

然后，将档位命令做批运行处理，如图 7-103 所示。

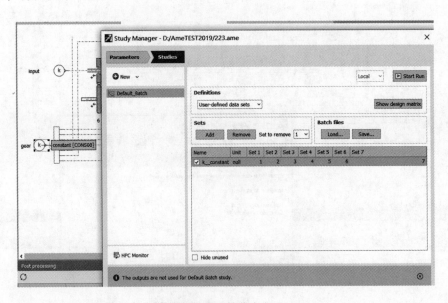

图 7-103　档位定义

最后，将仿真结果中的输入转速与输出转速做除法，结果如图 7-104 所示。可以验证各档位转速比的正确性，进而验证模型逻辑的合理性。

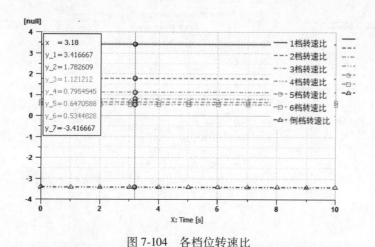

图 7-104　各档位转速比

## 7.2.2　稳态工况传动效率分析

在 demo7-1 的基础上进行适当修改：在 $S_1$ 轴施加一个扭矩，扭矩大小是由目标转速跟 $S_1$ 轴的实际转速之差经过 PID 调节得到的，这样就能够保证 $S_1$ 的转速始终是目标转速。同理在输出轴上施加一个扭矩，扭矩大小是由目标扭矩跟 $S_1$ 轴的实际扭矩之差经过 PID 调节得到的，这样就能够保证 $S_1$ 的扭矩始终是目标扭矩。这样通过在输入、输出轴施加 PID 调节的方法，就可以同时定义变速器的转速和扭矩边界条件了。

还需要做其他几处改动：齿轮与空套齿轮替换为考虑温度的子模型，所有的温度端口集成为一个温度点，每对齿轮间添加齿轮力传感器模型，四个轴的两端对应添加轴承模型、添加润滑油属性模型，修改后的模型如图 7-105 所示，见 demo7-2。

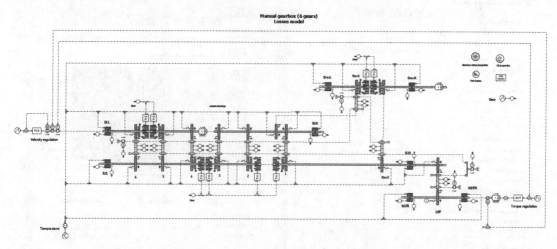

图 7-105　变速器稳态效率预测模型

每个轴承需要给定所承受的径向及轴向力载荷。通过信号控制库，将各个轴上每对齿轮采集的轴向及径向力计算合力，然后平均分配给各个轴承，具体如图 7-106 所示。

然后，在参数模式下选择齿轮的【calculated losses】（根据几何参数及经验公式预测损失）及【padding losses】（根据实际情况来定义浸油高度等），如图 7-107 所示。

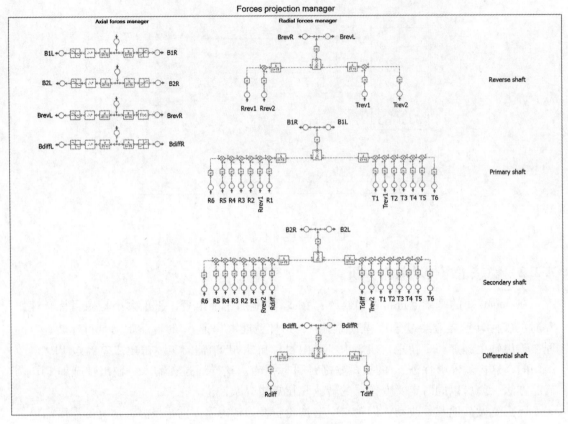

图 7-106　轴承载荷分配模型

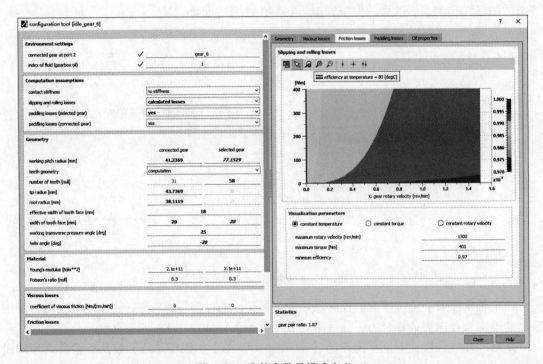

图 7-107　齿轮参数及模式定义

1）以扭矩输入为边界条件时，分别计算当输入转速为 3000r/min 时，6 个档位中每个档位在 30N·m、150N·m，40℃、80℃工况下的功率损失。可以通过批运行仿真，定义好了 24 个工况点后进行批处理计算，计算结果保存在 exp_1 中，如图 7-108 所示。

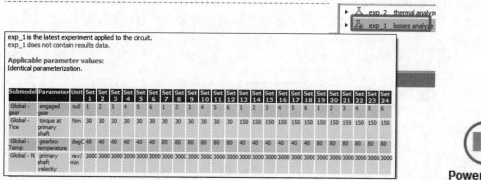

Power losses

图 7-108　稳态工况点定义　　　　　　　　　　图 7-109　功率损失模块

仿真完成后，调用功率损失模块（见图 7-109），查看对应功率损失对比结果。该模块可以读取每一个变量运行的最终值，计算每一组元件的损失，并把结果绘制为柱状图。

24 个工况点的损失对比结果如图 7-110 所示。可以看出，在低温或低扭矩输入时，主要的功率损失来源于滑动轴承和齿轮搅油。这些损失主要与润滑油黏度有关，与施加的扭矩大小关系不大。润滑油黏度在低温时较大，因此在低温时，扭矩对功率损耗的影响较小。

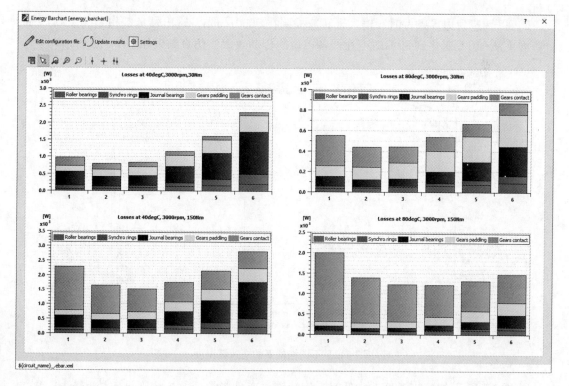

图 7-110　各工况点损失对比

所有的损失都随着啮合齿轮档位的升高而增加。对于高档位啮合齿轮，从动轴和差动轴的转速更快，因此齿轮搅油损失增大。在高温、高扭矩下，主要损失来源于齿轮接触损失，这是因为齿轮的接触损失跟负载关系较大。

由此可以看出，变速器温度和传递的扭矩是变速器损耗的决定性因素。使用【Cross Result】交叉结果工具创建了一个显示变速器整体效率的曲线，如图 7-111 所示。

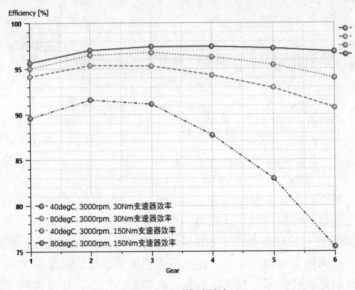

图 7-111　传动效率

2）以转速为边界条件时，输入轴转速控制在 3000r/min，输出轴负载扭矩为 150N·m，计算温度从 -10℃ 变化到 80℃ 时变速器各档位的传动效率，仿真结果如图 7-112 所示。

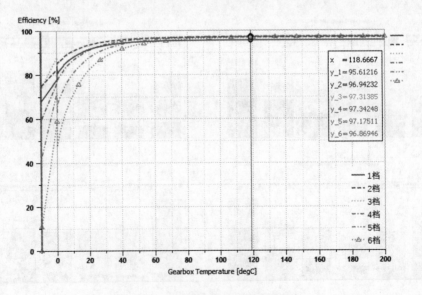

图 7-112　不同档位下的变速器温度

由图 7-112 可知，当温度非常低时，齿轮箱效率是非常低的，特别是 5 档和 6 档。这就是为什么在车辆冷启动过程中升高温度是非常重要的。如果做深入研究，还可以通过 Python 脚本、批运行处理或设计探索工具对固定工作点进行分析。

### 7.2.3　瞬态工况传动效率分析

　　将上面的变速器模型集成到一个带有简单热模型的整车系统中。该模型用于分析温度与车辆性能损失的关系，模型搭建如图 7-113 所示。模型中用一个单一的热容来描述齿轮箱与其内部润滑油的总质量，壳体与外界有对流换热。假设所有损耗功率的 80% 转化为热，剩下的损耗功率被机械破坏和化学反应所消耗。模型中还连接了一个车辆模型，用于考虑车辆阻力特性。变速器前端连接离合器和发动机模型，见 demo7-3。

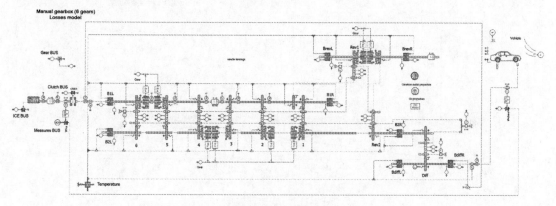

图 7-113　瞬态工况传动效率分析模型

　　为了让车辆以最大加速度达到最高车速，并保持最高车速行驶，控制模型的参数设置如下：驾驶员要求的推进力为 10kN，速度要求始终高于实际速度 0.1m/s，内燃机将发动机扭矩要求限制在 −50～300N·m 之间，发动机转速在 2000r/min 时自动升档，离合器控制器保证换档时离合器打开，与这些功能相关的控制逻辑模型搭建如图 7-114 所示。

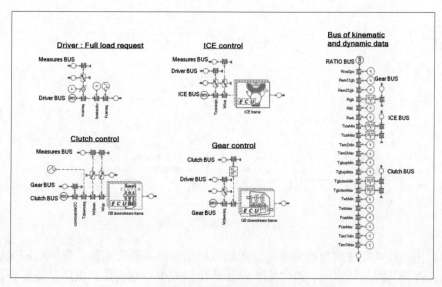

图 7-114　控制逻辑模型

　　分别设定环境温度为-10℃、20℃和40℃，分析三种环境温度下变速器的动态传动效率。变速器温度如图 7-115 所示，当室外温度为-10℃时，前 30s 齿轮箱温度升高约 13℃，其他两种情况下齿轮箱温度升高约为 5℃。这意味着外界温度越低，齿轮箱温度上升得越快，结合稳态工况的仿真结果说明高档位运行在低温的时间很有限，"因寒冷而失效"发生的风险很小。

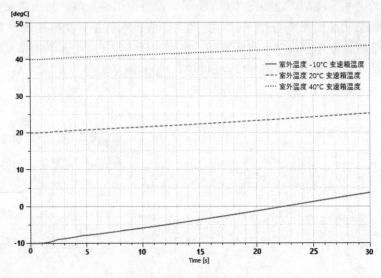

图 7-115　变速器温度

　　车辆最高车速如图 7-116 所示，变速器的温度变化如图 7-117 所示，所有工况下达到最高车速（180km/h）的时间均在 200s 左右。此时变速器温度在 47～69℃之间，可见温度对最高车速影响很小。但在前 30s，温度对变速器效率影响较大，如图 7-118 所示，这是由于温度直接影响了润滑油黏度。

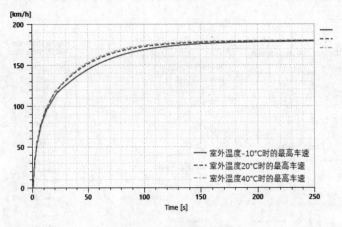

图 7-116　车辆最高车速

　　综上所述，传动库性能与损失解决方案既可以用来识别损失来源，也可以用来仿真温度对车辆系统性能与损失的影响；既可用于设计优化以减少功率损失，也可以用于换热器和冷却回路的选型匹配。

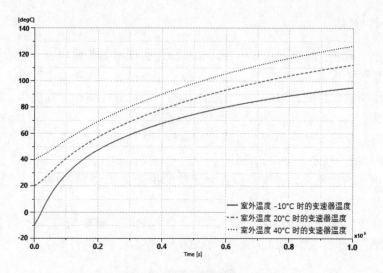

图 7-117　变速器的温度变化

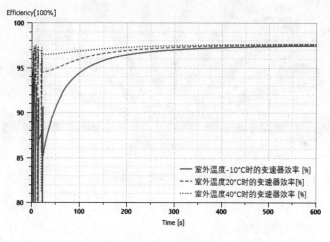

图 7-118　变速器效率

## 7.3　驾驶性分析

目前，车辆市场最大的挑战是如何在提高车辆动力性能的同时降低燃油消耗，还要保证车辆的舒适性及驾驶性。由于动力总成各个部件之间逐渐增加的机械、热、电、液压、控制之间的相互作用所引起的耦合影响，要设计出高性能动力总成的同时还要保持良好的驾驶性能，并且降低油耗和排放，仅仅是部件级设计分析是不够的，这使得系统级设计分析成为动力总成开发过程中关键的一环。随着动力总成作动器数量的增加，这种趋势将进一步深化。

Amesim 驾驶性解决方案提供了一整套不同物理模型结构库和不同复杂等级的模型，确保用户能够对传动系统进行合理的建模。同时还可以定义一套评分标准，对车辆驾驶性能进行评估。

### 7.3.1　驾驶性定义

驾驶性就是车辆在直线行驶过程中对驾驶员操作所作出的各种响应。好的驾驶性会时时刻刻让驾驶员觉得操作起来称心如意，起动安静，怠速稳定，加速柔中带刚，急加速反应迅速，急松油门车辆能快速变得柔和平稳，巡航状态下能完成突然超车的操作，超车后又能快速切换为巡航状态。

驾驶性作为车辆动态性能的三个指标［驾驶性（$X$ 方向动态性能）、操控性（$Y$ 方向动态性能）、乘坐舒适性（$Z$ 方向动态性能）］之一，它的详细定义为车辆在 $X$ 方向（即车辆前进方向）上的所有动态变化，主要计算和评估的指标是 $X$ 方向加速度的变化。好的驾驶感受就是"车随心动"。

所有车辆在 $X$ 方向的动作包括起步，加速，急踩油门，急松油门，松油门滑行，换档，巡航，怠速，油门响应，发动机起动，发动机熄火等，如图 7-119 所示。

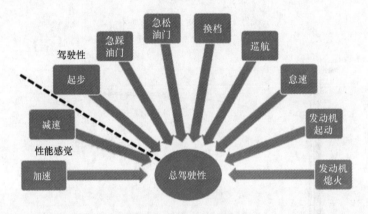

图 7-119　主要驾驶性动作

实际驾驶性工况分析时，要考虑车辆的定位等因素，对各个主要工况进行权重管理，图 7-120 所示为典型权重分配举例。

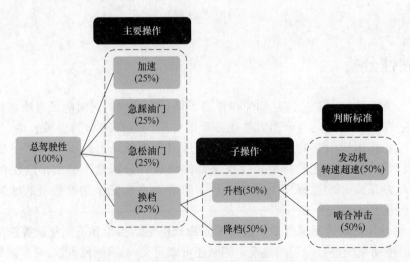

图 7-120　典型权重分配举例

### 7.3.2　驾驶性建模与评价

在搭建大型系统的模型之前，需要从简单的模型开始，分别验证每个子系统的模型，逐步添加更多的细节和复杂性。每增加一部分复杂度，都要对比仿真结果的合理性，即与上一层级模型对比，若有试验结果对比，模型精度会更好。

同时，通过不同复杂程度的模型对比，还可以考察每一部分复杂性对仿真工况及考察结果现象的敏感度。进而可以总结出不同工况下对应的更加合适的模型层级。比如动力总成反向扭矩对急踩油门（tip-in）、急松油门（tip-out）的影响比较大，所以建模时这两个工况必须考虑悬置。

建模中会用一个元件来进行驾驶性分析，如图 7-121 所示。该模块是动力传动库中的标准模型，建模时直接拖至草图模型即可。

驾驶性分析工具 App 如图 7-122 所示，驾驶性分析工具 App 的界面，包括操纵工况、变量特性、参数后处理、详细帮助注释等窗口，对应图 7-122 中 1~4。

图 7-121　驾驶性
分析模块

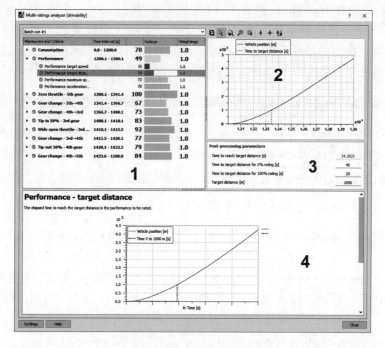

图 7-122　驾驶性分析工具 App

操纵工况中有四列，分别是操纵工况列表、时间间隔、得分和权重。操纵工况列表可通过设置窗口更改，时间间隔由软件自动根据工况提取，得分和权重在后处理中修改。每一种工况下有多个评分项。仿真计算结束后模型会自动提取仿真结果，根据之前设定好的标准进行打分并计算加权平均值。

单击 App 左下角的【Settings】（设置）按钮，参数设置如图 7-123 所示。它有参数设置与变量设置两列，用于提取仿真结果。在与参数相关的设置窗口中，有五个选项可供选择：

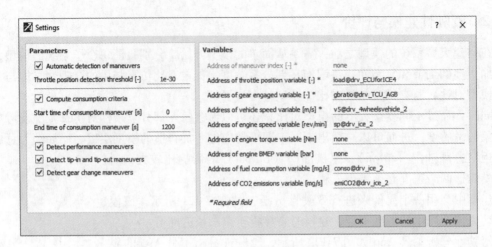

图 7-123　设置窗口

1)【Automatic detection of maneuvers】。如果勾选，则选择自动检测。通过分析节气门位置、档位和车速的变化，算法能够自动检测执行的工况。"Throttle position detection threshold"（节气门位置检测阈值）是无量纲参数，表示自动检测的灵敏度。如果未勾选，则选择手动检测。在这种情况下，必须使用额外的变量作为"工况指标"来描述工况序列。工况指标必须是一个步骤变量，步骤变量的值必须是图 7-124 中的值。

| Maneuver index | Maneuver type | Throttle position | Gear engaged | Initial vehicle speed |
|---|---|---|---|---|
| 1 | Closed loop for consumption | not a step function | - | - |
| 5 | Performance | step = 1 | - | = 0 |
| 6.1 | Tip-in | step < 1 | - | - |
| 6.2 | Tip-out | step < 1 | - | - |
| 6.3 | Wide Open Throttle | step = 1 | - | > 0 |
| 6.4 | Zero Throttle | step = 0 | - | - |
| 11 | Gear Change | constant | step | - |

图 7-124　工况指标步骤变量

2)【Compute consumption criteria】。如果勾选，模型只会评估在设定时间内的燃油消耗。

3)【Detect performance maneuvers】。如果勾选，则认为在静止条件下全油门输入是为了评估车辆性能的。只要油门输入为 1，其他命令（如换档）被忽略。当油门位置不再等于 1 时，工况结束。然后将该工况添加到树状窗口的操纵工况列表中。

4)【Detect tip-in and tip-out maneuvers】。如果勾选，则 tip-in 和 tip-out 工况将被添加到树状窗口的操纵工况列表中。

5)【Detect gear change maneuvers】。如果勾选，换档工况将被添加到树状窗口的操纵工况列表中。

在与变量相关的设置窗口部分，必须输入所需变量的地址"varname@ alias"。Address of throttle position variable（油门位置）、Address of gear engaged variable（档位）和 Address of vehicle speed variable（车速）这三个带"＊"号的变量是必选的。其他变量是可选的，如果不参与评估，它们的地址可以设置为"none"。

得分和权重的设置要注意设定每个工况下的最高、最低评分对应的性能值权重，性能值

权重的计算公式如下

$$R = \begin{cases} 100 \times \dfrac{x - x_{\min}}{x_{\max} - x_{\min}} & \text{如果 } x_{\max} > x_{\min} \\ 100 \times \dfrac{x_{\min} - x}{x_{\min} - x_{\max}} & \text{如果 } x_{\max} < x_{\min} \\ 0 & \text{其他} \end{cases} \tag{7-18}$$

式中　$x$——仿真结果读取的性能值；

　　　$x_{\min}$——最小评分（0）对应的性能值；

　　　$x_{\max}$——最高评分（100）对应的性能值。

下面从变速器及整车传动系统的复杂度着手，划分为五个层级的模型分别阐述驾驶性建模及评价分析。

**1. 第一层级：简单模型**

第一层级驾驶性评估如图 7-125 所示，见 demo7-4。这个层级的模型完全基于 IFP-drive 库的稳态模型，在循环工况燃油经济性基础上，集成加速等工况来初步分析驾驶性。该模型可以评估离合器匹配对驾驶性的影响，但是没有考虑传动系统的动态特性，所以无法考察传动系统的刚度及惯量对驾驶性的影响（可参考第二层级）。

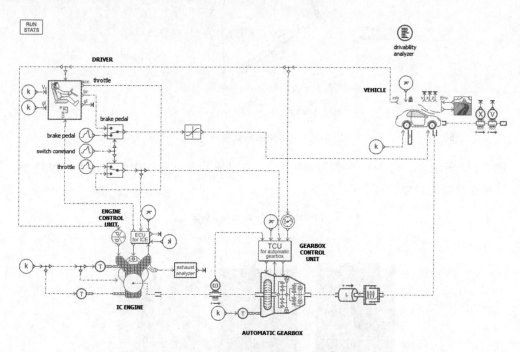

图 7-125　第一层级驾驶性评估

对车重取 1500kg、1600kg、1700kg 做批运行处理，仿真可得图 7-126 所示的车速与加速度结果。

应用驾驶性分析工具可得图 7-127 所示的评估结果。由图可知，随着车重的增大，加速性能和燃油消耗表现都越来越差；tip-in 呈现变好的趋势。

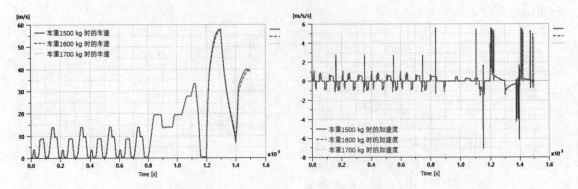

图 7-126　不同车重下的车速与加速度仿真结果

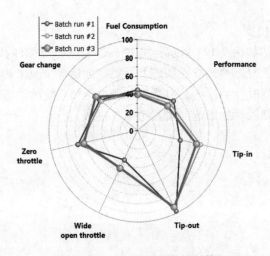

图 7-127　不同车重驾驶性评估

　　图 7-128 所示为 2 档升 3 档过程的冲击度，可见随着车重的增加，冲击度越来越小，即驾驶性呈现变好的趋势。

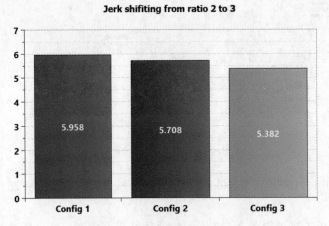

图 7-128　2 档升 3 档冲击度对比

图 7-129 所示为整个仿真过程中不同车重配置下的平均振荡时间及次数。可见，振荡次数随着车重的增加呈递减的趋势；而平均振荡时间则是配置 2 最少，即存在一个最佳的车重配置。

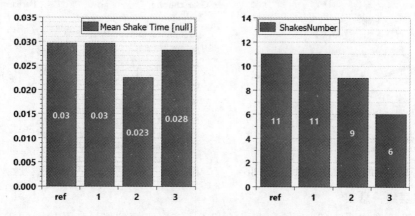

图 7-129　平均振荡时间与次数

### 2. 第二层级：变速器

第二层级模型如图 7-130 所示，见 demo7-5。该层级模型细化了变速器模型，将液力变矩器及行星传动都考虑了进来，并结合变速器各个轴的惯量及传动系统刚度特性，可以分析传动系统扭转振动对驾驶性的影响，可以更好地分析换档工况对驾驶性的影响。但是，车身负载模型只考虑了纵向自由度，无法考察悬架及轮胎对车身垂向自由度的传递影响（可参考第三层级）。

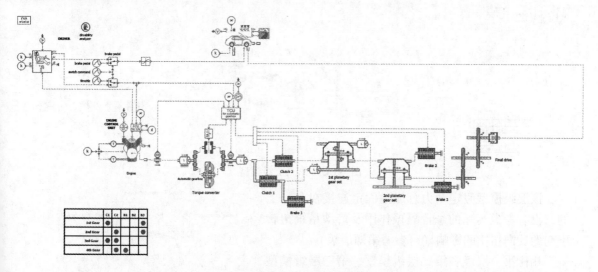

图 7-130　第二层级模型

图 7-131 所示为不同车重配置下的驾驶性综合评价。由图可知，相比第一层级模型，换档及零负荷工况在不同车重配置下差异更明显。

第二层级和第一层级模型各个工况的驾驶性评价对比如图 7-132 所示。可见，动力性与燃油经济性结果都变好了，而 tip-in 则变差了。

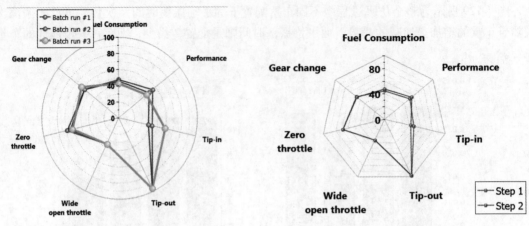

图 7-131　不同车重配置下的驾驶性综合评价　　　图 7-132　第一层级、第二层级驾驶性评价对比

### 3. 第三层级：悬架

第三层级模型如图 7-133 所示，见 demo7-6。该层级模型将悬架及轮胎的 2D 模型集成了进来，同时考虑了 2D 车身模型，它有三个自由度，即纵向、垂向和俯仰。所以，该模型可以考虑传动系统的传递过程对驾驶性的影响。实际上由于有很多瞬态载荷，比如传动系统载荷、齿轮啮合载荷等往往是通过差速器传导至轮胎悬架再传导到车身，进而从整车角度才能观测到对应的现象。所以，若是没有集成悬架动力学模型，有些载荷激励无法响应出来。

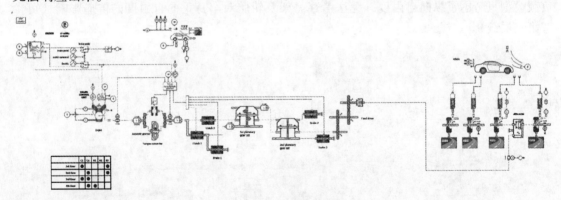

图 7-133　第三层级模型

该层级模型假定动力总成是固定连接在车身上的，没有考虑实际的悬置隔振作用及传动系统扭转引起的反向扭矩的影响（可参考第四层级）。

相比第一层级和第二层级模型，第三层级模型驾驶性评价如图 7-134 所示。可见，除了 tip-out 工况变化不明显之外，其他工况都发生了显著的变化。其中，动力性、零负荷与燃油经济性都变差了，悬架及轮胎的减振及阻尼特性更加接近真实情况；tip-in、换档及全负荷加速都变好了，扭矩变化大的工

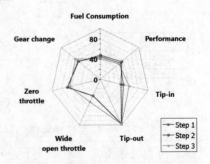

图 7-134　第一层级、第二层级和
第三层级驾驶性评价对比

况的瞬态载荷更好地反映到了车身上。

### 4. 第四层级：悬置

第四层级模型如图 7-135 所示，见 demo7-7。该层级模型集成了动力总成悬置，简单考虑了差速器处的反向扭矩，可以更好地分析与捕捉换档过程、tip-in、tip-out 和起步等工况的动态特性。

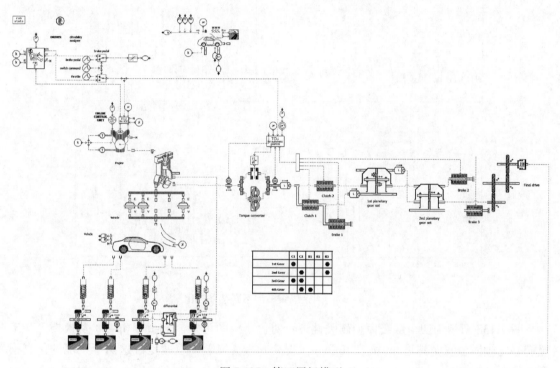

图 7-135　第四层级模型

图 7-136 所示为四个层级模型的总燃油消耗与排放对比。可见，四个模型都基本持平，即随着模型复杂度的提高，保证了模型的合理性与结果精度。

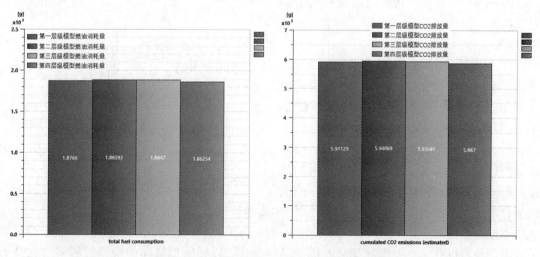

图 7-136　四个层级模型总燃油消耗及排放对比

**309**

四个层级模型的车速、发动机转速、转速比及发动机扭矩等不同结果对比如图 7-137 所示。可见，除了某些瞬态特性差异大之外，四个层级模型结果总体基本一致，说明模型精度可靠。

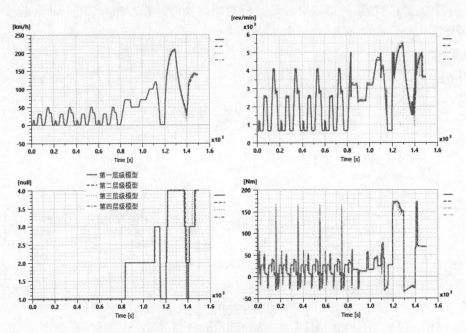

图 7-137　四个层级模型不同结果对比

图 7-138 所示为四个层级模型驾驶性评价对比。由图可知，tip-in、tip-out 及换档三个工况变好比较明显。尤其是 tip-in 和 tip-out 工况变化较为显著，也就是说这两个工况的仿真模型必须要考虑悬置。

一般情况下做整车驾驶性分析，模型的复杂程度做到这个层级就已经足够了，下面介绍国外的一个实际应用案例来说明模型的复杂程度，案例中选取的车型为 VW Passat GTE P2。

在 Amesim 中，发动机、电机、电池、变速器采用功能性模型；悬架、悬置采用标准模型，车身采用 2D 模型，模型搭建如图 7-139 所示。

为了验证模型精度，将模型的仿真结果和实测数据进行对比。图 7-140 所显示的是正常起动、加速、制动、停车四个操作组成

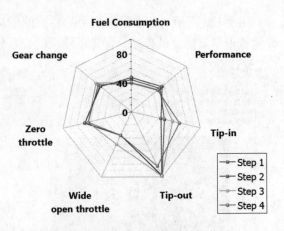

图 7-138　四个层级模型驾驶性评价对比

的复合工况，车速和加速度的结果对比，说明模型很好地反映出了车辆的性能。

通过这个案例主要是想告诉大家，对于驾驶性的评估，模型细化到第四层级就已经足够了，下一步可以在这个模型的基础上把变速器细化，以便模拟具体的换档过程对驾驶性的影响。

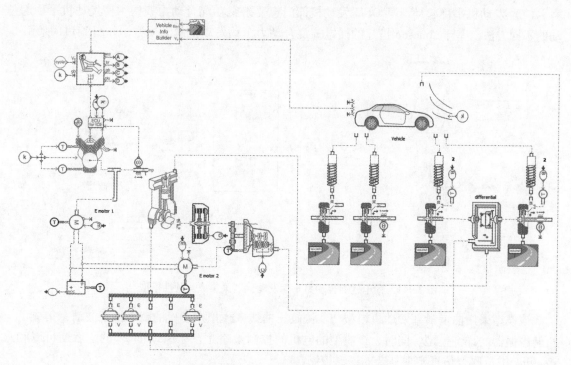

图 7-139 Passat 并联混合动力驾驶性模型

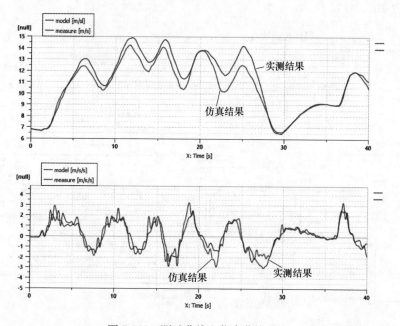

图 7-140 测试曲线和仿真曲线对比

## 5. 第五层级：发动机及控制

除了以上不同层级的模型之外，还可以将动力源的动态特性集成进来，如以下两个案例所示。

（1）发动机平稳起动　某 OEM 发动机部门想要研究在混合动力架构中使发动机平稳起动的不同方法。基于 Amesim 搭建的插电式混合动力车辆发动机起动模型，如图 7-141 所示。

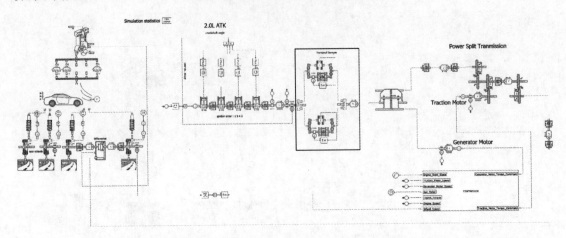

图 7-141　插电式混合动力车辆发动机谐振集成驾驶性模型

该模型采用曲柄活塞发动机模型与实测缸压曲线来模拟发动机的瞬态扭矩波动，集成了扭转减振器的详细模型。同时，该模型的电机的控制策略是基于 state-chart 的，后期可以和 simulink 进行联合仿真实现复杂的逻辑控制。

（2）燃油策略对驾驶性的影响　某 OEM 整车部门想研究不同的喷油策略对驾驶性的影响，模型搭建如图 7-142 所示。

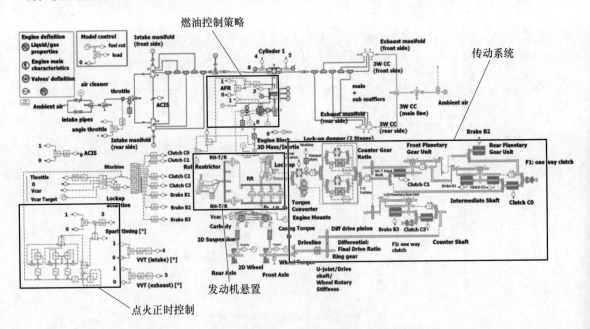

图 7-142　驾驶性分析模型

该驾驶性分析模型没有集成试验的缸压，而是搭建了发动机高频模型，同时可以考虑燃油控制策略及点火正时的控制等，而且集成了动力总成悬置模型。

## 7.4　传动系统扭振分析

传动系统 NVH 典型现象有很多种，比如耸振（shuffle）、颤振（judder）、共振（shudder）和撞击（clunk）等。本章以传动系统扭振典型应用为例，介绍 Amesim 针对传动系统 NVH 问题的建模和分析方法。

### 7.4.1　传动系统 NVH 典型现象

传动系统相关 NVH 典型现象如图 7-143 所示，包括：

1）变速器齿轮啸叫（gear whine）。

2）变速器齿轮敲击（gear rattle）。

3）主减速器齿轮撞击（clunk）。

4）传动系统轰鸣（driveline boom）。

5）传动系统扭振（torsional vibration）。

6）离合器颤振（clutch judder）。

7）耸振（shuffle）。

8）换档舒适性（shift quality）。

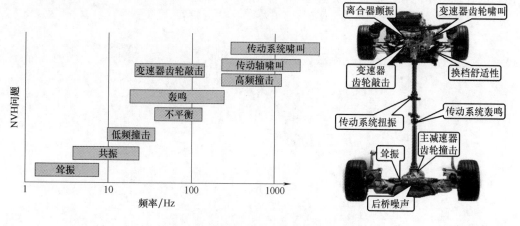

图 7-143　传动系统 NVH 频率分布

这些现象总结起来可以分为以下四类。

**1. 动力传动系统瞬态冲击响应相关的现象**

具体来讲包括耸振、颤振、共振、撞击。

（1）耸振　耸振一般表现为两类：一类是离合器耸振，另一类是整车耸振。

离合器耸振，不是一个噪声方面的问题，它是整车的低频纵向振动，主要是由 2~8Hz 的道路载荷变化引起的。对于离合器系统来说，只有采用双质量飞轮时才对耸振有比较明显的抑制。

整车耸振是突然的载荷变化（如急踩油门或急松油门）引起的车辆耸振响应，表现为车身前后剧烈振动，这种响应与传动系统的 1 阶扭转固有频率直接相关，一般在 2~10Hz 之间（依赖于不同的档位），如图 7-144 所示，一般在低档位更加明显。

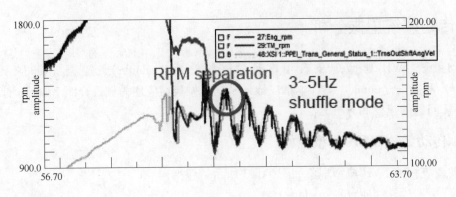

图 7-144　耸振现象

（2）颤振　离合器的颤振现象也表现为整车前后方向的低频振动，振动范围大约是 5~20Hz。它是由驱动系统的扭振造成的，发生在离合器结合或分离的过程中，即在离合器一定转速差下由存在的摩擦负阻尼特性引起的。该现象通常是在车辆起步时出现，如图 7-145 所示，特别是采用柴油发动机的后驱车辆，发生概率更大。当打滑的离合器的共振频率范围与被离合器动态分离的驱动系统共振频率范围重叠时，如果存在周期性扭矩变化，就会发生颤振。此时，整车会产生前后方向的振动，并且会通过车辆的零件传递到驾驶员座椅。同时，它也表现为车内噪声而被乘员所感知。颤振现象如图 7-145 所示。

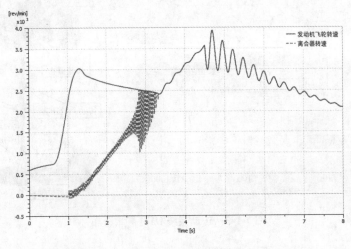

图 7-145　颤振现象

颤振产生的原因一般有两种。第一种是内因，即由自身引起的，主要是摩擦特性中的负阻尼特性造成的（Friction Judder）。增大离合器摩擦片的摩擦系数，即选用有高静摩擦系数的摩擦材料，可以有效缩短离合器结合的时间，提高结合品质，并能有效减小离合器振动。同时根据试验经验也可以得知，通过加大变速器输入轴的刚度，或者提高离合器盖的刚度，可以减少离合器结合过程中压紧力的波动，优化离合器的振动问题。

第二种是外因，即由压力引起的，主要是由零部件偏差和轴向振动造成的（Geometric Judder）。几何颤振主要是由于系统和（或）外部周期性激励源存在的几何偏差，导致夹紧力波动，从而导致离合器的周期性扭矩波动。离合器和传动系统存在多种几何偏差，如曲轴的轴向和径向跳动、离合器压盘和离合器摩擦片的平行度偏差、变速器输入轴的径向跳动、变速器和发动机的径向偏差和角偏差等。

（3）共振　高频宽电动机在电动汽车上的应用会引起共振，由电动机悬架在底盘中相互谐振激励所引起，可能从座椅导轨被感觉到。电动汽车因为缺少液力变矩器，所以无固有阻尼，图 7-146 中没有应用主动阻尼控制的整车纵向加速度仿真曲线，与试验曲线基本吻合。但是，当采用了主动阻尼控制技术后，整车纵向加速度基本趋于平滑，即消除了共振。

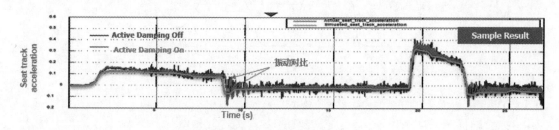

图 7-146　共振现象

（4）撞击　撞击是传动系统的一种冲击性响应，通常在发生突然的扭矩变化时产生，例如 tip-in 或 tip-out。撞击是生硬的金属脉冲噪声，持续时间从 20ms 到 100ms 不等，它是对载荷变化的响应。其他产生原因还包括换档齿轮和离合器的快速结合等。研究表明，离合器预减振特性和使用双质量飞轮都是有效控制 clunk 的因素。

当有扭矩反向时，由于齿轮副（尤其后桥的齿轮副）存在齿轮背隙，因此齿轮啮合时产生冲击，撞击现象如图 7-147 所示。由于齿轮的撞击，有时在车内可以听见类似金属撞击的声音，频率在 300~6000Hz。当背隙已被完全占据时，由于瞬态扭矩的波动性，会产生低频的轰鸣（20~50Hz）。

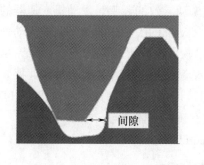

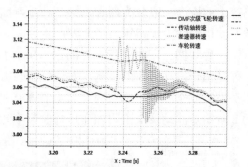

图 7-147　撞击现象

从根本上说，耸振、撞击、共振等现象通常是互相联系的，如图 7-148 所示。车辆处于带档反拖工况时，当驾驶员踩下油门踏板时（负扭矩作用在桥轴上），在通过离合器间隙、变速器间隙后，后桥小齿轮扭矩开始上升，直到扭矩为 0N·m。此时，发动机在没有阻力的情况下加速。由于瞬态正扭矩（大于车辆行驶阻力矩）开始建立，并且初始的扭矩升高率非常陡峭，使得齿轮副通过间隙后产生猛烈的撞击，产生高频的金属撞击噪声。

瞬态扭矩具有波动性，是稳态扭矩的 2~3 倍，会产生基本的撞击响应，感知为短暂的晃动及伴随可能的低频轰鸣。随后，低频扭矩波动产生，耸振响应开始，表现为前后振动，可能会持续 1s，在严重的情况下，桥扭矩可能会反弹为负扭矩，并产生多个撞击响应。

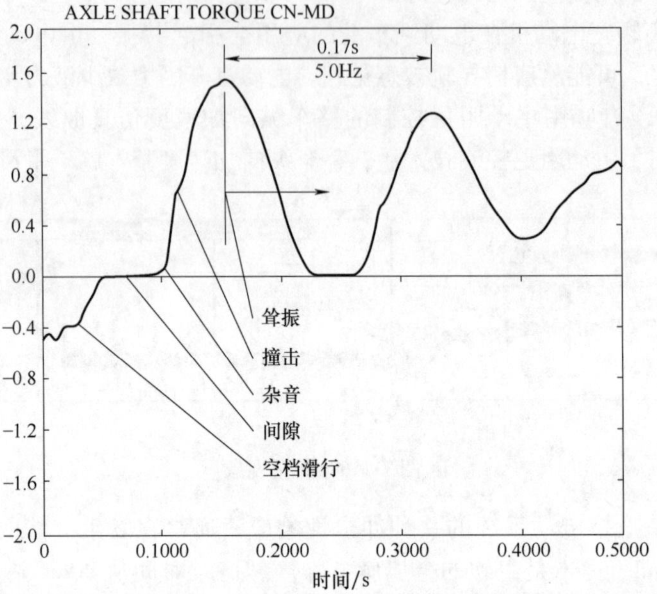

AXLE SHAFT TORQUE CN-MD

（图中标注）
- 0.17s
- 5.0Hz
- 耸振
- 撞击
- 杂音
- 间隙
- 空档滑行

时间/s

图 7-148　传动轴扭矩

### 2. 动力总成振动相关的整车轰鸣噪声（booming noise）

轰鸣可能发生在前驱车，但是在后驱车上更易发生。扭矩从发动机传递到差速器要经过一个纵向旋转传动轴，它的刚度很低。差速器到轮胎之间的两个驱动轴，刚度也很低。发动机在一定转速下对应的频率可能与某阶固有频率发生共振。

轰鸣产生的原因一般分为两种。第一种是弯曲振动导致的轰鸣，发动机变速器的 1 阶弯曲频率被发动机惯性力和扭矩波动激发产生共振。传动轴的 1 阶弯曲频率，被传动轴 1 阶不平衡力激发产生共振，弯曲模态需要耦合 3D 动力学软件来分析。

第二种是扭转振动导致的轰鸣，发动机扭转振动激发桥的刚体模态，导致共振。当阶次激励与车身模态或空腔模态耦合时，就会在车内明显地感知到轰鸣现象。如图 7-149 所示，传动轴的 2 阶扭矩波动及 2 阶附加弯矩弯曲频率激发桥的刚体模态，导致共振。

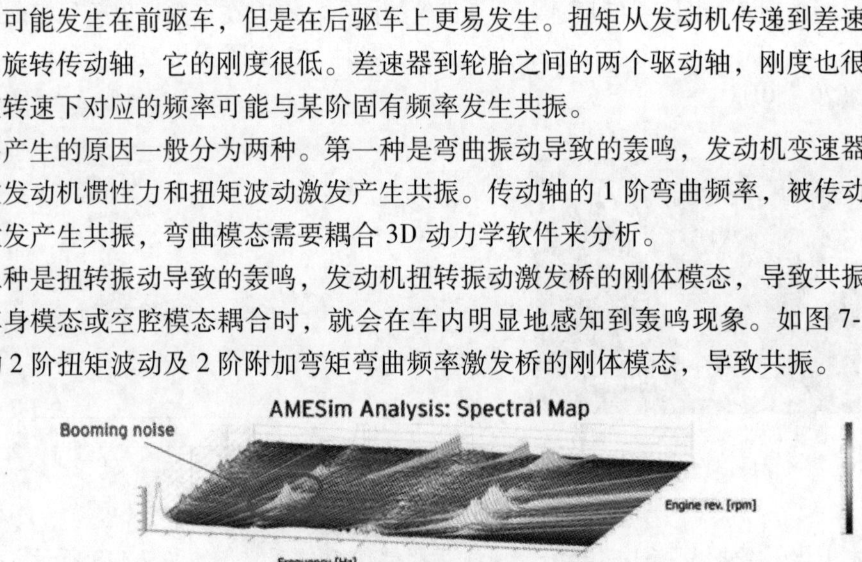

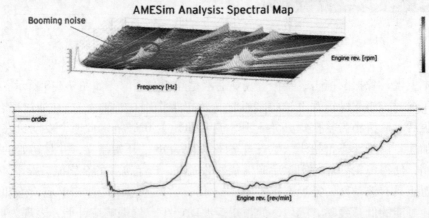

图 7-149　轰鸣现象

**3. 变速器齿轮敲击噪声**（gear rattle noise）

发动机中燃烧气体的压力和活塞往复运动产生的周期性惯性力，使扭矩呈脉动周期变化，扭矩经过离合器传递到变速器啮合齿轮，由于齿轮啮合存在间隙，而且非承载齿轮副从动轮处于随动状态，从而引起齿轮的敲击。敲击现象如图 7-150 所示。

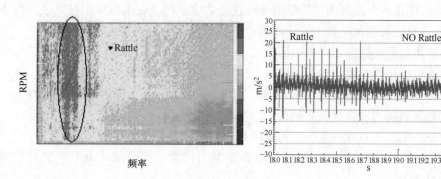

图 7-150　敲击现象

变速器中的 Gear Rattle 问题主要是间隙的非线性特性（例如齿隙、多段不同刚度的弹簧、迟滞等）引起的。一般来说，rattle 一般会在加速过程中出现，且出现在较低的转速区间。

**4. 变速器齿轮啮合啸叫噪声**（gear whine noise）

产生啸叫的原因主要有齿轮的修形、啮合滑移、壳体的变形、轴的变形等因素。啸叫可以靠合理地修形来补偿，这些方面的仿真分析需要专业的 3D 软件，Amesim 不能分析此现象。

## 7.4.2　扭振计算的基本方法

动力传动系统的扭振问题是整车 NVH 问题中的一个重要组成部分，它的好坏直接关系着乘客的舒适性以及零部件的寿命。对于动力传动系统扭振状况的分析，Amesim 在进行扭振建模分析时主要从激励源、传递路径两个方面入手。

Amesim 采用集中参数法对传递系统进行建模，即将传动轴的惯性、刚度、阻尼分开考虑。整个轴系可以离散成若干段无弹性的转动惯量、无质量的弹性轴和阻尼，这种建模方法物理概念清晰，计算方便，并且精度能够满足要求，广泛用于系统仿真的各个领域。

Amesim 求解 $n$ 自由度离散振动系统的运动微分方程为

$$[I][\ddot{\Psi}]+[C][\dot{\Psi}]+[K][\Psi]=[M] \tag{7-19}$$

式中　$[I]$、$[C]$、$[K]$——系统的转动惯量、阻尼矩阵和扭转刚度矩阵，且均为 $n×n$ 阶实对称方阵，且 $[I]$ 和 $[K]$ 是正定的，这三个矩阵能够转化成传递路径；

$[\Psi]$——系统 $n$ 维扭转角位移向量，$[\dot{\Psi}]$、$[\ddot{\Psi}]$ 是 $[\Psi]$ 的 1 阶和 2 阶导数，分别表示系统的扭转速度向量和加速度向量，且均为 $n$ 维列向量；

$[M]$——系统的激振源，主要来自发动机的周期性激振力，也是 $n$ 维列向量。

Amesim 对扭转振动进行建模，实质上是在确定运动微分方程的 $[I]$、$[C]$、$[K]$ 和 $[M]$。

### 7.4.3 扭振模型的离散和参数确定

车辆传动系统是一个复杂的多质量的非线性动力学系统，在采用集中参数法进行建模时需要进行一系列简化，在此对整个系统做出以下几点假设：

1）只分析传动系统稳态工况扭振问题。

2）不考虑弯扭耦合问题，以及轴向（$X$、$Y$、$Z$ 轴）振动的影响。

3）不考虑动力传动系统中齿轮构件的加工和安装误差，不考虑齿轮间隙的影响。

4）不考虑路面阻力对系统的影响。

5）不考虑小阻尼对系统的影响，主要考虑发动机阻尼和联轴器阻尼。

根据以上假设可以把一个前置后驱手动档的动力传动系统简化成多个集中质量当量模型，如图 7-151 所示。

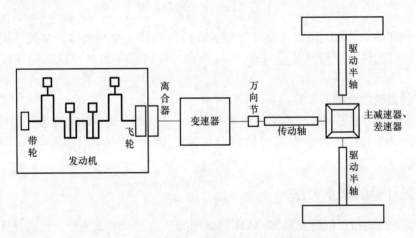

图 7-151　传动系统集中质量当量模型简图

#### 1. 当量参数计算方法

在动力传动系统中，与曲轴转速不同的部件主要是指变速器输入轴之后的部件，其中转动惯量、扭转刚度的转换要遵循能量守恒定律，转换后的转动惯量、扭转刚度分别称为当量转动惯量、当量扭转刚度。

（1）当量转动惯量的计算　刚体转动惯量的一般表达式为

$$J_z = \sum Mr^2 \tag{7-20}$$

式中　$J_z$——零件 $Z$ 方向的转动惯量（$kg \cdot m^2$）；

　　　$M$——零件的质量（kg）；

　　　$r$——零件对旋转轴的惯性半径（m）；

对于质量连续的刚体，其转动惯量的表达式可写成积分的形式

$$J_z = \int r^2 dm \tag{7-21}$$

用式（7-20）、（7-21）可以直接求解结构简单且形状规则的刚体的转动惯量。

但是对于形状规则的复杂组合装配体，需要把零部件分割成几个形状相对规则的简单刚

体，然后再运用平行轴定理进行求解。通过平行轴定理可求得刚体绕任一与过重心轴平行的轴旋转时的转动惯量 $J$，即

$$J = J_0 + MH^2 \tag{7-22}$$

式中　$J_0$——零件绕重心轴旋转时的转动惯量（$kg \cdot m^2$）；

　　　$H$——任意旋转轴与过重心轴的平行距离（m）。

（2）当量扭转刚度的计算　旋转轴的扭转刚度表示该轴扭转每一个单位扭转角所需要的扭矩，一般表达式为

$$K = \frac{T}{\varphi} = \frac{GI_P}{L} \tag{7-23}$$

式中　$K$——扭转刚度（$N \cdot m/rad$）；

　　　$T$——施加的扭矩（$N \cdot m$）；

　　　$\varphi$——轴段的扭转角（rad）；

　　　$G$——轴段的剪切弹性模量（$N/m^2$）；

　　　$I_P$——轴段的截面极惯性矩（$m^4$）；

　　　$L$——计算轴段的当量长度（m）。

由式（7-23）可以得出，扭转刚度由 $G$、$I_P$ 和 $L$ 决定，这三个参数与旋转运动无关，只取决于部件的加工材料和刚体结构，故扭转刚度是不随工况的改变而改变的。

**2. 主要元件离散方法**

本节以某后驱车为例，介绍传动系统离散的基本方法。由于传动系统结构的多样性，离散的方法不唯一，应该根据实际情况而定。但总原则是影响所关注频段的因素必须要考虑，一般扭振分析关注的频段都在中、低频段，即大惯量、低刚度的结构一定要考虑。

（1）发动机离散的方法

1）集中质量划分。发动机是整车的动力输出装置，但同时也是传动系统乃至整车绝大部分振动和噪声的重要激励源。以直列 4 缸汽油发动机为例，在对发动机进行简化时，将每一缸作为一个集中质量，即每一个曲柄连杆机构以及活塞组件作为一个集中质量的转动惯量 $J_i$，各缸之间用刚度为 $K$ 的弹性元件连接。其他组件，诸如减振器、带轮（包含齿轮机构）、飞轮等也简化为相应的集中质量和弹性元件。如图 7-152 所示将发动机系统划分为 7 个集中质量 $J_i$。$J_1$ 为减振器转动惯量，$J_2$ 为带轮转动惯量，$J_3 \sim J_6$ 为各个气缸转动惯量、$J_7$ 为飞轮与离合器主动盘转动惯量。

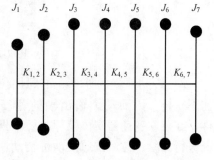

图 7-152　发动机集中质量模型简图

使用 CAD 软件对发动机部件实体模型进行测量计算，得到各部件对曲轴旋转中心线的转动惯量，包括减振器转动惯量 $J_1$、带轮转动惯量 $J_2$。

2）惯性参数的计算。气缸由多个零件组成，包括由一个主轴颈、一个连杆轴颈、两个曲柄臂组成的单位曲拐，连杆以及活塞组件。因此气缸的转动惯量（$J_3 \sim J_6$）为上述构件的转动惯量之和，即

$$J_s = J_K + J_P + J_R \tag{7-24}$$

式中   $J_s$——单个气缸等效转动惯量；

       $J_K$——单位曲拐的转动惯量；

       $J_P$——活塞组件的当量转动惯量；

       $J_R$——连杆回转部分的当量转动惯量。

转动惯量 $J_7$ 是由飞轮转动惯量 $J_F$，内齿圈转动惯量 $J_q$，与安装飞轮、离合器有关的曲轴段转动惯量 $J_{FL}$，以及膜片弹簧离合器主动盘加在飞轮上的转动惯量 $J_L$ 组成的，即

$$J_7 = J_F + J_q + J_{FL} + J_L$$

3）扭转刚度的计算。$K_{1,2} \sim K_{6,7}$ 为曲轴各离散点处的扭转刚度，主要依靠有限元软件进行计算。

（2）变速器离散的方法

1）集中质量划分。变速器机构较为复杂，变速器在离散时，要考虑工况的档位情况。因为不同的档位对应的传动比不同，对应的等效转动惯量也就不同。

以 6 档手动变速器为例，它所包含的集中质量主要有离合器的从动部分、变速器动力输入轴、主动轴（即传动轴）、动力输出轴、各档位主动齿轮和从动齿轮、各档同步器以及动力输出轴与传动轴的连接法兰，如图 7-153 所示。可以将变速器划分为四部分集中质量，如图 7-154 所示，$J_8$ 包含离合器从动部分和变速器动力输入轴的一半；$J_9$ 包含变速器动力输入轴的另一半和第一对常啮合齿轮及变速器传动轴的一半；$J_{10}$ 包含变速器传动轴的另一半及第二级啮合齿轮和动力输出轴的一半；$J_{11}$ 包含动力输出轴的另一半和传动轴连接法兰等。

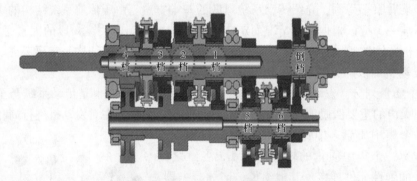

图 7-153   6 档手动变速器结构图

2）转动惯量的计算。不同档位，传动比不一样，因而动力输出轴的速度也不一样，在建立变速器实体模型时要根据实际情况进行测绘，然后按照发动机转动惯量的求解方法进行求解。

3）扭转刚度的计算。由于离合器主动盘与从动盘的连接刚度比较小，因而其扭转刚度值需要通过试验测得。可以认为齿轮为刚性元件，因而其刚度比较大，在此主要考虑各动力传动轴的扭转刚度。由于不同档位，主动轴传递动力的部分不同，因而需要

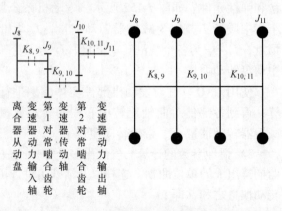

图 7-154  变速器集中质量划分

分开考虑。

$K_{8,9}$ 为离合器从动部分与变速器动力输入轴啮合花键至第 1 对常啮合齿轮中心之间的扭转刚度。

$K_{9,10}$ 为变速器传动轴的扭转刚度。

$K_{10,11}$ 为第 2 对常啮合齿轮至动力输出轴与法兰连接端的扭转刚度。

（3）传动轴离散的方法

1）集中质量划分。传动轴总承连接了动力输出总成和后驱动桥，是传动系统的一个重要组成部分。传动轴的布置形式多样，分一段式、两段式、三段式等。某两段式传动轴总成实物如图 7-155 所示，它包含前后传动轴、3 个十字轴万向联轴器及连接法兰等。

图 7-155 传动轴总成实物

本文将传动轴系划分为 4 个集中质量部分，如图 7-156 所示。

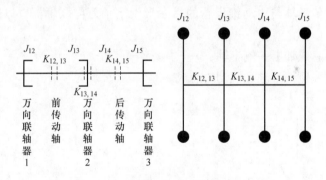

图 7-156 万向联轴器及传动轴集中质量划分

$J_{12}$ 由万向联轴器 1 的一半以及前传动轴的前半部分组成。

$J_{13}$ 由前传动轴的后半部分以及万向联轴器 2 的一半组成。

$J_{14}$ 由万向联轴器 2 的另一半以及后传动轴的前半部分组成。

$J_{15}$ 由后传动轴的后半部分以及万向联轴器 3 的一半组成。

2）转动惯量的计算。根据图纸实际尺寸，对传动轴总成进行实体建模。对实体模型进行计算，即可得到各集中质量绕中心转轴的转动惯量。

3）扭转刚度的计算。由于传动轴轴向尺寸较长，相对刚度较低，是扭振分析重点关注的对象。由图 7-156 中的集中质量划分可知：

$K_{12,13}$ 为前传动轴轴管的总刚度。

$K_{13,14}$ 为万向联轴器 2 的刚度。

$K_{14,15}$ 为后传动轴轴管的总刚度。

对传动轴总成进行实体建模（见图 7-157），然后在有限元分析软件中进行分析即可得到各部件的扭转刚度。

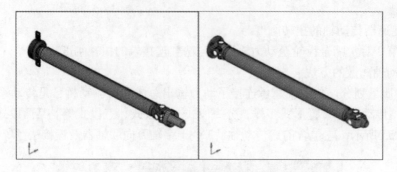

图 7-157　传动轴总成有限元模型

（4）驱动桥离散的方法

1）集中质量划分。主减速器和差速器示意图如图 7-158 所示，驱动后桥主要包括主减速器、差速器、半轴以及后桥壳等，其主要作用是降速增扭，以及改变动力的传动方向，将动力分支传递给左右驱动轮。

驱动桥总成集中质量划分如图 7-159 所示，由图可知，将驱动桥划分为三部分集中质量：

$J_{16}$包含连接后传动轴与主动锥齿轮的另一半十字轴万向联轴器，以及连接法兰、凸缘和主减速器；

$J_{17}$包含差速器总成加上一侧半轴；

$J_{18}$包含剩下另一侧的半轴和驱动轮总成。

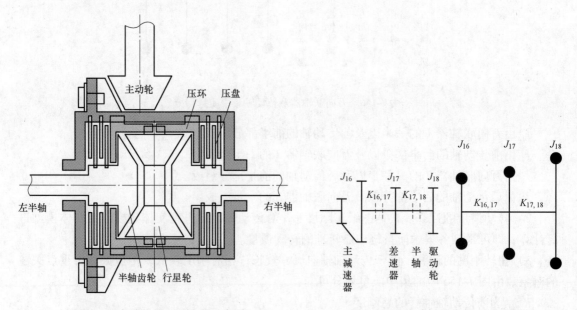

图 7-158　主减速器和差速器示意图　　　　图 7-159　驱动桥总成集中质量划分

2）转动惯量的计算。对驱动桥的 CAD 模型进行测量，即可得到各部件相关的集中质量转动惯量值。由于驱动轮实际与半轴是通过花键连接，在实际工况下边界定义比较复杂，故将其假定为刚性连接。同时也忽略轮毂几何外形的影响，假设轮毂与其外侧轮胎的径向质量为均匀分布。

3）扭转刚度的计算。$K_{16,17}$ 为前主减速器与差速器连接处的扭转刚度。$K_{17,18}$ 为半轴的扭转刚度。

对驱动桥总成进行实体建模，然后在有限元分析软件中进行分析即可得到各部件的扭转刚度。

**3. 扭振模型激励**

发动机产生的激励主要由两部分构成，一是气缸内气体燃烧后燃气压力产生的激励力矩；二是曲柄连杆机构以及活塞组件等运动部件产生的惯性力矩。

Amesim 中的曲柄活塞发动机模型，能够根据发动机的缸压曲线（见图 7-160）以及曲柄连杆机构的几何尺寸计算出发动机产生的激励。

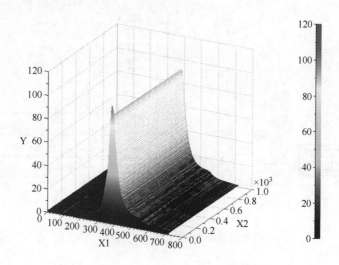

图 7-160 四冲程汽油发动机的缸压曲线

## 7.4.4 传动系统扭振应用案例

**1. 子系统建模**

整个传动系统由发动机、减振器、变速器和传动系统及车辆四部分组成。

（1）发动机建模 一般地，分析传动系统扭振问题，发动机作为激励源输入有两种处理方法：一是应用单一工况试验数据，如测试发动机飞轮转速或某档位下从急速升高到最高转速的曲线（见图 7-161），或是利用简单发动机模型通过谐波叠加计算发动机激励（见图 7-162）。二是应用仿真计算手段，采用曲柄活塞发动机模型，利用曲柄、连杆、活塞等几何物理参数并结合缸压曲线，计算得到发动机的激励。

对于曲柄活塞发动机模型（见图 7-163），通过几个单一工况试验数据的虚拟标定，仿真模型可以很方便地预测发动机全工况下的性能，甚至在产品设计早期没有样机的情况下也可以预测发动机匹配性能。下面重点介绍曲柄活塞发动机模型的搭建。

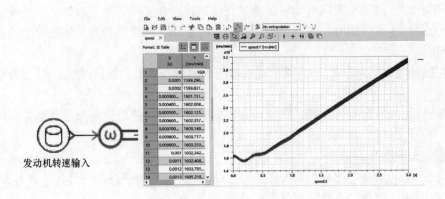

图 7-161　发动机转速输入

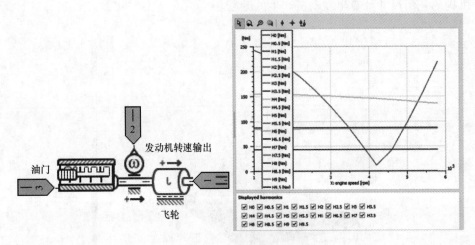

图 7-162　简单发动机模型

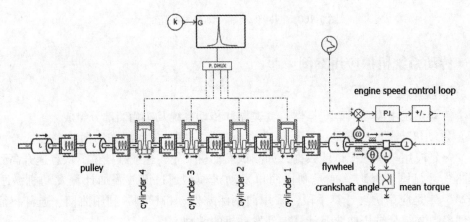

图 7-163　曲柄活塞发动机模型

　　以直列四缸发动机为例，搭建曲柄活塞发动机模型需要输入的参数如图 7-164 所示，可以采用 App 来定义发动机的参数。

| 1 | | bore | mm | 汽缸直径 |
|---|---|---|---|---|
| 2 | | crank throw radius | mm | 曲柄半径 $R$，或提供活塞行程 $S = 2R$ |
| 3 | | piston mass | kg | 活塞质量 |
| 4 | 连杆 | connecting-rod length | mm | 连杆长度 |
| 5 | | connecting-rod mass | kg | 连杆质量 |
| 6 | | position of the COG of the connecting-rod/big end | mm | 连杆大头质心 |
| 7 | | moment of inertia of the connecting-rod | $kg \cdot m^2$ | 连杆惯量 |
| 8 | 曲柄 | crank throw mass | kg | 曲柄质量 |
| 9 | | position of the crank throw COG/O | mm | 曲柄质心 |
| 10 | 若考虑轴承摩擦 | total maximum dry friction torque in bearings | $N \cdot m$ | 轴承最大干摩擦扭矩 |
| 11 | | coefficient of total viscous friction around zero engine speed in bearings | $N \cdot m/(r/min)$ | 静摩擦系数 |
| 12 | | coefficient of total viscous friction in bearings | $N \cdot m/(r/min)$ | 总摩擦系数 |
| 13 | 活塞 | maximum dry friction force on one piston | N | 活塞端最大干摩擦力 |
| 14 | | coefficent of viscous friction on one piston around zero velocity | $N/(m/s)$ | 静摩擦系数 |
| 15 | | coefficient of viscous friction on one piston | $N/(m/s)$ | 总摩擦系数 |
| 16 | | piston displacement offset | mm | 活塞位置偏移量 |
| 17 | | piston offset relative to the crankshaft axis（piston frame） | mm | 相对曲轴的活塞偏移 |
| 18 | | partial or complete inertia of the crankshaft | $kg \cdot m^2$ | 曲轴惯量 |
| 19 | | piston angle（half of the V angle） | （°） | 活塞角 |
| 20 | | crank throw angle | （°） | 曲柄角 |

图 7-164　曲柄活塞发动机模型参数

值得注意的是，参数"ignition order"（点火顺序）、"piston angle"（活塞角）、"Crank throw angle"（曲柄角）是非常重要的参数。为了避免出错，一般在参数输入前都会列出一个表（见表 7-2）。以本案例为例，发动机曲轴是一个非常经典的对称曲轴，其结构如图 7-165 所示，因此 1 号和 4 号气缸的曲柄摆角为 0°，2 号和 3 号气缸的曲柄摆角为 180°。在 V 型发动机建模时表 7-2 就更重要了。

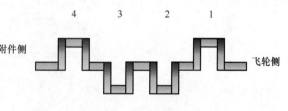

图 7-165　对称曲轴结构

表 7-2　发动机关键参数表

| 曲轴角/（°） | 点火顺序 | 活塞角/（°） | 曲柄角/（°） |
|---|---|---|---|
| 0 | 1 | 0 | 0 |
| 180 | 3 | 0 | 180 |
| 360 | 4 | 0 | 0 |
| 540 | 2 | 0 | 180 |

在输入缸压曲线时，可以沿用之前每个气缸分别输入缸压曲线的形式，也可以采用缸压统一输入元件，两种方式是等效的。由于每个气缸的缸压曲线在波形上完全相同，只是根据不同的点火顺序带有不同的相位差。所以统一输入的基本思路是用一组缸压曲线根据点火顺序换算出每个气缸的不同相位差。【rotary velocity dependency】参数如果选择"yes"，意味着缸压曲线也和发动机转速有关，则需要输入的是缸压曲线、曲轴转角、发动机转速的三维数表。如果选择"no"，则只需要输入缸压曲线和曲轴转角的二维数表即可，如图 7-166所示。

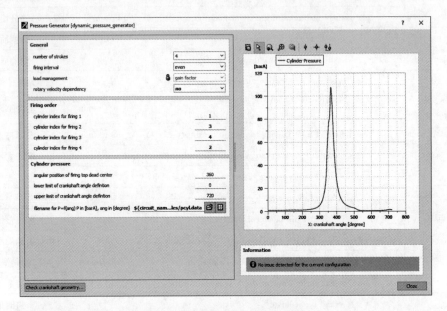

图 7-166　缸压统一输入元件参数定义

搭建好的直列四缸发动机如图 7-167 所示，见 demo7-8。

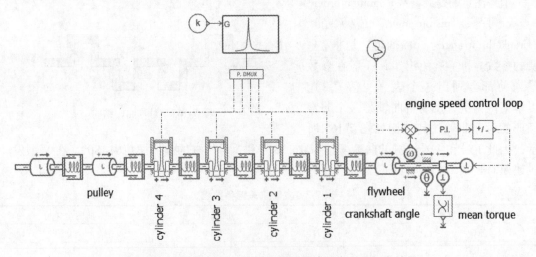

图 7-167　采用曲柄活塞发动机模型搭建的直列四缸发动机

发动机点火缸压如图 7-168 所示。其中，横坐标为角位移，纵坐标为压力。可见，点火次序为 1→3→4→2，与设计相符。

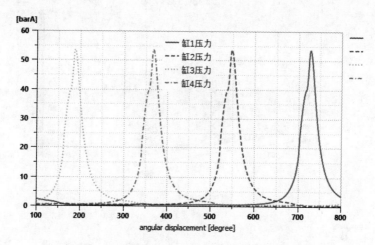

图 7-168　发动机点火缸压

图 7-169 所示为发动机扭矩特性曲线。其中，发动机输出的平均扭矩值与试验所得结果基本一致。

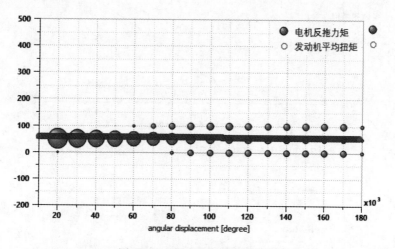

图 7-169　发动机扭矩特性曲线

然后，对此模型进行频域分析，如图 7-170 所示。在第 1s 线性化时刻，得到系统各阶次固有频率。其中第 1 阶频率为 9.09Hz，第 2 阶频率为 320.09Hz，第 3 阶频率为 516.18Hz。

因为整个发动机模型有 7 个等效质量，所以系统就有 7 个特征根，如图 7-171 所示。做第 2 阶 320.09Hz 频率下的模态分析，如图 7-172 所示。其中，元件 1 的贡献量比较大，分别对应的是发动机附件。而元件 3~7，则分别对应发动机四个气缸和飞轮，相对贡献量较小。

也可应用模态映射工具来分析，如图 7-173 所示。对第 2 阶频率做模态分析。其中，从左往右，第一列为线性化时刻，第二列为固有频率，第三列为状态变量，第四列为模态分布与相位图。

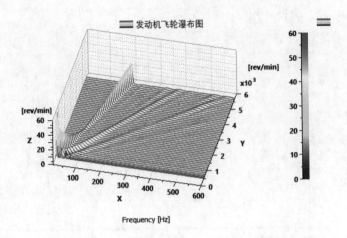

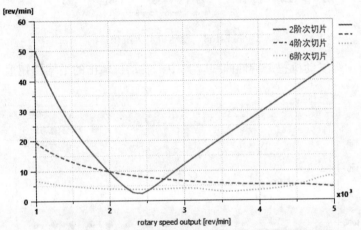

图 7-170　发动机转速频谱图与 2、4、6 阶阶次切片

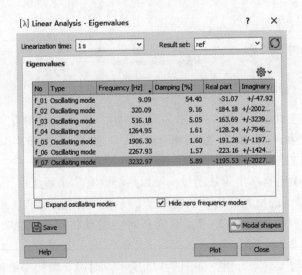

图 7-171　曲柄连杆发动机模型特征根分析

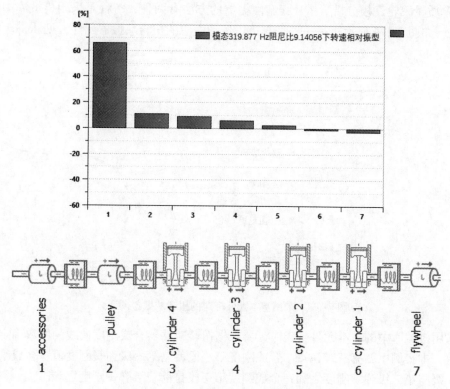

图 7-172　曲柄连杆发动机模型模态分析

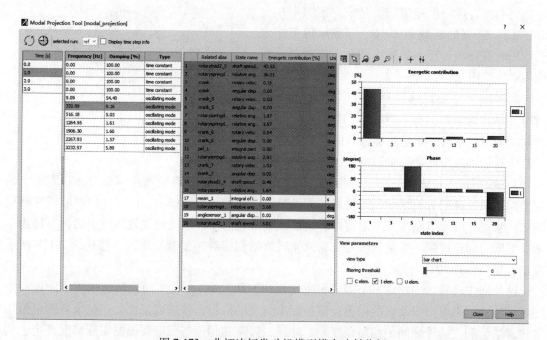

图 7-173　曲柄连杆发动机模型模态映射分析

（2）减振器　常用的减振器有单质量飞轮（SMF）和双质量飞轮（DMF）两类。这两类减振器都可以根据试验的动态刚度特性曲线来标定模型。

1）单质量飞轮建模分析。搭建扭转减振器的方法有两种，一种是采用机械库中的基本元件搭建，如图 7-174 所示；另一种是直接用传动库中的扭转减振器元件，见 demo7-9。

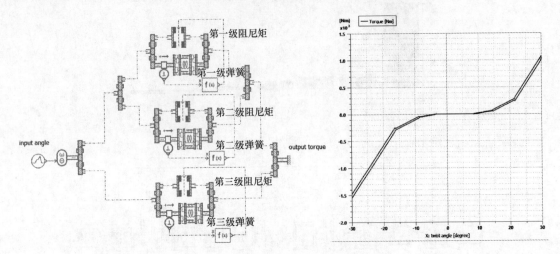

图 7-174　采用基本元件搭建的扭转减振器模型

当采用机械库中的基本元件搭建时，要根据扭转减振器合成刚度曲线的段数确定模型有弹簧级数，本案例中就有三级弹簧。合成刚度第一段就是第一级弹簧刚度值；合成刚度第二段是第一级与第二级弹簧刚度之和，合成刚度第三段是前三级弹簧刚度之和。

同理，合成阻尼矩第一段是第一级阻尼矩的值，合成阻尼矩第二段是第一级与第二级阻尼矩之和，合成阻尼矩第三段是前三级阻尼矩之和。$f(x)$ 定义的函数是 $x \neq 0$，即表示该级刚度起作用时有扭矩传递，而输出的阻尼矩就是该级刚度对应的阻尼矩。

当采用现有扭转减振器元件时，如图 7-175 所示。只要按照要求输入静刚度曲线、每一级刚度对应的阻尼系数、阻尼矩等参数即可，如图 7-176 所示。

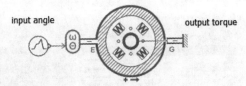

图 7-175　单质量飞轮模型

仿真可得减振器动态扭矩特性，如图 7-177 所示。

2）双质量飞轮建模分析。一般地，采用现有元件搭建双质量飞轮模型。将双质量飞轮模型用于系统匹配分析之前，需要对其相关参数对照试验来做标定，即保证模型能够准确反映双质量飞轮的动态刚度及阻尼特性。这里以最常见的四种双质量飞轮构型中的第一种为例来详细阐述标定过程。给定双质量飞轮两端转速差和相对速度激励输入，搭建图 7-178 所示模型，见 demo7-10。

法兰和主动轮之间给定一个固定转速（怠速 800r/min），在主动轮转速输入中增加一个正弦激励，用来模拟发动机的谐振，谐振频率与发动机稳态转速成正比。正弦信号的幅值用来仿真法兰和主动轮之间的相对角度差。注意，频率和相位等赋值要根据实际情况来定。为了得到弧形弹簧的稳态特性，采用了 0.1 的谐波值。调整正弦速度的振幅，以便在法兰盘和主轮之间获得 $-60°\sim+60°$ 的相对角度范围。然后，将双质量飞轮几何结构参数和静刚度特性曲线对应输入模型的参数列表中，如图 7-179 所示。

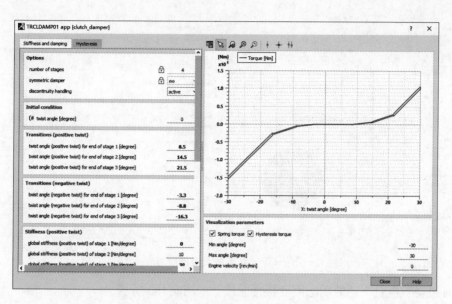

图 7-176 单质量飞轮参数设置

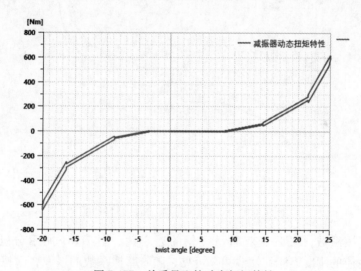

图 7-177 单质量飞轮动态扭矩特性

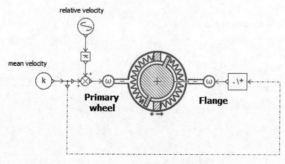

图 7-178 双质量飞轮模型

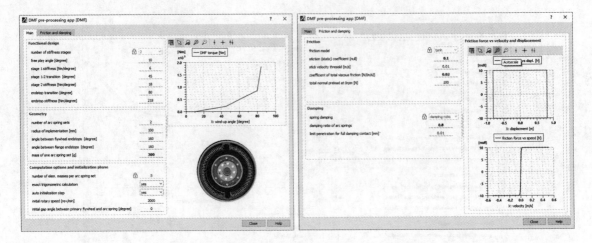

图 7-179　双质量飞轮参数列表

仿真可得双质量飞轮的动态刚度特性曲线，如图 7-180 所示。

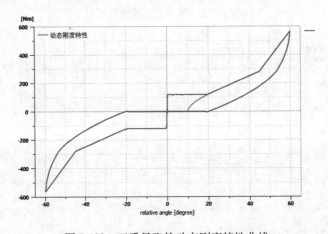

图 7-180　双质量飞轮动态刚度特性曲线

通过改变摩擦系数，可改变双质量飞轮的迟滞性。图 7-181 所示分别为摩擦系数是 0.036 和 0.06 对应的刚度迟滞特性曲线。可见，随着摩擦系数的增大，摩擦力也相应变大，刚度特性中的迟滞也相应增大。

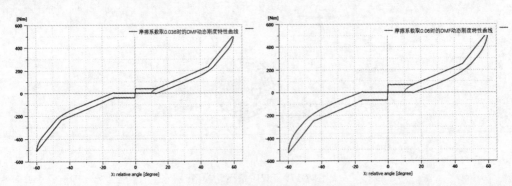

图 7-181　DMF 动态刚度特性曲线对比

常见的双质量飞轮有四种典型结构，分别为考虑内部阻尼器，考虑离心摆式减振器，二者都不考虑，二者都考虑，具体结构原理如图 7-182 所示。其对应的模型如图 7-183 所示，见 demo7-11，这里主动飞轮给定的是发动机谐振扭矩，而次级飞轮端给定负载扭矩。

图 7-182　双质量飞轮四种典型结构

a）内部阻尼器和离心摆式减振器都不考虑　b）考虑离心摆式减振器　c）考虑内部阻尼器
d）内部阻尼器和离心摆式减振器都考虑

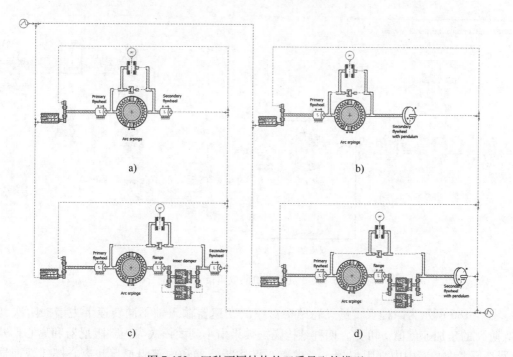

图 7-183　四种不同结构的双质量飞轮模型

a）内部阻尼器和离心摆式减振器都不考虑　b）考虑离心摆式减振器　c）考虑内部阻尼器
d）内部阻尼器和离心摆式减振器都考虑

仿真可得图 7-184 所示的次级飞轮角加速度的 FFT 结果。可见，考虑内部阻尼器的双质量飞轮隔振效果要好点，而考虑了离心摆式减振器的双质量飞轮隔振效果会好很多，这里降低了几个数量级的加速度值。

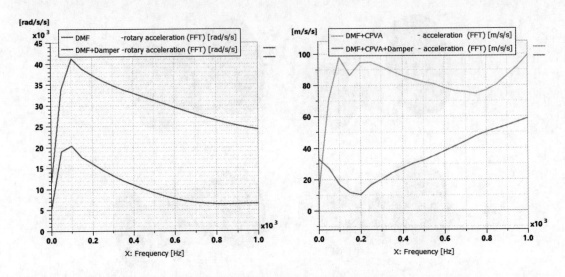

图 7-184　双质量飞轮次级飞轮角加速度

基于上述四种典型双质量飞轮结构，并应用某 3 缸发动机的双质量飞轮匹配分析四种结构的隔振效果，如图 7-185 所示，见 demo7-12。

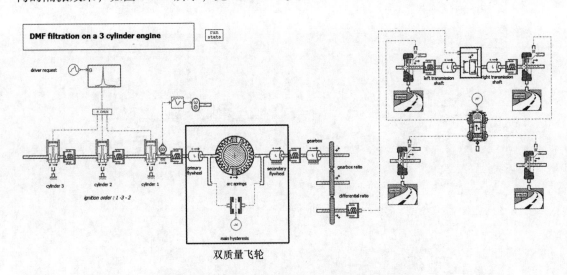

图 7-185　某 3 缸发动机的双质量飞轮匹配分析

图 7-186 所示为四种双质量飞轮结构对应的变速器输入轴不同转速下主谐振阶次（即 1.5 阶）的角加速度值。可见，四种结构隔振效果由小到大依次为内部阻尼器和离心摆式减速器都不考虑、考虑内部阻尼器、考虑离心摆式减速器和内部阻尼器和离心摆式减速器都考虑。

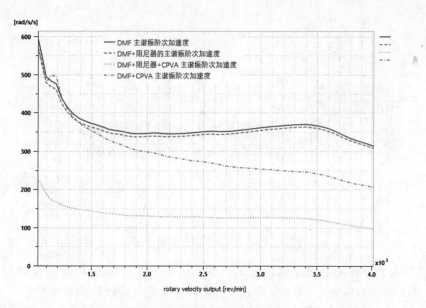

图 7-186　变速器输入轴角加速度

（3）变速器建模　变速器建模时可以将整个变速器简化成两对定轴齿轮，如图 7-187 所示。其中第一个集中质量用来模拟变速器输入轴和第一对啮合齿轮以及变速器中间轴的一半的转动惯量。第二个集中质量用来模拟变速器中间轴的另一半以及第二对啮合齿轮以及变速器输出轴的转动惯量。三个弹性元件分别用来模拟变速器输入轴、中间轴和输出轴的等效刚度。

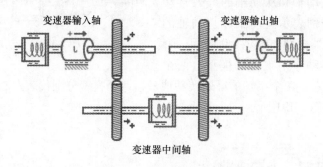

图 7-187　手动变速器简化模型

这种方法的优点在于能够快速建模，需要的元件和参数都比较少；但缺点是只能模拟固定档位工况，如果涉及档位切换就无能为力了。

变速器建模的另一种方法用传动库中的齿轮和同步器模型把整个手动变速器模型都搭建出来，如图 7-188 所示，两者建模原理基本一样。输入轴和输出轴分别用两个等效的集中质量和等效刚度来代替，不同的是变速器中间轴的等效刚度用同步器模型来代替。由于中间轴和输出轴的齿轮是常啮合的，因此中间轴的转动惯量换算到了输出轴上。基于完整的手动变速器模型，不仅可以模拟任意档位下的扭振问题，还可以模拟档位之间切换的瞬时工况。

若是扭振发生在变速器内部，即发生敲击，此时还需进一步细化变速器模型，考虑齿轮的啮合刚度及侧隙，齿轮轴段的扭转刚度及惯量，摩擦搅油损失等因素。

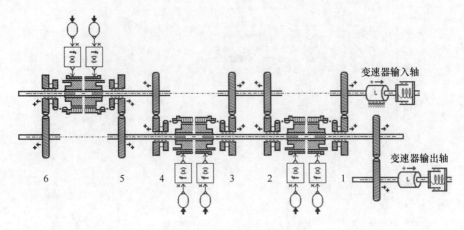

图 7-188　手动变速器建模

　　该模型除了在时域上通过输出轴的试验转速或扭矩来验证标定摩擦阻尼等参数之外（参考 7.2 节性能与损失），还要从频域上考察各档位前几阶次的固有频率。

　　（4）传动系统及车辆模型　车辆模型包括传动轴、主减速器、差速器、半轴、轮胎及车身。

　　传动轴模型包括前、后两个十字万向联轴器，两个集中质量分别代表前、后半轴的等效转动惯量，中间的弹簧表示转动轴的扭转刚度，如图 7-189 所示。

　　主减速器等效成一对定轴齿轮，集中质量代表主减速器主动轴和从动轴的等效转动惯量，两个弹簧分别表示主动轴和从动轴的等效刚度，主减速器模型如图 7-190 所示。

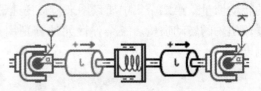

图 7-189　传动轴模型

　　差速器采用传动库中现有的模型，两个集中质量分别代表左右两个半轴的等效转动惯量，两个弹簧分别代表左右两个半轴的等效刚度，差速器模型如图 7-191 所示。

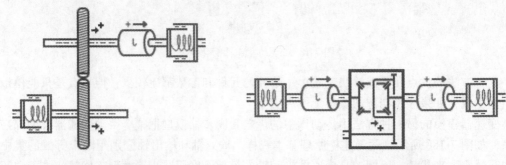

图 7-190　主减速器模型　　　　　　　　图 7-191　差速器模型

　　车辆模型可以有两种选择，如果假设车辆只有一个前向的自由度，那么只要将差速器模型直接连到 1D 车辆模型即可，如图 7-192 所示。注意，经过差速器和半轴的等效惯量后的速度是相反的，所以要在一侧加一个转速比为-1 的增益。

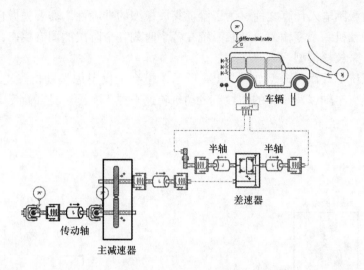

图 7-192 1D 车辆模型

如果考虑车辆的舒适性，假设车辆只有三个自由度（垂向、纵向和俯仰），这就要采用 2D 车辆模型了，同时还需要把悬架和轮胎进行细化，模型搭建如图 7-193 所示。

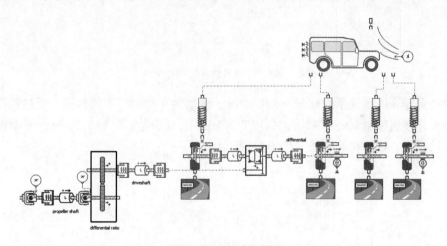

图 7-193 2D 车辆模型

**2. 系统集成**

Amesim 对传动系统的建模可以分为等效简化模型和详细系统模型两类。虽然两类模型的复杂程度不一样，但是采用的建模理论和思路是一致的。

（1）等效简化模型 等效简化模型是指将整个传动系统中的元件（包括双质量飞轮、变速器、传动轴、主减速器、差速器、驱动半轴、轮胎等）尽量用集中质量加旋转刚度和阻尼元件来模拟。发动机内部运动件的动力学特性不做考虑，将整个发动机激励视为整体，把实验测试得到的飞轮端转速作为模型输入。这种方法的优点在于用到的元件较少，能够快速建模。只要将传动系统按照前文提到的离散方法进行合理的等效，就能够实现对传递系统很好的建模。缺点是必须依赖实测的发动机转速数据作为输入。另外，这种模型的拓展程度较差，不能够在这种模型的基础上耦合考虑发动机悬置以及车辆悬架的影响。

在进行强迫激励输入计算之前，为了验证集成模型的准确性，需要先做自由响应模态分析。可以给定发动机一个零输入，考察系统在各个时刻各个阶次的固有模态，并与试验测试的模态对比验证来校核模型。

搭建传动系统等效简化模型如图 7-194 所示，模型中仅考虑发动机飞轮，变速器输入、输出轴，传动轴，半轴以及车身的惯性，发动机转速来源于实测。见 demo7-13。

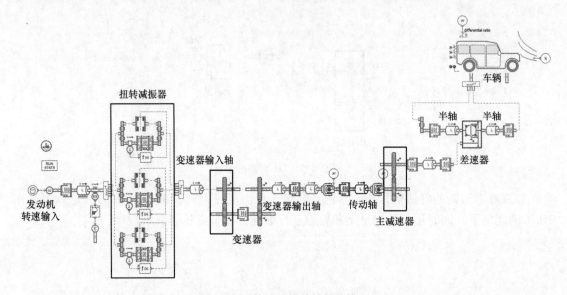

图 7-194　传动系统等效简化模型

通过仿真计算，得到了双质量飞轮从动段、传动轴和轮胎的不同转速。通过齿轮转速比换算，将上述转速绘制在一起对比，如图 7-195 所示，发现在 1.3～1.9s 时，传动轴和半轴的转速波动较大，说明在此阶段发生了共振。

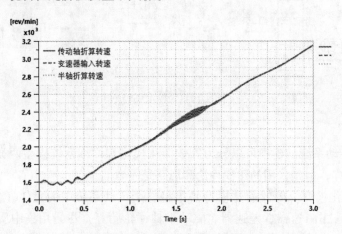

图 7-195　变速器输入转速、传动轴和半轴折算转速

将转速曲线局部放大，并做快速傅里叶变换，从图 7-196 中可以看出，转速波动区域呈现出的频率为 1.42Hz 和 76.73Hz。

然后进行频域分析，选择线性化时间点为 1s，求矩阵的特征根，如图 7-197 所示，发现

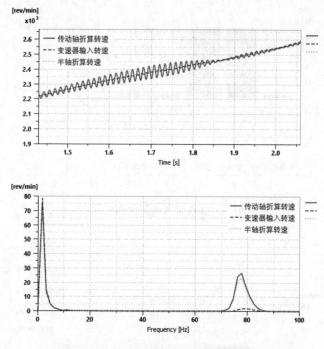

图 7-196　转速曲线局部放大和快速傅里叶变换

模型在固有频率为 1.35Hz 时阻尼比为 0.39%；固有频率为 76.73Hz 时阻尼比为 1.68%，与之前时域分析的结果相一致。

因为 1.29Hz 远低于发动机的转速，因此我们主要考虑 76.73Hz 的影响，得到其振型图如图 7-198 所示，说明传动轴和主减速器转速波动较大。

通过生成的频谱图（见图 7-199），也可以看出在 76.73Hz 下发生了共振。

也可以利用模态映射工具，分析在某一频率下每个元件的贡献量来查找原因。如图 7-200 所示，在 76.73Hz 下，传动轴的转动惯量贡献量较大，因此可以确定是转动轴的惯量引起了 76.73Hz 的

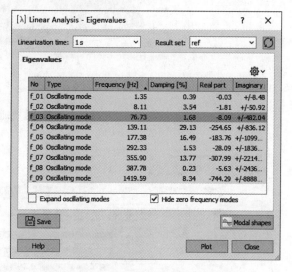

图 7-197　等效简化模型特征根分析

固有频率，将来可以调整传动轴的转动惯量或者其连接刚度来改变其固有频率。

（2）详细系统模型　详细扭振模型是指整个传动系统中的元件，包括发动机、双质量飞轮、变速器、传动轴、主减速器、差速器、驱动半轴、悬架、车身都用专用的元件来建模。这种方法的优点在于不再依赖实测的发动机转速，只要有发动机的缸压曲线和曲柄连杆尺寸就能够计算出发动机的输出力矩。而且还能够在这个模型的基础上综合考虑发动机悬置和车辆悬架对舒适性的影响。缺点是用到的模型较多，需要更多的参数。模型搭建如图 7-201 所示，见 demo7-14。

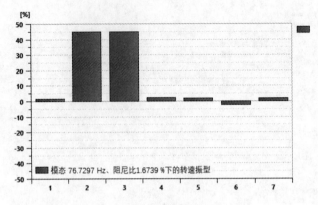

图 7-198　等效简化模型模态振型分析

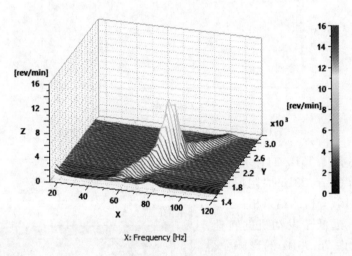

图 7-199　传动轴频谱图

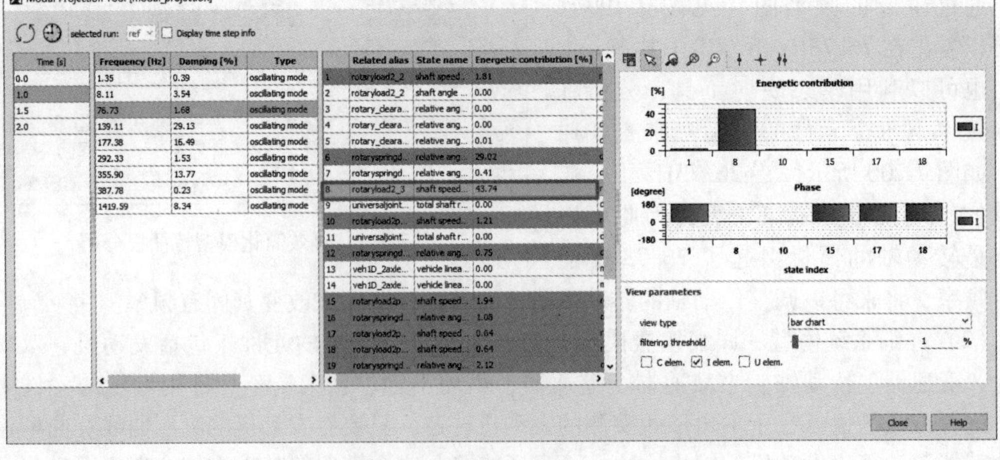

图 7-200　扭振等效简化模型模态映射分析

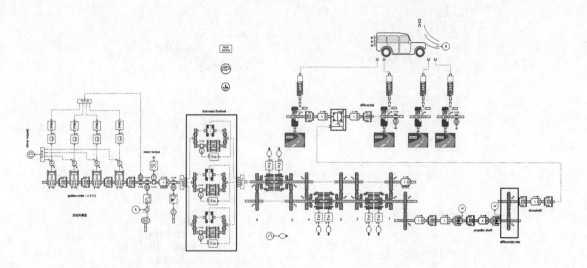

图 7-201 详细系统模型

　　通过仿真计算，得到了变速器输入轴、传动轴和半轴的不同转速。通过齿轮转速比换算，将上述转速绘制在一起对比，如图 7-202 所示，发现在 1.1~1.9s 时，传动轴和半轴的转速波动较大，说明在此阶段发生了共振。

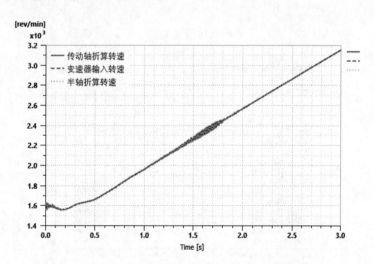

图 7-202 变速器输入转速、传动轴和半轴折算转速

　　将转速曲线局部放大，并做快速傅里叶变换，从图 7-203 中可以看出，转速波动区域呈现出的频率为 1.42Hz 和 76.55Hz。

　　然后进行频域分析，选择线性化时间点为 1s，求矩阵的特征根，如图 7-204 所示，固有频率为 76.55Hz 时的阻尼比为 2.26%，与之前时域分析的结果相一致。

　　详细系统模型模态振型分析如图 7-205 所示，通过观察振型来考虑 76.5Hz 的影响，说明在 76.5Hz 下传动轴转速波动较大。

　　通过生成的频谱图（见图 7-206），也可以看出在 76.55Hz 下发生了共振。

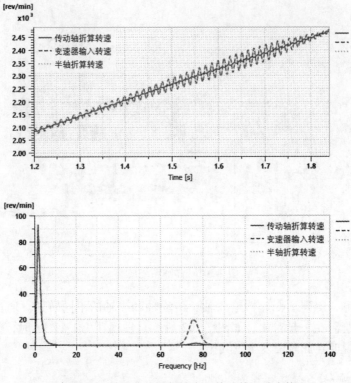

图 7-203　转速曲线局部放大和快速傅里叶变换

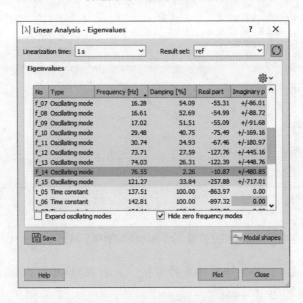

图 7-204　详细系统模型特征根分析

也可以利用模态映射工具，分析在某一频率下每个元件的贡献量来查找原因。如图 7-207 所示，在 76.55Hz 下，传动轴的转动惯量贡献量较大，因此可以确定是转动轴的转动惯量引起了 76.55Hz 的固有频率，将来可以调整传动轴的转动惯量或者其连接刚度来改变其固有频率。

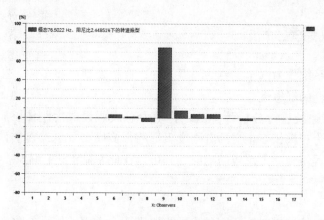

图 7-205　详细系统模型模态振型分析

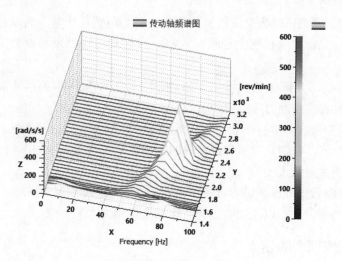

图 7-206　传动轴频谱图

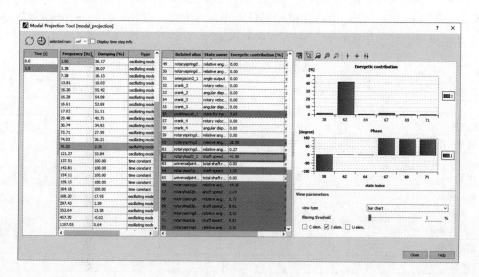

图 7-207　模态映射分析

## 7.5  动力总成悬置分析

动力总成悬置系统作为汽车主要的隔振元件，连接发动机和车架，悬置系统隔振性能的好坏直接影响了车辆的舒适性。

Amesim 对悬置系统进行分析计算时，将动力总成假设成为刚体，质量集中在质心处；橡胶悬置元件简化为三根相互正交的有刚度阻尼的弹簧模型（忽略旋转刚度）；通过求解动力总成的动力学方程得到动力总成的响应，并可以在此基础上进行优化。

### 7.5.1  参数准备

动力总成悬置系统建模时，所需的参数主要有四个方面：质量参数、运动学参数、力学特性参数及外部激励参数。

1）质量参数。发动机动力总成质量参数包括质心位置、质量与转动惯量的大小，质心通过扭摆测量法（又称三线扭摆测量法）测得。这种测量法测量精度较高，但需要大量的准备工作。

2）运动学（空间几何位置）参数。运动学参数，即车辆相关运动部件的几何定位参数，具体指 4 个悬置点在动力总成中的位置及安装角度。

3）力学特性参数。力学特性参数一般指悬置块的刚度、阻尼等特性。这些零部件的特性对汽车的各项性能，特别是对整车或总成的振动特性具有决定性的影响。悬置刚度和阻尼的特性参数主要通过实验来测得。

4）外部激励参数。外部激励参数主要指作用在发动机缸体上的外力，这些外力一般来自活塞做功产生的侧向力，以及轴系旋转产生的反作用力。

### 7.5.2  悬置系统模型的建立

已知某型车辆采用了四点悬置，动力总成质心在整车坐标系下的坐标为（1560.69mm，−83.5mm，582.56mm），前轮中心在整车坐标系下的坐标为（1762.412mm，0mm，475.3mm），四点悬置在整车坐标系下的位置、刚度、欧拉角见表 7-3。

表 7-3  四点悬置的参数信息

| 悬置名称 | 发动机侧悬置 | | | 变速器侧悬置 | | |
|---|---|---|---|---|---|---|
| 方向 | $X$ | $Y$ | $Z$ | $X$ | $Y$ | $Z$ |
| 刚度/（N/mm） | 355.6 | 104.5 | 270.1 | 347 | 139.7 | 246.4 |
| 阻尼系数 | 0.15 | 0.15 | 0.15 | 0.15 | 0.15 | 0.15 |
| 欧拉角/（°） | 0 | 0 | 0 | 0 | 0 | 0 |
| 位置/mm | 1550.5 | 495.3 | 846.9 | 1660.7 | −474.9 | 797.7 |
| 悬置名称 | 左侧悬置 | | | 右侧悬置 | | |
| 方向 | $X$ | $Y$ | $Z$ | $X$ | $Y$ | $Z$ |
| 刚度/（N/mm） | 213 | 62.8 | 93 | 252.4 | 66.8 | 127.7 |
| 阻尼系数 | 0.2 | 0.2 | 0.2 | 0.2 | 0.2 | 0.2 |
| 欧拉角/（°） | 0 | −30 | 0 | 0 | 40 | 0 |
| 位置/mm | 1263.3 | −94.5 | 495.9 | 1890.3 | −36 | 419 |

通常悬置系统坐标系的选取有两种方法：

1）整车坐标系固定不变，发动机质心的坐标、悬置点的坐标都相对于整车坐标系来输入。

2）将整车坐标系定义在发动机质心处，即发动机质心坐标为（0mm,0mm,0mm），只需要输入各悬置点相对于发动机质心的位置即可。

本案例中采用第二种设置方法，即整车坐标系的原点与发动机质心重合，将整车坐标系下的悬置位置转换成发动机坐标下的悬置位置，见表7-4。

**表 7-4　发动机坐标系下悬置位置**

| 发动机侧悬置/mm | | | 变速器侧悬置/mm | | | 左侧悬置/mm | | | 右侧悬置/mm | | |
|---|---|---|---|---|---|---|---|---|---|---|---|
| $X$ | $Y$ | $Z$ | $X$ | $Y$ | $Z$ | $X$ | $Y$ | $Z$ | $X$ | $Y$ | $Z$ |
| −10.19 | 578.8 | 264.34 | 40.01 | −391.4 | 215.14 | −297.39 | −11 | −86.66 | 329.61 | 47.5 | −163.56 |

动力总成悬置模型包括动力总成模型、连接器模型、悬置模型三部分。

**1. 发动机动力总成模型参数设置**

按照上述第二种设置方法，由于绝对坐标系和整车坐标系重合，整车坐标系在发动机质心处，所以发动机质心相对于整车坐标系的位置为（0m,0m,0m），如图7-208所示。

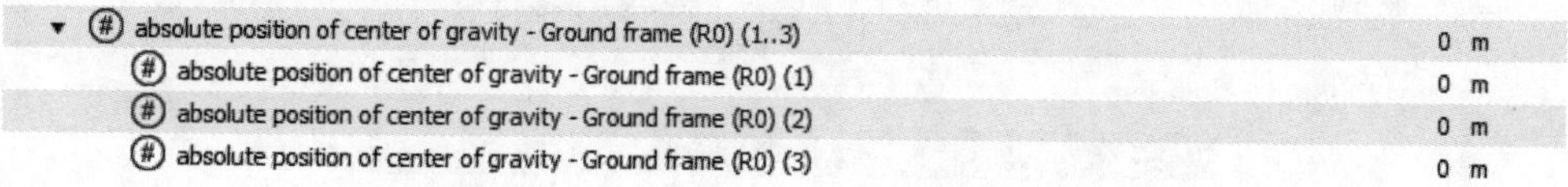

图 7-208　整车坐标系下在发动机质心位置

发动机质心相对于发动机坐标系的位置为（0m,0m,0m），如图7-209所示。

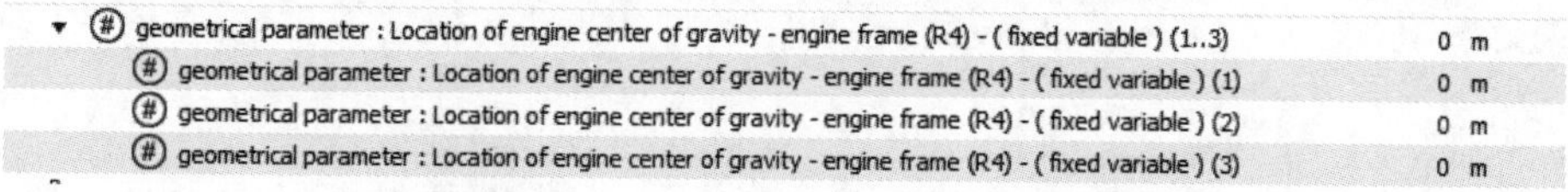

图 7-209　发动机质心相对于发动机坐标系位置

然后，将已知的发动机惯性矩阵（见图7-210），输入发动机模型中。

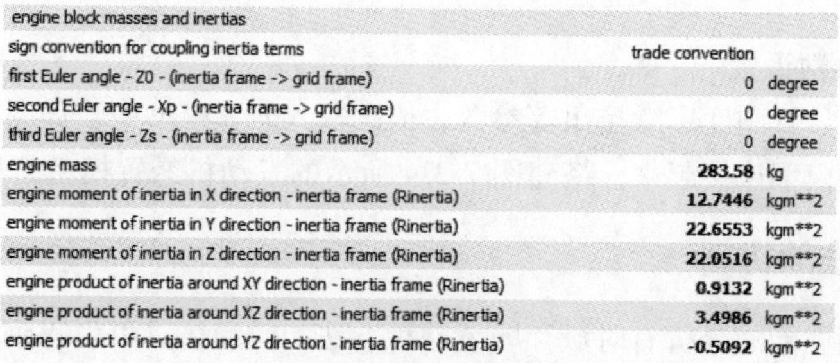

图 7-210　发动机惯性矩阵

### 2. 连接器模型参数设置

连接器的端口 6 是用来连接车轮或者地面的，由于绝对坐标系和整车坐标系重合，整车坐标系原点在发动机质心处，所以连接器接地端的坐标为（0mm，0mm，0mm），如图 7-211 所示。

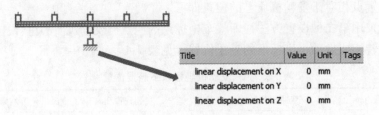

图 7-211 接地模型

然后，将发动机坐标系下的悬置位置输入模型中，如图 7-212 所示。其中端口 1 对应发动机侧悬置、端口 2 对应变速器侧悬置、端口 4 对应左侧悬置、端口 5 对应右侧悬置。上、下悬置点位置相同，输入相同的参数。

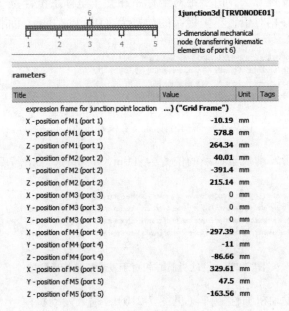

图 7-212 悬置点布置

### 3. 悬置模型参数设置

将前述已知各悬置刚度、欧拉角等参数，依次输入悬置模型中，如图 7-213 所示。

然后，将上述模型连接起来，搭建图 7-214 所示的发动机悬置模型，见 demo7-15。

## 7.5.3 悬置系统的仿真

悬置系统隔振性能的分析有时域和频域两种方法。时域仿真可以得到各性能特性随时间变化的曲线图，频域仿真可以得出各性能特性与频率之间的关系曲线，即伯德图中的幅频特性曲线和相频特性曲线。

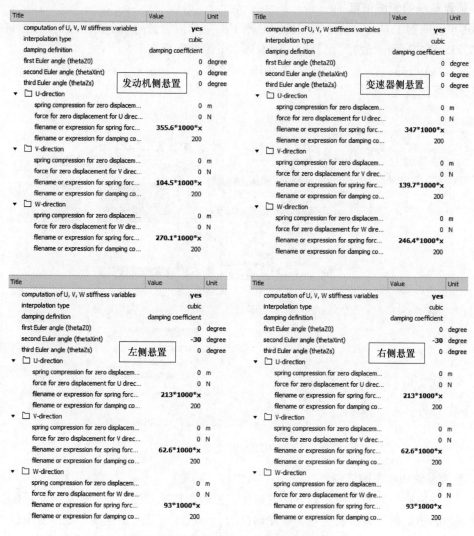

| Title | Value | Unit |
|---|---|---|
| computation of U, V, W stiffness variables | **yes** | |
| interpolation type | cubic | |
| damping definition | damping coefficient | |
| first Euler angle (thetaZ0) | 0 | degree |
| second Euler angle (thetaXint) | 0 | degree |
| third Euler angle (thetaZs) | 0 | degree |
| ▼ ☐ U-direction | | |
| spring compression for zero displacem... | 0 | m |
| force for zero displacement for U direc... | 0 | N |
| filename or expression for spring forc... | **355.6*1000*x** | |
| filename or expression for damping co... | 200 | |
| ▼ ☐ V-direction | | |
| spring compression for zero displacem... | 0 | m |
| force for zero displacement for V direc... | 0 | N |
| filename or expression for spring forc... | **104.5*1000*x** | |
| filename or expression for damping co... | 200 | |
| ▼ ☐ W-direction | | |
| spring compression for zero displacem... | 0 | m |
| force for zero displacement for W dire... | 0 | N |
| filename or expression for spring forc... | **270.1*1000*x** | |
| filename or expression for damping co... | 200 | |

发动机侧悬置

| Title | Value | Unit |
|---|---|---|
| computation of U, V, W stiffness variables | **yes** | |
| interpolation type | cubic | |
| damping definition | damping coefficient | |
| first Euler angle (thetaZ0) | 0 | degree |
| second Euler angle (thetaXint) | 0 | degree |
| third Euler angle (thetaZs) | 0 | degree |
| ▼ ☐ U-direction | | |
| spring compression for zero displacem... | 0 | m |
| force for zero displacement for U direc... | 0 | N |
| filename or expression for spring forc... | **347*1000*x** | |
| filename or expression for damping co... | 200 | |
| ▼ ☐ V-direction | | |
| spring compression for zero displacem... | 0 | m |
| force for zero displacement for V direc... | 0 | N |
| filename or expression for spring forc... | **139.7*1000*x** | |
| filename or expression for damping co... | 200 | |
| ▼ ☐ W-direction | | |
| spring compression for zero displacem... | 0 | m |
| force for zero displacement for W dire... | 0 | N |
| filename or expression for spring forc... | **246.4*1000*x** | |
| filename or expression for damping co... | 200 | |

变速器侧悬置

| Title | Value | Unit |
|---|---|---|
| computation of U, V, W stiffness variables | **yes** | |
| interpolation type | cubic | |
| damping definition | damping coefficient | |
| first Euler angle (thetaZ0) | 0 | degree |
| second Euler angle (thetaXint) | -30 | degree |
| third Euler angle (thetaZs) | 0 | degree |
| ▼ ☐ U-direction | | |
| spring compression for zero displacem... | 0 | m |
| force for zero displacement for U direc... | 0 | N |
| filename or expression for spring forc... | **213*1000*x** | |
| filename or expression for damping co... | 200 | |
| ▼ ☐ V-direction | | |
| spring compression for zero displacem... | 0 | m |
| force for zero displacement for V direc... | 0 | N |
| filename or expression for spring forc... | **62.6*1000*x** | |
| filename or expression for damping co... | 200 | |
| ▼ ☐ W-direction | | |
| spring compression for zero displacem... | 0 | m |
| force for zero displacement for W dire... | 0 | N |
| filename or expression for spring forc... | **93*1000*x** | |
| filename or expression for damping co... | 200 | |

左侧悬置

| Title | Value | Unit |
|---|---|---|
| computation of U, V, W stiffness variables | **yes** | |
| interpolation type | cubic | |
| damping definition | damping coefficient | |
| first Euler angle (thetaZ0) | 0 | degree |
| second Euler angle (thetaXint) | -30 | degree |
| third Euler angle (thetaZs) | 0 | degree |
| ▼ ☐ U-direction | | |
| spring compression for zero displacem... | 0 | m |
| force for zero displacement for U direc... | 0 | N |
| filename or expression for spring forc... | **213*1000*x** | |
| filename or expression for damping co... | 200 | |
| ▼ ☐ V-direction | | |
| spring compression for zero displacem... | 0 | m |
| force for zero displacement for V direc... | 0 | N |
| filename or expression for spring forc... | **62.6*1000*x** | |
| filename or expression for damping co... | 200 | |
| ▼ ☐ W-direction | | |
| spring compression for zero displacem... | 0 | m |
| force for zero displacement for W dire... | 0 | N |
| filename or expression for spring forc... | **93*1000*x** | |
| filename or expression for damping co... | 200 | |

右侧悬置

图 7-213　各悬置刚度、欧拉角参数设置

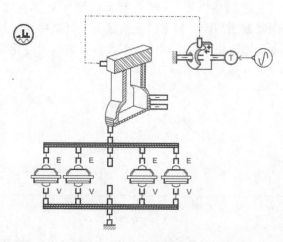

图 7-214　发动机悬置模型

### 1. 悬置系统的频域仿真

利用模态映射工具，分析不同线性化时刻下的发动机悬置的六个自由度对应的固有频率（见图 7-215 第二列所示值），以及每一固有频率下的模态分布。

由图 7-215 可知，在 2s 时刻，在 7.89Hz 的频率下，发动机沿 $Z$ 向的位移量和速度量对此频率贡献量比较大。

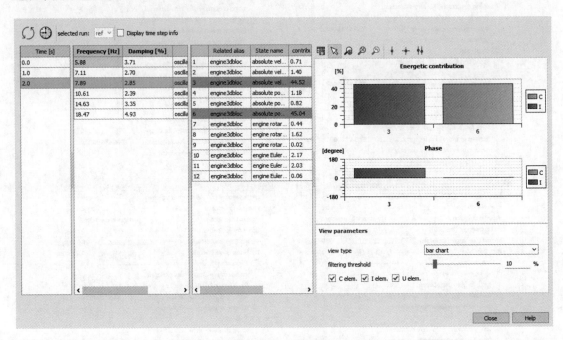

图 7-215　模态分析

### 2. 悬置系统的频率响应特性

在动力总成质心处施加绕曲轴方向的单位正弦频率扫描激振力矩，使动力总成做受迫振动，以施加的扭矩信号为控制变量，以发动机动力总成 $x$ 向的角加速度为观察变量得到频谱特性图，如图 7-216 所示。从图 7-216 中可以看出，振幅曲线经过 6 个固有频率的衰减后，进入发动机工作频率时（怠速频率以后），随着频率的增加悬置支撑处响应力振幅越来越小。由隔振原理可知，激励频率与固有频率的比值越大，其隔振系统的隔振性能越好。角加速度的振动幅值随着频率的增大也出现了减小，不过没有响应力变化那么迅速。

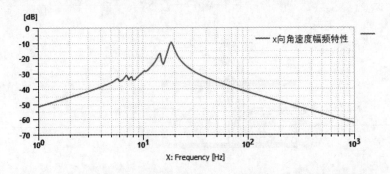

图 7-216　发动机自身激励下动力总成在 $x$ 向的角速度幅频特性图

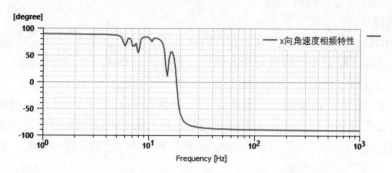

图 7-216　发动机自身激励下动力总成在 $x$ 向的角速度幅频特性图（续）

## 7.5.4　悬置优化

根据振动理论可知，悬置元件的布置位置、角度及其特性对动力总成振动的传递有很大的影响。为了获得最好的传递特性，可以通过仿真对悬置参数进行优化。Amesim 的动力总成模型集成了【Mount Design Assistant】（悬置设计助手）工具，它可以通过设定目标解耦率，对悬置刚度、角度及位置等进行自动优化。

### 1. 优化目标

在动力总成悬置参数优化设计时，可以从不同的角度提出目标函数，以建立不同的数学模型。根据相关文献，常用的目标函数有：动力总成悬置系统六自由度解耦函数、系统固有振动频率的配置函数、系统的振动传递率函数或支承处响应力振幅最小函数。悬置支承处响应力振幅最小，是积极隔离振动的重要出发点。因为可能导致发动机总成产生平移或旋转的力与力矩都是悬置支承处响应力的函数，响应力振幅越小，说明其综合隔振效果越好。

这里可以从【Mount Design Assistant】工具中设定目标全局解耦率，同时可以勾选轴向径向刚度比、目标边界频率及翻滚频率，还可以手动设定目标频率与解耦率之间的权重因子，如图 7-217 所示。

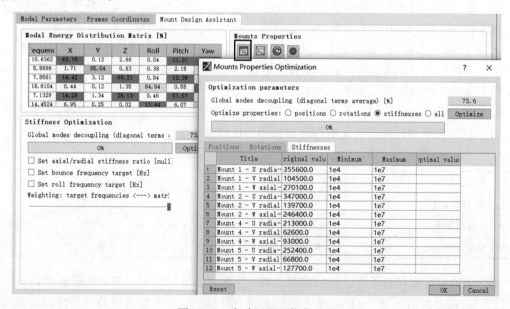

图 7-217　发动机悬置优化工具

### 2. 设计变量

设计变量就是在设计过程中需确立各自的独立变量。悬置系统的设计主要是确定悬置本身的刚度、阻尼的匹配以及各悬置元件的位置。某车动力总成是采用对称布置四点悬置，即前、后悬置分别采用一对型号相同的橡胶悬置。由于是对已有车型进行优化，且考虑到发动机端面最大弯矩的限制，故安装位置和角度不便于做大的改动。另外在微小振幅振动下，橡胶悬置阻尼的变化对悬置动态特性几乎没有影响，同时悬置的阻尼也很小，这里将对悬置本身性能参数进行优化改进。分别以前悬置和后悬置 3 个方向的刚度作为变量，其变化范围为 −30%～30%，如图 7-218 所示。

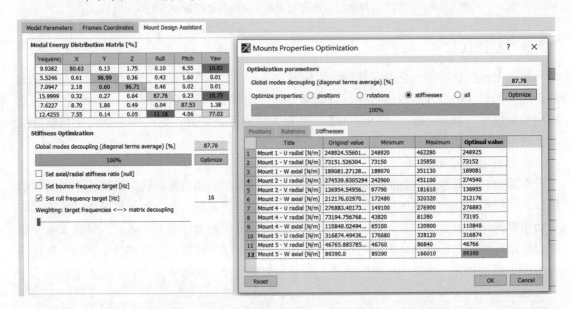

图 7-218　对发动机悬置刚度进行优化

进一步，还可以考虑优化悬置位置及安装角度等，分别以前悬置和后悬置 3 个方向的位置及角度作为变量，其变化范围为−50%～50%，如图 7-219 所示，见 demo7-16。

通过【Mount Design Assistant】工具进行优化后得到发动机悬置六个自由度方向上的固有频率，正好与模态映射工具中的固有频率一致，同时还可以通过模态映射工具查找每一固有频率下各元件的贡献量，如图 7-220 所示。

### 3. 优化结果

（1）固有频率的比较　优化前后固有频率的比较见表 7-5。

表 7-5　优化前后固有频率比较

| 主频号 | 1 | 2 | 3 | 4 | 5 | 6 |
|---|---|---|---|---|---|---|
| 优化前固有频率/Hz | 5.88 | 7.11 | 7.89 | 10.61 | 14.63 | 18.47 |
| 优化 1 固有频率/Hz | 5.53 | 7.1 | 7.62 | 9.92 | 12.54 | 15.92 |
| 优化 2 固有频率/Hz | 5.27 | 6.81 | 7.73 | 8.21 | 10.24 | 10.38 |

优化后固有频率得到了更合理的分配，第 1 主频得到降低，可以更好地避开由路面（低频）引起的振动，第 2、3、4、5、6 主频也都得到降低，这样可以更有效地增强悬置系统的

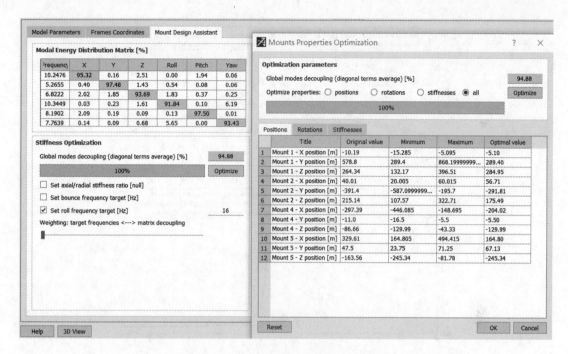

图 7-219　对发动机悬置全参数进行优化

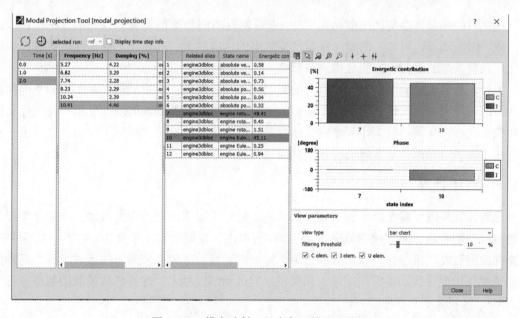

图 7-220　模态映射工具中各元件的贡献量

隔振性能。

（2）频率响应特性　分别绘制优化 1、2 以及原始模型的伯德图，比较幅值和相交的变化，如图 7-221 所示。优化 1 只对刚度进行了优化，优化 2 对刚度、位置及角度都进行了优化。

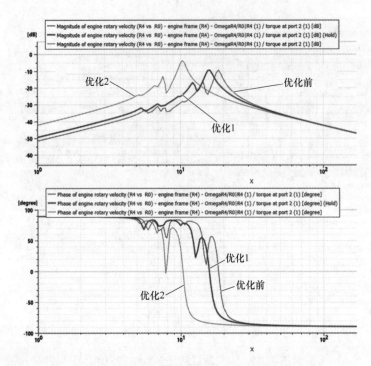

图 7-221　动力总成绕滚动轴幅频特性优化前后比较

优化后的幅频特性与优化前相比，6 个主频均有不同程度的降低。这与表 7-5 计算的结果一致。由振动理论可知，激励频率与自然频率的比值越大，其系统的隔振性能越好，说明优化后悬置系统的隔振性能明显得到改善。

另外，通过优化前后悬置处响应力的幅频特性比较发现，在发动机实际工作频率范围内优化后的响应力幅值比优化前明显小得多。通过动力总成绕滚动轴的加速度幅频特性优化前后比较也发现，在发动机工作频率内优化后发动机的角振动比优化前略有降低，这样进一步说明优化后动力总成悬置系统的隔振性能得到明显改善。

### 7.5.5　液压悬置

悬置装置是汽车减振降噪的重要元件，液压悬置主要受到两方面的激励，一方面来源于发动机自身的激励，通常频率范围在 25~200Hz 以内，振幅通常小于 0.3mm。另一方面来源于路面激励和发动机在起步加速时的扭矩。路面激励通过悬架系统对车架造成干扰，而剧烈的加速度变化会导致发动机扭矩过大和支座处的运动幅度过大。这种性质的激励频率通常低于 30Hz，振幅大于 0.3mm。

对于低频高振幅的振动，理想的悬置装置应具有高刚度和高阻尼特性，以降低相对位移传递率，而对于高频低振幅的振动，理想的悬置装置应具有低刚度和低阻尼特性。这些相互矛盾的特性表明，理想悬置中的刚度和阻尼特性应该能够根据振动特性进行动态调节。液压悬置就是为了解决这种不同振动类型的隔振特性参数的矛盾而开发的。

液压悬置的基本结构如图 7-222 所示，包含上、下两个腔体，腔体内充满水和乙二醇的混合液。上腔体橡胶较厚，刚度较大，用于承受发动机的静态负载，而下腔体橡胶较薄，刚度较小，用于承受动态负载。上下两个腔室通过惯性通道和解耦膜两种不同的方式连接。

当液压悬置受到低频、大振幅激励时，液体将经过惯性通道在上下腔内往复流动。当液体流经惯性通道时，由于惯性通道内液柱的运动产生较大的沿程能量损失和惯性通道出、入口处为克服液柱惯性而产生的局部能量损失，液压悬置将产生大阻尼效应，使振动能量尽快耗散，从而达到衰减振动的目的。

当液压悬置受到高频、小振幅激励时，由于惯性通道内液柱的惯性很大，液体几乎来不及流动，同时，由

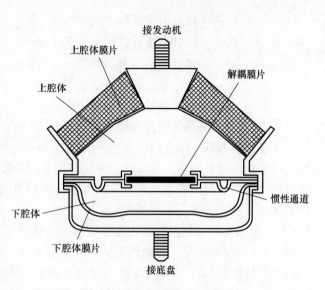

图 7-222　液压悬置基本结构

于解耦膜在小变形时的低刚度特性，使得解耦通道内的液体随着解耦膜一起高速振动，从而降低液压悬置的高频动刚度，消除动态硬化的效果。液压悬置克服了传统动力总成橡胶悬置阻尼偏小的局限性，能够更好地满足汽车动力总成隔振的要求。

液压悬置等效模型如图 7-223 所示，软件中有专门的液压悬置模型，这个模型是等效的功能性模型，见 demo7-17。

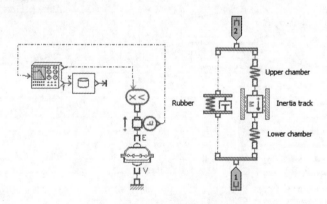

图 7-223　液压悬置等效模型

液压悬置模型的假设条件是在 0~50Hz 范围内，绝大多数液体都流经惯性通道，解耦通道的流体流动可以忽略，因此液压悬置模型可以通过线性化等效成高阶传递函数。动态刚度的计算公式为

$$K_{\mathrm{dyn}}(s) = k_{\mathrm{r}} + k_1 + b_{\mathrm{rs}} - \frac{k_1^2}{m_{\mathrm{ie}}s^2 + (b_{\mathrm{ie}} + c_{\mathrm{e}}(x_{\mathrm{ie}}\omega))s + k_1 + k_2} \tag{7-25}$$

$$c_{\mathrm{e}}(X_{\mathrm{ie}}\omega) = b_{\mathrm{nl}}\frac{8}{3\pi}\omega X_{\mathrm{ie}}$$

式中　$k_{\mathrm{r}}$、$k_1$、$k_2$——橡胶刚度、上腔体刚度、下腔体刚度（N/mm）；

$b_{rs}$——橡胶阻尼 $[N/(mm/s)]$；

$b_{ie}$——惯性通道线性阻尼 $[N/(mm/s)]$；

$b_{nl}$——惯性通道平方项阻尼 $[N/(mm/s)^2]$；

$m_{ie}$——液体惯性通道等效质量（kg）；

$\omega$——频率（Hz）；

$X_{ie}$——液体惯性通道的位移振幅（mm）。

液压悬置模型有一个专门的参数逆向工具 App，如图 7-224 所示。只需要输入动态刚度曲线、阻尼角曲线和振幅，App 就能够根据输入的曲线自动匹配出等效的刚度和阻尼等 7 个等效参数，同时也可以先手动锁定某些参数，然后再进行参数逆向。

具体逆向过程如下：

1）设置输入测量数据。输入数据是给定位移幅值下的动态刚度和阻尼角曲线。

2）设置非线性阻尼。手动设置非线性阻尼系数，得到其他振幅的近似期望形状。

3）启动逆向计算。单击"Fit"（计算）按钮，只计算线性参数来逆向输入数据。

4）重复步骤 2）和 3），以达到所有振幅的最佳拟合。

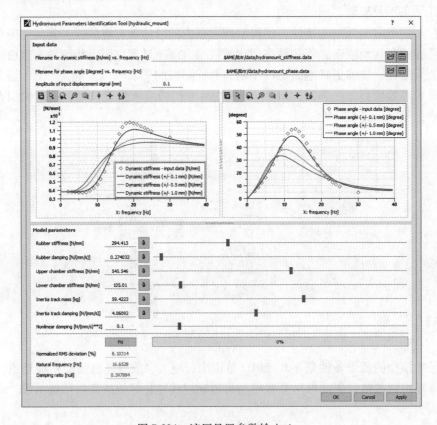

图 7-224　液压悬置参数输入 App

如果是做液压悬置的具体设计，仅仅通过动态刚度曲线和阻尼角曲线反推出各个元件的等效刚度和阻尼是不够的，还需要根据这些结果计算出具体的几何尺寸。通过液压元件设计库搭建液压悬置详细模型，如图 7-225 所示。

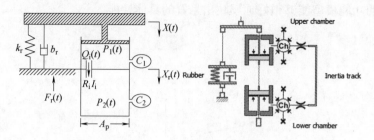

图 7-225　液压悬置详细模型

将液压悬置等效模型和液压悬置详细模型进行对比，搭建模型如图 7-226 所示，见 demo7-18。

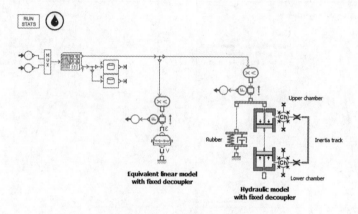

图 7-226　液压悬置等效模型和详细模型

可以通过在全局参数中写入公式，直接将等效参数换算成具体几何参数，如图 7-227 所示。

| Name | Title | Value | Unit |
|---|---|---|---|
| Xin | displacement excitation magnitude | 0.0003 | m |
| ▶ 📁 Fluid properties | | | |
| ▼ 📁 Design parameters | | | |
| kr | rubber stiffness | 225 | N/mm |
| br | rubber damping | 0.1 | N/(mm/s) |
| Cv1 | volumetric compliance of upper chamber | 30000 | mm**5/N |
| Cv2 | volumetric compliance of lower chamber | 2600000 | mm**5/N |
| Ap | effective pumping area | 2500 | mm**2 |
| Ai | area of inertia track | 57.2 | mm**2 |
| li | length of inertia track | 211.44 | mm |
| ▼ 📁 Others | | | |
| p0 | static pressure | 1 | bar |
| dp | pumping diameter | 2*sqrt(Ap/pi) | mm |
| di | diameter of inertia track | 2*sqrt(Ai/pi) | mm |
| mir | real mass of inertia track | (rho*1e-9)*Ai*li | kg |
| mie | equivalent mass of inertia track | (Ap/Ai)**2*mir | kg |
| Ii | inertia through inertia track | mie/Ap**2 | kg/mm**4 |
| Ri | resistance through inertia track | 0.000105 | kg/s*mm**4 |
| ▶ 📁 Natural frequency ... | | | |

图 7-227　液压悬置模型参数输入

设置激励振幅分别为 0.25mm、0.5mm 和 1mm，通过批量仿真对比液压悬置等效模型和详细模型的动态刚度和相位差。得到的结果对比如图 7-228 所示，可见功能模型和详细模型非常接近，说明功能模型能够很好地反映出悬置的具体性能。

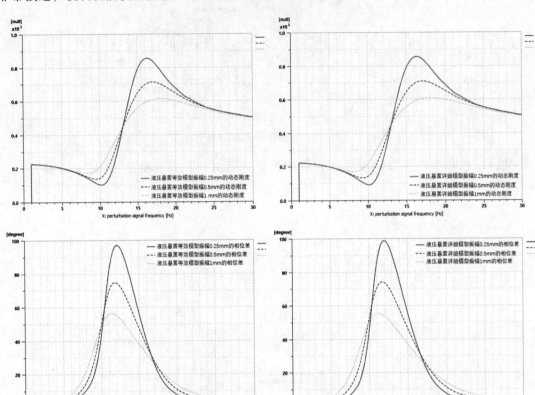

图 7-228　液压悬置等效模型和详细模型仿真结果对比

可以将液压悬置集成在一个发动机动力总成系统中，来观察悬置参数对发动机振动的影响，如图 7-229 所示。模型中用到了发动机缸体模型和 3D 连接模型。同时可以通过批量仿真得到上下腔体刚度之比对幅值和相位的影响。模型见 demo7-19。

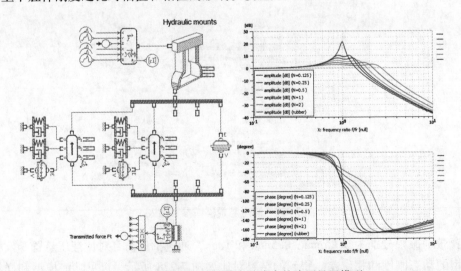

图 7-229　集成在发动机动力总成中的液压悬置模型

### 7.5.6　悬置与车身耦合调试

7.5.5 节中的案例是将发动机固定在地面上，没有考虑车身振动的影响。在进行悬置与车身耦合分析时，需要将车身及悬架和轮胎都考虑进来，而且耦合模型还可以实现以下功能：

1）结合试验数据与虚拟模型来评估车辆结构噪声（车辆结构噪声是指机械振动通过动力总成、底盘等振动源的附着点传递到车内的噪声，结构噪声的范围一般在 20~600Hz）。

2）应用传递路径分析（Transfer Path Analysis）找到车身内的主要结构传递路径。

3）优化设计参数来降低驾驶员耳端的总声压级。

悬置与车身耦合模型如图 7-230 所示，见 demo7-20。该模型将三个悬置点的 7 个力（左右悬置各 3 个力，以及后悬置 Z 向力）通过传感器输出给了一个定制的传递路径分析工具的 DYNMUX2 子模型，从而可以输出总声压级等。

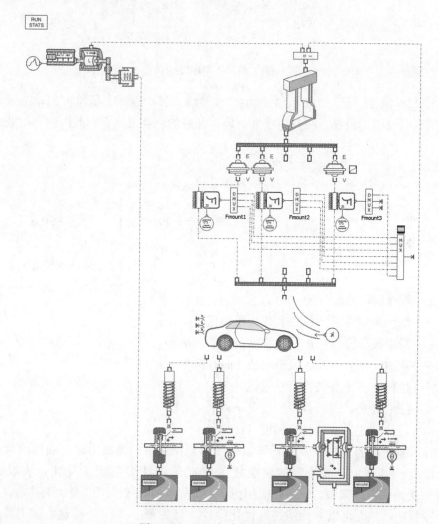

图 7-230　悬置与车身耦合模型

后悬置点的设计有两种方案可供选择：①后悬置在 U 向（垂向）的刚度是线性的；②后悬置在 U 向（垂向）的刚度是非线性的，采用了高静态低动态刚度（High-Static Low-Dynamic Stiffness，HSLDS），如图 7-231 所示。

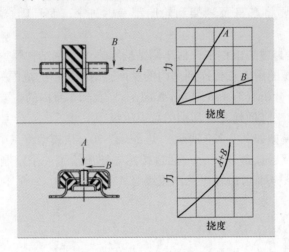

图 7-231　两种不同刚度的悬置

所谓 HSLDS 刚度，是一个非线性的力-位移曲线，其中有一个低刚度的动态区域，该区域靠近平衡点时会引起振荡。在其他地方，静态区域的刚度更高，因此由静态荷载引起的挠度减小。

此 HSLDS 刚度可以用下式来描述

$$F = \begin{cases} k_0 x & \text{如果 } N_{\text{inf}} \leqslant x \leqslant N_{\text{sup}} \\ k_0 \left[ x + P_{\text{inf}} \left| \dfrac{N_{\text{inf}} - x}{N_{\text{inf}} - S_{\text{inf}}} \right| \dfrac{\pi}{2} - P_{\text{inf}} \tan\left( \left| \dfrac{N_{\text{inf}} - x}{N_{\text{inf}} - S_{\text{inf}}} \right| \dfrac{\pi}{2} \right) \right] & \text{如果 } x < N_{\text{inf}} \\ k_0 \left[ x - P_{\text{sup}} \left| \dfrac{x - N_{\text{sup}}}{S_{\text{sup}} - N_{\text{sup}}} \right| \dfrac{\pi}{2} - P_{\text{sup}} \tan\left( \left| \dfrac{x - N_{\text{sup}}}{S_{\text{sup}} - N_{\text{sup}}} \right| \dfrac{\pi}{2} \right) \right] & \text{如果 } x > N_{\text{sup}} \end{cases} \tag{7-26}$$

式中　$k_0$——线性阶段刚度（N/mm）；

$N_{\text{inf}}$——线性段与压缩（负）非线性段阈值（mm）；

$N_{\text{sup}}$——线性段与拉伸（正）非线性段阈值（mm）；

$S_{\text{inf}}$——压缩（负）非线性段极限值（mm）；

$S_{\text{sup}}$——拉伸（正）非线性段极限值（mm）；

$P_{\text{inf}}$——压缩（负）非线性段梯度（mm）；

$P_{\text{sup}}$——拉伸（正）非线性段梯度（mm）。

在上述后悬置块的 U 向（X 向）可以输入不同位移下的弹簧力试验曲线或者函数表达式来定义刚度。但是，直接给定试验曲线无法提取设计参数用于优化，所以这里将该 HSLDS 函数关系式输入模型，并可以应用图 7-232 所示的非线性刚度设计工具来自动拟合对应的 7 个参数值，从而可以方便地进行优化设计。只要单击"Fit"按钮，该工具便会自动拟合出左侧参数项的 7 个参数，并使得拟合曲线与试验输入数据完全重合。

一般地，总声压级可以表示为式（7-27），即各个方向的力与传递路径函数乘积的求和。

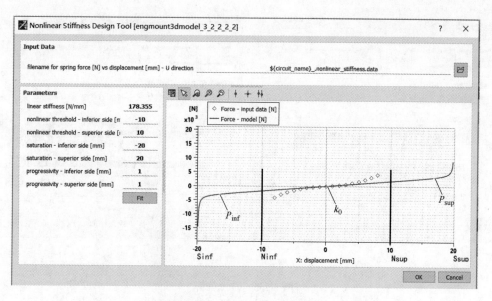

图 7-232 非线性刚度设计工具

$$P(\omega) = \sum P_i(\omega) = \sum H_i(\omega) F_i(\omega) \tag{7-27}$$

式中　$P(\omega)$——驾驶员耳端处总声压（Pa）；

　　　$P_i(\omega)$——部分传递路径 $i$ 的车内声压（Pa）；

　　　$H_i(\omega)$——不同路径 $i$ 的噪声传递函数（Pa/N）；

　　　$F_i(\omega)$——不同路径 $i$ 的传递力（N）。

在试验测试中，通常采用所谓的"安装刚度法"来估计路径传递力 $F_i(\omega)$。该方法的目的是通过悬架的相对加速度和相应的动态刚度函数来计算传递力。这里通过不同路径传递的力是由连接到悬置上的 3D 力传感器直接"测量"的，并利用快速傅里叶变换将力信号从时域转换为频域。

噪声传递函数 $H_i(\omega)$ 来自 Simcenter Testlab 数据库，这是一个包含声压、力响应与频率的复数值（实部和虚部）的数据文件。

这里仿真发动机加速工况，发动机转速由怠速增加到 4000r/min。模型计算完成之后，打开 DYNMUX2 子模型，然后单击"Fit"（计算）按钮，计算输入力对结构传递噪声的贡献。可以在工具中比较几个参数配置（批处理运行），如图 7-233 所示。

在 Run 1 如图 7-233a 所示，给定后悬置块 U 向线性刚度（$P_{inf}$ 及 $P_{sup}$ 给定 0mm），可以从 TPA 频谱图中看到，只有第七条的后悬置块 U 向路径与最下面的第八条总声压级路径比较接近，即后悬置块的 U 向路径是主要传递路径。

所以，在 Run 2 如图 7-233b 所示，给定后悬置块 U 向非线性刚度（$P_{inf}$ 及 $P_{sup}$ 给定 700mm），进而可以考察刚度优化后的总声压级。

这里，在整个发动机转速范围内，采用优化的非线性刚度模型，可以降低总的传递噪声声压级约 5dB。

这种通过 Amesim 模型计算激励力 $F$，并结合试验采集的传递路径函数 $H$，进而分析总的噪声响应的方法同样适用其他 NVH 相关分析，如敲击、轰鸣等。

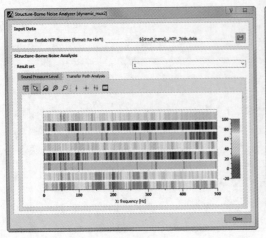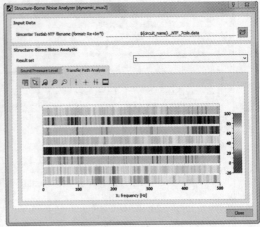

a)                                          b)

图 7-233　TPA 分析

a）线性刚度　b）非线性刚度

## 7.6　本章小结

本章首先详细介绍了动力传动系统中常用元件的数学模型和使用方法。详细介绍了定轴齿轮的建模方法，并从传动效率的角度，以手动变速器为例详述了稳态工况点下温度、摩擦、搅油、啮合损失等因素对传动效率的影响。

其次介绍了驾驶性评估中的一般定义及评价方法。并从不同仿真目的，不同仿真阶段出发详述了 5 个层次复杂度的驾驶性分析模型。对于如何有效合理地选择驾驶性仿真模型，具有很好的指导意义。

然后介绍了扭振的基本理论，详细阐述了各个子系统当量等效的方法。并总结了传动系统 NVH 常见的问题，然后论述了各个子系统的等效模型及详细模型的搭建方法，并列举了典型扭振模型搭建及分析的一般流程。该节扭振分析的内容，为不同 NVH 分析所需模型及方法提供了重要的指导意义，可以作为扭振分析的基础教程。

最后介绍了动力总成悬置的建模方法，以实际案例详细介绍了悬置系统的建模和优化方法，并介绍了悬置系统与车辆的耦合测试。

# 第**8**章

# IFP Drive 库

动力性、经济性仿真分析是车辆开发过程中必不可少的一个环节，通过仿真分析研究动力总成选型，可以初步评估动力性、经济性是否满足预期指标，与市场竞品车对比是否具备足够的竞争力，从而降低项目开发风险。所以，动力性、经济性仿真分析在整个项目开发过程中具有极为重要的意义。

在 Amesim 中，主要通过 IFP Drive 库进行传统燃油车辆和新能源车辆的动力性、经济性及排放的仿真分析。IFP Drive 库中包含了发动机、变速器等常用元件及大量的标准循环工况、环境数据，方便用户进行各种工况的仿真。同时，IFP Drive 库建立起来的整车性能模型，还可以和其他专业库，如发动机库或传动库建立起来的详细部件模型连接起来，做更进一步的性能分析。

## 8.1 IFP Drive 库常用元件数学模型和使用方法

IFP Drive 库包含的元件如图 8-1 所示。按照功能可以分成七类：源、发动机、ECU 与 TCU（电子控制单元与自动变速器控制单元）、变速器、车体与环境、循环工况及驾驶员模型、电气元件（电机、电池）。

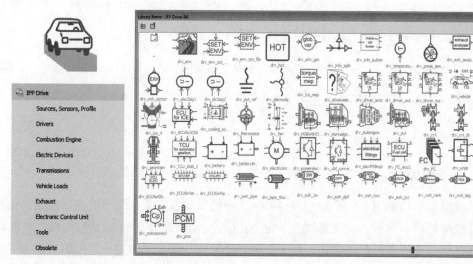

图 8-1　IFP Drive 库元件

### 8.1.1 源模型

源模型的作用是设定仿真的边界条件，通过源模型跟其他元件相连接，将边界条件赋值给其他元件，具体包括电气源、温度源、压力、温度、密度源、扭矩和缸压转换源。

电气源：包括电压输入源、电流输入源、接地、电气节点，如图 8-2 所示。

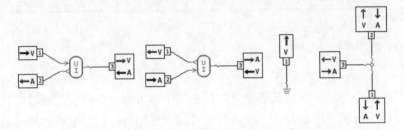

图 8-2  电气源

温度源：用于将无量纲数转为温度输出，如图 8-3 所示。

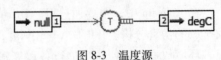

图 8-3  温度源

压力、温度、密度源：用于设定车辆外部压力、温度、密度边界条件，如图 8-4 所示。

扭矩、缸压转换源：将发动机扭矩和缸内平均有效压力（BMEP）进行转换，如图 8-5 所示。

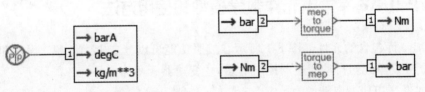

图 8-4  压力、温度、密度源        图 8-5  扭矩、缸压转换源

扭矩和缸内平均有效压力的转换依据式（8-1）

$$BMEP = 4\pi T \frac{0.01}{V} \tag{8-1}$$

式中    $BMEP$——缸内平均有效压力（bar）；

$T$——扭矩（N·m）；

$V$——发动机排量（L）。

### 8.1.2 发动机模型

发动机模型端口如图 8-6 所示，IFP Drive 库中的发动机模型是基于数表的模型，模型中没有计算燃烧的数学方程，而是需要用户预先输入发动机燃烧的台架试验曲线。IFP Drive 库中发动机模型支持多种燃烧模式，对于每种燃烧模式，都必须对应一套完整的数表。发动机模型可以根据冲程（2 或 4 冲程）、进气方式（自然吸气或涡轮增压）、摩擦、温度及排放等因素对结果进行修正。

发动机模型有 8 个端口。

端口 1 为发动机的动力传递端口，输入转速（r/min），输出扭矩（N·m）。

端口 2 为排放端口，分别输出废气质量流量（g/s）及温度，碳氧化合物、碳氢化合物、氮氧化合物及颗粒物等污染物的排放速率（mg/s），空燃比等。

端口 3 为 ECU 通信端口，分别将实际平均有效缸压、当前最大扭矩、最小扭矩、发动机转速、发动机温度及环境空气温度传递给 ECU。

端口 4 用于发动机接收来自 ECU 的控制命令，分别为发动机有效负荷、燃烧模式、闭缸数、闭缸数据修正选项、发动机变排量控制、发动机起动过热燃烧。

端口 5 为环境信息端口，分别输入为空气压力、温度及密度。

端口 6、7 及 8 为热端口，分别输入燃烧室壁温、冷却水温度信号及机油温度信号。

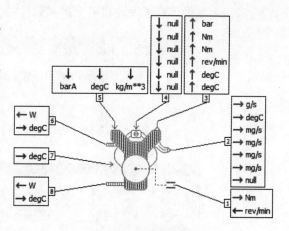

图 8-6  发动机模型端口

取决于考虑因素的不同，发动机模型中有 6 种可选应用模式，如图 8-7 所示，每种模式所需的数据和计算方法也不一样。

1）扭矩。

2）扭矩及油耗。

3）扭矩、油耗及排放。

4）扭矩、油耗及热损失。

5）扭矩、油耗、排放及热损失。

6）自定义模式。

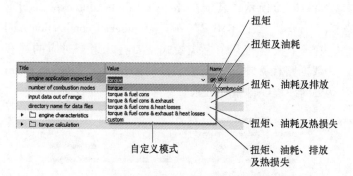

图 8-7  发动机模型的应用和所对应的数表

**1. 扭矩**

当选择"扭矩"模式时，此时发动机模块仅仅能进行动力性计算，所需要的最基本的数据是发动机的外特性曲线（torque_1），如图 8-8 所示。

发动机外特性曲线输入如图 8-9 所示，在定义发动机的外特性曲线时，需要提供负荷率在 100% 时的转速和扭矩曲线，以及负荷率为 0 时的转速和扭矩曲线。其中，负荷率为 0 时的转速和扭矩曲线体现了发动机的摩擦和附件的损耗特性。

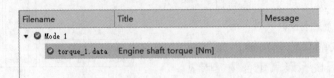

图 8-8　"扭矩"模式下需要输入的曲线

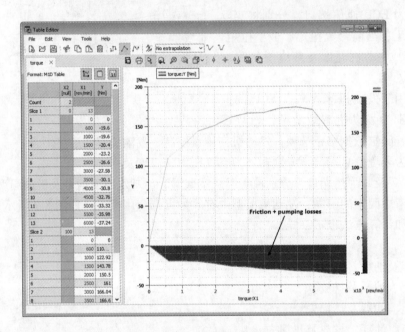

图 8-9　发动机外特性曲线输入

　　需要输入的参数如图 8-10 所示，其中在【engine application expected】（发动机输出）根据现有数据类型选择"torque"或"BMEP"，在【number of combustion modes】（燃烧模型）中输入发动机的燃烧模式个数（有几个燃烧模式就要有几组相对应的数表），在【directory name for data files】（数据路径）中定义数表文件的路径。在【engine characteristics】（发动机特性）中定义发动机的冲程、排量和缸数。

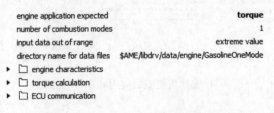

图 8-10　"扭矩"模式下的参数输入

　　在【torque calculation】（扭矩计算）中根据发动机的类型定义动态响应特性，模型中一共有四种动态响应特性，如图 8-11 所示。基本思路是把发动机的动态响应处理成一个或多个 1 阶惯性环节。

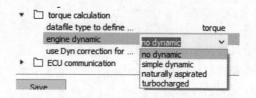

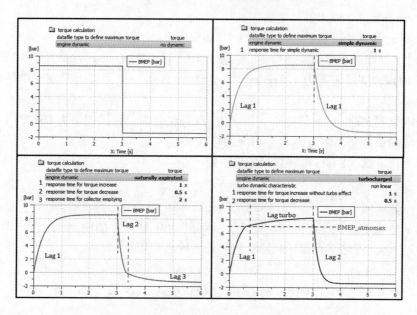

图 8-11　发动机的四种不同动态响应特性

在【ECU communication】（ECU 通信）中定义输出给 ECU 参数的起始值和 ECU 通信的延迟，如图 8-12 所示。

| ECU communication | | | |
|---|---|---|---|
| (#) BMEP information to ECU at port 3 | 0 | bar | bmepinf |
| (#) maximum torque at port 3 | 80 | Nm | torqmax |
| (#) minimum torque at port 3 | -10 | Nm | torqmin |
| lag communication with ECU | 0.015 | s | lagecu |

图 8-12　发动机 ECU 参数设置

发动机输出扭矩 $T_{\text{out}}$ 的计算方法依据式（8-2）

$$T_{\text{out}} = T_{\text{maxc}} load + T_{\text{minc}}(1 - load)\qquad(8-2)$$

式中　$T_{\text{maxc}}$、$T_{\text{minc}}$——修正后的最大与最小输出扭矩；

　　　　$load$——ECU 给发动机的控制信号。

当在【use Dyn correction for maximum torque】（最大扭矩矫正）中选择"No"时，修正后的最大输出扭矩直接从数表查得，不经过修正，即 $T_{\text{maxc}} = T_{\text{maxfile}}$。

当在【use Dyn correction for maximum torque】（最大扭矩矫正）中选择"yes"时，发动机的最大输出扭矩可以根据外部的压力、温度因素进行修正，见式（8-3）

$$T_{\text{maxc}} = T_{\text{maxfile}} \frac{\rho_{\text{air}}}{\rho_{\text{ref}}} \sqrt{\frac{T_{\text{amb}}}{273.15 + T_{\text{ref}}}} \tag{8-3}$$

式中　$T_{\text{maxfile}}$——数表中最大的发动机输出扭矩（N·m）；

　　　$\rho_{\text{air}}$——端口 5 输入的空气密度（kg/m³）；

　　　$\rho_{\text{ref}}$——参考条件下的空气密度（kg/m³）；

　　　$T_{\text{amb}}$——端口 5 输入的环境温度（K）；

　　　$T_{\text{ref}}$——参考条件下的环境温度（℃）。

【例 8-1】　例如采用模型默认数据，当输入转速为 3000r/min，*load* 为 0.6，外界环境温度为 40℃，输入的空气密度为 1.3kg/m³ 时，分别计算修正和不修正时发动机的输出扭矩，模型见 demo8-1。

从数表中查到 3000r/min 转速下，*load* 为 100% 时对应的输出扭矩为 166.04N·m，不修正时，发动机的最大输出扭矩为 $T_{\text{max}} = 166.04\text{N·m}$。

修正后，代入式（8-3）得到最大输出扭矩

$$T_{\text{maxc}} = 166.04 \times \frac{1.3}{1.185} \times \sqrt{\frac{273.15 + 40}{273.15 + 20}} \text{N·m} = 188.26\text{N·m}$$

然后再从数表中查到 3000r/min 转速下，*load* 为 0 时对应的输出扭矩为 -27.58N·m，带入式（8-2）得到不修正和修正时发动机的最大输出扭矩。

不修正时

$$T_{\text{out}} = 166.04 \times 0.6 - 27.58 \times (1 - 0.6)\text{N·m} = 88.59\text{N·m}$$

修正时

$$T_{\text{out}} = 188.26 \times 0.6 - 27.58 \times (1 - 0.6)\text{N·m} = 101.92\text{N·m}$$

**2. 扭矩及油耗**

当选择"扭矩及油耗"模式时，此时发动机模块不仅仅要进行动力性计算，还需要进行经济性计算，所需要的数据在发动机的外特性曲线（torque_1）的基础上增加了万有特性曲线（conshot_1），如图 8-13 所示。

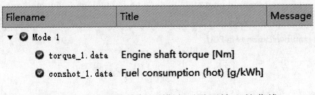

图 8-13　"扭矩及油耗"模式下需要输入的曲线

油耗的计算方法为

$$cons = cons_{\text{file}}(1 + k_{\text{start}})\, expf_{\text{cons}} \tag{8-4}$$

式中　$cons$——实际油耗；

　　　$cons_{\text{file}}$——燃油数表读取值；

　　　$k_{\text{start}}$——发动机起动时的过热燃烧系数（端口 4 输入）；

　　　$expf_{\text{cons}}$——发动机温度的影响系数（用户自定义发动机温度相关的表达式），输入值 1
　　　　　　表示温度不做修正。

沿用【例8-1】，当选择"扭矩及油耗"模式时，设 $k_{start}=1$，$expf_{cons}=1$，从数表中查得在 3000r/min、101.92N·m 下对应的燃油消耗率为 310g/(kW·h)，带入式（8-4）得

$$cons=310\times(1+1)\times 1g/(kW\cdot h)=620g/(kW\cdot h)$$

用上面得到的燃油消耗乘以发动机功率（发动机转速 $\omega$ 为 3000r/min，扭矩 $T$ 为 101.92N·m 时的功率），再经过换算可得到瞬时耗油率

$$cons'=\frac{\omega Tcons/9550}{3600}=620\times3000\times[(101.92/9550)/3600]g/s=5.514g/s$$

### 3. 扭矩、油耗及排放

当选择"扭矩、油耗及排放"模式时，此时发动机模块要在动力性、经济性计算的基础上计算排放，因此需要增加尾气组分（碳氧化合物、碳氢化合物、氮氧化合物、颗粒物）在不同发动机工作点下的排放率的数表（COhot_1，HChot_1，NOxhot_1，parthot_1），以及不同发动机工作点下的当量比（eq_ratio_1）和排气温度（Texhaust_1）的数表，如图 8-14 所示。

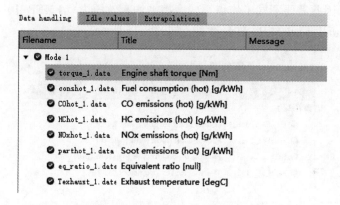

图 8-14　"扭矩、油耗及排放"模式下需要输入的曲线

排放的计算方法如下

$$\phi=\phi_{file}(1+k_{start})exp_{eqratio} \tag{8-5}$$

式中　$\phi$——当前当量比；

$\phi_{file}$——从数表中查到的当量比；

$k_{start}$——端口 4 输入的发动机起动时的过热燃烧系数；

$exp_{eqratio}$——用户自定义的修正系数。

当发动机正常工作时，尾气排放率为

$$dm_{exh}=cons'\left(\frac{AF_{sto}}{\phi}+1\right) \tag{8-6}$$

当发动机处于反向制动模式时，尾气排放率为

$$dm_{exh}=flow_0\frac{w}{idlespeed}+cons' \tag{8-7}$$

式中　$dm_{exh}$——尾气排放率（g/s）；

$cons'$——瞬时耗油率（g/s）；

$AF_{sto}$——化学计量空燃比；

$\phi$——当前当量比；

$flow_0$——空气流量（g/s）；

$w$——发动机转速（r/min）；

$idlespeed$——发动机怠速（r/min）。

沿用【例 8-1】，选择默认参数，当选择"扭矩、油耗及排放"模式时，设 $k_{start}=1$，$exp_{eqratio}=1$，从数表中查得在 3000r/min、101.92N·m 下对应的当量系数 $\phi_{file}$ 是 1，带入式（8-5）得当量比为

$$\phi = \phi_{file}(1+k_{start})exp_{eqratio} = 1\times(1+1)\times1 = 2$$

带入式（8-6）得

$$dm_{exh} = 5.514\times\left(\frac{14.4}{2}+1\right)g/s = 45.21g/s$$

**4. 扭矩、油耗及热损失**

当选择"扭矩、油耗及热损失"模式时，此时发动机模块要在计算动力性、经济性的基础上计算热损失，因此需要不同工作点下的摩擦平均有效压力（FMEP_1）以及发动机缸体热损失系数（heatwall_1）的相关数表参数，如图 8-15 所示。

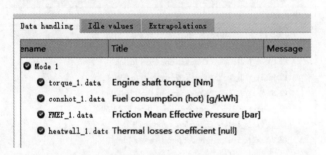

图 8-15 "扭矩、油耗及热损失"模式下需要输入的曲线

$FMEP$ 可以是与以下四个参数相关的数表：

1）发动机转速（r/min）。

2）端口 7 发动机温度（℃）。

3）端口 8 发动机油温（℃）。

4）发动机负荷率。

因此，$FMEP$ 数表有以下几种类型可供选择，如图 8-16 所示。

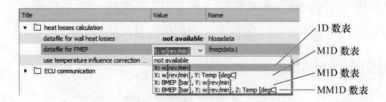

图 8-16 $FMEP$ 数表类型

1）摩擦平均有效压力的计算方法见式（8-8）。

$$FMEP = FMEP_{file}\times expfmepcor \tag{8-8}$$

式中　　$FMEP$——摩擦平均有效压力；

$FMEP_{file}$——通过查表得到的摩擦平均有效压力；

$expfmepcor$——温度影响的修正表达式（用户自定义），当这个值设成 1 时表示不需要修正。

2）摩擦功的计算方法见式（8-9）。

$$P_{fric} = T_{fric}\omega \tag{8-9}$$

式中　　$P_{fric}$——摩擦功；

$T_{fric}$——摩擦扭矩，由 $FMEP$ 换算得出；

$\omega$——发动机转速。

3）燃烧热损失的计算方法见式（8-10）。

$$P_{comb} = cons' \times pci \times coefheatwall \times exphlosses \tag{8-10}$$

式中　　$P_{comb}$——燃烧热损失；

$cons'$——瞬时耗油率（g/s）；

$pci$——燃料热值（kJ/g）；

$coefheatwall$——发动机缸体热损失系数，由（heatwall_1）数表读出；

$exphlosses$——温度影响的修正表达式（用户自定义）。

4）当发动机考虑热损失时，温度可能会对发动机的输出扭矩产生影响，因此模型增加了发动机的最大、最小输出扭矩温度修正。

当不进行温度修正时

$$\begin{aligned}T_{maxc} &= T_{maxfile} \\ T_{minc} &= T_{minfile}\end{aligned} \tag{8-11}$$

当进行温度修正时，如图 8-17 所示，具体修正计算方法见式（8-12）。

| heat losses calculation | |
|---|---|
| datafile for FMEP | X: w[rev/min], Y: Temp [degC] |
| temperature used in the FMEP datafile | oil temperature at port 8 |
| use temperature influence correction for FMEP (with torque impact) | yes |
| hot engine temperature | 80 degC |
| use temperature influence correction for wall heat losses | no |

图 8-17　发动机最大、最小输出扭矩温度修正

$$\begin{aligned}T_{maxc} &= T_{maxfile} - (T_{fric,Temp} - T_{fric,Thot}) \\ T_{minc} &= T_{minfile} - (T_{fric,Temp} - T_{fric,Thot})\end{aligned} \tag{8-12}$$

式中　　$T_{fric,Thot}$——热机时发动机的摩擦扭矩（N·m）；

$T_{fric,Temp}$——当前温度下发动机的摩擦扭矩（N·m）；

$T_{hot}$——热机的温度（℃）；

$T_{emp}$——当前温度（来自端口 7 或端口 8）（℃）。

例如沿用上面的数据，当选择"扭矩、油耗及热损失"模式时，设定发动机温度为 90℃，温度影响的缸体壁热损失不需要修正，发动机排量为 1.8L。通过查表得到转速为 3000r/min、90℃下，$FMEP$ 为 0.7bar。得到摩擦功为

$$P_{fric} = 0.7 \times 1.8/(4\pi) \times 100 \times 3000/9550 kW = 3.15kW$$

通过查表得到 3000r/min 的转速下，发动机缸体热损失系数为 0.35，燃料热值为

42.7kJ/g，不进行温度修正，*explhosses* 为 1 代入式（8-10）得燃烧热损失为

$$P_{comb} = 5.514 \times 42.7 \times 0.35 kW = 82.41 kW$$

当进行发动机最大输出扭矩温度修正时，查得 80℃ 下 $T_{fric,Thot}$ 对应的 *FMEP* 为 0.85bar，90℃ 下对应的 $T_{fric,Temp}$ 对应的 *FMEP* 为 0.7bar。换算成扭矩

$$T_{fric,Thot} = \frac{100V}{4\pi} FMEP = 0.85 \times 1.8/(4\pi) \times 100 N \cdot m = 12.18 N \cdot m$$

$$T_{fric,Temp} = \frac{100V}{4\pi} FMEP = 0.7 \times 1.8/(4\pi) \times 100 N \cdot m = 10.03 N \cdot m$$

代入式（8-12）得此时的发动机最大、最小输出扭矩分别为

$$T_{maxc} = 188.26 - (10.03 - 12.18) N \cdot m = 190.41 N \cdot m$$

$$T_{minc} = -27.58 - (10.03 - 12.18) N \cdot m = 25.43 N \cdot m$$

此时发动机的输出扭矩为

$$T_{out} = 190.41 \times 0.6 - 25.43 \times (1-0.6) N \cdot m = 104.07 N \cdot m$$

**5. 扭矩、油耗、排放及热损失**

当选择"扭矩、油耗、排放及热损失"模式时，此时发动机模块需要计算动力性、经济性的发动机万有特性曲线数据，排放的排放率数据，以及计算热损失的 *FMEP* 数据。扭矩、油耗、排放、热损失的计算方法与前文相同，如图 8-18 所示。

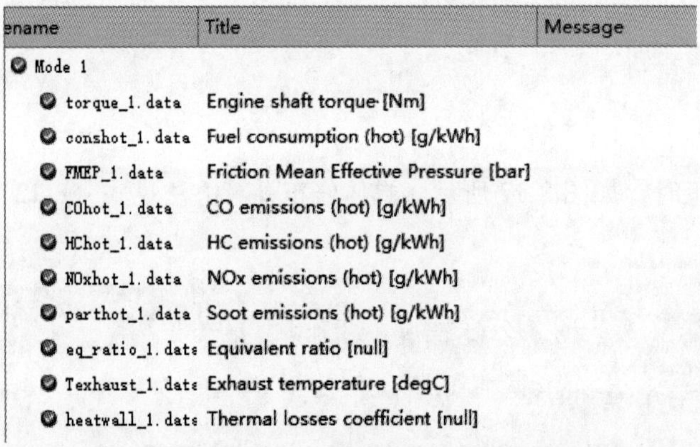

| ename | Title | Message |
|---|---|---|
| ☑ Mode 1 | | |
| ☑ torque_1.data | Engine shaft torque [Nm] | |
| ☑ conshot_1.data | Fuel consumption (hot) [g/kWh] | |
| ☑ FMEP_1.data | Friction Mean Effective Pressure [bar] | |
| ☑ COhot_1.data | CO emissions (hot) [g/kWh] | |
| ☑ HChot_1.data | HC emissions (hot) [g/kWh] | |
| ☑ NOxhot_1.data | NOx emissions (hot) [g/kWh] | |
| ☑ parthot_1.data | Soot emissions (hot) [g/kWh] | |
| ☑ eq_ratio_1.data | Equivalent ratio [null] | |
| ☑ Texhaust_1.data | Exhaust temperature [degC] | |
| ☑ heatwall_1.data | Thermal losses coefficient [null] | |

图 8-18 "扭矩、油耗、排放及热损失"模式下需要输入的曲线

**6. 用户自定义**

当选择"用户自定义"模式时，模型将采用能量平衡的方法来计算各部分的能量损失，即燃料燃烧做的功应是机械功、摩擦功、泵的驱动功、燃料汽化潜热、燃烧热损失、排气损失之和。

因此，需要之前计算扭矩、油耗、排放、热损失的全部数据。能量平衡可以用来确定排气温度或燃烧的热量损失，如图 8-19 所示。

1）能量平衡的计算方法见式（8-13）。

$$\phi_{comb} = P_{work} + P_{fric} + P_{pump} + P_{evap} + P_{comb} + P_{exh} \tag{8-13}$$

式中　$\phi_{comb}$——燃烧热释放能量（W），$\phi_{comb} = \left(cons' - emiHC - \frac{emiCO}{4}\right) \times pci$；

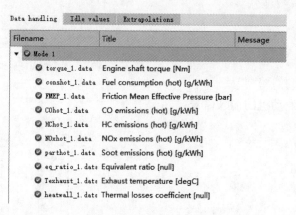

图 8-19　"用户自定义"模式下需要输入的曲线

　　　　$cons'$——瞬时耗油率（kg/s）；

　　$emiHC$——碳氢化合物排放率（kg/s）；

　　$emiCO$——碳氧化合物排放率（kg/s）；

　　　　$pci$——燃料热值（J/kg）；

　　$P_{work}$——发动机输出功率（W）；

　　$P_{fric}$——发动机摩擦损失（W）；

　　$P_{pump}$——发动机泵损耗（W），$P_{pump} = T_{pump}\omega$；

　　$P_{evap}$——汽化潜热（W），由汽化潜热率 $H_{evap}$ 与单位时间油耗 $cons'$ 共同决定，$P_{evap} = H_{evap}cons'$；

　　$P_{exh}$——废气排放功（W）。

2）尾气排放功的计算方法见式（8-14）。

$$P_{exh} = (dm_{BG}Cp_{BG} + dm_{unburnedair}Cp_{air} + dm_{unburnedfuel}Cp_{carb})(T_{exhaust} - T_{amb}) \tag{8-14}$$

式中　　$dm_{BG}$——已燃烧废气的质量流量（kg/s）；

　　$Cp_{BG}$——用户自定义已燃烧气体比热容 [J/(kg·K)]（$\varphi = 1$）；

$dm_{unburnedair}$——废气中未燃尽空气质量流量（当 $\varphi \leqslant 1$）（kg/s）；

　　$Cp_{air}$——空气比热容默认为 1040.0 [J/(kg·K)]；

$dm_{unburnedfuel}$——废气中未燃尽燃料质量流量（当 $\varphi \geqslant 1$）（kg/s）；

　　$Cp_{carb}$——用户自定义燃料比热容 [J/(kg·K)]；

　　$T_{exhaust}$——废气温度。

## 8.1.3　ECU 与 TCU 模型

### 1. ECU 模型

ECU 元件是发动机的电子控制单元。它主要用于确保驾驶员负荷请求与发动机控制信号（燃烧模式、怠速、最高转速及断油恢复速度等限定规则）之间的通信正确。

ECU 模型如图 8-20 所示，各端口意义如下。

端口 1 输出如下发动机控制信号：

1）发动机负荷率。

2）燃烧模式。

3）闭缸数。

4）闭缸修正数表。

5）排量变化量。

6）发动机起动过热燃烧模式。

端口 2 接收如下发动机的输入信号：

1）当前 BMEP。

2）最大发动机扭矩。

3）最小发动机扭矩。

4）发动机转速。

5）发动机温度。

6）环境空气温度。

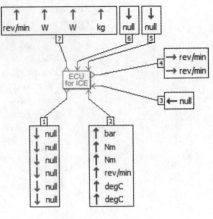

图 8-20 ECU 模型

端口 3 接收 TCU 的信息，它控制发动机加速与否（端口信号 =1 表示加速，信号 =0 表示不加速）。

端口 4 输出给 TCU 信息（发动机转速及怠速）。

端口 5 接收燃烧模式或起停信号。

端口 6 接收驾驶员的加速命令（或者其他控制命令）。

端口 7 将发动机的信息输出给驾驶员。

ECU 内部算法：ECU 的控制逻辑图如图 8-21 所示，首先根据驾驶员的加速信号情况（$load > 0$ 或 $load = 0$）和发动机转速（$N_{idle}$、$N_{fr}$、$N_{max}$）将发动机的工作模式分为了 6 种，ECU 首先会判断出发动机工作在哪个工作模式下，然后再根据这个工作模式对应的控制算法给出相关的控制命令。其中，$N_{idle}$ 是发动机怠速（可以是水温的函数），$N_{fr}$ 是断油恢复转速（可以是水温的函数），$load$ 是驾驶员的加速信息，$effload$ 是 ECU 输出给发动机的有效负荷命令。

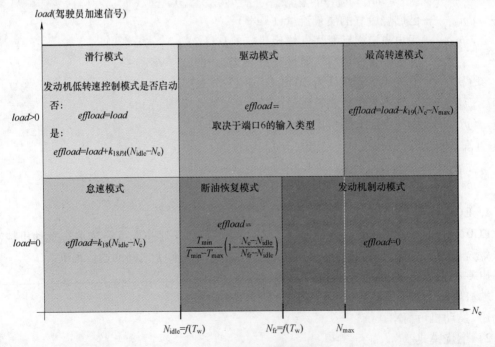

图 8-21 ECU 的控制逻辑图

其中，各个模式和对应的控制命令划分如下：

-1：发动机制动模式（engine brake mode）。

0：发动机停机（engine stopped）。

1：断油恢复模式（fuel resume mode）。

2：怠速控制模式（idle speed regulation mode）。

3：滑行模式（pullaway mode）。

4：驱动模式（driving mode）。

5：最高转速模式（maximum speed regulation mode）。

**2. TCU 模型**

TCU 模型专用于换档策略定义，可以根据发动机转速、车速、负荷率、档位来实现单参数或两参数换档策略。

TCU 外部端口如图 8-22 所示，此模块需要通过以下 5 个输入量来计算输出：

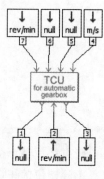

图 8-22　TCU 外部端口

1）端口 2：涡轮转速（通常来自自动变速器模型）。

2）端口 4：车速（通常来自车辆模型）。

3）端口 5：发动机负荷率控制（来自驾驶员或发动机 ECU 模型）。

4）端口 6：档位水平，前进档时输入值 = 1），空档时输入值 = 0），倒档时输入值 = -1。

5）端口 7：泵轮转速或发动机转速。

输出量有以下两个：

1）端口 1：锁止离合器的控制命令信号。

2）端口 3：变速器档位命令信号。

TCU 中内置了以下 9 种不同换档策略：

1）所有档位都是根据同一发动机转速换档。

2）不同档位分别根据不同发动机转速换档。

3）所有档位都是根据同一发动机转速及预定义负荷范围换档。

4）不同档位分别根据不同发动机转速及预定义负荷范围换档。

5）所有档位都是根据同一发动机转速及自定义负荷换档。

6）不同档位分别根据不同发动机转速及自定义负荷换档。

7）所有档位都是根据车速换档。

8）不同档位分别根据不同车速及预定义负荷范围换档。

9）不同档位分别根据不同车速及自定义负荷换档。

确定换档策略时首先要明确换档依据（发动机转速或车速），然后确定是否考虑换档时发动机负荷的影响，最后确定是否考虑当前传动比的影响，即各档位共用一套换档曲线，还是每个档位单独用一条换档曲线。在 TCU 的帮助文档中，可以直接通过下拉菜单得到，如图 8-23 所示。

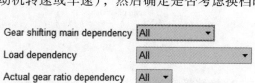

图 8-23　TCU 换档策略选择

这里对换档策略的表格进行说明，当选择发动机转速作为换档判断依据时，$x_1$ 行代表档位，例如 12、21 分别代表由 1 档升到 2 档和由 2 档降到 1 档的转速。x2 列代表发动机的负荷，如图 8-24 上图所示。当选择车速作为换档依据时，x1 行同样代表了档位，x2 列代表发动机的负荷，表格中的数值代表了换档速度，负值表示倒档，比如，−21 代表倒档二档升到倒档一档，21 则代表二档降到一档，如图 8-24 下图所示。

| | | 1 | 2 | 3 | 4 | 5 | 6 | 7 | 8 |
|---|---|---|---|---|---|---|---|---|---|
| x2 | X1 | 12 | 21 | 23 | 32 | 34 | 43 | 45 | 54 |
| 1 | 0 | 2000 | 1000 | 2000 | 1000 | 2000 | 1000 | 2000 | 1000 |
| 2 | 100 | 3000 | 1000 | 3000 | 1000 | 3000 | 1000 | 3000 | 1000 |

| | | 1 | 2 | 3 | 4 | 5 | 6 | 7 | 8 |
|---|---|---|---|---|---|---|---|---|---|
| x2 | X1 | -21 | -12 | 12 | 21 | 23 | 32 | 34 | 43 |
| 1 | 0 | -5,1 | -7,3 | 7,3 | 5,1 | 13,5 | 8,2 | 28,6 | 10,5 |
| 2 | 100 | -10,6 | -14,5 | 14,5 | 10,6 | 31,1 | 18,5 | 55,3 | 27,5 |

图 8-24　换档策略表格含义

锁止离合器需要输入以下控制策略（TCU 中内置了 13 种不同的锁止策略）

1）所有档位锁止命令都由同一发动机转速定义。

2）不同档位锁止命令由不同发动机转速定义。

3）锁止命令由发动机转速及预定义负荷范围定义。

4）不同档位锁止命令由不同发动机转速及预定义负荷范围定义。

5）所有档位锁止命令由同一发动机转速及自定义负荷定义。

6）不同档位锁止命令由不同发动机转速及自定义负荷定义。

7）所有档位锁止命令都由同一车速定义。

8）不同档位锁止命令由不同车速定义。

9）锁止命令由车速及预定义负荷范围定义。

10）不同档位锁止命令由不同车速及预定义负荷范围定义。

11）所有档位锁止命令由同一车速及自定义负荷定义。

12）不同档位锁止命令由不同车速及自定义负荷定义。

13）锁止命令由泵轮和涡轮之间的相对转速定义。

确定锁止策略时首先要明确锁止的首要依据，即发动机转速、车速及涡轮和泵轮的相对转速，然后确定锁止时是否考虑发动机负荷的影响，最后确定是否考虑实际传动比的影响，即各档位共用一套换档曲线，还是每个档位单独使用一条换档曲线。在 TCU 的帮助文档中，可以直接通过下拉菜单得到，如图 8-25 所示。

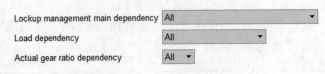

图 8-25　TCU 锁止策略选择

### 3. 换档策略 Map 生成

在 TCU 模型（从 demo8-2 中的 TCU 模型中打开此路径下的换档策略逆向工具：$AME/

demo/Solutions/Automotive/VehicleIntegration/ConventionalVehicle/GasolineVehicleAutomat-icGearbox_GearshiftMapDesign. ame）中嵌入了【Gearshift Map Design】（换档策略逆向工具）工具，它可以根据踏板 Map、发动机特性曲线及变速器转速比等参数，自动生成换档策略，如图 8-26 所示。

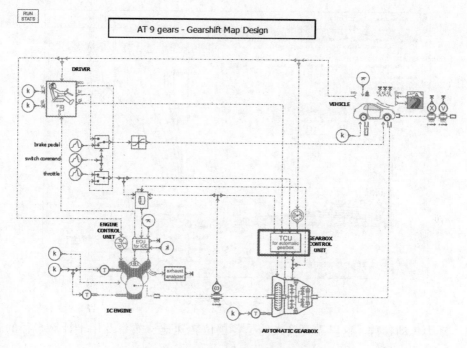

图 8-26　自动生成换档策略的模型

　　具体来讲，换档策略逆向工具需要输入燃油经济性参数、动力性参数、动力传动参数和策略参数。

　　（1）燃油经济性参数　经济性换档策略的侧重点为车辆的燃油经济性，需要提供的参数包括发动机排量、燃油消耗曲线（BSFC）和最小、最大扭矩特性曲线，如图 8-27 所示。

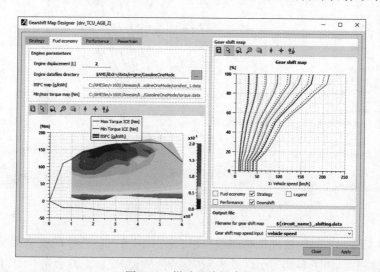

图 8-27　燃油经济性参数

（2）动力性参数　动力性换档策略的侧重点为车辆的加速度和最高车速，需要提供的参数包括不同节气门开度、不同发动机转速及不同档位下的发动机扭矩数表。图 8-28 中实线部分曲线是节气门 100% 开度下的轮端需求扭矩，虚线部分则是部分负荷下的轮端需求扭矩。

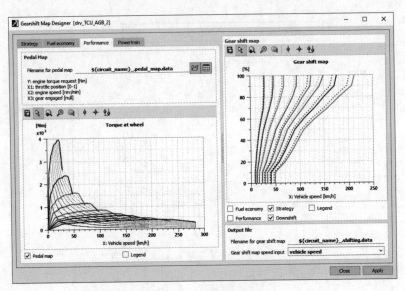

图 8-28　动力性参数

（3）动力传动参数　这里需要输入的是各档位转速比、效率及用于计算半径的轮胎特性参数，如图 8-29 所示。

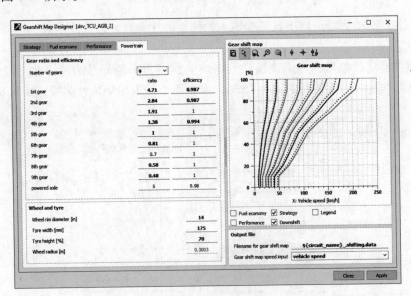

图 8-29　动力传动参数

（4）策略参数　实际的换档策略曲线可以根据不同节气门开度的权重因子（介于 0 和 1之间）来手动调节，如图 8-30 所示。0 表示完全经济性策略，1 表示完全动力性策略。可上下拖动按钮来调节权重因子，从而输出兼容性的换档策略。在高负荷区权重因子接近 1，即满足高速段加速能力；在低负荷区权重因子接近 0，即满足起步加速能力。

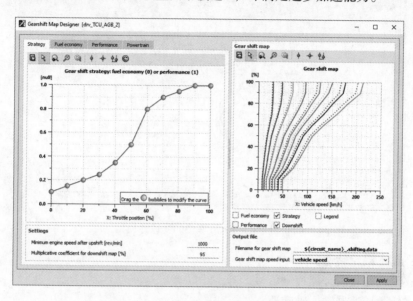

图 8-30　权重因子调整

参数【Minimum engine speed after upshift】的设定是为了避免动力性换档与经济性换档策略交叉。

参数【Multiplicative coefficient for downshift map】是根据升档策略按照固定比例生成降档策略。

## 8.1.4　变速器模型

IFP Drive 库中的变速器模型如图 8-31 所示，第一行从左向右依次是机械式自动变速器（Automatic Mechanical Transmission，AMT）、手动变速器（Manual Transmission，MT）、自动液力变速器（Automatic Transmission，AT）及双离合器变速器（Dual-Clutch Transmission，DCT）模型，第二行从左向右依次是带离合器的机械无级变速器（Continuously Variable Transmission，CVT）、不带离合器的 CVT、行星排及 TCU 模型。

IFP Drive 库中的变速器模型都是准静态模型，在计算时只考虑转速比和效率。

MT 模型如图 8-32 所示，有 4 个端口：

端口 1：输入档位控制信号。

端口 2：输出主减速器扭矩。

端口 3：输入变速器输入轴转速。

端口 4：输入变速器温度。

MT 模型需要输入的参数：离合器最大摩擦力矩，各档位下的转速比和效率。

AT 模型如图 8-33 所示，有 6 个端口：

端口 1：输出主减速器扭矩。

端口 2：输入档位控制信号。

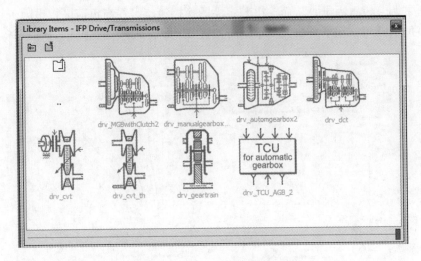

图 8-31　IFP Drive 库中的变速器模型

端口 3：输出涡轮转速。

端口 4：输入锁止离合器控制信号。

端口 5：输入变速器输入轴转速。

端口 6：输入变速器温度。

AT 模型需要输入的参数：离合器最大摩擦力矩，各档位下的转速比和效率，液力变矩器在加速和减速情况下的扭矩比和转速比曲线，液力变矩器能容因数和转速比曲线。

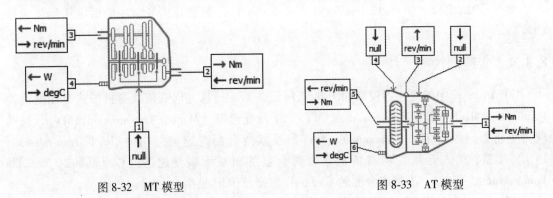

图 8-32　MT 模型　　　　　　　　　　　　　图 8-33　AT 模型

DCT 模型如图 8-34 所示，有 4 个端口：

端口 1：输入档位控制信号。

端口 2：输出主减速器扭矩。

端口 3：输入变速器输入轴转速。

端口 4：输入变速器温度。

DCT 模型需要输入的参数：离合器最大摩擦力矩，各档位下的转速比和效率，以及换档的时间和相对位置百分比。

CVT 模型如图 8-35 所示，有 4 个端口：

端口 1：输出输出轴扭矩。

端口 2：输入档位控制信号。

端口 3：输入输入轴扭矩。

端口 4：输入变速器温度。

CVT 需要输入的参数：变速器的效率曲线（是关于转速、扭矩、温度的曲线）。如果采用了带有离合器的 CVT，则还要输入离合器的摩擦力矩、飞轮的转动惯量、两个齿轮的转动惯量。

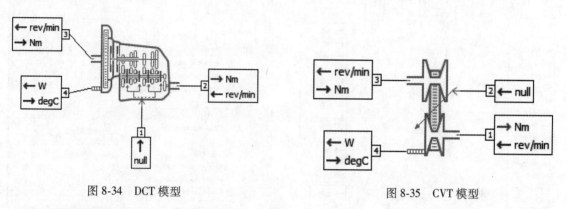

图 8-34 DCT 模型　　　　　　　　　　　　图 8-35 CVT 模型

## 8.1.5 车辆与环境模型

### 1. 车辆模型

车辆模型如图 8-36 所示，有 12 个端口：

端口 1：后制动控制（0~1）。

端口 2：后轮机械端口。

端口 3：前制动控制（0~1）。

端口 4：前轮机械端口。

端口 5：机械端口，可输出车速、加速度、位移，可输入外力（用户自定义）。

端口 6、7：车辆环境交互端口。

端口 8、9、10：车速、位置及高度信息。

端口 11：额外质量（乘员、油箱空置等）。

端口 12：车辆信息（速度、位移等），环境信息（风速、坡度、温度等）。

车辆模型最重要的作用是计算行驶阻力，车辆行驶阻力的计算有三种选项：道路模式，通过定义滚阻和空气动力学参数来实现；台架试验模式，通过定义 $a$、$b$ 和 $c$ 系数来实现；滑行曲线模式，通过定义滑行曲线计算得到滚动台架系数来实现，如图 8-37 所示。

车辆模型由以下五部分数学模型建立。

1）轮胎半径计算见式（8-15）。

$$R = d_{rim}/2 + hw/100 \tag{8-15}$$

式中　$R$——轮胎半径（m）；

　　　$d_{rim}$——轮胎外缘直径（m）；

　　　$h$——轮胎高宽比；

　　　$w$——轮胎宽度（m）。

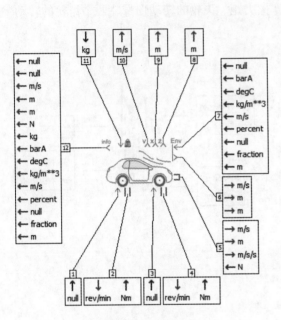

图 8-36　车辆模型

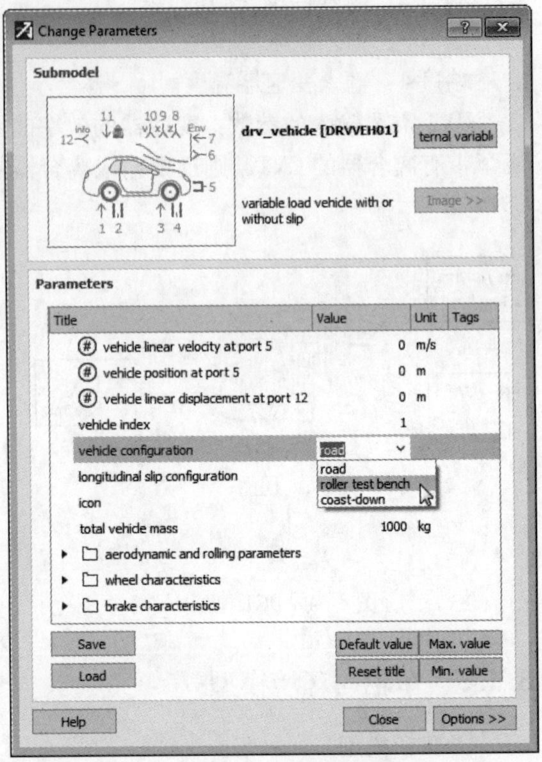

图 8-37　车辆模型参数输入

2）等效质量计算见式（8-16）。

$$M_{equ} = M_v + J_w / R^2 \tag{8-16}$$

式中　$M_{equ}$——等效质量（kg）；

　　　$M_v$——整车质量（kg）；

　　　$J_w$——四个轮胎的转动惯量（kg/m$^2$）。

3）总的行驶阻力有坡度阻力、滚动阻力和空气阻力，计算见式（8-17）。

$$\begin{cases} F_i = M_{equ}g\left(\arctan\dfrac{\alpha}{100}\right) \\ F_f = M_{equ}g(f + kv) \\ F_w = 0.5C_d\rho_{air} \times A \times (v + v_{wind})^2 \end{cases} \tag{8-17}$$

式中　$F_i$——坡度阻力（N）；

　　　$F_f$——滚动阻力（N）；

　　　$F_w$——空气阻力（N）；

　　　$\alpha$——坡度；

　　　$f$——滚动阻力系数；

　　　$k$——速度系数［1/（m/s）］；

　　　$v$——车辆线速度（m/s）；

　　　$C_d$——空气阻力系数；

$\rho_{air}$——空气密度（kg/m³）；

$A$——迎风面积（m²）；

$v_{wind}$——风速（m/s）。

4）制动扭矩计算见式（8-18）。

$$T_b = T_{bmax}\, input2 \tag{8-18}$$

式中　$T_b$——制动扭矩（N·m）；

　　　$T_{bmax}$——最大制动扭矩（N·m）；

　　　$input2$——制动控制信号（在 0~1 之间）。

5）车辆的线加速度计算见式（8-19）。

$$a = \dfrac{\dfrac{torq1}{R} - \dfrac{T_b}{R} - F_i - F_f - F_w - F_{ext}}{M_{equ}} \tag{8-19}$$

式中　$a$——车辆线加速度（m/s²）；

　　　$torq1$——端口 1 与 3 输入的驱动转矩（N·m）；

　　　$F_{ext}$——端口 1 与 3 输入的驱动外力（N）。

**2. 环境模型**

软件中采用 DRENV01 来考虑外部环境（温度、压力、空气密度、风速、轮胎抓地系数等因素）的影响，环境模型如图 8-38 所示。如果将这个元件直接接在车辆模型的端口 6、7 上，则软件认为模型的环境边界条件保持不变。

如果需考虑车辆在行驶过程中外部环境发生的变化，则需要在环境模型前面增加环境改变模型，环境改变模型可以分为以下两种。

1）外部变量控制元件，可以通过外部输入信号控制环境参数变化（输入信号可以是任何量的函数，如时间、速度、位移、梯度等），如图 8-39 所示。

2）内部变量控制元件，可以通过车辆自身参数控制环境参数变化（用户在元件内定义），如图 8-40 所示。

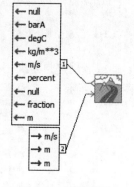

图 8-38　环境模型

这种能够考虑环境条件改变的模型非常适合仿真坡度、风速、温度等环境因素发生变化的工况。例如，车辆在爬山时由于海拔引起环境温度的变化可以使用外部变量控制元件，如图 8-41 所示。

图 8-39　外部变量　　图 8-40　内部变量控制元件
　　控制元件

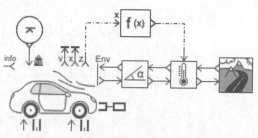

图 8-41　考虑环境温度改变的车辆模型

### 8.1.6 循环工况及驾驶员模型

#### 1. 三种循环工况定义方式

软件中循环工况的定义方式有三种：目标车速是时间的函数、最高车速是车辆位移的函数、目标车速是车辆位移的函数。

1）当选择目标车速是时间的函数时，需要同时给定车速和时间的函数以及档位和时间的函数。用户可以选择软件中内置了的标准工况：

MVEG-A（UDC + EUDC）

NEDC

10-15 mode cycle（Japan driving cycle）

FTP-72

FTP-75

EPA Highway Fuel Economy Cycle HWFET

SFTP-SC03

SFTP-US06

JC08

WLTC

或者用户自定义工况，在使用自定义工况时，需要同时加载车速文件及档位的数表，如图 8-42 所示。

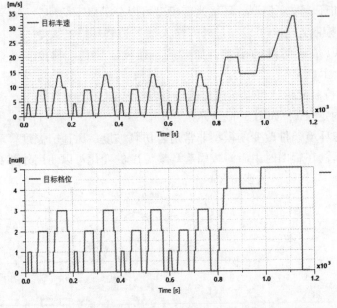

图 8-42 定义工况时，需要同时加载车速文件及档位的数表

2）当选择最高车速是车辆位移的函数时，需要定义最高车速与车辆位移的数表文件，如图 8-43 所示，以及停车时间与车辆位移的数表文件，如图 8-44 所示（当位移是 0m 时，

停车 3s；当位移是 650m 时，停车 15s）。这种方式主要应用于公交车辆的工况循环。

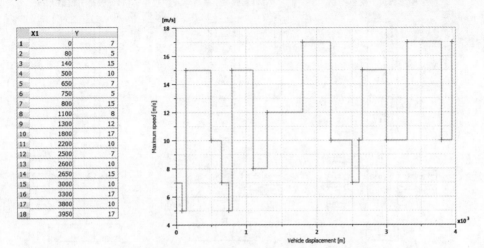

图 8-43　最高车速是车辆位移的函数

3）当选择目标车速是车辆位移的函数时，需要定义目标车速与车辆位移的数表文件，如图 8-45 所示，以及每一次停车时间的数表文件，如图 8-46 所示（第一次停车 5s，第二次停车 30s）。这种方式主要应用于实际道路行驶排放（Real Driving Emission，RDE）测试。

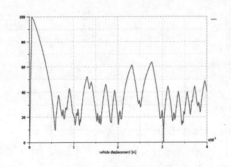 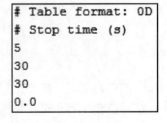

图 8-44　停车时间与　　　图 8-45　目标车速与车辆位移的数表　　　图 8-46　每一次停车
　　车辆位移的数表　　　　　　　　　　　　　　　　　　　　　　　时间的数表

### 2. 驾驶员模型的选择

虽然软件中驾驶员的子模型有很多，但是归纳起来可以分为三大类：AT 驾驶员子模型、AMT 驾驶员子模型、MT 驾驶员子模型，如图 8-47 所示。

为了方便用户选择驾驶员子模型，软件提供了驾驶员子模型选择工具。IFP Drive 库具有多个驾驶员子模型，这增加了模型选择的复杂度。【Driver selection】（驾驶员选择）工具可以根据不同测试用例选择正确的驾驶员子模型。可在库列表中单击图 8-48 所示图标启动这个工具。它可以根据变速器类型、速度控制类型、循环工况类型、换档策略类型及输出信号控制类型这五种选项菜单来选择。

在这里要对速度控制类型进行详细说明，速度控制类型分为前向控制及逆向控制两类。

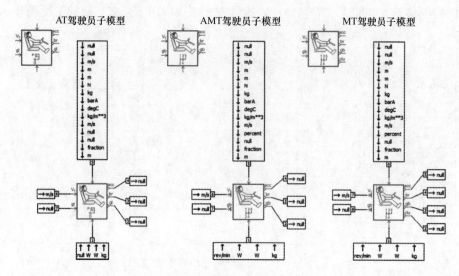

图 8-47　驾驶员子模型分类

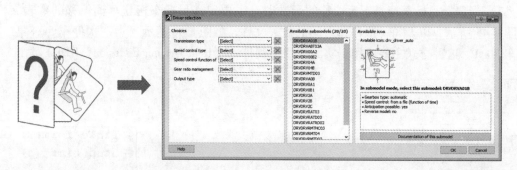

图 8-48　驾驶员模型选择工具

前向控制时，模型依据驾驶员输出的加速、减速信号（0到1之间）计算车速，其中加速信号给定1表示全扭矩输出，加速信号给定0表示零扭矩输出。制动信号给定0表示不制动，制动信号给定1表示全力制动。前向控制命令信号如图8-49所示。

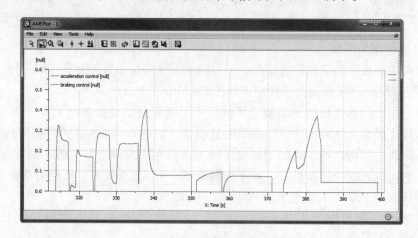

图 8-49　前向控制命令信号

逆向控制时，驾驶员模型依据目标车速计算车辆的驱动力矩和功率，输出的制动信号是所需的驱动、制动力矩和功率。逆向控制命令信号如图 8-50 所示。

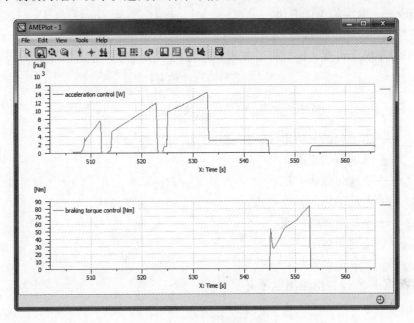

图 8-50　逆向控制命令信号

## 8.1.7　电气元件

在做电动汽车或混合动力车辆仿真时会用到电气元件，包括电池和电机。

**1. 电池模型**

IFP Drive 库中的电池是简单的静态模型，用户需要输入电池开路电压（Open Circuit Voltage，OCV）与剩余电量（State of Charge，SOC）或放电深度（Depth of Discharge，DOD）之间的数表，以及内阻和 SOC 或 DOD 之间的关系。

此电池模型有 4 个端口，如图 8-51 所示。

端口 1：输入电池温度。

端口 2：输入负极电压。

端口 3：输出正极电压。

端口 4：输出 SOC。

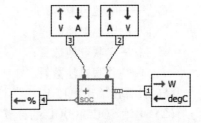

（1）电池输出电压的计算　IFP Drive 库中的电池模型参数既可以输入电池单体参数（元件根据电池组的串、并联数计算整个电池包的电流和电压），也可以输入整个电池包参数。电池模型的计算方法有两种假设：电压固定和电压可变。

图 8-51　电池模型外部端口

1）如果设定电压是固定值，则

$$V_3 = fixedvoltage + V_2$$
$$或\ V_3 = fixedcellvoltage S_{cell} + V_2 \tag{8-20}$$

式中　　　$V_3$——端口 3 电压；

$V_2$——端口 2 电压；

*fixedvoltage*——电池包电压；

*fixedcellvoltage*——电池的单体电压；

$S_{cell}$——串联电池数量。

2）如果设定电压可变，则软件首先根据电池的基本参数计算出目标电压 $V_{target}$。

$$V_{target} = OCV_{bat} - R_{bat}I_3$$

$$或\ V_{target} = S_{cell}(OCV_{cell} - R_{cell}I_{cell})\,,\ I_{cell} = \frac{I_3}{P_{cell}} \tag{8-21}$$

式中　$OCV_{bat}$——电池包的开路电压；

$R_{bat}$——电池包的内阻；

$I_3$——电池包整体电流；

$OCV_{cell}$——电池单体的开路电压；

$R_{cell}$——电池单体的内阻；

$I_{cell}$——电池单体电流；

$P_{cell}$——并联电池数量。

然后再根据 $V_{target}$ 计算出输出电压 $V$

$$\frac{dV}{dt} = \frac{V_{target} - V}{tau}$$

$$= \frac{I_3 - \dfrac{V_{target} - OCV}{R_{bat}}}{Cf_{bat}}$$

$$= \frac{I_3 - \dfrac{V_{target} - OCV}{R_{bat}}}{Cf_{cell}\dfrac{P_{cell}}{S_{cell}}} \tag{8-22}$$

式中　$tau$——时间常数；

$Cf_{bat}$——电池包电容；

$Cf_{cell}$——电池单体电容；

$S_{cell}$——串联电池数量；

$P_{cell}$——并联电池数量。

最后计算出输出电压 $V_3$，$V_3 = V + V_2$。

（2）电池 SOC 和 DOD 的计算　电池 SOC 和 DOD 的计算见式（8-23）。

$$\frac{dSOC}{dt} = -\frac{dq}{dt}\frac{100}{C_{nom}}$$

$$DOD = 100 - SOC \tag{8-23}$$

式中　$q$——电池容量；

$C_{nom}$——放电速率。

**2. 电机模型**

IFP Drive 库中的电机模型是理想的电机模型，在端口 4 输入电机输出扭矩的目标值

$T_{lim}$，同时设定电机输出扭矩范围（$T_{min} \leqslant T_{lim} \leqslant T_{max}$），只要在这个范围内，电机都会输出目标扭矩，电机的输出扭矩是一个 1 阶惯性环节。电机模型有六个端口，如图 8-52 所示。

端口 1：输入电机温度。

端口 2：输出电机扭矩。

端口 3：输出电机最大及最小扭矩。

端口 4：输入电机扭矩控制信号。

端口 5：输入正极电压。

端口 6：输入负极电压。

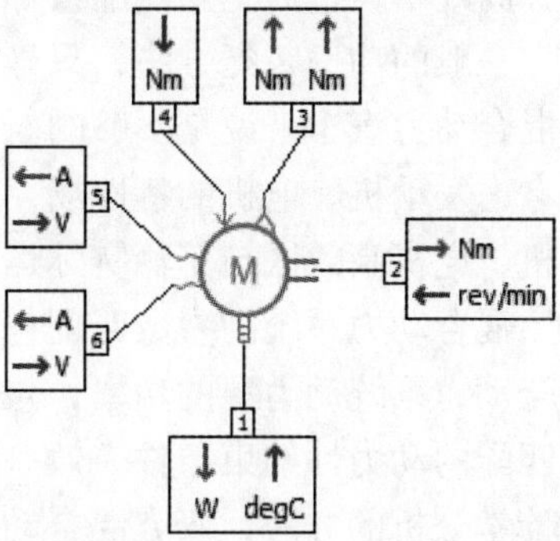

电机的输出扭矩计算见式（8-24）。

$$T_m = \frac{1}{1 + t_r s} T_{lim} \qquad (8\text{-}24)$$

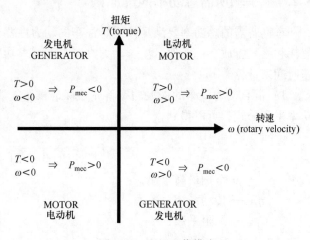

图 8-52　电机模型外部端口

式中　$T_m$——电机的输出扭矩；

　　　$t_r$——1 阶惯性环节的时间常数；

　　　$T_{lim}$——电机输出扭矩目标值。

电机的功率平衡计算方法如下：软件首先计算出电机的机械功率和损耗，见式（8-25），

$$P_{mec} = T_m \omega$$
$$P_{lost} = (1 - \eta) \mid P_{mec} \mid \qquad (8\text{-}25)$$

式中　$P_{mec}$——电机的机械功率；

　　　$\omega$——电机转速；

　　　$P_{lost}$——电机的损耗功率；

　　　$\eta$——电机效率。

然后根据电机的输出扭矩和转速判断出电机的工作模式，如图 8-53 所示。最后计算出电气功率，见式（8-26）。

$$P_{elec} = P_{mec} - P_{lost} \qquad (8\text{-}26)$$

式中　$P_{elec}$——电机的电气功率；

　　　$P_{mec}$——电机的机械功率。

当 $P_{mec} < 0$ 时是电动机模式；当 $P_{mec} > 0$ 时是发电机模式。

图 8-53　电机工作模式

## 8.2　动力系统匹配与设计原则

在汽车的动力系统匹配与设计中，不论是混合动力汽车还是传统燃油车，其匹配和设计原则基本类似，都是根据整车的动力性（最高车速、加速性能、爬坡度要求）功率需求来确定的。在相同功率需求下，传统燃油车的功率输出是单一的、确定的，混合动力汽车的功率输出是多元的、综合的、可调的。在动力系统参数匹配中，传统汽车动力系统的单一动力源结构，使得功率匹配时必须首先满足动力性要求，经济性要求只能通过优化动力源实现，然而，由于受到结构的限制，动力源的优化是有限的，不可避免地出现所谓的"低效区"。混合动力汽车的最大特点是动力源的相对独立性，满足同一功率的动力性需求可以通过不同

的动力源提供，在整车动力性要求较大时多动力源同时输出动力，因此，混合动力汽车参数匹配时，可以将整车的动力性要求退化为约束条件，在各动力源单独工作或联合工作时以动力源高效率运行为主要匹配目标。

一般的功率匹配方法，只确定了动力系统的最大功率，这对传统汽车来说已经足够，但对混合动力汽车来说是不够的。混合动力汽车的动力系统参数匹配不仅要考虑最大功率，更要考虑发动机、电机的特性场，特别是要考虑动力源的高效区域及其分布情况，需要研究发动机、电机高效区与车辆实际运行工况的匹配。

混合动力系统的参数匹配包括功率匹配与效率匹配两部分。功率匹配从动力性角度确定混合动力系统动力源的功率，包括整车总功率，发动机、电机、电池的基本功率匹配，是参数匹配的动力性约束条件。效率匹配从经济性角度确定混合动力系统动力源的高效区，利用统计学分析的方法，研究混合动力汽车不同循环工况的功率需求及其数字特征、分布规律。然后根据整车功率需求与发动机、电机扭矩、转速的关系，结合发动机、电机的效率特性，研究发动机、电机高效区，确定参数匹配的经济性匹配目标。

由于不同车辆构型的功率匹配原则类似，具体动力系统功率匹配原则见下文。而因为不同动力系统特性曲线高效区不同、构型不同、工作模式多样化，所以没有统一的方法来进行效率匹配。

### 8.2.1　车辆所需总功率匹配原则

车辆所需的总功率要满足传统燃油车的动力性要求，并在此基础上应尽可能地降低燃油消耗和尾气排放。一般地，混合动力汽车总的需求功率主要根据最高车速、最大爬坡度和加速时间来计算。

1）混合动力汽车的最大功率首先要保证汽车能够达到车辆要求的最高车速。于是根据功率平衡公式，可以得到

$$P_{\text{max1}} = \frac{v_{\text{max}}}{3600\eta_{\text{t}}} \frac{C_{\text{D}}\rho A v_{\text{max}}^2}{21.15} \tag{8-27}$$

式中　$v_{\text{max}}$——车辆最高车速；

　　　$\eta_{\text{t}}$——传动系统总效率；

　　　$C_{\text{D}}$——风阻系数；

　　　$\rho$——空气密度；

　　　$A$——车辆迎风面积。

2）混合动力汽车的最大功率要保证汽车能够达到车辆要求的最大爬坡度（比如以10km/h 的速度爬 25°的斜坡）。于是根据功率平衡公式，可以得到

$$P_{\text{max2}} = \frac{v_{\text{i}}}{3600\eta_{\text{t}}} \left( mgf\cos\alpha_{\text{max}} + mg\sin\alpha_{\text{max}} + \frac{C_{\text{D}}\rho A v_{\text{i}}^2}{21.15} \right) \tag{8-28}$$

式中　$v_{\text{i}}$——车辆爬坡速度；

　　　$m$——车辆质量；

　　　$f$——车辆滚阻系数；

　　　$\alpha_{\text{max}}$——最大坡度。

3）混合动力汽车的最大功率要保证汽车能够达到所要求的加速时间。这里既要满足加

速过程的平均功率需求，又要满足加速末时刻的最大功率需求。

① 根据功率平衡可以得到以下公式

$$P_{max3}=\frac{1}{3600t\eta_t}\left(\delta m\,\frac{v_t^2}{2\times3.6}+mgf\frac{v_t}{1.5}t+\frac{C_D\rho Av_t^3}{21.15\times2.5}t\right)\tag{8-29}$$

式中　$t$——加速时间；

　　　$\delta$——旋转质量转换系数；

　　　$v_t$——加速过程中的平均速度。

② 整车在加速过程的末时刻，功率需求为

$$P_{max4}=\frac{1}{1000\eta_t}\left(\delta mv_m\frac{dv_m}{dt}+mgfv_m+\frac{1}{2}C_D\rho Av_m^3\right)\tag{8-30}$$

式中　$v_m$——加速过程末时刻的速度。

于是，车辆所需求的总功率满足式（8-31）

$$p_{max}\geqslant max(P_{max1},P_{max2},P_{max3},P_{max4})\tag{8-31}$$

## 8.2.2　发动机的匹配原则

发动机功率匹配主要根据稳态功率，包括以巡航车速行驶的功率要求 $P_{e1}$、爬坡功率要求 $P_{e2}$、循环工况的平均功率要求 $P_{e3}$、极限加速过程的平均功率要求 $P_{e4}$ 确定发动机功率。

$$P_e\geqslant P_{e\_max}=max(P_{e1},P_{e2},P_{e3},P_{e4})$$

其中，巡航车速行驶的功率要求 $P_{e1}$ 为

$$P_{e1}=\frac{v_{cruise}}{3600\eta_t}\frac{C_D\rho Av_{cruise}^2}{21.15}\tag{8-32}$$

式中　$v_{cruise}$——车辆巡航速度。

爬坡功率要求 $P_{e2}$ 计算方法同式（8-28）。

循环工况的平均功率要求 $P_{e3}$ 为

$$P_{e3}=\frac{1}{t_{cyc}\eta_t}\int_0^{t_{cyc}}P_{wh}(t)\,dt\qquad(P_{wh}>0)\tag{8-33}$$

式中　$t_{cyc}$——循环工况时间；

　　　$P_{wh}(t)$——循环工况下的瞬时功率。

极限加速过程的平均功率要求 $P_{e4}$ 为

$$P_{e4}=\frac{1}{3600\eta_t t_{acc}}\int_0^{t_{acc}}F_t(t)v(t)\,dt\tag{8-34}$$

式中　$t_{acc}$——加速时间；

　　　$F_t(t)$——极限加速工况下的瞬时牵引力；

　　　$v(t)$——极限加速工况下的瞬时速度。

在发动机设计早期选型匹配时，往往受限于无法得到发动机万有特性 Map，继而无法进行整车燃油经济性预估。Amesim 的【Engine Map Creation tool】（发动机数表生成工具）可以借助一些简单设计参数，如发动机缸数、活塞直径、发动机排量、燃油热值和吸气方式等，通过几步简单操作就可逆向出发动机万有特性 Map 等数据，从而仿真预测整车燃油经济性，如图 8-54 所示。

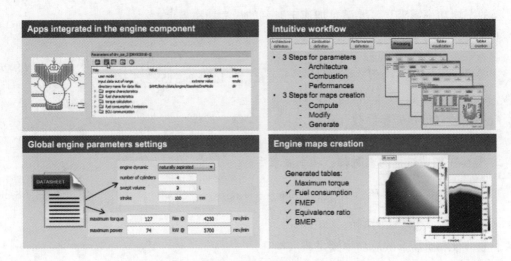

图 8-54 【Engine Map Creation tool】作用

具体逆向过程步骤如下：

1）在发动机模型中打开【Engine Map Creation tool】。参数模式下，单击图 8-55 所示按钮即可打开。

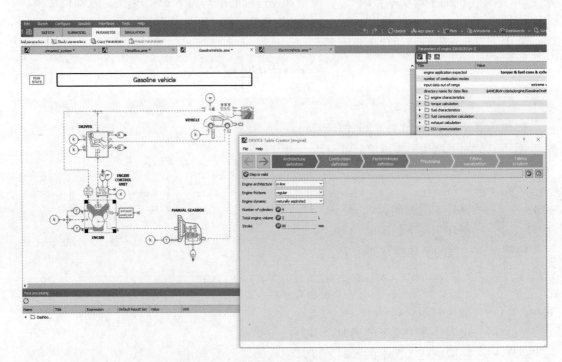

图 8-55 启动【Engine Map Creation tool】

2）定义发动机基本参数。定义气缸排列形式、吸气形式、缸数、排量和冲程等基本参数，如图 8-56 所示。

3）定义发动机燃烧参数。选择发动机类型、燃油特性、燃烧效率等燃烧参数，如图 8-57 所示。

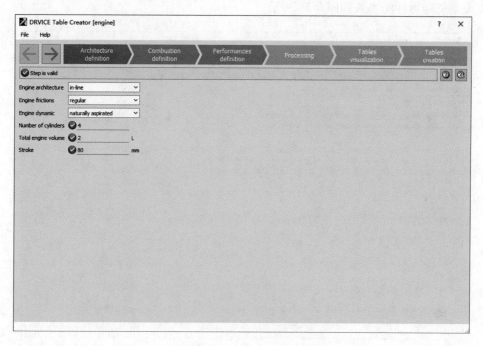

图 8-56　定义发动机基本参数

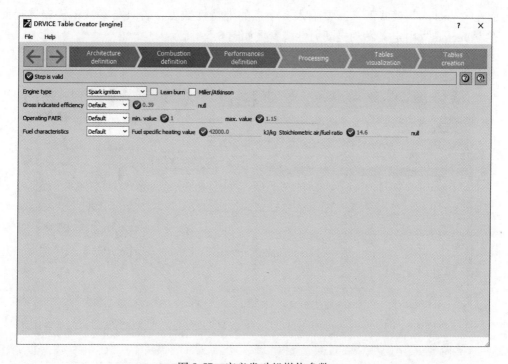

图 8-57　定义发动机燃烧参数

4）定义动力性能。定义最大负载扭矩有两种方式，分别为 "Scalar" 和 "Vectors"。其中，"Scalar" 定义如下，需要输入最大扭矩和最大功率及其对应转速。在 "Scalar"

中定义发动机动力性能参数如图 8-58 所示。

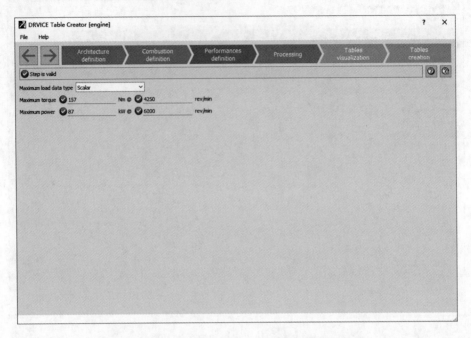

图 8-58　在 "Scalar" 中定义发动机动力性能参数

　　而在 "Vectors" 模式下，需要输入多个点的外特性数据，若具备参数，优先选择此模式。在 "Vectors" 中定义发动机动力性能参数如图 8-59 所示。

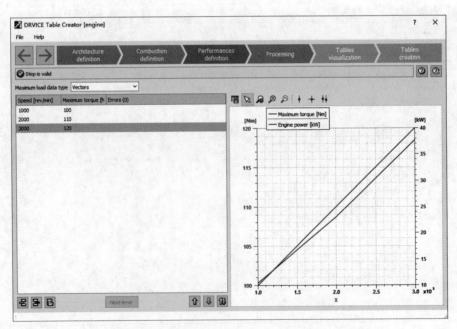

图 8-59　在 "Vectors" 中定义发动机动力性能参数

　　5）处理过程。单击【launch】按钮，启动逆向过程，如图 8-60 所示。

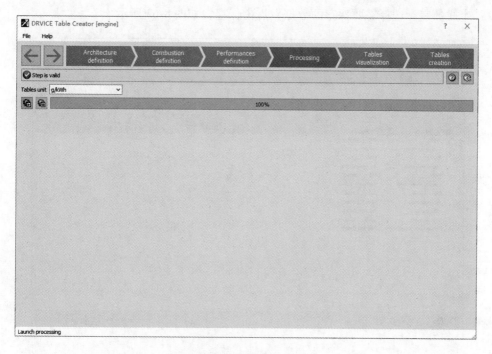

图 8-60　启动逆向过程

6）数表检验。可检验生成的多组数表，包括扭矩、制动平均有效压力、燃油消耗、摩擦平均有效压力、压缩比和排放等数据，如图 8-61 所示。

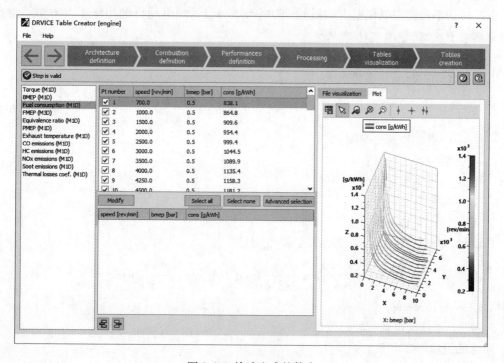

图 8-61　检验生成的数表

7）生成数表。选择需要保存的数据，点击保存，如图 8-62 所示。

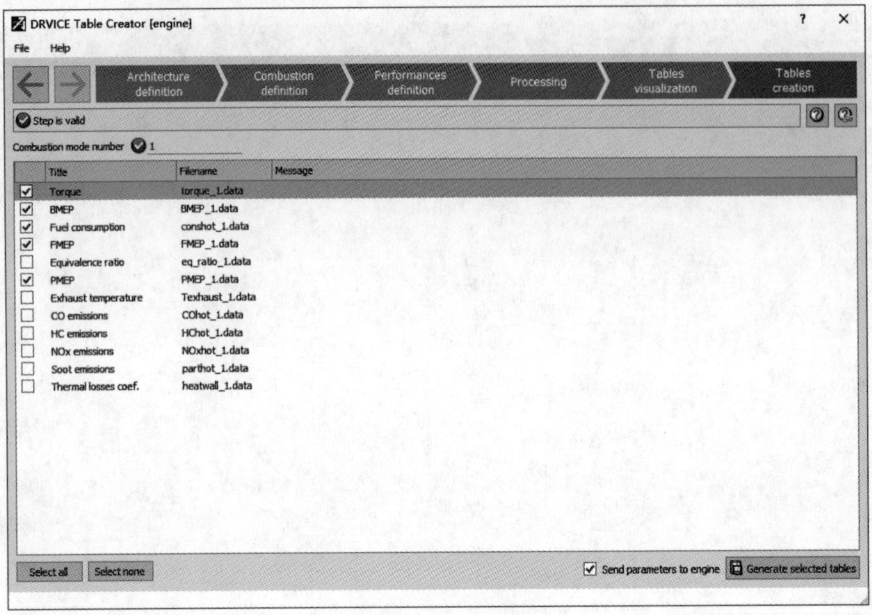

图 8-62　生成数表

## 8.2.3　电机的匹配原则

电机的功率匹配主要根据发动机起动功率要求 $P_{m1}$、纯电动行驶功率要求 $P_{m2}$、加速峰值功率要求 $P_{m3}$，确定电机功率 $P_{m\_max}$。

$$P_{m\_max} = max(P_{m1}, P_{m2}, P_{m3})$$

其中，发动机起动功率要求 $P_{m1}$ 为

$$P_{m1} = \frac{1}{1000t_{start}} \int_0^{\omega_{idle}} J_e \omega_e d\omega_e + \frac{T_d \omega_{idle}}{1000} \tag{8-35}$$

式中　$t_{start}$——发动机起动时间；

$\quad\quad \omega_{idle}$——发动机怠速；

$\quad\quad J_e$——发动机飞轮转动惯量；

$\quad\quad \omega_e$——发动机转速；

$\quad\quad T_d$——电机输出扭矩。

车辆起步与低速纯电动行驶功率要求 $P_{m2}$ 为

$$P_{m2} = \frac{1}{3600\eta_t t_m} \left( \delta m \frac{v_m^2}{2 \times 3.6} + mgf \int_0^{t_m} v_m dt + \frac{C_D \rho A}{21.15} \int_0^{t_m} v_m^3 dt \right) \tag{8-36}$$

式中　$t_m$——行驶时间；

$\quad\quad v_m$——低速纯电动行驶速度。

加速峰值功率要求 $P_{m3}$ 为

$$P_{m3} = \frac{\delta m v_a}{3600\eta_t} \frac{dv_a}{dt} \tag{8-37}$$

式中　$v_a$——加速峰值时的速度。

在电机设计早期选型匹配时，往往受限于无法得到电机效率 Map，继而无法进行整车燃油经济性预估。Amesim 的【Electric Motor Tables Creator】（电机数表创建工具）可以根据电机基本性能参数逆向出效率或损失功率 Map。

具体拟合过程步骤如下：

第一步，从 IFP Drive 库中电机模型参数模式下打开该工具，如图 8-63 所示。

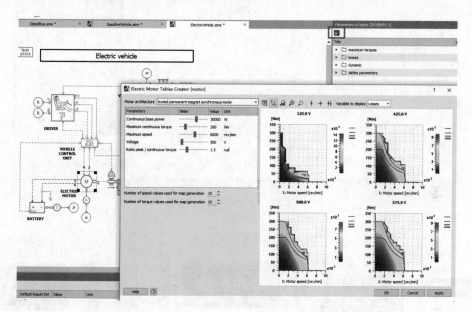

图 8-63　启动【Electric Motor Tables Creator】

第二步，需要输入以下参数：

1）电机架构（混合动力汽车应用最广泛的 4 种电机：内置式永磁同步电机、磁通式永磁同步电机、笼型异步电机、绕组式转子异步电机）。

2）持续基本功率（W）。

3）最大持续扭矩（N·m）。

4）最高转速（r/min）。

5）正常电压（V）。

6）峰值扭矩与持续扭矩比例。

定义电机基本参数如图 8-64 所示。

第三步，根据提供的参数及内嵌数据，优化逆向出电机外特性及效率 Map，计算的基本方法如图 8-65 所示。

第四步，导出所生成的以下数据文件：

1）最大扭矩随转速和电压的变化曲线。

2）最大连续扭矩随转速和电压变化的曲线。

3）功率损失随电机转速、扭矩、电压变化的曲线。

4）电机效率随电机转速、扭矩、电压变化的曲线。

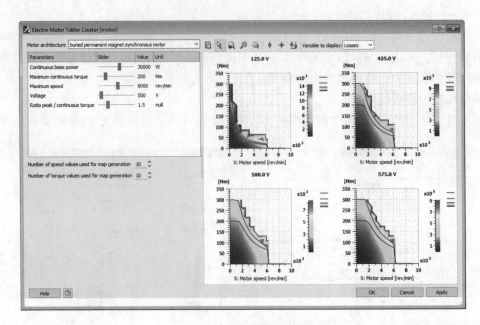

图 8-64　定义电机基本参数

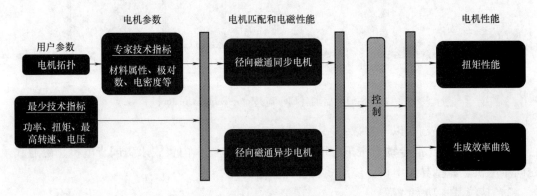

图 8-65　电机逆向工具计算方法

## 8.2.4　电池的匹配原则

　　电池是混合动力汽车参数匹配中的被动元件，其参数匹配主要考虑电池功率要求、电池能量要求和电压等级要求三个问题。对具有插电（Plug-In）功能的混合动力汽车，其功率要求和能量要求更加苛刻，主要体现如下。

　　第一，电池功率要求。纯电动行驶时，电池要能满足加速时电机驱动整车的功率要求。即

$$P_{\text{battery}} \geqslant P_{\text{mmax}} / \eta_{\text{b}} \tag{8-38}$$

式中　$P_{\text{battery}}$——电池峰值功率；

　　　$P_{\text{mmax}}$——电机峰值功率；

　　　$\eta_{\text{b}}$——效率。

电池的输出功率要大于所选驱动电机的功率总和。

对动力电池的充放电电流须有一定的限制，否则，过大的充放电电流会造成电池温度升高，降低电池的使用寿命。电池的充放电电流与容量有关，最大电流一般限制在 $3 \sim 5C$（$C$ 为放电倍率）。

把电压和发动机起动功率代入式（8-39），可计算出电池的最大电流

$$P_{\text{battery}} = IV = \frac{P_{\text{m}}}{\eta_{\text{m}} \eta_{\text{b}}}$$

$$I_{\text{max}} = \frac{P_{\text{m}}}{\eta_{\text{m}} \eta_{\text{b}} V} \tag{8-39}$$

式中　$I_{\text{max}}$——电池最大放电电流（A）；

　　　$\eta_{\text{m}}$——电机系统效率；

　　　$V$——电压（V）。

Plug-In 混合动力汽车对动力电池的要求比一般的混合动力汽车高，特别是当 SOC 较低时，电池也应能够输出较大功率满足电机驱动功率要求，即电池在 SOC 较低时也能大功率放电。

第二，电池能量要求。电池储存的能量越多，纯电动续驶里程越长，电驱动比例也越高，对国家电网电能的利用率越高，从而减少发动机发电带来的能量二次转换，节能能力越强。Plug-In 混合动力汽车的动力电池一次充电（通常在夜间，国家电网用电波谷充电）应满足一天行驶的能量要求、这些能量要求主要是电机纯电动驱动能量要求、电机加速助力能量要求、电动附件正常工作能量要求等，即

$$E_{\text{battery}} = \int_0^{T_1} \frac{P_{\text{m}}}{\eta_{\text{m}} \eta_{\text{bdisch}}} \mathrm{d}t + \int_0^{T_2} \frac{P_{\text{a}}}{\eta_{\text{a}} \eta_{\text{bdisch}}} \mathrm{d}t - \int_0^{T_3} \frac{P_{\text{g}}}{\eta_{\text{bch}}} \mathrm{d}t \tag{8-40}$$

式中　$E_{\text{battery}}$——电池能量；

　　　$T_1$——电机驱动时间；

　　　$P_{\text{m}}$——电机驱动功率；

　　　$\eta_{\text{bdisch}}$——电池放电效率；

　　　$T_2$——电动附件工作时间；

　　　$P_{\text{a}}$——电动附件功率（如电动助力转向、电动空气压缩机功率等）；

　　　$\eta_{\text{a}}$——附件效率；

　　　$T_3$——制动能量回收时间；

　　　$P_{\text{g}}$——再生制动功率；

　　　$\eta_{\text{bch}}$——电池充电效率。

考虑到电池使用寿命和实际工作情况，车用电池不能 100% 放电，需确定电池放电窗的 $\Delta SOC$，所以，最终电池能量 $E_{\text{battery}}$ 应为

$$E_{\text{battery}} \geqslant \frac{\int_0^{T_1} \frac{P_{\text{m}}}{\eta_{\text{m}} \eta_{\text{bdisch}}} \mathrm{d}t + \int_0^{T_2} \frac{P_{\text{a}}}{\eta_{\text{a}} \eta_{\text{bdisch}}} \mathrm{d}t - \int_0^{T_3} \frac{P_{\text{g}}}{\eta_{\text{bch}}} \mathrm{d}t}{\Delta SOC} \tag{8-41}$$

第三，电压等级要求。

在电池设计早期选型匹配时，往往受限于无法得到电池下内阻及开环电压等特性曲线，继而无法进行续驶里程的预估。Amesim 的【Battery Pre-sizing Tool】（电池预匹配工具）可以根据电池的匹配设计参数，如需求功率、能量等逆向优化出电池基本特性。具体逆向过程

步骤如下：

第一步，从电池模型参数列表或 tools 下拉工具中打开该工具，如图 8-66 所示。

Figure 3: launch the Battery Pre-Sizing Tool

图 8-66　启动【Battery Pre-sizing Tool】

第二步，从打开的电池参数逆向工具中输入电池参数等，如图 8-67 所示。

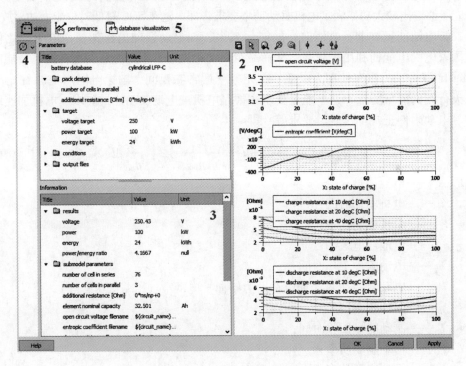

图 8-67　输入电池参数

图 8-67 中的数字 1~5 分别代表 5 个功能区：

1）参数区，定义设计参数。

2）绘图区，显示逆向生成的曲线。

3）信息展示区，显示所生成的电池基本参数。

4）自动化设置区，当输入参数改变，对应结果曲线自动随之改变。

5）模型区，可以直接调用软件自带数据库。

具体地，需要输入的参数包括：

1）选择合适的电池架构：圆柱形磷酸铁锂、方形磷酸铁锂、镍钴铁、三元锂。

2）电池包设计参数：定义并联个数及额外内阻。

3）目标设定：定义电池包性能所需参数，包括目标电压、目标功率、目标能量。

4）参考条件设定：选择电池性能评估的参考数据：目标电压参考 SOC，目标功率参考 SOC，目标功率参考温度，目标能量参考温度，目标能量参考放电倍率。

5）输出文件路径定义。

第三步，导出以下逆向的四个曲线，单击 "apply" 或者 "Ok"，可以直接赋值给电池模型。

1）OCV 随 SOC 变化的曲线。

2）等熵效率随 SOC 变化的曲线。

3）充电内阻随 SOC 和温度变化的曲线。

4）放电内阻随 SOC 和温度变化的曲线。

## 8.3　传统燃油车性能仿真分析

本节将详细介绍传统燃油车的动力性、经济性建模分析过程。其中动力性分析的工况包括最大爬坡度、最高车速、100km 加速时间、直接档加速；经济性分析的工况包括循环油耗仿真和等速油耗仿真。

### 8.3.1　模型搭建及各元件参数设置

一个典型传统燃油车的车辆模型包括车辆负载、自动变速器、发动机、发动机 ECU、循环工况和驾驶员、TCU 几部分，如图 8-68 所示。

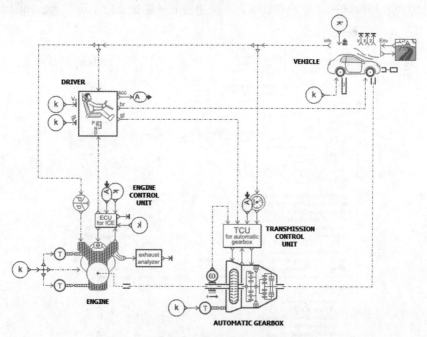

图 8-68　典型的传统燃油车车辆模型

1）车辆负载模型需要车辆质量、风阻及滚阻相关参数、轮胎型号参数（计算轮胎半径）等，如图 8-69 所示。

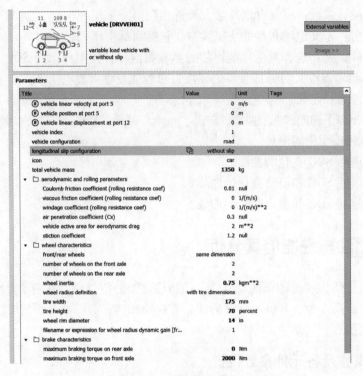

图 8-69　车辆模型参数

2) 自动变速器模型包括液力变矩器、主减速器等，需要液力变矩器的扭矩比和能容因子试验曲线，以及各档位转速比和传递效率，主减速器的转速比及效率等参数，如图 8-70 所示。

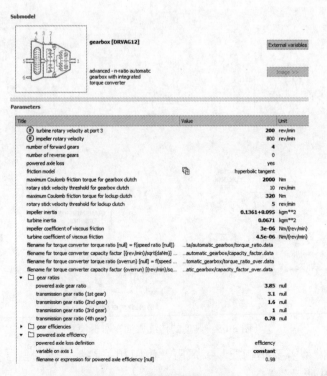

图 8-70　自动变速器模型参数

3）发动机模型：需要发动机特性参数以及万有特性曲线、外特性曲线等，如图 8-71 所示。

图 8-71　发动机模型参数

4）发动机 ECU：需要发动机最高转速、息速等参数，如图 8-72 所示。

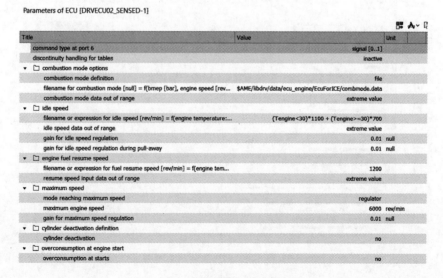

图 8-72　发动机 ECU 模型参数

5）循环工况和驾驶员模型：常见的标准循环工况可以从【driving cycle】（驾驶循环）选择，分加速和制动两方面控制，主要原理与 PID 类似，如图 8-73 所示。

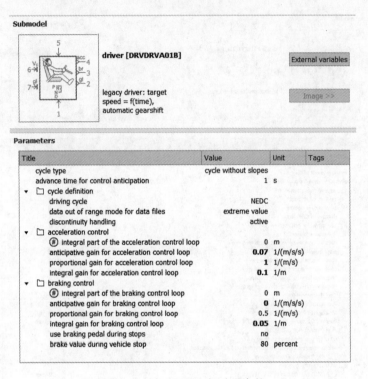

图 8-73　循环工况和驾驶员参数

6）不同的换档策略对燃油经济性及加速性能都有比较大的影响。TCU 模型参数如图 8-74 所示，这里换档策略与锁止策略都是依据车速与发动机负荷率两参数实现的。

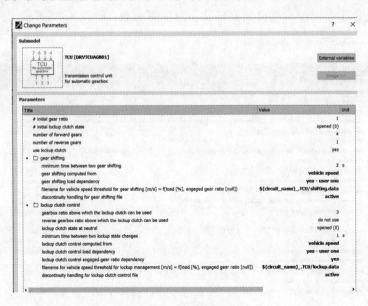

图 8-74　TCU 模型参数

## 8.3.2　WLTC 循环油耗仿真

在驾驶员模型中选择 WLTC 工况，如图 8-75 所示，模型搭建见 demo8-3a。

| anticipation time | | 1　s | advtime |
| --- | --- | --- | --- |
| ▼　☐ cycle definition | | | |
| | cycle type | velocity = f(time) | cycleused |
| | cycle selection | **WLTC** | timecycle |
| | speed preprocessing | inactive | preprocessing |
| | data out of range mode | extreme value | mode |
| | discontinuity handling | active | disc |
| ▶　☐ WLTC parameters | ILPython $AME/libdrv/utils/WLTCCreator 🔲 | | |
| ▶　☐ vehicle definition | | | |
| ▶　☐ acceleration control | | | |
| ▶　☐ braking control | | | |
| ▶　☐ gear lever control | | | |

图 8-75　在驾驶员模型中选择 WLTC 工况

单击"WLTCCreator"链接，弹出图 8-76 所示的 WLTC 工况创建参数设置窗口。

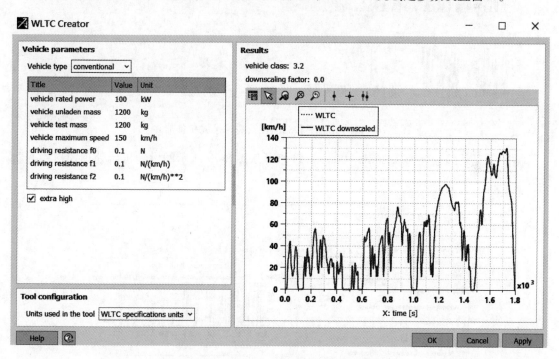

图 8-76　WLTC 工况创建参数设置窗口

运行模型，分别从车速计算和循环工况油耗来分析模型。

（1）车速计算结果　车速仿真结果如图 8-77 所示，目标车速与实际车速曲线基本吻合，车速跟随比较好。能够跟随目标车速是考察其他指标的前提。

（2）循环工况总油耗　Amesim 计算结果如图 8-78 所示，分别为瞬时耗油率和总油耗，碳氧化合物、碳氢化合物及氮氧化合物瞬时排放和总排放。

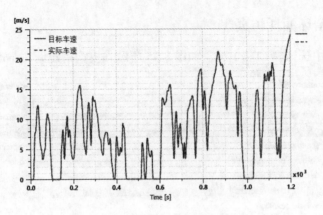

图 8-77　车速仿真曲线

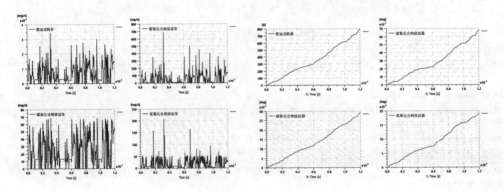

图 8-78　瞬时耗油率和总油耗及瞬时排放和总排放

　　循环工况总的油耗为 8.268L/100km，该值可从图 8-79 所示的发动机后处理窗口中直接读取。

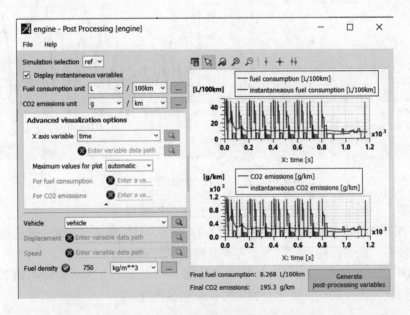

图 8-79　循环工况油耗

### 8.3.3　等速油耗仿真

等速油耗仿真是在上述循环工况分析的整车模型基础上进行修改。首先将驾驶员模型中的【cycle type】和【gear lever control type】分别改成"velocity = f(variable at port 6)""gear lever = f(variable at port 7)",如图 8-80 所示。然后在端口 6 设定目标车速,在端口 7 输入恒定值 1 表示车辆在前进档。模型搭建好之后如图 8-81 所示,见 demo8-3b。

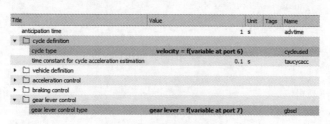

图 8-80　驾驶员参数修改

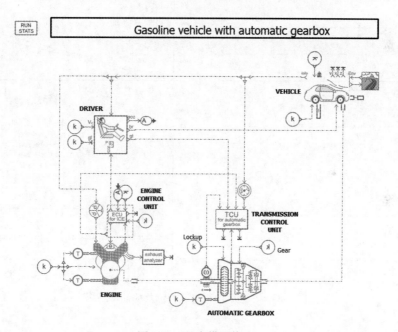

图 8-81　整车模型修改

在仿真模式下,通过批运行处理来定义等速油耗工况。各档位等速油耗目标设定如图 8-82 所示。

第一行为档位信号,给定 1、2、3、4 共四个档位。

第二行为闭锁离合器信号(0 表示不闭锁、1 表示闭锁)。

第三行为目标车速,分别给定 20km/h、40km/h、80km/h、100km/h 四个车速。

第四行为车辆初速度,分别给定 15km/h、30km/h、60km/h、80km/h 四个车速。

按照各档位的等速要求,给定恒定目标转速和当前档位信号,当车辆达到此目标车速后,发动机负荷率和转速会保持恒定,此时读取耗油率与耗油量,仿真结果如图 8-83、图 8-84 所示。可见各档位实际车速基本与目标车速吻合。

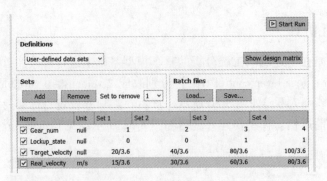

图 8-82　各档位等速油耗目标设定

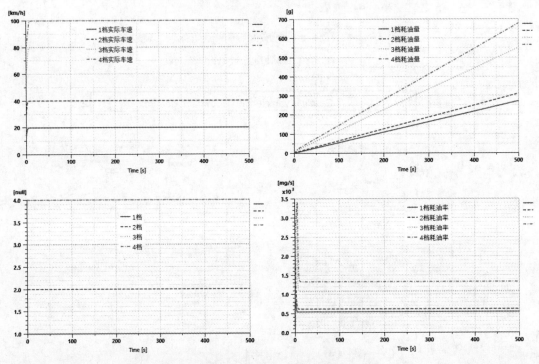

图 8-83　车速、油耗量、档位及耗油率结果

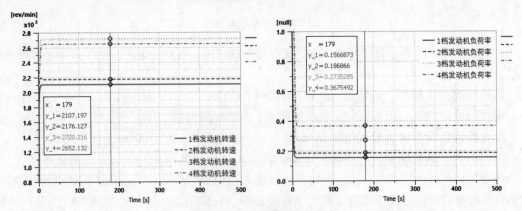

图 8-84　发动机转速及负荷率

读取结果并计算，可以得到表 8-1 中的各档等速油耗。

表 8-1　Amesim 等速油耗

| 档位 | 目标车速/<br>（km/h） | 实际车速/<br>（km/h） | 发动机转速/<br>（r/min） | 负荷 | 耗油率/<br>（mg/s） | 100km 油耗/<br>（L/100km） |
| --- | --- | --- | --- | --- | --- | --- |
| 1 | 20 | 20.002 | 2109.51 | 0.1567218 | 542.962 | 13.06 |
| 2 | 40 | 39.996 | 2177.542 | 0.1868894 | 615.9686 | 7.47 |
| 3 | 80 | 79.992 | 2721.372 | 0.2735534 | 1083.322 | 6.62 |
| 4 | 100 | 100.001 | 2653.502 | 0.3676221 | 1332.975 | 6.52 |

## 8.3.4　各档位最大爬坡度

在计算各档位最大爬坡度时，需要对现有模型进行修改。首先将驾驶员模型中【cycle type】（循环类型）和【gear lever control type】（档位控制类型）分别改成 "velocity = f( variable at port 6 )" "gear lever = f( variable at port 7 )"，在驾驶员模型端口 6 输入一个比较大的恒定目标车速，如 100m/s；然后再增加一个坡度模块，给定固定坡度值，通过外控端口设置自动变速器离合器闭锁和档位；最后再给定车辆初始速度为 10km/h。最大爬坡度计算模型如图 8-85 所示，见 demo8-3c。

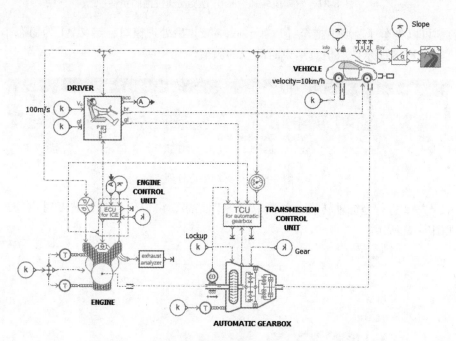

图 8-85　最大爬坡度计算模型

可通过批处理坡度值进行最大爬坡度计算。如下给定不同坡度值，坡度从 10°每隔 10°增加一次，增加到 70°为止，如图 8-86 所示。

仿真运行完之后，读取发动机转速、牵引力及发动机油门负荷等结果，如图 8-87 所示。应先判断是否达到稳定值，即保证在给定坡度下，车速或发动机转速已不再增加。这里发动机转速都已恒定，达到稳定状态。

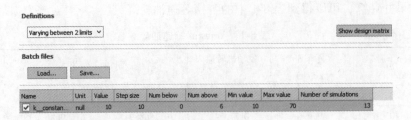

图 8-86　坡度批量仿真参数设置

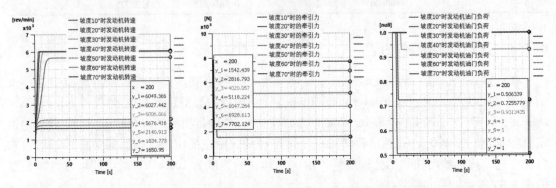

图 8-87　发动机转速、牵引力及发动机油门负荷

然后，可以将车速及坡度拖至【Post processing】后处理窗口，定义 A1 为稳态车速，A2 为坡度，如图 8-88 所示读取仿真结束时间点的数值。

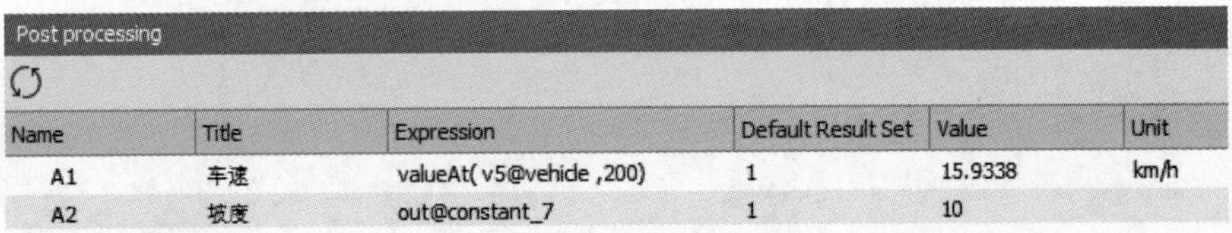

| Post processing | | | | | |
| --- | --- | --- | --- | --- | --- |
| Name | Title | Expression | Default Result Set | Value | Unit |
| A1 | 车速 | valueAt( v5@vehicle ,200) | 1 | 15.9338 | km/h |
| A2 | 坡度 | out@constant_7 | 1 | 10 | |

图 8-88　仿真结果后处理

将 A1 与 A2 进行坐标轴转换，并读取批处理结果，可得 1 档时各坡度对应的最高车速曲线，如图 8-89 所示。

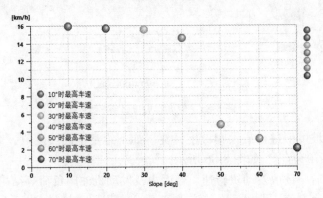

图 8-89　1 档时各坡度对应的最高车速

由图 8-89 可知，随着坡度的增加，对应车速呈下降趋势。当对应坡度在 40°~50° 范围段时，车速下降比较明显。若想更为精确地读取此区间内的坡度值，则需要将坡度加载范围缩小，比如可以将批量仿真坡度间隔设为 1°。仿真得到坡度 40°~50° 段的更为细化的车速曲线，如图 8-90 所示，可见 1 档时的最大爬坡度在 48° 左右。

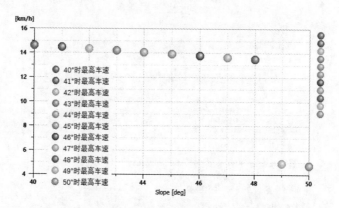

图 8-90　40°~50° 段内 1 档时各坡度对应的最高车速

## 8.3.5　最高车速计算

求解车辆最高车速时，直接在驾驶员模型中输入一个比较高的车速，例如 100m/s，给车辆一个适当的初始车速。然后让闭锁离合器闭合，对档位进行批量仿真就可以得到各档位下的最高车速了，如图 8-91 所示。

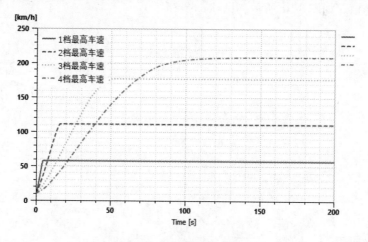

图 8-91　各档位下最高车速

对于 Amesim R16 之前的用户，可以在驾驶员模型中的【driving cycle】（驾驶循环）中选择 "personal"（用户定义）模式，自定义图 8-92 所示目标车速文件，即给定一个比较大的目标车速，能够保证加速踏板 100% 输出即可。

也可以通过一个开环模型（不带驾驶员模型）求解最高车速，如图 8-93 所示。在模型中分别输入发动机全负荷信号和变速器控制档位信号进行仿真。为了避免高档位时转速比较

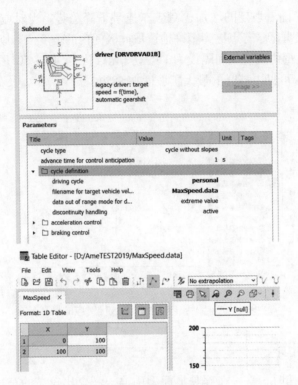

图 8-92　最高车速参数设定

低带不动车辆的情况，可以预先给车辆一个初始速度。对档位信号做批处理，可以得到各个档位的最高车速值，如图 8-91 所示，见 demo8-3d。

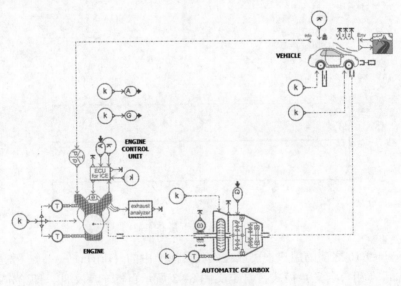

图 8-93　最高车速模型

通过仿真可得车辆最高车速为 209.131km/h，如图 8-94 所示。其他档位的最高车速可以通过批量仿真得到。

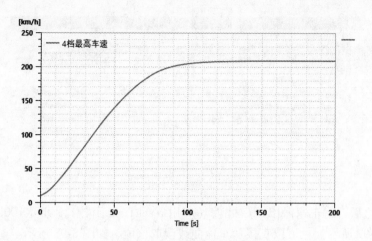

图 8-94　最高车速仿真结果

## 8.3.6　100km 加速时间

加速模型搭建如图 8-95 所示，将驾驶员模型中【cycle type】（循环类型）和【gear lever control type】（档位控制类型）分别改成"velocity = f( variable at port 6)""gear lever = f( variable at port 7)"，换档策略切换为基于发动机最高转速的单参数动力换档策略（设置一个较高的换档速度，使得车辆始终保持 1 档），参数设置如图 8-96 所示，模型见 demo8-3e。

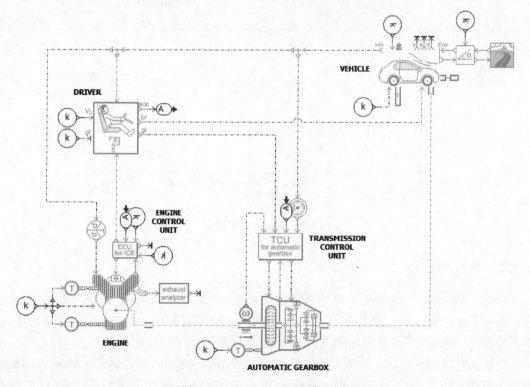

图 8-95　0~100km/h 加速模型草图

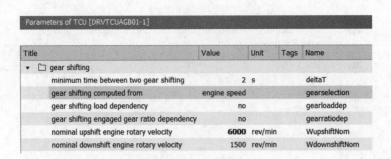

图 8-96　动力换档策略

仿真完成之后，对车速做以下后处理（应用 reachTime 函数），可得 100km 加速时间为 10.3s，如图 8-97 所示。也可以直接从车速曲线读取该值，如图 8-98 所示。

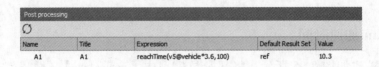

图 8-97　后处理得 100km 加速时间

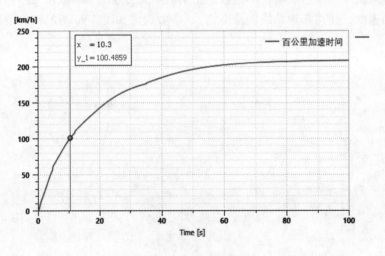

图 8-98　100km 加速时间

## 8.3.7　直接档加速

沿用上面的模型，按照图 8-99 所示的自定义工况给定车速，即先让车速由 20km/h 开始达到某一车速如 40km/h，档位固定在 3 档，然后保持此车速恒定并趋于稳定后再开始加速。车辆位移、行驶速度等要从图 8-99 中的 200s 开始计算。模型见 demo8-3f。

当仿真时间为 300s 时，车速达到 100km/h，即车辆从 40km/h 加速到 100km/h 的加速时间为 100s。仿真时间为 300s 时，车辆总位移为 3883m，再减去车辆在 200s 时的位移 1942m，即可得车辆从 40km/h 加速到 100km/h 的实际位移为 1941m。

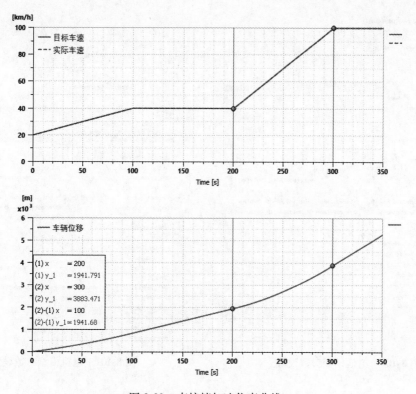

图 8-99　直接档加速仿真曲线

## 8.4　纯电动汽车性能仿真分析

本节将详细介绍纯电动汽车的动力性、经济性建模分析过程。其中动力性分析的工况包括最大爬坡度、最高车速、30min 最高车速；经济性分析的工况包括续驶里程的仿真以及考虑安全控制单元（Safety Control Unit，SCU）的影响。

### 8.4.1　模型搭建及各元件参数设置

一个典型纯电动汽车的车辆模型包括电池、电机、驾驶员、VCU（整车控制器）、SCU（安全控制单元）和车辆负载几部分。车辆负载模型和驾驶员模型需要的参数跟传统燃油车模型完全相同。电池模型中需要输入电池开路电压和电池内阻的数表文件、电池的容量、电池初始 SOC 及电池包的串并联个数，如图 8-100 所示。

在电机参数中需要定义两组参数：电机的最大扭矩和电机的损失，这两组数据可以通过电机的【Electric Motor Tables Creator】（电机数表创建工具）生成，如图 8-101 所示。

### 8.4.2　续驶里程仿真

搭建一个典型的前驱电动汽车整车模型，如图 8-102 所示，也可以从软件帮助文档中打开修改。帮助文档路径：$AME/demo/Libraries/Drv/ElectricVehicle.ame。模型见 demo8-4a。

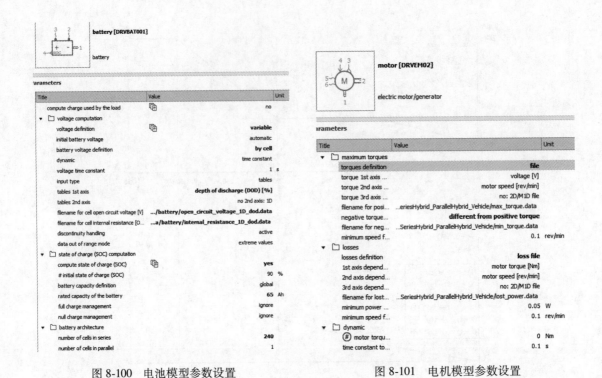

图 8-100　电池模型参数设置

图 8-101　电机模型参数设置

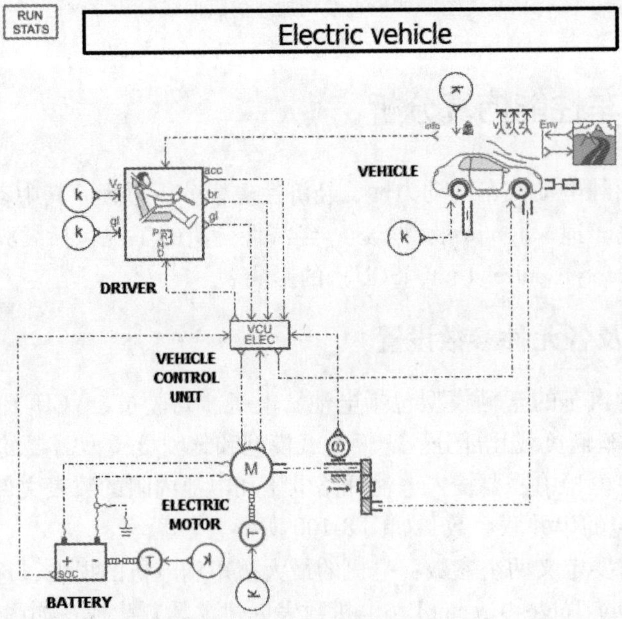

图 8-102　电动汽车整车模型草图

　　驾驶员模型参数中的【cycle difinition】（循环定义）中选择 "NEDC" 工况并且让车辆一直循环下去，仿真可得续驶里程，如图 8-103 所示。并定义电池应用范围，如图 8-104 所示，范围设定为 5%~100%。

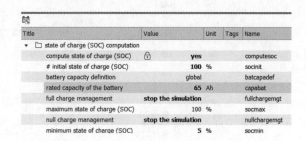

图 8-103　循环工况定义　　　　　　　　图 8-104　电池应用范围定义

仿真可得续驶里程约为 151km，如图 8-105 所示。其中，要保证实际车速能跟随目标工况车速。

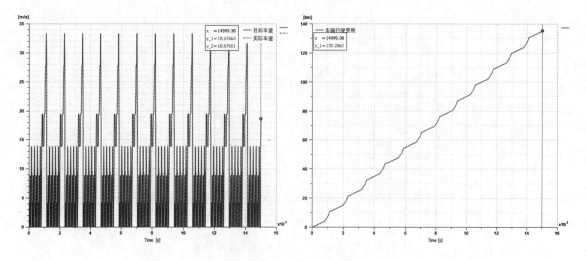

图 8-105　续驶里程仿真结果

这里默认的制动能量回收策略是第二种【fixed repartition】（固定划分）。在 VCU 模型中集成了四种能量回收策略可供选择。因此，可以考察不同的能量回收策略对续驶里程的影响以及比较回收效率的高低。

### 8.4.3　最高车速

与传统燃油车求解最高车速的方法相同，电动汽车在计算最高车速时同样需要在驾驶员模型中输入一个比较高的车速，例如 100m/s。开环建模的方法同样也适用，只要让电动机输出最大扭矩即可。仿真结果如图 8-106 所示。模型见 demo8-4b。

### 8.4.4　最大爬坡度

与传统燃油车求解最大爬坡度的方法相同，电动汽车在计算最大爬坡度时同样需要使电动机处在全负荷状态下，通过批量仿真得到车辆的最大爬坡度，仿真结果如图 8-107 所示。模型见 demo8-4c。

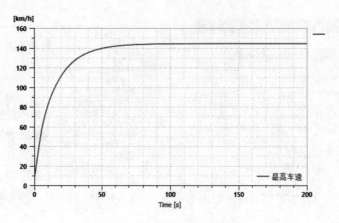

图 8-106　电动汽车最高车速仿真

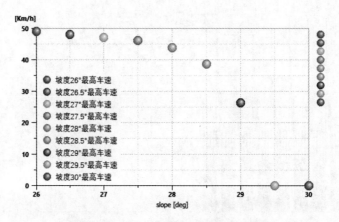

图 8-107　电动汽车最大爬坡度仿真结果

## 8.4.5　30min 最高车速

纯电动车续驶里程模型做两处修改。一是将驾驶员模型的【cycle type】（循环类型）改成 "velocity = f( variable at port 6)"，如图 8-108 所示。

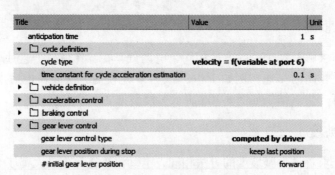

图 8-108　驾驶员子模型参数修改

二是给定一个目标恒定车速，并给定 SOC<5% 的仿真终止条件，如图 8-109 所示。模型

见 demo8-4d。

VEHICLE
Vmax
DRIVER
STOP
X<5
VCU
ELEC
VEHICLE
CONTROL
UNIT
M
ELECTRIC
MOTOR
BATTERY
SOC

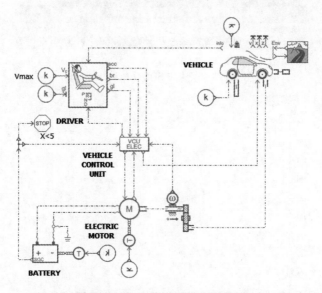

图 8-109　电动汽车最高车速草图

然后，将目标车速不同取值进行批处理运行，并设定仿真时间为 1800s，如图 8-110 所示。

Definitions
Varying between 2 limits
Show design matrix
Batch files
Load...
Save...
Name Unit Value Step size Num below Num above Min value Max value Number of simulations
k null 30 1 0 10 30 40 11

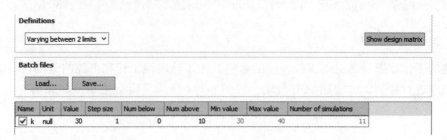

图 8-110　目标最高车速批量仿真

SOC 通过后处理 globMin 函数取小值，如图 8-111 所示。

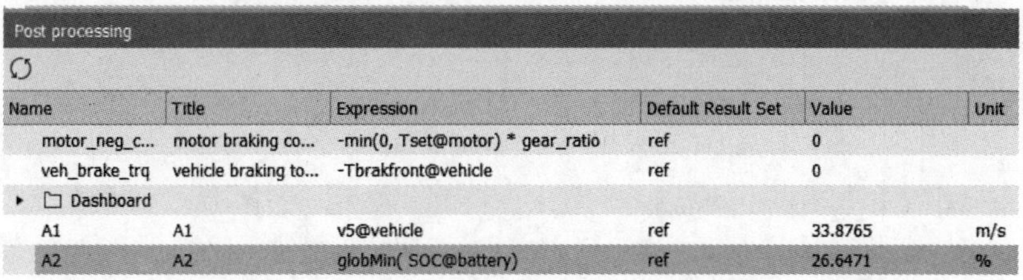

Post processing
Name Title Expression Default Result Set Value Unit
motor_neg_c... motor braking co... -min(0, Tset@motor) * gear_ratio ref 0
veh_brake_trq vehicle braking to... -Tbrakfront@vehicle ref 0
Dashboard
A1 A1 v5@vehicle ref 33.8765 m/s
A2 A2 globMin( SOC@battery) ref 26.6471 %

图 8-111　SOC 后处理全局最小值

再把 A1（车速）与 A2（最终 SOC）拖至【Cross result】窗口，如图 8-112 所示。

然后，从【Cross result】窗口分别把 A2 与 A1 拖至一个图上，再进行坐标轴转换处理，可得图 8-113 所示仿真结果。其中，*X* 为最终 SOC 值，*Y* 为车速。

| Cross result | | | |
|---|---|---|---|
| Name | Title | X-axis | Y-axis |
| final_soc | final_soc | * | A2 |
| vehicle_velocity | vehicle_velocity | * | A1 |

图 8-112　车速与 SOC【Cross result】

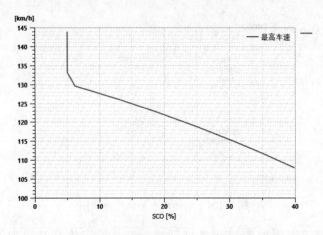

图 8-113　最高车速和 SOC 之间的关系

所以，SOC 从 95% 放电至 5%，对应 30min 平均最高车速约为 133.2km/h。

## 8.4.6　SCU 的影响

电池的工作状态极易受到工作环境的影响，为了让电池工作在可控的范围内，必须对电池的充放电进行控制，即增加 SCU 模块，如图 8-114 所示。模型见 demo8-4e。

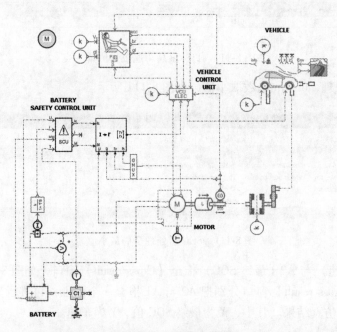

图 8-114　电动汽车草图

SCU 模块需要输入不同电池 SOC、不同温度、不同时间间隔下对应的极限充放电功率，如图 8-115 所示。

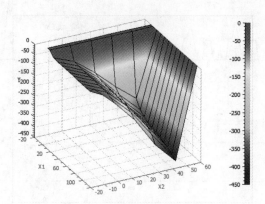

图 8-115　极限充放电功率

以单个电池最大连续充电电流、最大脉冲充电电流、最大连续放电电流、最大脉冲放电电流，以及外部温度、电池初始 SOC 为研究参数，通过批量仿真对比正常工况、低电量工况、低温工况、容量型电池工况下车辆行驶里程、电池放电电流和电压的变化。批量仿真参数设置如图 8-116 所示。

| Definitions | | | | |
|---|---|---|---|---|
| User-defined data sets ▾ | | | | Show design matrix |

| Sets | | | | | Batch files | | |
|---|---|---|---|---|---|---|---|
| Add | Remove | Set to remove | 1 ▾ | | Load... | Save... | |

| Name | Unit | Set 1 | Set 2 | Set 3 | Set 4 |
|---|---|---|---|---|---|
| ☑ Imaxcontch__SCU | A | 20 | 20 | 20 | 1.15 |
| ☑ Imaxpulsech__SCU | A | 30 | 30 | 30 | 2.3 |
| ☑ Imaxcontdch__SCU | A | 20 | 20 | 20 | 2.3 |
| ☑ Imaxpulsedch__S... | A | 30 | 30 | 30 | 7.9 |
| ☑ Text | null | 20 | 20 | -20 | 20 |
| ☑ soc__BatPackGene | % | 90 | 10 | 90 | 90 |

图 8-116　批量仿真参数设置

正常工况下，电池的充放电电流均没有超过限制（单个电池脉冲充电最大电流 30A，10 个并联为 300A，放电同理）。仿真结果如图 8-117 所示。

低电量工况下，电池在 NEDC 循环开始时能够维持能量需求，但随后电量耗尽。SCU 中的低电压限制可确保电池不会过度放电，但汽车无法跟随 NEDC 循环的结束而最终停止。仿真结果如图 8-118 所示。

低温工况下，内阻升高，过电位升高。因此，蓄电池可用功率降低，车辆可能无法满足所有驾驶员的要求，车速在高速段已经无法跟随目标车速。所以对应续驶里程也会相应降低。仿真可得结果如图 8-119 所示。

由于模型中采用的电池是基于实验数据标定的功率型锂电池，通过设定 SCU 参数来模拟能量型锂电池。仿真结果如图 8-120 所示，从仿真结果可以看出，由于 SCU 的限制，在高速工况下，电池放电电流已经不能满足加速的需求了。

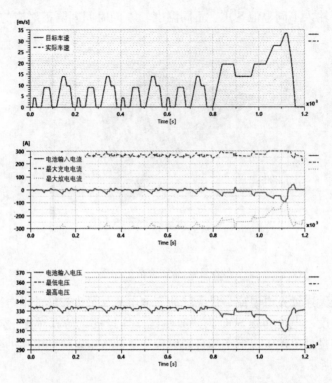

图 8-117 正常工况下车速、电池电流、电压仿真结果

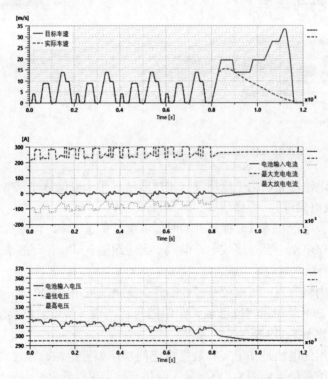

图 8-118 低电量工况下车速、电池电流、电压仿真结果

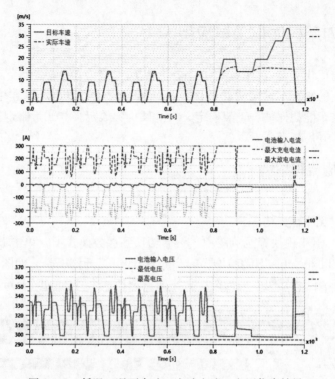

图 8-119  低温工况下车速、电池电流、电压仿真结果

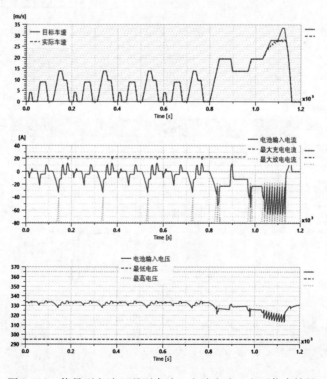

图 8-120  能量型电池工况下车速、电池电流、电压仿真结果

## 8.5 混合动力架构优化工具应用

混合动力架构优化工具（Hybrid Optimization Tool，HOT）是一个交互式接口，专门用于给定循环工况下的给定车辆架构的最优能耗计算，它也可以自动创建模型。HOT 模块分以下六步可实现整车能耗评估：①架构定义；②架构参数定义；③策略定义；④测试用例定义；⑤仿真计算；⑥后处理。

### 8.5.1 详细实施流程举例

#### 1. 架构定义

在这一步，定义车辆架构。

首先从库中将 HOT 模块拖至草图中，然后切换到参数模式下，单击 HOT 模块中的链接（ILPython $AME/libdrv/utils/HOT/HOTMain.pyc）即可打开该工具，如图 8-121 所示。只能在图 8-122 左侧所示已有架构中进行选择。比如，选择一个【Parallel hybrid】架构。

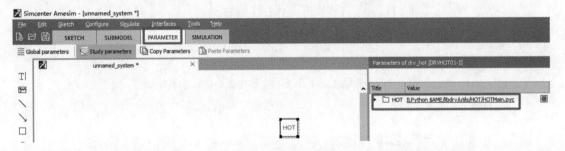

图 8-121　启动 HOT 模块

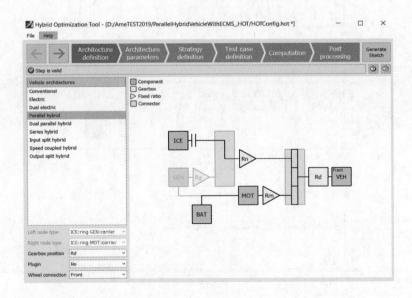

图 8-122　选择架构类别

### 2. 架构参数定义

在这一步骤中，架构中所有元件的参数都需要定义，具体包括发动机、电机、电池、变速器及车辆等模型，如图 8-123 所示。其中，发动机模型各参数及注解见表 8-2；电机模型各参数及注解见表 8-3；电池模型各参数及注解见表 8-4；车辆模型各参数见表 8-5；变速器模型各参数见表 8-6。

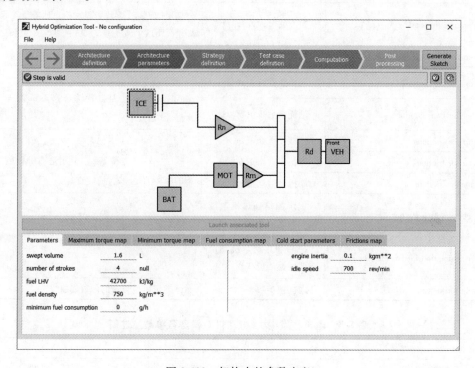

图 8-123　架构中的参数定义

**表 8-2　发动机模型各参数及注解**

| 参　　　数 | | 注　　　解 |
|---|---|---|
| Swept volume ［L］ | 排量/L | — |
| Number of strokes | 冲程 | — |
| Fuel LHV ［kJ/kg］ | 燃料热值/(kJ/kg) | — |
| Fuel density ［kg/m³］ | 燃料密度/(kg/m³) | — |
| Minimum fuel consumption ［g/h］ | 最低单位时间油耗/(g/h) | 如果参数给 0，发动机可能在怠速下熄火 |
| Engine inertia ［kg·m²］ | 发动机飞轮惯量/kg·m² | — |
| Idle speed ［rev/min］ | 发动机怠速/(r/min) | 发动机热机时的怠速 |
| Maximum torque map ［Nm］ | 最大扭矩数表/N·m | 定义负荷率为 100% 时的转速扭矩曲线 |
| Minimum torque map ［Nm］ | 最小扭矩数表/N·m | 定义负荷率为 0 时的转速扭矩曲线 |
| Fuel consumption map ［g/h］ | 单位时间油耗数表/(g/h) | 燃油消耗率为发动机转速和 BMEP 的函数 |
| Initial temperature ［℃］ | 初始温度/℃ | 仿真开始时的发动机温度 |

（续）

| 参　　数 | | 注　　解 |
|---|---|---|
| Hot engine temperature［℃］ | 热机温度/℃ | 如果此温度等于初始温度，则冷起动时不需要进行消耗校正 |
| Idle speed for cold engine［rev/min］ | 冷启急速/（r/min） | 发动冷热机时的急速 |
| Temperature threshold［℃］ | 温度阈值/℃ | 如果低于这个温度，发动机急速等于冷起急速，如果高于这个温度，发动机急速等于热机急速 |
| Duration of the first engine start［s］ | 发动机起动时间/s | — |
| a factor for consumption | 油耗系数修正 $a$ | $Conso_{cor} = (aT_{water} + b)$ |
| b factor for consumption | 油耗系数修正 $b$ | 式中，$Conso_{cor}$ 是油耗综合修正系数；$T_{water}$ 是水温 |
| a factor for frictions | 摩擦系数修正 $a$ | $T_{fempcold} = [(aT_{oil} + b)T_{oil} + c]T_{femphot}$ |
| b factor for frictions | 摩擦系数修正 $b$ | 式中，$T_{fempcold}$ 和 $T_{femphot}$ 分别是冷机和热机状态下的摩擦力矩；$T_{oil}$ 是机油温度 |
| c factor for frictions | 摩擦系数修正 $c$ | |
| Fuel consumption for hot water［kg］ | 把水加热到热机温度需要的燃油量/kg | — |
| Fuel consumption for hot oil［kg］ | 把油加热到热机温度需要的燃油量/kg | — |
| Friction torque map［Nm］ | 摩擦扭矩数表/N·m | 摩擦扭矩是转速的函数或曲线 |

表 8-3　电机（发电机/电动机）模型各参数及注解

| 参　　数 | | 注　　解 |
|---|---|---|
| Maximum continuous torque map［Nm］ | 最大连续扭矩曲线/N·m | 是关于电机转速的曲线 |
| Minimum continuous torque map［Nm］ | 最小连续扭矩曲线/N·m | 是关于电机转速的曲线 |
| Maximum peak torque map［Nm］ | 最大峰值扭矩曲线/N·m | 是关于电机转速的曲线 |
| Minimum peak torque map［Nm］ | 最小峰值扭矩曲线/N·m | 是关于电机转速的曲线 |
| Power losses map［W］ | 功率损失曲线/W | 是关于电机转速和扭矩的曲线 |

表 8-4　电池模型各参数及注解

| 参　　数 | | 注　　解 |
|---|---|---|
| Number of cells in series | 串联电池单体数 | — |
| Number of strings in parallel | 并联电池单体数 | — |
| Rated capacity of the battery［Ah］ | 电池额定容量/A·h | — |
| Maximum state of charge［%］ | SOC 最大值（%） | — |
| Minimum state of charge［%］ | SOC 最小值（%） | — |
| Maximum discharge power［W］ | 最大放电功率/W | — |
| Maximum charge power［W］ | 最大充电功率/W | — |
| Minimum voltage［V］ | 最低电压/V | — |
| Maximum voltage［V］ | 最高电压/V | — |

（续）

| 参　　数 | | 注　　解 |
|---|---|---|
| Open circuit voltage map for one cell [V] | 电池单体开路电压/V | 是关于放电深度（DOD）的函数 |
| Internal resistance map for one cell [Ohm] | 电池单体内阻/Ω | 是关于放电深度（DOD）的函数 |

注意：表 8-4 中最大放电功率、最大充电功率、最低电压、最高电压这四个参数对整车性能、控制策略的优化、油耗的计算有很大的影响。通常情况下软件默认最大放电功率是电机最大输出功率的两倍；最大充电功率是电机最大吸收功率的两倍；最低电压是电池单体最低开路电压与串联电池单体数乘积的 0.5 倍；最高电压是电池单体最高开路电压与串联电池单体数乘积的 1.5 倍。

表 8-5　车辆模型各参数

| 参　　数 | |
|---|---|
| Roller test bench coefficient$c_0$ [N] | 滚阻台架试验系数 $c_0$/N |
| Roller test bench coefficient $c_1$ [N/(m/s)] | 滚阻台架试验系数 $c_1$/[N/(m/s)] |
| Roller test bench coefficient $c_2$ [N/(m/s)$^2$] | 滚阻台架试验系数 $c_2$/[N/(m/s)$^2$] |
| Tire width [mm] | 轮胎宽度/mm |
| Front tire height [%] | 前轮宽高比（%） |
| Front wheel rim diameter [inch] | 前轮轮毂直径/in |
| Front wheel inertia [kg. m$^2$] | 前轮转动惯量/kg·m$^2$ |
| Front wheels number | 前轮数量 |
| Rear tire height [%] | 后轮宽高比（%） |
| Rear wheel rim diameter [inch] | 后轮轮毂直径/in |
| Rear wheel inertia [kg. m$^2$] | 后轮转动惯量/kg·m$^2$ |
| Rear wheels number | 后轮数量 |
| Vehicle total mass [kg] | 车辆总重/kg |
| Maximum regenerative brake torque [%] | 最大再生制动力矩（%） |

表 8-6　变速器模型各参数

| 模　　型 | 参　　数 | |
|---|---|---|
| 主减速器 | Ratio | 转速比 |
| | Efficiency | 效率 |
| 变速器 | Number of gears | 变速器档位数 |
| | Ratio | 每档下的转速比 |
| | Efficiency | 每档下的效率 |
| 行星排 | Ratio sun teeth number/ring teeth number | 行星排特征值 |

### 3. 策略定义

在这一步，用户必须给定控制策略，控制策略由以下三部分构成。

（1）【Optimal engine torque】　该选项卡只适用于混合动力模式下的架构，用户需要定义发动机的最佳耗油率曲线。

（2）Drivability 用户需要通过定义"补偿"功率来控制发动机的起停，这些参数仅对策略有影响，输入参数时要注意表 8-7 中这几个参数的含义。

表 8-7 参数及含义

| 参 数 | 含 义 |
|---|---|
| Limit vehicle speed for engine shutdown［m/s］: | 发动机关闭的限制车速（m/s），在混合动力汽车架构中，纯电模型不起作用 |
| Engine ON | 发动机起动条件：转速>0 或扭矩>0 |
| Penalty for an engine start［W］ | 发动机起动的补偿功率（W）：这是用于限制发动机起动的附加功率 |
| Penalty for an engine stop［W］ | 发动机停止的补偿功率（W）：这是用于限制发动机起动的附加功率 |
| Penalty for a transmission change mode［W］ | 换档时的补偿功率（W）：这是用于限制控制信号的高频切换的附加功率 |
| Time during start penalty remains valid［s］ | 发动机起动时，补偿起作用的时间（s） |
| Time during stop penalty remains valid［s］ | 发动机停止时，补偿起作用的时间（s） |
| Minimum time duration for validation of an engine mode change（start/stop）［s］ | 发动机起停最小时间（s） |

表 8-7 中发动机起停最小时间指的是给出发动机起停命令到发动机完成起停动作的时间。将这个值调小，是为了避免由于控制策略异常而导致的发动机起停命令在短时间内变化。

（3）【Transmission】 此选项卡用于描述传动系统工作状态。如果使用变速器，则传动模式的数目等于档位的数目加一。额外增加的模式要么是空档，要么是混合配置的纯电模式。对于此配置，需要定义纯电动模式档位参数【Mode for electric only】。如图 8-124 所示，该参数选择"2"，说明只有在 2 档纯电动模式才工作。

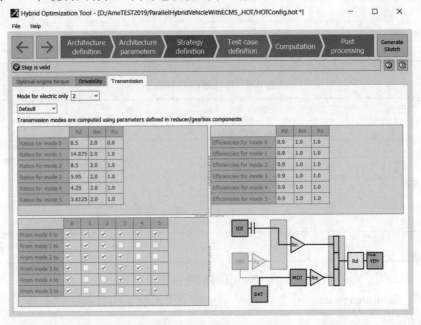

图 8-124 定义传动状态

**4.　测试用例定义**

在这一步，用户必须给定测试用例，测试用例由两部分构成：第一部分是车速随时间的函数，可以直接使用软件中预先定义好的工况，如图 8-125 所示；第二部分是档位信息，当选择"Fixed"（固定）时，需要输入档位随时间变化的函数；当选择"Free"（自由）时，HOT 工具能够按照最低燃油消耗算出合适的换档策略。但要注意，只有在热机情况下才能采用"Fixed"模式。

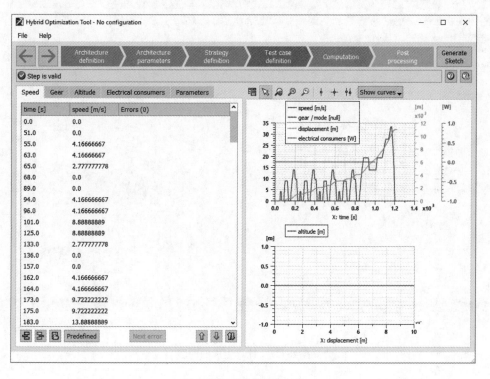

图 8-125　测试用例定义

当一辆并联混合动力汽车在 NEDC 工况下时，采用"Fixed"换档模式和"Free"换档模式的对比如图 8-126 所示。通过对比可知，车辆在绝大多数情况下工作在纯电模式下，且在纯电模式下"Free"换档模式更为适用。

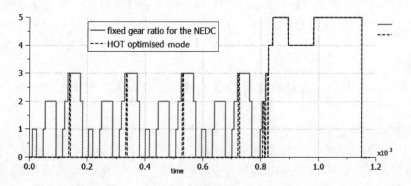

图 8-126　"Fixed"换档模式和"Free"换档模式

### 5. 仿真计算

在这一步，用户首先要单击【Computation】，让 HOT 工具后台调用 Amesim 生成模型。然后进行计算，如图 8-127 所示。

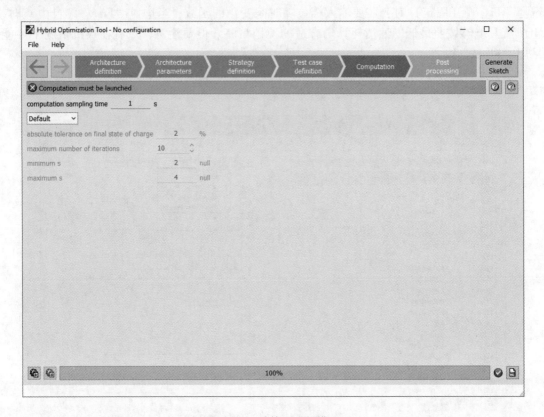

图 8-127　计算生成的模型

HOT 背后的建模理论是基于最优控制理论的，采用的方法是 Pontryagin 的最小值原理。感兴趣的读者可以查阅相关的文献。

每个混合动力汽车（Hybrid Electric Vehicle，HEV）架构都有多种可能性来完成指定的驾驶循环。例如，对于并联 HEV，施加在轮胎上的总扭矩是根据工况来确定的，但是发动机和电动机输出的扭矩却是可以自由调整的。每一种可能性代表了一种优化方向。

寻找最优的控制策略就意味着在工作循环的每一步骤中都要找到每种可能性的最优值。

### 6. 后处理

在这一步，用户需要在左侧选择要显示的数据，在右侧调整曲线的格式，如图 8-128 所示。

### 7. 草图模型修改

单击【Generate Sketch】按钮生成草图模型（在第 1 步架构定义好之后的任何一步都可以生成草图模型），会弹出图 8-129 所示的提示框。一方面是驾驶员模型需要自定义【control speed】（控制速度）与【braking pedal use during stops】（停止时踩下制动踏板）两个变量；另一方面，要检查惯量及离合器摩擦扭矩参数赋值是否合理等。

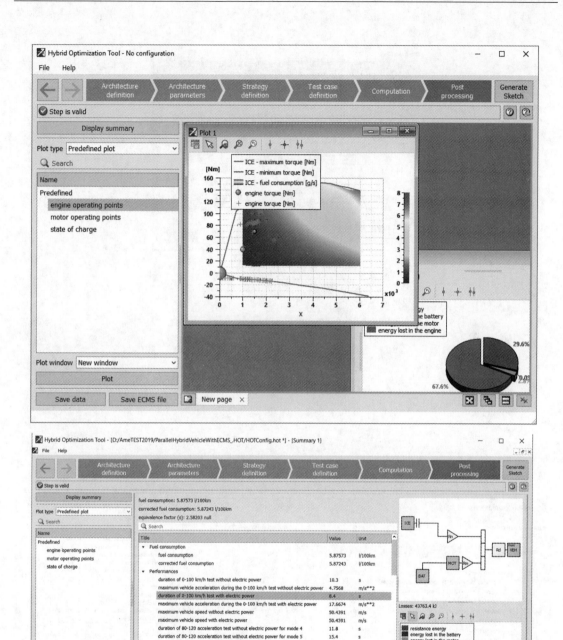

图 8-128　后处理观察结果

　　然后，对驾驶员模型单击右键，从下拉菜单中选择【Sense internal variables】（感应内部变量），弹出图 8-130 所示对话框。然后依次选择【control speed】（控制速度）为端口 8，选择【braking pedal use during stops】（停止时踩下制动踏板）为端口 9。

　　最后，把驾驶员模型连接好就可得到完整的集成模型，如图 8-131 所示。

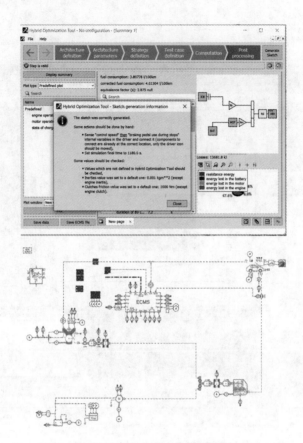

图 8-129　自动生成的模型草图

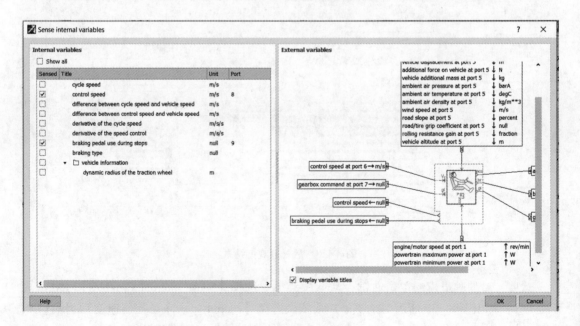

图 8-130　驾驶员模型修改

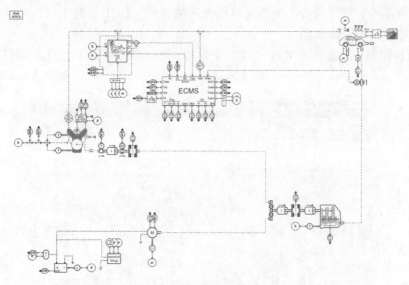

图 8-131　修改后的整车模型草图

## 8.5.2　约束条件

HOT 工具中的约束条件共有以下五种：

（1）发动机热机　只有发动机热机状态的车辆架构才可以仿真。

（2）电动机　具有两个以上不同电机的车辆架构无法进行仿真。

（3）变速器　所有标准的变速器均可仿真，基本思想是等效成手动变速器来处理（CVT 离散的档位多一些，DCT 和 AMT 则不考虑离合器），有三种行星轮系结构可供选择，多排行星轮系不能仿真。

（4）起停策略　为了在循环中激活起停策略功能，用户必须将发动机最小油耗值设置为 0，如图 8-132 所示。

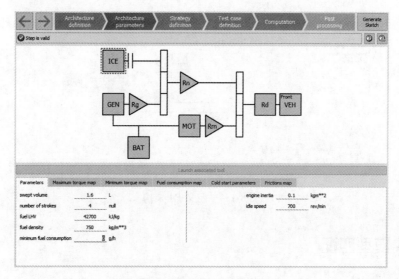

图 8-132　发动机最小油耗限制

如果没有起停，则该参数必须填写热机怠速油耗值。HOT 工具不能处理其他变量为条件的起停策略，如发动机水温。

（5）架构限制　要想定义 P0/P1 这两个架构，必须满足以下两个先决条件：变速器位于 Rd；【Mode for electric only】（只选择电动模式）必须选择"0"，如图 8-133 所示。

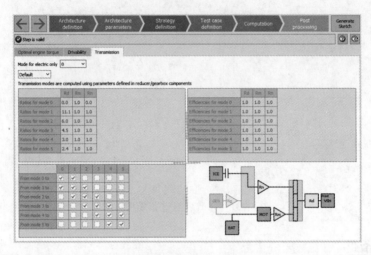

图 8-133　控制策略限制

如果 $R_n$ 与 $R_m$ 乘积等于 1，电机转速始终等于发动机转速，这就是 P1 架构。

如果 $R_n$ 与 $R_m$ 乘积不等于 1，则是 P0 架构。

对于 P2 架构，【Mode for electric only】必须不从 0 开始。

对于 P3 及 P4 架构，变速器必须位于 $R_n$。如果发动机与电机连接关系为同轴，则为 P3 架构；连接关系为异轴，则为 P4 架构。图 8-134 所示为 P4 架构。

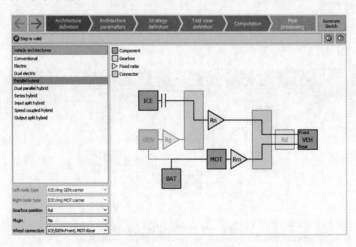

图 8-134　定义 P4 架构

## 8.6　集成模型匹配

前文分别讲述了燃油经济性及动力性各个指标单独计算的方法，软件中也可以将这些指标集成到一个模型中来分析，集成模型如图 8-135 所示。该模型通过批运行处理集成了 WLTC、100km 加速时间及最高车速、100~120km 加速时间及 RDE 四个工况的仿真分析。

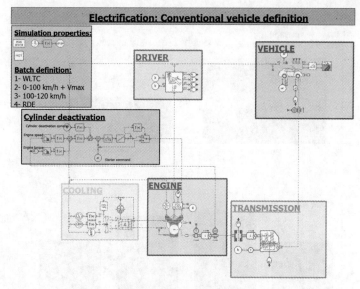

图 8-135　集成模型草图

基于上述四个工况，通过批运行处理来分别设置各个工况边界，如图 8-136 所示，模型见 demo8-5。

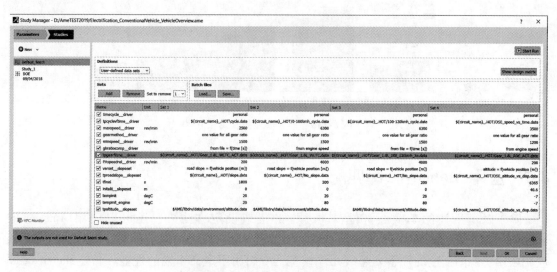

图 8-136　集成模型批量仿真参数设置

仿真完成后，可以在后处理窗口查看各项指标，如图 8-137 所示。

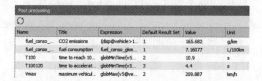

图 8-137　集成模型后处理设置

　　还可以通过【cross results】（交叉结果分析）窗口输出柱状图，更方便直观地查看对比各项指标结果，如图 8-138 所示。从上至下，分别为加速时间、最高车速及 100km 油耗等。

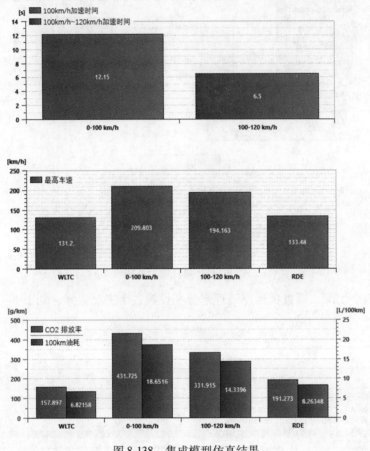

图 8-138　集成模型仿真结果

## 8.7　应用 Maneuver 库匹配

　　除了以上所述的车辆经济性、动力性的集成设定方法外，还可以应用 Amesim 的 Maneuver 库（见图 8-139）来实现经济性、动力性及驾驶工况的集成分析。该库中的元件是应用顺序功能图创建的一系列超级元件模型，专门用于定义车辆的性能评价。Maneuver 库中的元件包括循环工况定义模块、最高车速定义模块、100km 加速时间定义模块、换档策略定义模块、tip-in 和 tip-out 定义模块等。

　　软件中自带了自动变速器车辆整车性能匹配的 demo，路径如下：$AME/demo/Solutions/Automotive/VehicleIntegration/ConventionalVehicle/GasolineVehicleAutomaticGearbox _ ManeuversSequence. ame，见 demo8-6。打开模型，如图 8-140 所示。

　　其中，初始化模块如图 8-141 所示。需要输入的是发动机转速、车速、车位移和车辆纵向加速度，然后可以根据需要输出需求车速、制动信号、负荷信号、需求类型等。

图 8-139　Maneuver 库中的元件

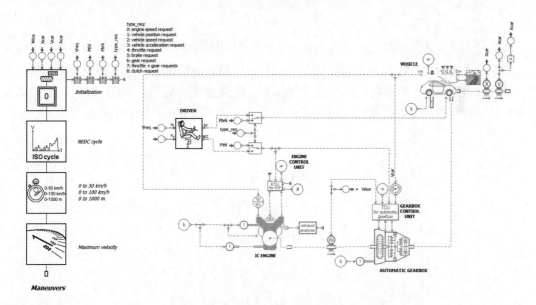

图 8-140　采用 Maneuver 库定义多种工况

标准工况的定义如图 8-142 所示，在参数模式下导入定义好的工况数表即可。并定义好相应的工况循环时间，如图 8-142 所示，NEDC 工况时间为 1200s。

图 8-143 所示为通过开关切换模块来定义不同工况对应的输入量，一般地，从经济性路跑工况切换到加速工况，通过信号"type_req"的值来判断加速、制动、档位及离合器信号的控制输入。

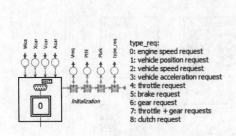

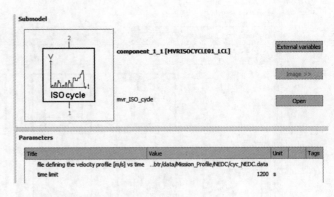

type_req:
0: engine speed request
1: vehicle position request
2: vehicle speed request
3: vehicle acceleration request
4: throttle request
5: brake request
6: gear request
7: throttle + gear requests
8: clutch request

图 8-141　初始化模块及参数设置　　　　　　图 8-142　标准工况的定义

信号切换模块参数设置如图 8-144 所示，这里给定【switch threshold】的参数值为
"3.5"。当端口 2 输入值大于 "3.5" 时，输出端口 3 的信号值；反之输出端口 4 的信号值。

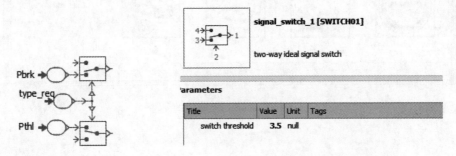

图 8-143　工况切换　　　　　　图 8-144　信号切换模块参数设置

其他模块参数按照已知给定数据输入，对于没有给定的数据，一般按照默认值给定。然
后，仿真可得图 8-145 所示的目标车速和实际车速跟随曲线。可见，在前 1200s 内，二者基
本重合，该时间段内是在做循环工况经济性仿真，在这之后则是在做动力性仿真。

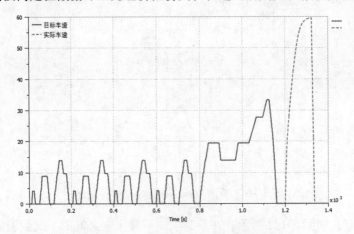

图 8-145　目标车速和实际车速跟随曲线

同时，可以查看 100km 加速时间等指标，如图 8-146 所示。

还可查看车辆的最高车速，如图 8-147 所示。可见，在现有输入的换档策略下，最高车
速为 59.58m/s。

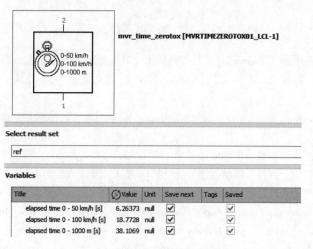

图 8-146　100km 加速时间指标

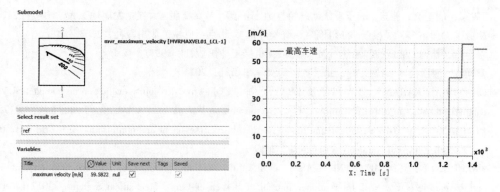

图 8-147　最高车速结果

## 8.8　本章小结

本章分别介绍了 IPF Drive 库常用元件的一般用法，并介绍了动力源功率匹配的一般设计原则，受限于构型等原因没有介绍动力源效率匹配原则。还分别详细阐述了燃油经济性及动力性分析常见指标的单独计算方法，以及将这些指标集成起来分析的方法。

本章还特别介绍了发动机、电机及电池的逆向工具，混合动力架构优化工具，换档策略生成工具，以及 Maneuver 工况库应用方法。这些工具可以帮助用户大大缩减参数获取周期，使用户在项目初期尽可能地选择正确的技术。

整车的油耗和排放的改进是系统工程，单一部件或者总成的性能提高并不能全面解决该问题。迫切需要全新的方法论——整车能量管理来全局地提高燃油经济性。IPF Drive 库作为整车能量管理仿真的第一层级模型，可以在设计的早期评估各种动力总成架构、部件选型以及设计参数对油耗的影响，找到有效提高燃油经济性的解决方案。

另外，再结合热管理及传动等其他专业库，可通过整车能量仿真分析整车在各种工况下各个子系统至各个部件能量消耗的情况（全面的能量流图），还可以对车型各个系统及部件的能量消耗进行对比，找出潜在的节能空间并测试各种节能技术的效果。

# 参 考 文 献

［1］ 梁全，苏齐莹. 液压系统 Amesim 计算机仿真指南［M］. 北京：机械工业出版社，2014.

［2］ 梁全，谢基晨，聂利卫. 液压系统 Amesim 计算机仿真进阶教程［M］. 北京：机械工业出版社，2016.

［3］ 卡诺普，罗森堡. 系统动力学：应用键合图方法［M］. 胡大纮，邓延光，译. 北京：机械工业出版社，1985.

［4］ 布伦德尔. 键合图在工程建模中的应用［M］. 叶松柏，等译. 上海：上海科学技术出版社，1990.

［5］ 潘亚东. 键合图概论：一种系统动力学方法［M］. 重庆：重庆大学出版社，1990.

［6］ 王中双. 键合图理论及其在系统动力学中的应用［M］. 哈尔滨：哈尔滨工程大学出版社，2007.

［7］ BORUTZKY W. Bond graph methodology：development and analysis of multidisciplinary dynamic system models［M］. London：Springer-Verlag London，2010.

［8］ BORUTZKY W. Bond graph modelling of engineering systems［M］. New York：Springer-Verlag New York，2011.

［9］ 田树军，胡全义，张宏. 液压系统动态特性数字仿真［M］. 2 版. 大连：大连理工大学出版社，2012.

［10］ 胡燕平，彭佑多，吴根茂. 液阻网络系统学［M］. 北京：机械工业出版社，2003.

［11］ 王春行，徐渌. 液压控制系统［M］. 北京：机械工业出版社，1999.

［12］ 常同立. 液压控制系统［M］. 北京：清华大学出版社，2014.

［13］ CHANDRASEKARAN K，RAO N，PALRAJ S，et al. Objective drivability evaluation on compact SUV and comparison with subjective drivability［C］//Symposium on International Automotive Technology，2017.

［14］ DOMIJANIC M，HIRZ M. Simulation model for drivability assessment and optimization of hybrid drive trains［C］//16th European Automotive Congress，2019.

［15］ KAZUHIKO G，JEROME C，NICOLAS S，et al. Multi attribute optimization：fuel consumption，emissions and driveability［J］. SAE International Journal of Passenger Cars：Mechanical Systems，2012，5（1）：688-701.

［16］ REITZ A，BIERMANN J W，WERKE F. Special test bench to investigate NVH phenomena of the clutch system［Z］. 1999.

［17］ 庞剑，谌刚，何华. 汽车噪声与振动：理论与应用［M］. 北京：北京理工大学出版社，2006.

［18］ 上官文斌，蒋学锋. 发动机悬置系统的优化设计［J］. 汽车工程，1992（2）：103-110，119.

［19］ 张全逾，鲍远通，娄宗勇，等. 基于 Amesim 的传动系统扭振研究［J］. 制造业自动化. 2014，36（4）：99-102.

［20］ 曾锐. 汽车动力传动系扭振分析及其对车辆振动影响研究［D］. 成都：西南交通大学，2014.

［21］ 吕振华，冯振东，程维娜，等. 汽车传动系扭振噪声的发生机理及控制方法述评［J］. 汽车技术，1993（2）：1-4.

［22］ 田蜀东. 汽车动力传动系扭转振动建模的关键问题研究［D］. 长春：吉林大学. 2008.

［23］ 王加雪. 双电机混合动力系统参数匹配与协调控制研究［D］. 长春：吉林大学，2011.